# バイオチップの基礎と応用

## ―原理から最新の研究・開発動向まで―

## Biochip Technologies

## ― Principle and Applications ―

監修：伊藤嘉浩
Supervisor : Yoshihiro Ito

シーエムシー出版

# 発行にあたって

半導体技術によって培われた微細加工は，様々な分野に影響を与え，そのうちバイオ分野へ応用されたものがバイオチップとして結実した。現在ではその展開範囲は大きく拡大し，ビッグデータの科学を生み出すとともに，臨床分析でも用いられるようになってきた。バイオチップは大きく生体分子を基板に固定化して分析するマイクロアレイ系と，マイクロ流路で液体を扱うマイクロ流体系に分類され，前者では，DNAだけでなく，タンパク質やその他の様々な生体分子を網羅的に分析しようとする様々なタイプのマイクロアレイが考案され，後者では，Lab-on-a-chipやOrgan-on-a-chipの概念が生まれ，新たな展開を迎えている。

編者は，2007年当時，マイクロアレイ型バイオチップの製造の基礎から応用までを体系的に詳述した書籍が日本ではほとんどなかったため，「マイクロアレイ・バイオチップの最新技術」を編集し，シーエムシー出版から刊行した。その後，8年を経て，その研究領域がますます拡大し，当時は研究段階であったものが，製品化され，広く応用されるようになってきた。このような状況を踏まえ，新たにマイクロ流体を含むバイオチップとして全般的に現状が明らかになるように編集することとした。

バイオチップは，一つには，既知のバイオマーカーを「微量」のサンプルで，「迅速」に，「その場」で，「多項目」測定できるシステムとして，他方では，未知のバイオマーカー（疾患関連遺伝子，タンパク質を含む生体分子）を明らかにする生命科学の方法論として，バイオインフォマティクスの発展と密接に関連してますます重要になってくると思われる。前者の応用は，ユビキタス医療が提唱され，小型の診断装置があれば遠隔地や途上国からでも十分な診断情報が送受信できるような通信技術との連携も重要な要素となると考えられる。後者では，医療の精密化とともにコンパニオン診断薬として，さらには広く創薬ツールとしての期待も大きい。これら将来の展望を見据えたバイオチップ・テクノロジーの進歩は，未来医療に重要な貢献をすることが確信される。本書が少しでもそれに寄与するところがあればと願う。

最後に，ご多忙な中，本書執筆にお時間を割いていただいた著者の先生方，本書の刊行に企画から努力いただいたシーエムシー出版の栗原良平氏に感謝する。

2015年 9 月

国立研究開発法人理化学研究所
伊藤嘉浩

## 監　修

| | |
|---|---|
| 伊藤嘉浩 | 国立研究開発法人理化学研究所　伊藤ナノ医工学研究室　主任研究員／同上　創発物性科学研究センター　創発生体工学材料研究チーム　チームリーダー |

## 執筆者一覧（執筆順）

| | |
|---|---|
| 細川和生 | 国立研究開発法人理化学研究所　前田バイオ工学研究室　専任研究員 |
| 中江裕樹 | 特定非営利活動法人バイオチップコンソーシアム　事務局　事務局長 |
| 加地範匡 | 名古屋大学　大学院工学研究科　化学・生物工学専攻　応用化学分野　准教授；同大学　先端ナノバイオデバイス研究センター；同大学　大学院理学研究科　ERATO東山ライブホロニクスプロジェクト |
| 安井隆雄 | 名古屋大学　大学院工学研究科　化学・生物工学専攻　応用化学分野　助教；同大学　先端ナノバイオデバイス研究センター |
| 湯川　博 | 名古屋大学　大学院工学研究科　化学・生物工学専攻　応用化学分野　特任講師；同大学　先端ナノバイオデバイス研究センター |
| 馬場嘉信 | 名古屋大学　大学院工学研究科　化学・生物工学専攻　応用化学分野　教授；同大学　先端ナノバイオデバイス研究センター　センター長；国立研究開発法人産業技術総合研究所　健康工学研究部門 |
| 上村想太郎 | 東京大学大学院　理学系研究科　生物科学専攻　教授 |
| 一木隆範 | 東京大学大学院　工学系研究科　バイオエンジニアリング専攻　准教授；(公財)川崎市産業振興財団　ナノ医療イノベーションセンター　主幹研究員 |
| 近藤哲司 | 東レ㈱　新事業開発部門　主任部員 |
| 加藤功一 | 広島大学　大学院医歯薬保健学研究院　生体材料学　教授 |

| | |
|---|---|
| 上 野 真 吾 | ㈶川崎市産業振興財団　ナノ医療イノベーションセンター<br>副主幹研究員 |
| 友 池 史 明 | 東京大学　生産技術研究所　竹内昌治研究室　特任研究員 |
| 竹 内 昌 治 | 東京大学　生産技術研究所　教授 |
| 軒 原 清 史 | ㈱ハイペップ研究所　本社　代表取締役／最高科学責任者；<br>南京医科大学　教授 |
| 熊 田 陽 一 | 京都工芸繊維大学　大学院工芸科学研究科　機能物質化学専攻<br>准教授 |
| 笠 間 敏 博 | 名古屋大学　大学院工学研究科　化学・生物工学専攻　研究員 |
| 渡慶次　学 | 北海道大学　大学院工学研究院　応用化学部門　教授 |
| 臼 井 健 二 | 甲南大学　フロンティアサイエンス学部　生命化学科　講師 |
| 堤　浩 | 東京工業大学　大学院生命理工学研究科　生物プロセス専攻　助教 |
| 三 原 久 和 | 東京工業大学　大学院生命理工学研究科　生物プロセス専攻　教授 |
| 大河内 美 奈 | 東京工業大学　大学院理工学研究科　化学工学専攻　教授 |
| 平 林　淳 | 国立研究開発法人産業技術総合研究所　創薬基盤研究部門<br>首席研究員；香川大学　総合生命科学研究センター<br>糖鎖機能解析研究部門　客員教授 |
| 内 山　昇 | ㈱レクザム　香川工場　第1開発部 |
| 尾 形　慎 | 福島工業高等専門学校　物質工学科　准教授 |
| 朴　龍 洙 | 静岡大学　グリーン科学技術研究所　グリーンケミストリー研究部門<br>所長／教授 |
| 片 山 貴 博 | 住友ベークライト㈱　S-バイオ事業部　研究部 |
| 福 島 雅 夫 | 住友ベークライト㈱　S-バイオ事業部　診断薬開発部 |
| 高 田　渉 | 住友ベークライト㈱　S-バイオ事業部 |
| 五十嵐 幸 太 | 住友ベークライト㈱　S-バイオ事業部 |

舘野浩章　国立研究開発法人産業技術総合研究所　創薬基盤研究部門
主任研究員

中北愼一　香川大学　総合生命科学研究センター　糖鎖機能解析研究部門
准教授

岸　裕幸　富山大学　大学院医学薬学研究部（医学）免疫学　准教授

小澤龍彦　富山大学　大学院医学薬学研究部（医学）免疫学　助教

小幡　勤　富山県工業技術センター　中央研究所　加工技術課　副主幹研究員

村口　篤　富山大学　大学院医学薬学研究部（医学）免疫学　教授

鷲津正夫　東京大学　工学系研究科　バイオエンジニアリング専攻　教授

オケヨケネディ　東京大学　工学系研究科　機械工学専攻　助教

武田一男　㈱オンチップ・バイオテクノロジーズ　開発部　取締役／開発部長

佐藤香枝　日本女子大学　理学部　物質生物科学科　准教授

佐藤記一　群馬大学　理工学府　分子科学部門　准教授

金　範埈　東京大学　生産技術研究所
マイクロナノメカトロニクス国際研究センター　教授

田中　陽　国立研究開発法人理化学研究所　生命システム研究センター
集積バイオデバイス研究ユニット　ユニットリーダー

奥村泰章　パナソニック㈱　先端研究本部　デバイス研究室　バイオ研究部
バイオフォトニクス研究課　主任研究員

塩井正彦　パナソニック㈱　先端研究本部　デバイス研究室　バイオ研究部
バイオフォトニクス研究課　課長

# 目　　次

## 【第Ⅰ編　バイオチップの基礎】

### 第1章　バイオチップの歴史　伊藤嘉浩，細川和生



### 第2章　バイオチップの種類と特徴　伊藤嘉浩，細川和生



### 第3章　バイオチップに必要な要素技術　伊藤嘉浩，細川和生

## 【第Ⅱ編　バイオチップの応用開発】

### 第1章　DNAチップ



### 第2章　タンパク質チップ，ペプチドチップ

## 第3章　糖鎖・レクチンチップ

## 第4章　細胞チップ，組織チップ

## カラー版をシーエムシー出版webページで公開している図の一覧

| 編 | 章 | 節 | タイトル | カラー図<br>web掲載 |
|---|---|---|---|---|
| 2 | 1 | 2 | ナノワイヤ3次元構造によるDNA解析技術の開発 | 図1，4 |
| 2 | 1 | 3 | ZMWバイオチップによる1分子リアルタイムDNAシークエンサー | 図2，6 |
| 2 | 1 | 4 | 分泌型miRNA診断デバイスの開発 | 図2，4 |
| 2 | 1 | 5 | DNAチップ“3D-Gene®”の応用展開 | 図3，5 |
| 2 | 2 | 1 | タンパク質チップ、ペプチドチップの概説と動向 | 図1，2 |
| 2 | 2 | 2 | 幹細胞培養のためのタンパク質チップ | 図2，6 |
| 2 | 2 | 3 | 無細胞タンパク質合成系を利用したタンパク質マイクロアレイ | 図5，6 |
| 2 | 2 | 5 | 糖ペプチドマイクロアレイ | 図1，4 |
| 2 | 2 | 6 | 光固定化法を用いたタンパク質チップの開発と応用 | 図10，12 |
| 2 | 2 | 7 | 抗体マイクロアレイ | 図5，6 |
| 2 | 2 | 10 | 食物アレルギーに関与する抗体エピトープ解析 | 図2，5 |
| 2 | 3 | 1 | 糖鎖・レクチンアレイ概説と動向 | 図1，4 |
| 2 | 3 | 2 | 機能性糖鎖プローブのウイルス検出への応用 | 図2，4 |
| 2 | 3 | 3 | 糖鎖アレイの基盤技術と応用展開 | 図1，2 |
| 2 | 4 | 2 | 単一細胞を捕獲するマイクロウェルアレイ・チップ | 図3，6 |
| 2 | 4 | 3 | 細胞操作用バイオチップ | 図8，10 |
| 2 | 4 | 4 | オンチップフローサイトメーターとオンチップセルソーターの開発 | 図11，18 |
| 2 | 4 | 6 | MEMS技術を用いた血液診断チップ | 図8，9 |
| 2 | 4 | 7 | 細胞機能搭載型マイクロ流体デバイス | 図2，5 |

上記一覧に記載されている図については，カラー版をシーエムシー出版webサイト（下記アドレス）に掲載しています。
カラー図掲載webサイト：http://www.cmcbooks.co.jp/user_data/colordata/B1154_colordata.pdf

# 第1章　バイオチップの歴史

伊藤嘉浩[*1]，細川和生[*2]

## 1　はじめに

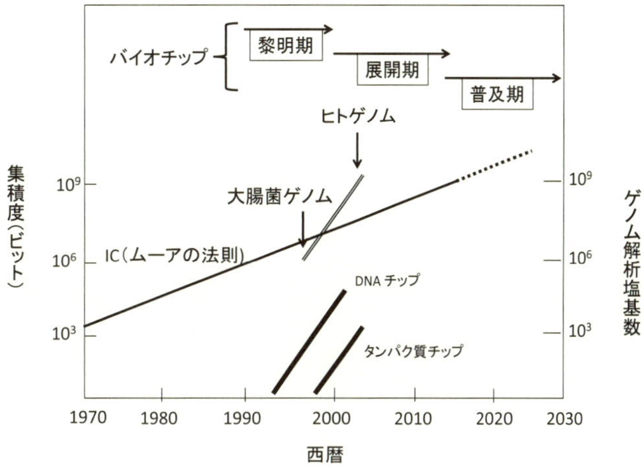


図1　コンピュータICの集積度（ムーアの法則），DNAチップやタンパク質チップなどバイオチップの集積度と，解読されたゲノムの塩基数を，西暦を横軸にプロットしたもの

バイオチップという言葉は，チップという言葉がコンピュータのパッケージされた半導体集積回路（integrated circuit：IC）の総称として使われており，微細加工物をバイオ領域に応用するという意味から使い始められたと考えられる。DNAチップと呼ばれるバイオチップが注目されるようになる前は，識別用にICそのものを生体に埋め込んで使うという意味でバイオチップと呼ばれることがあったが，現在では，主に生体系の解析さらにその応用のために作られる微細加工チップをバイオチップと呼称するようになっている。

代表的なバイオチップであるDNAチップとタンパク質チップの集積度の歴史的な発展を，ICのムーアの法則（集積度が1年半で2倍になるとした）とゲノムが解読された時期とともに図1に示す。ここでは，バイオチップの歴史を黎明期，展開期，普及期に分類してその潮流をまとめる。

## 2　黎明期（1990～2000年）

バイオチップは，半導体微細加工技術を用いて生体分子合成を扱った1991年のScience誌のFodorらの論文に始まるといえる[1)]。彼らは，ペプチドの固相合成を光リソグラフィで基板上に微

＊1　Yoshihiro Ito　国立研究開発法人理化学研究所　伊藤ナノ医工学研究室　主任研究員／同上　創発物性科学研究センター　創発生体工学材料研究チーム　チームリーダー

＊2　Kazuo Hosokawa　国立研究開発法人理化学研究所　前田バイオ工学研究室　専任研究員

細に行うことを報告した。当時，ちょうど化学の分野では，コンビナトリアル化学の勃興期でもあり，それまでの化学の分野になかった分子ライブラリーという概念が提唱されるようになった時期でもある。彼らの論文は，光マスクを使い，光脱保護，カップリングの工程を10回繰り返して $2^{10}=1024$ 種類のペプチドを基板上に合成するというものであった。

当時の一つの流れであった分子ごとに情報付けがない方法論に対して，位置情報をはっきりできること，もう一つの生物工学分野から生まれた生体由来核酸とアミノ酸に当時限定されていた進化分子工学に比べて化学合成で多様なライブラリーを作れること，などからその優位性が主張された。この方法論は，溶液反応である固相合成を，光操作で位置合わせして行うものであり，コンピューター・ハードウエア開発で養われた技術を，バイオテクノロジーへ結びつけた学際領域研究を象徴する画期的な論文といえる。

このようにマイクロアレイ（microarray）バイオチップの原型が作られるようになったが，その有用性が明らかになるのは，1995年にBrownらのグループが，複数のcDNAを基板上に高速ロボット・プリンティングで高密度アレイして，ハイブリダイゼーションによりシロイヌナズナの微量サンプル中の45遺伝子の発現RNA量を定量することを報告してからである[2)]。光リソグラフィを用いてオンチップで生体分子を合成する高度な微細加工技術は，Fodorが起こしたアフィメトリックス社に因みアフィメトリックス型と呼ばれ，Brownらの技術は，彼らの所属がスタンフォード大学であったことから，スタンフォード型と呼ばれた。スタンフォード型は，2000年以降，様々な新しいマイクロ・スポッティング技術を生み出す原動力となるとともに，スポッティングされるのもDNAだけでなく，タンパク質，糖鎖，細胞へとあらゆる生体物質へ応用展開されるようになった。これもマイクロアレイ技術を大きく展開するきっかけとなった画期的な論文となった。

一方で，半導体微細加工技術から展開されてきたmicro-electro-mechanical systems（MEMS）は，マイクロ流体チップ（microfluidic chip）として化学や生物学での液体操作に応用する形で発展した。マイクロ流体チップとは，微細な構造を持ち（断面寸法は10 μmから100 μm程度），内部に流体を流すことができる小さな平板（チップ）を意味し，その機能としては特に微量の流体を複雑に制御することに重点が置かれる。古くはインクジェットプリンタヘッドのように20世紀中盤から研究され，1980年代に商品化されたものもあるが，様々な分野への応用が意識され研究が進展したのは1990年代に入ってからで，これは奇しくもマイクロアレイ型バイオチップの黎明期と重なる。そのブレークスルーは，1993年にManzらのグループによって発表されたマイクロ流路を利用した電気泳動の成功であった[3)]。チップ電気泳動技術はアジレントテクノロジー社などによって装置化され，商業的な成功をおさめている。この種のマイクロチップはマイクロ・タス（total analysis systems：TAS），ラボオンチップ（チップ上の実験室）などと呼ばれる。

マイクロ流体チップが一つの研究領域として広く認知されたのは，1994年にオランダで開催された第1回マイクロ・タス国際会議からである。それ以降は2年ごと，2000年からは毎年開催されており，この分野最大の情報源となっている。年を追うごとに発表件数は指数関数的に増加し，英国王立化学会ではマイクロ流体チップ専門誌Lab on a Chipを2001年に創刊している。

## 3　展開期（2000～2015年）

バイオチップの開発は，2000年前後から，いくつかの流れになってその後展開されることになった。マイクロアレイ型では，一つは，DNA以外の生体物質マイクロアレイへの拡張，二つ目はプローブをマイクロアレイ固定化して水溶液側の分析対象物をみるフォワード型に加えて，分析あるいは探索対象物がマイクロアレイされるリバース型の本格的登場である。マイクロ流体型では，多様な研究が生まれ，分子レベルだけでなく，細胞レベルへの拡張も行われるようになった。すでに方法論が確立されたDNAチップに関しては，普及のための標準化が行われるようになった。

### 3.1　固定化する生体物質の拡張

#### 3.1.1　タンパク質チップ

タンパク質チップは，DNAチップより遅れて，2000年にScienceにMcBeathとSchreiberによって発表された[4)]。これはタンパク質をそのままシランカップリング処理でアルデヒド化したガラス基板上へ固定化するものであった。さらに，Snyderらのグループは，酵母タンパク質一種類ごとにニッケル結合性をもつオリゴヒスチジンを導入し，ニッケル被覆スライドガラスに5,000種以上をマイクロアレイした。これにより，タンパク質間相互作用を調べ，カルモデュリンに結合する33の新たなタンパク質を発見し，フォスファチジルイノシチドに結合する52のタンパク質を見出した[5)]。その後，この手法を用いたタンパク質チップが市販されている。

#### 3.1.2　抗体チップ

抗体マイクロアレイも初期のものは1998年のLiglerらの3抗体をマイクロアレイしたもの[6)]であるが，2000年前後に急激にマルチ化が進み，現在では数百のモノクローナル抗体をマイクロアレイしたものが市販されている。

#### 3.1.3　抗原マイクロアレイ

タンパク質アレイの一つとして，自己抗体応答を測定するための自己抗原マイクロアレイが2002年にRobinsonら[7)]によって報告された。8つの異なる自己免疫疾患に対応する196種類のタンパク質，ペプチド，その他の生体分子をポリリジン被覆ガラススライドに1,152個マイクロアレイした。自己免疫疾患の患者の血清タンパク質を蛍光標識して，抗原認識パターンを調べたところ，自己抗体は，各々の疾患に正確に一致していた。また，既知の15種類の自己抗原をポリスチレン上に固定化して自己免疫疾患の診断を行えることはFengらが2004年に報告している[8)]。

さらに，マイクロアレイで自己抗体のエピトープ・マッピング，ワクチン接種に対する免疫応答が調べられた。抗原として，病原性微生物，ウイルス，環境や食物アレルゲンをマイクロアレイした研究も行われている。ただし，様々な抗原を同一の方法で固定化するのは困難で，例えばFallら[9)]は，アレルゲンによっては基板上に固定化できないものがあったことを認めている。これに対し，筆者らは，光固定化法という新しい方法をマイクロアレイ製造に導入し，様々なアレルゲンを固定化できることを報告してきた（第２編第２章６）。

### 3.1.4　糖鎖チップ

細胞表面は，糖脂質，糖タンパク質，さらに様々なプロテオグリカンなどの複合糖質に覆われており，このような複合糖質上の糖鎖は，細胞の発生・分化，血液型，細胞の増殖，さらに疾患にかかわり変化することが知られている。また，腫瘍関連抗原，毒素，ウイルス，細菌など外敵に対する受容体としても知られている。したがって糖鎖の相互作用解析は，治療，診断のための重要な手段である。

糖鎖アレイはシリカプレート，ビーズ，マイクロプレートなどへ固定化をへて，糖鎖チップの最初のものは2002年にいくつかのグループ[10~15]から報告された。その後，様々な固定化方法や検出方法が報告され今日に至っている[16]。

## 3.2　リバース型の本格的出現

DNAチップによる分析は，プローブあるいはキャプチャーDNAをマイクロアレイ固相化し，その上に水溶液中の核酸分子を相互作用させ，核酸分子を分析，定量するものである。2000年前後以降，これを逆にして，相互作用させる水溶液側の生体分子や細胞と相互作用するものを，マイクロアレイされたものの中から選び出すリバース型が本格的に報告されるようになってきた。

### 3.2.1　細胞破砕物チップ

逆相タンパク質ライセートマイクロアレイ（reverse protein array：RPA）は，細胞から得られた総タンパク質分画を含む細胞破砕液（ライセート）をマイクロアレイヤーによって基材上にアレイし，特異的一次抗体を用いて細胞ライセート内の抗原を検出，定量する方法である。2001年にPawaletzら[17]が報告した最初の方法は，前立腺がんの検体からがん浸潤の位置によるタンパク質発現を比較するために，レーザー・キャプチャー・マイクロ切片法により異なる組織部位の細胞を採取し，マイクロアレイ化したものである。

2003年には西塚ら[18]が60種類の各種がん細胞株からなるNCI-60がん細胞パネル細胞ライセートを用いた高密度フォーマットのRPAを開発し，タンパク質発現レベルでの薬剤・候補化合物への感受性を検討した。その他，放射線照射の影響評価なども行われている。

### 3.2.2　化合物チップ

1990年代後半から化学遺伝学が唱えられるようになってきた。これは，従来遺伝学では「変異」をもとにその表現型を観察していたところを，「低分子化合物」に置き換えたものである。化学遺伝学では，ある化合物で処理した際の分化誘導，形態変化，細胞周期変化などの表現型を確認し，その低分子化合物の標的分子を同定し，細胞表現型を理解する。この一連の流れをフォワード・ケミカル・ジェネティクス（forward chemical genetics）という。これに対し，目的とするタンパク質を調製後，その活性を制御する低分子化合物を得て，表現型を解析する手法をリバース・ケミカル・ジェネティクス（reverse chemical genetics）という。

化合物マイクロアレイは，後者のリバース・ケミカル・ジェネティクスにおいて威力を発揮するものとして，1999年ハーバード大学のSchreiberらにより最初に開発された[19]。続いて理化学研究所の長田らによって光固定化法を用いた化合物チップが開発され，現在までに，標的タンパク質に対する新しい低分子化合物が種々報告されており，創薬への応用が進められている[20]。

### 3.2.3　細胞チップ

細胞そのものをマイクロアレイして，水溶液中の生体分子との相互作用を観察するフォワード型も報告されているが，むしろマイクロアレイ型チップ上での細胞応答からアレイされたものを探索するリバース型が多く報告されている。

細胞応答を指標にするリバース型として代表的なものは，2001年にSabatiniら[21]が報告したリバース・トランスフェクション・アレイである。これは，核酸（DNAやsiRNAなど）と核酸導入補助剤（リポソームやアミンなど）を混合したトランスフェクション用複合体を，しきいのない固相面（ガラスやプラスチック基板）に配列させた核酸マイクロアレイである。このチップ表面上で細胞を培養してその表現型を観察することによって，DNAやsiRNAの機能探索を行うものである[22]。

この他に，様々な生体分子あるいは合成分子をマイクロアレイ固定化して，細胞との相互作用を調べる研究が様々行われている[23~25]。現在では，幹細胞の培養に適した基材の選別など，ハイ・スループット・スクリーニングのための方法論としても多く用いられるようになっている。

## 3.3　マイクロ流体型の展開

図２はマイクロ流体チップに関する発表論文数を2000年から2014年まで図示したものである（ISI Web of Scienceデータベースによる）。この14年間で30倍以上の爆発的な伸びを示しており，まさに展開期であったことが分かる。15年間の論文総数は20,000報余りで，その中の８割以上はバイオ関連応用が占めていると考えられる。

この爆発的展開を支えた大きな要因の一つが，ポリジメチルシロキサン（PDMS，シリコーンゴムの一種）を材料としたマイクロ流体チップ作製技術であったことは間違いない。その証拠に，再び同じデータベース（全期間）からこの分野で最も被引用数の多い論文を調べると，1998年に出版された，PDMSによる流路作製の報告[26]であった。

もともとこの分野は半導体加工技術を源流とし，MEMS技術を経て派生してきた経緯がある。そこで主流となっていた材料はシリコンとガラスであった。これらを加工してマイクロ流体チップを作製するには，流路を彫るためのエッチングと，そこにふたをするための接合という２つの工程が最低限必要であり，どちらもクリーンルーム設備と専門知識・スキルが必要であった。それに対してPDMSはモールディングによってマイクロ流路となる溝が加工でき，さらにPDMS表面の粘着性によって，接合工程もほとんどスマートフォンに保護フィルムを貼るぐらいの手軽さである。最初のモールド型（繰り返し使用可能）だけは露光やエッチングなど専門的な設備・技術が必要であるが，それ以降の工程はごく普通の実験室で誰でもできる。この手軽さによって，

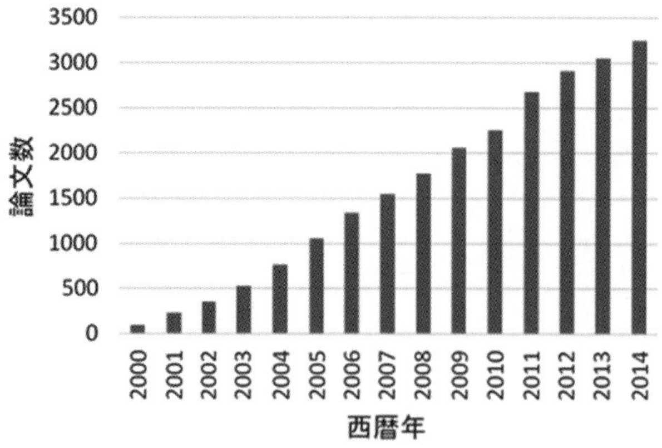


**図２　マイクロ流体チップに関する発表論文数の推移**
ISI web of Scienceデータベースにおいて，“microfluidic”のキーワードで検索した結果に基づき作成。

マイクロ流体チップ研究への参入障壁が下がり，研究人口の爆発的増加の一因となったことは間違いない。2000年までのマイクロ流体チップ黎明期においては，研究者の出身分野はおおむね２種類しかなかった。一つは分析化学，なかでもキャピラリー電気泳動や液体クロマトグラフィーの分野，もう一つはMEMS分野であった。PDMS技術の普及により，分子生物学や細胞生物学から研究者の参入が促進され，チップとその扱う対象物，両面での多様化，複雑化が加速した。

とりわけ増加したのが細胞を扱うマイクロ流体チップである。2000年までの黎明期においては，代表的なターゲットはDNAとタンパク質であった。これらは現在でも重要なターゲットであることに変わりはないが，より高次な生命の最小単位である細胞に対する関心の高まりは，バイオチップの研究分野にも大きな影響を及ぼしている。図２に引用した検索結果を，さらに“cell”というキーワードで絞り込んでみると，同じ2000年から2014年の間で実に82倍の伸びを示していた。そして過去10年間（2006-2015）に限れば，microfluidicというキーワードを持つ論文で被引用数が1,000回を超えていたものは２報だけあり（2015年６月時点），第１位は血中循環がん細胞を捕捉するマイクロ流体チップの報告[27]，第２位は“Cells on chips”というタイトルの総説であった[28]。

マイクロ流体チップは高いスループットを実現する鍵になる技術と位置づけられており，創薬分野も市場が大きい。ここで想定されているのは例えば培養細胞を薬剤候補化合物に暴露してその応答を調べるスクリーニング工程などである。第２編第４章１で詳述する。

### ３.４　DNAチップの標準化

このような学術的な流れとは別に，いろいろな種類のプロットフォームのDNAが市販されるようになると，夫々でデータが異なるという結果が明らかになってきた。そこで，データを公的に管理・保存するシステムが学術分野において整備されるようになった。代表的なものとして，米国食品医薬品局（FDA）がイニシアチブをとり，米国立衛星研究所（NIH），米環境保護局（EPA），米農務省（USDA），米国の遺伝子発現解析プラットフォーム製造会社などが参加したDNAチップの遺伝子発現解析の品質管理検定プロジェクト（micro array quality control：MAQC）の成果が，これまでに３回発表されている。

MAQCプロジェクト第一期（2005～2006）では，DNAマイクロアレイで得られたデータの精度が他の定量的なアッセイにより確認されたと結論付けた。しかし，結果については議論の余地が指摘されるところもあった。第二期（2007～2010）では，36チームが参加した。「臨床」「生物統計学」「トキシコゲノミクス」「MAQC Titration（混合試料の解析）」の4つのワーキンググループで，DNAマイクロアレイの研究の品質向上，医療応用への可能性について検証を進めた。

第三期（2009～2012）では，次世代シークエンサーとの関連で評価が行われることになり，SEQC（sequencing quality control；塩基配列解読の精度管理）プロジェクトも含めた比較が行われた[29]。標準配列が組み込まれた標準RNA試料を用いて，イルミナ社HiSeq，ライフテクノロジーズ社SOLiD，およびロシュ社の各プラットフォームを複数の研究室で試験することにより，ジャンクションの発見および差次的発現のプロファイリングに関するRNA塩基配列解読法（RNA-seq）の性能を評価し，相補的指標を用いてマイクロアレイおよび定量PCRデータとの比較を行った。アノテーションされていないエキソン・エキソン接合部が全ての塩基配列解読深度で見いだされ，その80％以上が定量PCRで検証された。特別なフィルターを用いると，相対的発現量の測定結果は全施設および全プラットフォームで正確かつ再現可能であることがわかった。これに対し，RNA-seqとマイクロアレイは正確な絶対的測定値を示さず，定量PCRを含め，試験した全てのプラットフォームで遺伝子特異的な偏りが観察された。測定性能は使用するプラットフォームおよびデータ分析パイプラインに依存し，転写レベルのプロファイリングは差が大きかったと報告されている。2013年から第四期も始まっており，患者特異的ゲノム情報や薬物副作用情報の精度確認が行われている。

欧州では，SPIDIA（standardization and improvement of generic pre-analytical tools and procedures for in vitro diagnostics）が，2009～2013年活動し，体外診断薬による診断のプレアナリシスに関する欧州の品質管理プロトコールとガイドラインを検討した。

日本でも産業界が中心となって，米国をはじめとする国外団体との国際協調を図りながら，バイオチップの産業化に向けた標準化を推進して市場を確立することを目標に，2007年10月にバイオチップ・コンソーシアムが発足している。また，経済産業省の委託事業で，テーラーメイド医療用診断機器分野での検討が行われており，現状を知ることができる[30]。

## 4　普及期へ向けて―応用展開―

DNAチップとして最初に欧米で認可されたのは，遺伝子型判定用のもので，Roche社のAmpliChip CYP450である（2004年）。これは，酵素として多くの薬剤を代謝することで知られているチトクロームP450の遺伝子の多型を調べるもので，アフィメトリクス社型である。個人ごとの薬物の治療効果や副作用の発現の可能性を調べることができる。日本では，東芝のクリニチップHPVがヒトパピローマウイルス型判別用として2009年に承認された。

遺伝子発現解析用では，オランダのベンチャー企業Agendia社が，70余りの遺伝子で乳がんの予後を診断するDNAマイクロアレイ「Mammaprint」を上市することに成功し（2004年），2007

表1　バイオチップを利用した市販されている臨床検査機器の例

| 製品 | 測定項目 | 原理 | 製造元 |
|---|---|---|---|
| i-STAT | 血液ガス，電解質，凝固，血液分析 | 間接的圧力駆動マイクロ流路，電気化学センサー | Abbott |
| Piccolo™ xpress | 血液分析24項目 | 遠心力駆動マイクロ流路 | Abaxis |
| バナリスト | CRP，肝機能，HbA1c | 遠心力駆動マイクロ流路 | ローム・ウシオ |
| ミュータスワコーi30 | 腫瘍マーカー | 電気泳動駆動マイクロ流路，自動蛍光測定装置 | 和光純薬 |
| Evidence-Biochip Analyzer | サイトカインなど22パネル | 抗体マイクロアレイ | Randox |
| Genelyzer™ II | 衛生管理用検査，コメ品種識別 | DNAチップ | 東芝 |

年にはFDAに認可された。切除された腫瘍における遺伝子発現を一度に調べ，遠隔転移リスクを数値化するものである。2015年には6番目の製品がFDAから認可された。発現解析用マイクロアレイ研究は，マイクロアレイの中核となるもので，様々な研究機関や企業が，様々な遺伝子をターゲットとして研究開発が進められている。この他に，米国Pathwork社のTissue of Origin Testが，15の悪性腫瘍の原発組織を特定するとして2008年にFDAから承認されている。

一方，遺伝子検査はもともとが，マーカーが未知で体外診断薬としても新しく，前処理を含めサンプル調製に手間を要するのに対し，すでにバイオマーカーとして既知で，体外診断薬として幅広く用いられてきたものについては，測定の自動化は進んできた。これを小型化して医療現場で迅速診断システムとして使うというpoint of care test（POCT）化が展開された。バイオチップを用いた測定の強みは，速い反応，少ない試料，低い消耗品コスト，小型で持ち運び容易な機器を用いることができることで，さらなるPOCTへの利用が期待される。バイオチップを用いた臨床向けの測定装置が，いくつか製品化されている（表1）。ただし，これまでのマイクロアレイ型を利用した自動化測定装置は，まだPOCTレベルとは言い難い。しかし，小型のアレルギー診断や自己免疫疾患，感染症免疫履歴診断用の分析システムが開発されるようになってきている[31)]。

マイクロ流体チップのバイオ応用が期待されるのは，4つの分野であるといわれている[32)]。創薬応用やPOCTの他に，3番目として，一般的なバイオ研究用機器としてもかなりの需要があると見込まれている。既にチップ電気泳動装置（Agilent Bioanalyzerなど）は普及しており，チップセルソーター（オンチップ・バイオテクノロジーズ）も実用化に成功している。これからは一細胞生物学など新しい応用も期待される。4番目には，バイオ関連の環境計測，バイオテロ対策など。これは少し特殊な用途かもしれないが，その場で簡便に計測したいという需要があり，その意味ではPOCTと同様にマイクロ流体チップの応用が期待されている。

## 5　おわりに

バイオチップのおよそ四半世紀にわたる歴史を概観した。微細加工技術とバイオテクノロジーが融合して形成された新しいこの技術は，その技術的基盤を強固にしながら，その応用範囲をこれから益々拡張し，展開してゆくことが期待できる。

## 文　　献


1) S. P. A. Fodor *et al.*, *Science*, **251**, 767 (1991)
2) M. Schena *et al.*, *Science*, **270**, 487 (1995)
3) D. J. Harrison *et al.*, *Science*, **261**, 895 (1993)
4) G. MacBeath & S. L. Schreiber, *Science*, **289**, 1760 (2000)
5) H. Zhu *et al.*, *Science*, **293**, 2101 (2001)
6) R. M. Wadkins *et al.*, *Biosens. Bioelectron*, **13**, 407 (1998)
7) W. H. Robinson *et al.*, *Nat. Med.*, **8**, 295 (2002)
8) Y. Feng *et al.*, *Clin. Chem.*, **50**, 416-422 (2004)
9) B. I. Fall *et al.*, *Anal. Chem.*, **75**, 336 (2003)
10) S. Park & I. Shin, *Angew. Chem., Int. Ed.*, **41**, 3180 (2002)
11) D. Wang *et al.*, *Nat. Biotechnol.*, **20**, 275 (2002)
12) S. Fukui *et al.*, *Nat. Biotechnol.*, **20**, 1011 (2002)
13) B. T. Houseman & M. Mrksich, *Chem. Biol.*, **9**, 443 (2002)
14) W. G. T. Willats *et al.*, *Proteomics*, **2**, 1666 (2002)
15) F. Fazio *et al.*, *J. Am. Chem. Soc.*, **124**, 14397 (2002)
16) S. Park *et al.*, *Chem. Soc. Rev.*, **42**, 4310 (2013)
17) C. P. Pawalets *et al.*, *Oncogene*, **20**, 1981 (2001)
18) S. Nishizuka *et al.*, *Proc. Natl. Acad. Sci. USA*, **100**, 14229 (2003)
19) G. MacBeath *et al.*, *J. Am. Chem. Soc.*, **121**, 7967 (1999)
20) Y. Kondoh *et al.*, *Methods Mol. Biol.*, **1263**, 29 (2015)
21) J. Ziauddin & D. M. Sabatini, *Nature*, **411**, 107 (2001)
22) 藤田聡史ほか，生物工学，**12**, 643 (2010)
23) Y. Ito & M. Nogawa, *Biomaterials*, **24**, 3021 (2003)
24) D. G. Anderson *et al.*, *Nat. Biotechnol.*, **22**, 863 (2004)
25) D. G. Anderson *et al.*, *Biomaterials*, **26**, 4892 (2005)
26) D. C. Duffy *et al.*, *Anal. Chem.*, **70**, 4974 (1998)
27) S. Nagrath *et al.*, *Nature*, **450**, 1235 (2007)
28) J. El-Ali *et al.*, *Nature*, **442**, 403 (2006)
29) SEQC/MAQC-III Consortium, *Nat. Biotechnol.*, **32**, 903 (2014)
30) http://www.aist.go.jp/pdf/aist_j/iryoukiki/2013/techrep_dnachip_fy2013.pdf
31) P. M. Sivakumar *et al.*, *PLoS One*, **8**, e81726 (2013)
32) D. Mark *et al.*, *Chem. Soc. Rev.*, **39**, 1153 (2010)

# 第2章　バイオチップの種類と特徴

伊藤嘉浩[*1]，細川和生[*2]

## 1　はじめに

バイオチップは，第1編第1章で述べたように，加工技術の相違や機能面から，マイクロアレイ型とマイクロ流体型に分類できる。単項目測定であったバイオセンサーが，前者では位置情報を含めて多種類の生体物質を固定化してマルチ化され，後者では微量の生体物質（流体）を取り扱えるように微細加工（マイクロ化）されるようなった（図1）。

## 2　マイクロアレイ型

マイクロアレイ型は，さらに大きく分けて，基板側にプローブ分子をマイクロアレイして，検体（アナライト）を分析するフォワード型と，基板側にスクリーニングする生体物質をマイクロアレイして新たな相互作用を発見するリバース型に分類される。主なマイクロアレイ型を表1に

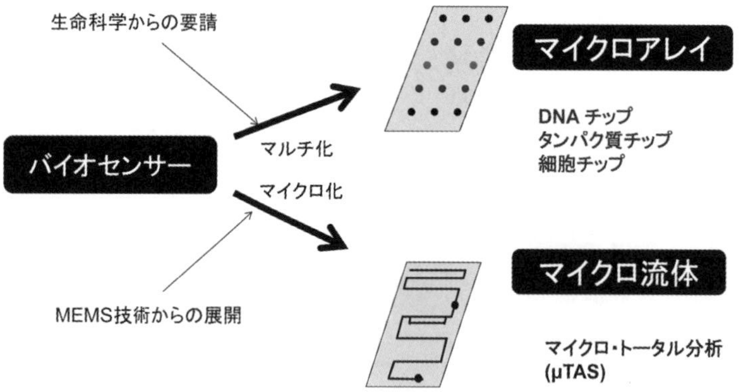


図1　バイオチップは，バイオセンサーのマルチ化とマイクロ化で各々マイクロアレイ型とマイクロ流体型に分類される

＊1　Yoshihiro Ito　国立研究開発法人理化学研究所　伊藤ナノ医工学研究室　主任研究員／同上　創発物性科学研究センター　創発生体工学材料研究チーム　チームリーダー

＊2　Kazuo Hosokawa　国立研究開発法人理化学研究所　前田バイオ工学研究室　専任研究員

表1　主なマイクロアレイの分類

| | マイクロアレイ固定化側生体物質 | 水溶液側生体物質 | 用途 |
|---|---|---|---|
| フォワード型 | DNA | DNA | 遺伝子配列解析 |
| | | RNA | 遺伝子発現解析 |
| | RNA | RNA | 遺伝子発現解析 |
| | 核酸アプタマー | タンパク質 | |
| | 抗体 | タンパク質，細胞 | 生化学診断<br>バイオマーカー探索 |
| | レクチン | 糖類 | 微生物分析 |
| | タンパク質 | タンパク質 | 生化学診断<br>バイオマーカー探索 |
| | 糖類 | タンパク質，細胞 | |
| | 抗原（含アレルゲン，自己抗原，ハプテン） | 抗体 | アレルギー診断<br>免疫履歴診断<br>自己免疫疾患診断 |
| リバース型 | 細胞破砕液 | 抗体 | リバース・タンパク質アレイ（RPA）<br>バイオマーカー探索 |
| | 低分子化合物 | タンパク質，酵素，細胞 | リバース・ケミカル・ゲノミクス<br>ハイ・スループット・スクリーニングによる創薬 |
| | ペプチド，糖類 | 抗体，タンパク質，細胞 | エピトープ・マッピング<br>細胞培養基材開発<br>創薬 |
| | DNA，RNA | 細胞 | リバース・トランスフェクション・アレイ（RTA） |
| | 合成，天然高分子素材 | 細胞 | 細胞培養基材開発 |
| | 生体組織 | 抗体 | 組織マイクロアレイ |

分類する。どのような生体分子がマイクロアレイ固定化され，どのような相互作用が検討されているかについては前書[1)]で詳述したので，ここでは，その要点をまとめる。

## 2.1　フォワード型

DNAチップは，現在では，ヒト，マウス，ラット，酵母など全ゲノムをカバーしたマイクロアレイが各社から市販されており，ゲノムワイドな遺伝子発現解析が当たり前のようにできるようになっている。また，発現解析だけでなく，シーケンサーと同様，一塩基多型（SNP），SNP情報を用いた全ゲノム関連解析（GWAS），非コードRNA，エピゲノム解析で用いられている。なかでも，クロマチン免疫沈降とマイクロアレイを組み合わせたChIP-on-Chip法は転写因子の結合部位やヒストン修飾，DNAメチル化などを解析する優れた手法となっている。これは，細胞を化学固定化した後，破砕し，抗体を用いて免疫沈澱させ，その後DNAを増幅し，そのDNAをDNAマイクロアレイ（ゲノム配列網羅的なタイリングアレイが必須）で分析する手法で，自動測定装置も市販されている。

チップの製造法としては，RNAをマイクロアレイしたものも検討されている。これは，マイクロRNAの分析では，短鎖のため，DNAとのハイブリダイゼーションでは検出感度や精度に問題があるため，核酸二重鎖の熱的安定性が最も高くなるRNA/RNA二重鎖相互作用を利用するためである。

タンパク質チップでは，抗体チップがフォワード型の典型であるが，抗体の代わりに核酸アプタマーを用いる試みも続けられている。抗体を使った分析は長い歴史があり，様々な抗体が作られてきているものの，動物を使って作る必要があり，モノクローナル抗体は，ハイブリドーマを用いて生産する必要も生じる。アプタマーは試験管内で探索でき，一旦配列が決まれば，これまでのDNAマイクロアレイの技術で作成可能である。また，タンパク質を分析する場合，キャプチャー分子となる核酸とは無関係にタンパク質特異的な染色法を使うことができ，抗体マイクロアレイを用いた検出法とは異なる簡便な方法も可能になってくる。まだ，研究例は少ないものの今後が期待できる。

### 2.2 リバース型

バイオマーカー探索のためや，創薬のために多くの研究が行われている。低分子化合物，ペプチド，糖鎖などのマイクロアレイは，抗体や酵素などタンパク質のプロファイリングに有効であると同時に，ハイ・スループット・スクリーニングを可能にしてリード化合物を探索し，創薬への応用が期待されている。

細胞破砕物マイクロアレイや組織マイクロアレイは，微量サンプルで多項目解析をできることが特徴で，バイオマーカー探索に有効と考えられ研究が進められている（第2編第2章）。

## 3 マイクロ流体型

マイクロ流体バイオチップに共通する構成要素は，マイクロ流路（microchannel）である。これはマイクロメートルからサブミリメートルの断面寸法を持った流体導管であり，しばしば枝分かれしたネットワーク構造を持っている。マイクロ流体チップの中心的な技術課題は，微量な流体をどのように制御するかということである。ここでは駆動方式という観点からマイクロ流体チップを分類する。

### 3.1 直接的圧力駆動

流体に圧力をかけて押し出す（あるいは負の圧力で吸い込む）のが最も直観的に分かり易く，あらゆる種類の流体に適用できる駆動方式である。これは大きく二つに分けることができ，一つはシリンジポンプ，ペリスタルティックポンプ，空気圧ポンプなどから直接流体に圧力をかける方式，もう一つはプランジャーや空気圧などでチップの一部を変形させ，流体に圧力を伝える方式である。前者があらゆる材質のマイクロ流体チップに適用できるのに対し，後者は変形できる柔らかい材質のマイクロ流体チップにのみ適用できる。前者の直接的な圧力駆動，特にシリンジポンプは微小な流量を制御することができ，チップ構造も単純で済むことから多くの研究者に好まれ，膨大な報告例がある。いくつか古典的な例を挙げると免疫学的測定法[2)]，細胞の部分的な刺激[3)]，多数の液滴の生成[4)]などがある。最後に挙げた液滴生成にはタンパク質結晶化条件スクリーニングなどいくつかのバイオ応用があり，現在ではdroplet microfluidicsという一つの研究分野を成している[5)]。シリンジポンプの問題点はチューブのつなぎこみに複雑な手作業が必要なことである。

### 3.2　間接的圧力駆動

間接的な圧力駆動は前述したとおり，チップの少なくとも一部が変形可能という材質上の制約を生じるが，試料・試薬が圧力源と切り離されているため，チューブのつなぎこみのような複雑な手作業がなく，汚染の危険も少ない。この原理はAbbott Point of Careのi-STAT Systemに採用されている。i-STATは早くから商業化に成功したポイントオブケア検査用マイクロ流体チップシステムで，全血中のグルコース，電解質，ガスなどを同時に計測できる。チップ上にあるパウチパックをプランジャーで押すことにより，パックに入った標準試料が押し出され，センサーの較正が行われる[6)]。

間接的な圧力駆動の応用で研究報告例が最も多いのは「マイクロ流体大規模集積」(microfluidic large-scale integration)[7)]と呼ばれる技術を用いたものであると思われる。これは全体がポリジメチルシロキサン（PDMS，シリコーンゴムの一種）でできたマイクロ流体チップにおいて，試料や試薬を通すためのマイクロ流路があるflow layerと，制御用の空気圧を導くためのマイクロ流路があるcontrol layerの２層を設け，その間はPDMSの薄い膜によって隔てておき，control layerからの空気圧によって微細な領域のPDMS膜を変形させてflow layerのマイクロ流路を閉ざすという，一種のマイクロバルブ動作に基づいている。こうしたマイクロバルブを３個以上組み合わせればぜん動運動によってポンプ動作も可能であり，環状流路に２液を導いた後に，ポンプ動作で液を回せば混合も行える。数cm角のマイクロ流体チップに数千ものマイクロバルブを集積化することが可能であり，微量の流体を制御する技術としては万能と言っても良い。商業化はFluidigm社が行っており，リアルタイムPCR，タンパク質結晶化などの専用チップが売られている。この技術が持つ制約としては，チップの材質がほぼPDMSに限られること，駆動のための周辺装置（空気圧力源や切り替えのための電磁弁）の小型化，コストダウンが難しいことが挙げられる。このマイクロ流体大規模集積を簡略化した技術としては，control layerの代わりに点字ディスプレイのピンを使ってマイクロ流路の開閉を制御するアイデアが報告されている[8)]。

ここでマイクロポンプについて触れておきたい。マイクロ流体チップに組み込むことを想定したマイクロポンプはこれまで実に様々なものが提案されてきたが，チップの一部が変形して圧力を生み出す機構になっているものが多いので，ここにまとめて分類する。マイクロポンプ研究は

MEMS研究とほぼ同じ長さの歴史（約30年）を持ち，その駆動原理としては静電気，圧電現象，熱による空気の膨張，形状記憶合金，バイメタル等々あらゆるものが提案されてきた[9]。しかしながらバイオ分野ではどれも実用化が進んでいないが現状である。マイクロポンプを組み込むとチップが複雑化することは避けられず，一方ほとんどのバイオ応用では，チップの再利用は汚染等のリスクがあり現実的ではないので，マイクロポンプによるコスト上昇に見合うメリットが見出せるケースは少ないものと考えられる。

### 3.3　遠心力による駆動

マイクロ流体チップを回転させ，生じた遠心力によってチップ内部の液体を移動させるのも有力な駆動手段である[10]。チップ形状は音楽用コンパクトディスクの規格に合わせて作られてあることが多く，Lab on a CDという別名を持つ。液体の移動を制御する手段としては回転数の変化とマイクロ流路の表面処理が用いられる。例えば試料水溶液を一時的に保持しておきたいチャンバーがチップ内にあるとする。そのチャンバーの出口流路に疎水的な表面処理を施しておくと，その流路はある圧力（ある回転数に相当）まで水溶液の通過に抵抗する。望みのタイミングで回転数を上げれば水溶液はそこを通過し，次のチャンバーに入る。このようなやり方で液体が移動する順番を複雑に制御することができ，様々な応用が可能である。代表例としてはGyros AB社のGyrolab Workstationがあり，タンパク質の免疫学的測定においては，わずか200 nLの試料体積，50分の分析時間でほぼ従来のELISAと同等の検出限界，CV値が得られている[11]。遠心力による駆動は上記の圧力駆動に比べればかなり外部装置が単純で済む。主な制約としては，検出法が実質的に光学検出に限られること，チップデザインを決めると流速等の条件変更がほぼ不可能であり，フレキシビリティーに欠けることなどがあるが，プロトコールが確立したポイントオブケア検査などでは有力な方法である。

### 3.4　電気浸透流および電気泳動

電気浸透流（electroosmotic flow）は古くから知られた現象であり，マイクロ流体チップが登場する以前に，キャピラリー電気泳動の分野で基礎的な技術開発が行われた[12]。キャピラリーの材質は一般的にガラスや溶融石英であり，その内壁面は中性ないし塩基性の水溶液に接触すると水素イオンを放出して負に帯電する。逆に水溶液側は正に帯電することになるが，その電荷は電気二重層と呼ばれる界面付近のごく狭い領域に局在する。その状態でキャピラリー管の両端から高電圧をかけると，電気二重層部分が静電気力を受け陽極から陰極の方向に動き，それに引きずられる形で水溶液が移動する。これが電気浸透流である。電気浸透流は機械的な可動部が不要であり，またシリンジポンプよりもつなぎこみ作業が容易である。次に述べる電気泳動との相性が良いこともあり，2000年前後までのマイクロタス研究黎明期においては非常に多くの報告があった[13,14]。

電気泳動（electrophoresis）は水溶液中の荷電粒子（イオン，高分子，コロイド粒子）が静電気力を受けて移動する現象であり，DNAやタンパク質の分離分析に利用される。マイクロ流体チップを利用した電気泳動の報告[15]は，マイクロタス研究が盛んとなるきっかけを作った。1999年に発売されたAgilent社のBioanalyzerは世界初のチップ電気泳動装置であり，おそらくは現在最も普及しているマイクロ流体バイオチップである。Bioanalyzerの主な機能はDNAやタンパク質のサイズ分離である。2009年に発売された和光純薬のミュータスワコーは，免疫学的測定法における，免疫複合体と遊離抗体の分離にチップ電気泳動を利用している[16]。電気浸透流と電気泳動の主な制約としては，高電圧が必要なこと，溶媒・溶質の種類が限定されることなどがある。

### 3.5　受動的な駆動方法

以上述べてきた流体駆動方法は，全て何らかの外部装置を必要とするものであった。一方で，外部装置を全く必要としない受動的・自発的な駆動方法も，筆者らの研究を含めていくつか提案されている。まず毛細管現象は，マイクロ流路のような微細な管ではよく見られる現象であり，最も簡単であるが，それだけでは管を液で満たすことしかできない。その解決策として，出口側に蒸発を促進する構造を設けることにより，連続的な送液を可能とするアイデアが発表されている[17]。また，筆者らはマイクロ流体チップの母材であるPDMSを一度脱気して，使用時に再び空気を吸い込ませることにより，マイクロ流路内を減圧し，液体を吸い込ませるという独自の駆動原理を提案した[18]。また，重力を利用した流体駆動もマイクロ流体チップ内での細胞培養に利用可能である[19]。これら受動的な駆動方法の強みは単純さということに尽きる。問題は流速が正確に制御できないことであるが，それでも有効に利用できる用途は一定数あると考えられる。

## 4　おわりに

DNAマイクロアレイやマイクロ電気泳動から始まり，生体分子から細胞，組織まで様々なマイクロアレイやマイクロ流体チップが開発されてきている。その原理や目的は多様である。今後，これらの技術がさらに複合化されて，有用なバイオチップが開発されてゆくものと期待できる。

## 文　　献

1)　伊藤嘉浩（監修），マイクロアレイ・バイオチップの最新技術，シーエムシー出版（2007）
2)　K. Sato *et al.*, *Anal. Chem.*, **72**, 1144（2000）
3)　S. Takayama *et al.*, *Nature.*, **411**, 1016（2001）
4)　B. Zheng *et al.*, *J. Am. Chem. Soc.*, **125**, 11170（2003）
5)　M. T. Guo *et al.*, *Lab Chip*, **12**, 2146（2012）

6) K. A. Erickson *et al., Clin. Chem.*, **39**, 283 (1993)
7) T. Thorsen *et al., Science*, **298**, 580 (2002)
8) W. Gu *et al., Proc. Natl. Acad. Sci., U.S.A*, **101**, 15863 (2004)
9) A. Nisar *et al., Sens. Actuators B*, **130**, 917 (2008)
10) R. Gorkin *et al., Lab Chip*, **10**, 1758 (2010)
11) N. Honda *et al., Clin. Chem.*, **51**, 1955 (2005)
12) 本多進，寺部茂（編）キャピラリー電気泳動　基礎と実際，講談社サイエンティフィック (1995)
13) G. J. M. Bruin, *Electrophoresis*, **21**, 3931 (2000)
14) H. A. Stone *et al., Annu. Rev. Fluid Mech.*, **36**, 381 (2004)
15) D. J. Harrison *et al., Science*, **261**, 895 (1993)
16) C. Kagebayashi *et al., Anal. Biochem.*, **388**, 306 (2009)
17) D. Juncker *et al., Anal. Chem.*, **74**, 6139 (2002)
18) K. Hosokawa *et al., Lab Chip*, **4**, 181 (2004)
19) E. Kondo *et al., J. Biosci. Bioeng.*, **118**, 356 (2014)

# 第3章　バイオチップに必要な要素技術

伊藤嘉浩[*1]，細川和生[*2]

## 1　はじめに

バイオチップに必要な要素技術については，マイクロアレイ型[1)]，マイクロ流体型[2~4)]ともに，既に詳しく解説している成書があるので，ここでは簡潔に全体像を述べる。なお，マイクロ流体型の成書[2,3)]では題名に「マイクロ化学チップ」「マイクロリアクター」とあるが，バイオチップとの間に技術的な境界線はない。以下，チップ作製のための基板材料・加工技術，最後にチップ上での現象を観察・測定するための検出技術について述べる。

## 2　基板材料

無機材料としてはシリコン，ガラス，溶融石英などが用いられる。これらの材料は半導体加工技術が直接応用できるため，2000年ごろまでの黎明期における研究では主流の基板材料であった。これらに共通する強みは機械的強度・耐熱性・化学的安定性に優れていることである。シリコンは半導体センサーを同じチップに集積化することが可能である。ガラスは化学の分野で最もなじみのある材料であり，バイオ応用ではキャピラリー電気泳動などの研究で培われてきた知見がそのまま適用できる。溶融石英は紫外線の透過性が良く，紫外線による吸光・蛍光検出が必要な場合に用いられる。これらの材料が持つ制約としては，高価なこと，加工が難しいことなどがあり，特にバイオチップは使い捨てが前提となっている場合が多いため，現在では次に述べる有機材料が主流となりつつある。

有機材料としてはポリジメチルシロキサン（PDMS，シリコーンゴムの一種），ポリメチルメタクリレート（PMMA，アクリル樹脂），ポリスチレン，ポリカーボネート，環状オレフィンコポリマー（COC），アガロース，ポリアクリルアミド，ニトロセルロース，ナイロン，ポリフッ化ビニリデンなどがあげられる。

マイクロアレイ型では多様な材料が使われ，表面処理して様々な官能基が導入され，その導入量を高めるために表面の3次元化が行われたり，固定化物とアナライトとの相互作用を促進する

＊1　Yoshihiro Ito　国立研究開発法人理化学研究所　伊藤ナノ医工学研究室　主任研究員／同上　創発物性科学研究センター　創発生体工学材料研究チーム　チームリーダー

＊2　Kazuo Hosokawa　国立研究開発法人理化学研究所　前田バイオ工学研究室　専任研究員

ためにポリエチレングリコールのようなスペーサー分子をチップ表面に導入することが有効であることも多く報告されている。

マイクロ流体チップには，圧倒的にPDMSを用いたものが多い。これは主として加工が容易なためであるが，ゴムが持つ柔軟性を活用した研究例もある。他のプラスチック材料も無機材料に比べれば加工が容易で，これは機械的強度・耐熱性・化学的安定性が無機材料に及ばないことの裏返しとも言えるが，多くのバイオチップでは素材の物理的・化学的安定性への要求はそれほど高くはないため，有機材料の安さと易加工性という強みの方が重視されるケースが多い。

## 3　加工技術

### 3.1　マイクロアレイ型[5~7)]

基板表面にマイクロアレイを作製するためには，多数の微細な領域にそれぞれ対応するDNA，抗体などの生体分子を固定化する必要がある。この工程はAffymetrix社のDNAチップ，GeneChipを代表とするオンチップ固相合成と，スポッティング（アレイング）と固定化の２段階によって行われる場合がある（第１章「バイオチップの歴史」参照）。

スポッティング装置（スポッター，アレイヤー）は接触型と非接触型に分類することができ，様々な会社から販売されている。接触型は，さらにピン型とスタンプ型に分類できる。前者のピンには様々な形状がある。キャピラリーチューブ，ソリッドピン，スプリットピン（先割れピン），シリコンピン（メタルピンより低コストで微細加工可能）などが知られている。スタンプ型は，ピン型を複数個束ねたような形となり，弾性スタンプを用いたソフトリソグラフィがよく知られている。

非接触型のスポッティング法には電界プリント法，液滴ディスペンス法と，レーザー・アブレーション法がある。NanoChip（Nanogen）は，電界プリント型を利用している。マイクロ電極で基板を正に帯電し，負電荷をもつDNAやRNAを吸着させている。液滴ディスペンス法の主な方法はインクジェット型，マイクロポンプ型と，エレクトロスプレイ・デポジション型がある。レーザー・アブレーション法では，直接法と間接法がある。直接法では，生体分子とグリセロール，緩衝剤を石英板に被覆し，そこにパルス・レーザーを照射し，被覆したなかの一部領域を蒸発させ基板上へ沈着させる方法である。間接法では，基板に予めレーザー処理をしてから生体分子を固定化する。

スポッティングされたDNA，抗体などの生体分子は様々なメカニズムで基板表面に固定化される。最初は固相法で合成可能な核酸やペプチドのオンチップ合成から始まったマイクロアレイ技術であるが，その技術の発展とともに，様々な生体分子の固定化が行われるようになり，従来の酵素固定化法で養われた技術を含め，様々な固定化法が考案されてきた。これまで報告されてきた方法としては物理固定化法，イオン結合法，包埋法，共有結合法（生体分子をそのまま固定化する場合と，修飾してから固定化する場合），生体親和性（ビオチン-アビジン結合など）を用いて固定化する方法などがある。

## 3.2　マイクロ流体型

マイクロ流体チップの基本構成要素，マイクロ流路は次の2段階の工程を経て作製される。①基板表面に微細な溝を形成し，②その表面に第2の基板を接合することによって溝にふたをする。どちらの工程も，基板材料を決定した後はさほど多くの選択肢は残らない。以下基板材料ごとに説明する。

シリコン，ガラスなど無機材料の場合，溝の形成にはウエット（液相）エッチングかドライ（気相）エッチングが用いられる。シリコンではかつては水酸化カリウム溶液を用いた結晶異方性ウエットエッチング法がよく用いられていたが，近年では反応性イオンエッチング（RIE）と呼ばれるドライエッチング法，とりわけ深く垂直な溝が彫れる，MEMSに特化したDeep RIE法がよく用いられる。ガラスではフッ化水素酸を主成分とする溶液でウエットエッチングにより溝を形成する。ガラスのドライエッチングも可能ではあるが，溝の底面が粗くなる場合が多く，光学検出に不都合なため，あまり用いられない。記述が前後するが，エッチングしたくない部分，つまり微細な溝以外の部分は全て事前に保護する必要がある。そのためには表面に保護膜を成膜，その上に感光性のフォトレジスト樹脂を成膜し，フォトリソグラフィによるパターン形成，保護膜のエッチングを経て，やっと基板材料のエッチングができる。その後はフォトレジスト膜と保護膜を除去するといった，一連の複雑な工程が必要である。

シリコン，ガラスなどの接合は数百℃の高温状態で圧力をかけることにより行われる。ガラス同士の場合は基板を重ね合わせて加圧しながら500～600℃程度に加熱する。シリコン同士の接合も1,000℃以上の条件で可能であるが，内部が観察できないため，バイオチップに用いられることはほとんどない。シリコンとガラスの組み合わせでは陽極接合という技術が用いられる。両基板を重ね合わせて約400℃に加熱し，ガラス側に500 Vほどの負電圧をかけると，ガラスとシリコンの間で大きな静電引力を生じ，界面で化学結合に至る。これら硬い材質同士の接合工程では，ほこり等による汚染は致命的であり，クリーンルーム環境が必須となる。

有機材料の場合，溝の形成は概ね鋳型の形状を表面に転写することによって行われる。その工程はエッチングよりもはるかに単純である。PDMSの場合は硬化前のプレポリマー溶液を鋳型に流し込み，適宜加熱することに硬化させる。硬化時間は温度に依存し，一般的には100℃で1時間程度，熱収縮による寸法変化を極度に嫌うようなケースでは室温で3日程度硬化させる。鋳型に与える熱的・機械的な負荷が低いため，鋳型の強度はほとんど必要なく，一般的にはシリコンやガラス基板表面に厚膜フォトレジストをパターニングしたものを鋳型として使用する。PMMAなどのプラスチック材料の溝加工では，少量生産の場合はホットエンボス加工が用いられる。これはプラスチック基板をガラス転移温度より少し高い温度（これは一般的なプラスチックの大量成形法である射出成形法を行う温度よりは100℃以上は低い）まで加熱し，金型を押し付けて形状を転写する加工法である。射出成形よりも装置が簡単で，また，同じ装置を接合工程にも流用できる。金型の加工は一般的な切削・研削加工か，極めて微細な構造はフォトリソグラフィと電鋳という，光ディスクの金型と同じ加工法によって作製される。

素材が柔らかいほど，接合工程におけるほこり等の影響を受けにくいため，接合の容易性はPDMS＞プラスチック＞無機材料の順となる。PDMSの接合工程には可逆的な接合と非可逆的な接合の２種類がある。可逆的な接合とは，PDMS加工面を別の平滑な表面（PDMS，シリコン，ガラス，プラスチック，金属等）上に単純に載せるだけである。PDMS表面が持つ粘着性により，室温で両者は接合され，流路に圧力をかけない限り剥離することはない。非可逆的な接合とは，PDMS加工面とその相手の面（この場合はシリコンか，その化合物であるPDMS，ガラス，石英等に限られる）の両方を酸素プラズマ等によって酸化し，貼り合わせる。界面で脱水縮合反応が起こり，PDMS母材と同等の強度で接合される。PMMAなどプラスチック材料の接合は，基本原理としてはガラスの接合と同じである。ただしガラスよりもプラスチックの方がはるかに低いガラス転移温度を持つため，接合は100～140℃程度で行われる。この工程ではホットエンボス装置を流用することも可能である。

## 4　検出技術

検出技術は，大きく標識法と非標識法に分類される（図１）。多項目を特異的に検出するには，一般的には標識法が用いられ，代表的な方法は蛍光法である。これは従来のバイオ分野において，蛍光検出技術が最も成熟・普及していることによるものであり，例えばキャピラリー電気泳動におけるLIF（laser induced fluorescence），セルソーターにおけるFACS（fluorescence activated cell sorting），細胞観察における蛍光イメージングなどの技術は，ほぼそのままバイオチップに応用されている。

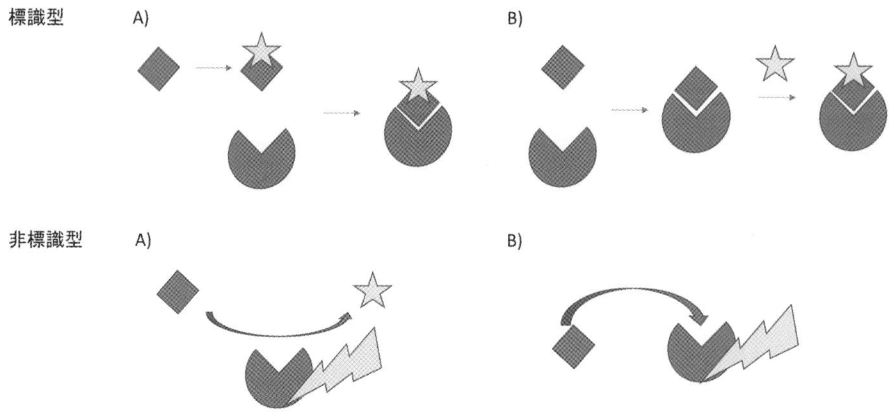


図１　検出技術の分類

検出技術は標識法と非標識法に分類される。さらに前者はA）キャプチャー分子との相互作用前から標識されている場合，B）相互作用してから標識される場合に分類され，後者はA）グルコースのようにグルコースオキシダーゼのような酵素で信号変換して検出する場合，B）相互作用によって生じる信号変化や結合したものをそのまま検出する場合に分類される。

蛍光法以外の光学的検出法として，まず化学発光法は励起光源が不要のため廉価で検出装置ができることから，タンパク質チップでよく利用され，一部の免疫学的測定用マイクロ流体チップにも用いられている。その他，金ナノ粒子でDNAを標識して銀（I）の還元反応よって感度を2桁向上した例が報告されている。また，タンパク質チップなどにおいては，DNAのように容易に増幅することができないため，シグナルの増幅の方法として，ローリングサークル増幅（RCA）法が考案されている。これは，DNAプライマーを結合した抗体を用いて，環状一本鎖DNAを鋳型にしたDNA鎖の増幅・伸長を行うもので，伸張されたDNA鎖に蛍光標識した多数のオリゴDNA相補鎖をハイブリッド形成させ，蛍光色素をチップ上の微小スポットに集積化するものである。

電気化学による検出は，光学的な検出に比べて装置を格段に小型化できる特徴があり，標識法，非標識法ともに採用例がある。この方法はセンサーを作りこむためにチップのコストが上がり，また光学的検出法ほどの汎用性（対象物質の多様性，時空間分解能）や検出感度はないものの，応用を絞り込めば非常に有力な方法であり，特にポイントオブケア検査への応用に適していると考えられる。電気化学法は東芝のDNAチップにも用いられている。

非標識法には，低分子量生体分子で物理的あるいは化学的なシグナルに変換できる場合や，グルコースのように酵素などにより生体分子の存在をシグナル化できる場合など比較的特殊な検出と，高分子量生体分子を表面プラズモン共鳴（SPR），水晶発振子マイクロバランス（QCM）法，マス・スペクトル（MS）法，原子間力顕微鏡などの原理によって検出する方法がある。実際にAbbott社のi-STATシステムでは片手で持てる装置で血糖値や血中ガス等の多点計測ができる。吸光度測定も一部のマイクロ流体チップで用いられている。標識が不要という大きな利点があるものの，マイクロ流体チップのように光路長が短いものでは高濃度の試料が必要となる。さらにDNAやタンパク質の吸収波長は紫外領域にあるため，それを透過するためにはチップ材質に大きな制約を生じるため，特殊な場合にのみ用いられる。

## 文　献


1）伊藤嘉浩（監修），マイクロアレイ・バイオチップの最新技術，シーエムシー出版（2007）
2）北森武彦ほか（編），マイクロ化学チップの技術と応用，丸善（2004）
3）吉田潤一（編），マイクロリアクターの開発と応用，シーエムシー出版（2008）
4）東レリサーチセンター，マイクロ流路―ものづくりと分析技術―，東レリサーチセンター調査研究部（2014）
5）I. Barulovic-Nad *et al.*, *Crit. Rev. Biotechnol.*, **26**, 237（2006）
6）R. Mukhopadhyay, *Anal. Chem.*, **78**, 5969（2006）
7）F. Rusmini *et al.*, *Biomacromolecules*, **8**, 1775（2006）

# 第4章　バイオチップを取り巻く環境

中江裕樹*

ゲノムにコードされる遺伝子全体に対して，遺伝子発現を解析できるバイオチップは，これまでほとんどが研究用として用いられてきた。数々のレポート[1,2]で評価されている市場規模も，創薬や大学・研究機関で研究用に用いられるバイオチップで見積られている。しかし，近年研究用から，産業用にバイオチップのマーケットがシフトしている。遺伝子の検出技術でいえば，PCRがまだ主流であるが，検査対象が複雑になり，ターゲットの数が，1つではなく複数のターゲットを同時に検出，測定する必要が増加しているため，単位ターゲットあたりの価格がPCRに比べ安価であることや，全ターゲットをほぼ同一条件で測定できるなどの有利な点が多いバイオチップが注目されているのである。

医療市場については，積水メディカルが，東芝のGenelyzer®システムを利用したクリニチップをHPV検査の臨床検査薬（IVD）として発売しているほか，住友ベークライトが承認申請を行っている[3]。食品市場については，三菱レイヨンのジェノパールの応用先として，“ニュートリゲノミクス”に基づく健康増進効果のある機能性食品開発，食品のアレルギー抑制や病気予防効果などの機能性の検証を挙げており[4]，さらに東洋製罐グループホールディングスのGENOGATEが，食品分野におけるカビ検査への活用を提案[5]している。このような食品検査への応用だけでなく，食品工場など，環境検査の分野においても，ジェノパールが，消費者を重視した食品安全検査や生産ラインの品質管理への応用を提案，東洋製罐グループホールディングスも同様のカビ検査を環境検査に応用することを提案している。これに加えて，カビなど食品工場等の衛生環境をモニタリングし，さらに汚染の状況に応じて，対策サービスを提供する複合サービスも，アース環境サービスが提案しており[6]，市場で利用可能になっている。このように，多項目を一度に解析できるバイオチップの利点を利用し，解析対象の幅が広がるとともに，バイオチップの産業利用は進んでいくと考えられる。

一方で，さらなる普及のためには，バイオチップによる測定技術そのものの改良よりむしろ，これまでバイオチップに関する研究テーマの表舞台に立ってこなかった異質な開発が必要とされるようになる。精度管理を視点においた測定の自動化や，幅広い応用分野の顧客が継続的に購入できる価格の実現，そして精度管理や認証制度を含めた社会基盤の整備が代表的な課題である。

1つ目は，自動化の問題である。自動化技術は，他の工業の技術がそのまま応用可能であると考えられることから，日本にアドバンテージがあるという見方もある。しかし，バイオチップの

---

＊　Hiroki Nakae　特定非営利活動法人バイオチップコンソーシアム　事務局　事務局長

システムにおける自動化の意義は，他の工業と幾分異なった視点から論じられてきた。例えば，測定技術が進歩し高感度になって，様々な対象に対応できるようになっても，その対象から検出対象となる核酸やタンパク質を抽出，測定が可能なサンプルに至る精製するプロセスは，当初バイオチップによる測定のシステムに含まれていなかった。どんなサンプルを用いても，結局測定対象となるのは，DNAやRNAなど共通の物質であるため，測定システムを独立させた方が開発に都合が良かったとも推察できる。一方でバイオチップによる測定のプロセスがいかに洗練されたものになろうとも，この抽出や精製といった前処理のプロセスが煩雑な状態では普及は望めない。そのため自動化が必要であるというのが，これまでの着眼であった。具体的には，前処理のプロセスはヒト組織，細菌や植物などの試料や，遺伝子，タンパク質，糖などの検出・測定の対象物質によって異なっているが，例えばDNAもしくはRNAの検出や測定の場合，これらDNAやRNAの抽出と精製を前処理で実施しなければならない。この前処理では，ヒト組織や動物細胞，細菌などの特定対象を溶かして細胞外にDNAやRNAを取り出すLysisのステップと，遠心機にセットするフィルター等を用いて，タンパク質や脂質などを取り除き，DNA，RNAを主成分とする溶液を取り出す精製のステップは少なくとも必要であり，通常この2つを組にしたキットを利用する。さらに，バイオチップによる測定手法の中には，精製のみでは直接測定できず，増幅や，蛍光色素などで測定対象をラベルするステップが必要な測定系も存在する。つまり，バイオチップによる測定系に必要な機器以外にも，このような前処理用のキットや，前処理に使う，PCR装置，恒温器，遠心機などの機器が必要な場合が多いのである。前処理のステップや使われる機器は，測定者の経済的な負担になるだけではなく，これらの機器が使える場所でなければ測定ができないということであり，バイオチップが，検査室などで使われる用途に限定され，普及を遅らせる1つの原因となっていることは事実である。このような背景から，これまでは前処理を含めたサンプルから測定値の解析結果まで，一貫したシステムとしての自動化が強く求められてきた。

自動化の考え方には2通りのアプローチがある。1つ目のアプローチは，自動化装置アプローチとも呼べるアプローチである。バイオチップ自体にサンプルの前処理から測定までのプロセスを実装し，解析機器にその後のデータ処理プロセスまでを追加して，サンプルから結果までを一貫して自動化した装置を作るアプローチである。このアプローチについて，いくつか実用化モデルが市場に出されている。和光純薬工業の全自動蛍光免疫測定装置ミュータスワコーｉ30は，同社の独自技術である「マイクロフリュイディクス技術」を抗原抗体反応に用いたシステムであり，プラスティック製基板に作製した100 μm程度の細い流路内で，試薬とサンプルの混合，抗原抗体反応，測定対象物質の分離，検出など免疫反応の一連の操作が，液相中で行えるのが特徴である[7)]。東芝の，Genelyzer™ Ⅱは，検体から抽出した核酸サンプルを検査用DNAチップカードに添加し装置にセットするだけで，何のDNAであるかを判定する検査装置である。従来，手作業で行っていた試薬調製や別装置で行っていた増幅操作等を自動化し，検査開始までの手間をDNAチップカードで自動化したことが特徴である[8)]。さらに，ウシオ電機の“バナリスト®エース”は，小型の分析装置と，測定チップから構成されており，微量な全血で，短時間に，高精度な測定ができる微量血液検査システムであり，全血からのサンプル処理と測定機能がチップに自動化されていることが特徴である[9]。このような自動化機器，将来的には，ベッドサイドでの測定と言われるように，検体を検査センターに送ることなく，病院で短時間に検査結果を入手できることから注目を集めている。

自動化へのアプローチは，これだけではない。臨床検査室など，検査を行うラボに，大型でスループットの高い機器を配置し，ロボットや搬送システムを結合させて自動化を実現する方法も重要な自動化アプローチである。この方法は，臨床検査室ではすでに一般的（例えばシスメックス社XN-9000®シリーズ，ロシュ・ダイアグノスティクス社Cobas®シリーズ等）である。システムアプローチとも呼べる方法であり，人が実施するよりもスループットが高く，誰が実施しても高い精度を維持できるということを主眼に置いている点で，他の多くの工業の考え方とも共通な視点が含まれている。確かに自動化装置アプローチでも大幅に精度を上げることができるだろう。しかしシステムアプローチで求められているのは，１日1,000検体を上回る処理量と，日々の厳密な精度管理である。大量の検体を処理できるシステムが導入されれば人件費負担を軽くすることが可能となるため設備投資も促進される。精度についていえば，測定値の操作者間差が生ずる機会を減少させられるだけでなく，もし検査室全体の不確かさの半分以上を生み出している測定前プロセスに自動化を導入することができれば，大幅に精度を高めることができると考えられる。さらに，精度管理物質等と複数の検査室の自動化システムの精度を総合的に評価することによって，高い精度管理を実現することができる。先に紹介した，シスメックス社のシステムでも，オンラインの精度管理サービスが提供されており，サービスにつながっている多くの自動化ラインの間で精度の比較が可能となっている。しかしながら，バイオチップの測定システムへの，このような自動化技術の適用は未だ進んでいるとは言えないのが実情である。これは，技術的な問題とは考えにくい。確かに上記の汎用の臨床検査システムには対応できないようなバイオチップにのみ必要なステップもあるかもしれないが，それを担う自動化機器の開発も進んでおり（プレシジョン・システム・サイエンス社Magtration®等），これに汎用のロボティクスを組み合わせれば，バイオチップ解析の自動化ラインを構築することに大きな障害はないと考えられる。また精度管理物質の整備も徐々に進んできており，精度管理のために自動化を行う動機も高まっていると考えられる。それでも自動化技術の適用が進まないのは，これまでの研究用の受託解析サービスや，少量の特殊な検査のための自動化機器には，生化学検査で行われているような，大きなスループットは要求されていないというのが現実ではないだろうか。精度管理が必要な産業分野・市場にバイオチップが普及し，検査にスループットが要求されるようになれば，バイオチップ用の標準物質の普及も促進され，これらの技術を用いて，精度管理が容易で，人件費を削減できる自動化が急速に進むと考えられる。

産業化推進のための２つ目の課題はバイオチップ検査の価格である。2015年現在，発現解析用のチップで１解析あたり，数万円から20万円程度という価格を，Web検索で見つけることができる。サンプル数が多ければ，１解析あたり２万円程度で解析が可能なサービスもある。２万円というと，ずいぶん安くなったと思われる読者も多いことだろう。しかし，この価格は，適正なのだろうか。診断薬の価格を考えると，バイオチップのような高度な技術を用いる検査でも，最も多い価格帯は２万円である。１解析が２万円を超える価格帯になってしまうと，医療分野といえどもビジネスとして成立させるのは難しそうである。他の分野も同様で，いかに多項目を同時に測定できることから１項目の費用が安価になったとしても，１回の検査自体の費用が一定水準以上になってしまえば，技術に高い興味を示す消費者（イノベーター）など一部のお客様には受け入れられるとも期待されるが，プロダクトライフサイクル上の導入期を超えるのは難しい。普及を望むのであれば，少なくとも製造原価をもとにしてメーカーが算出した価格を消費者に提示して受け入れられるかどうか，慎重な判断が必要である。

価格に関する議論は，これまで幾度となく繰り返されてきた。特にバイオチップでは，半導体メーカーも多数参入していたため，半導体で経験した熾烈な価格競争を思い出し，「低価格だと販売枚数は増加するが利益が見込めない」，「これまでの半導体市場のように価格競争が過剰となり良い製品が供給できなくなる」など，厳しい意見も聞かれてきた。しかし成長期に入る前の戦略価格の設定と，成熟期前の価格競争とは，区別して考える必要がある。対象となる生体物質が決まり，バイオチップを構成するための基本的な構造物の製造で低コストが実現できれば，多様な付加価値製品を市場に送り出せるのもバイオチップのメリットであるからである。

さらに価格の面から，バイオチップ市場の現状に目を向けてみよう。現在のバイオチップの多くは研究用途である。我が国は，研究用途特に，全遺伝子を網羅的に解析する網羅型のバイオチップ生産では，米国の製品に大きく水をあけられている。プロダクトライフサイクルの導入期の特徴でもあるが，このような状況においては，カスタム製品の需要が目立っている。通常の網羅型のバイオチップに搭載されていない遺伝子に対するプローブの追加や，既存製品でカバーされていない生物種のチップに対する要望，チップ構造までにも顧客のリクエストが及んだ上に，生産枚数では多くて数千枚，なかには数十枚というリクエストまである。仕様が顧客ごとに異なり，少数個別生産を余儀なくされるということがわかる。このようなリクエストに対応しながら，低価格を実現することはほとんど不可能と言っていい。メーカーが生産設備や製造担当者を維持することは難しいのである。このような少量の製品を生産するために，高い技術を要求される状況は，バイオチップ市場特有のものなのであろうか。実は工業が近代化する前の状況にヒントがある。工業の歴史を調べるうちに，次のような記述を見つけた。それは「実際の作業の中心は職人による「手仕事」であり，生産に道具が必要である場合も，その取り扱いに熟練を要するのが一般的である。」というものである。研究室用に開発されたスポッターを使い，博士課程を修了した高い技術を持つ設計者が直接生産を行って，少量個別生産に応える様子が的確に表現されている。この記述は，ウィキペディアの，「家内制手工業」の説明文の一節である[10]。家内制手工業は，成熟度が低い，工業の最も原始的な形態であり生産性も低い。低価格製品が求められている市場に対しても，普及する価格を提示できない一つの原因となっている。つまりバイオチップの工業は，未だ工業的に成熟していないのだ。家内制手工業の加工形態は，やがて原材料を仕入れる問屋が，機械を他の人に貸して生産性を上げる問屋制手工業に，さらには貸す機械を1箇所，すなわち工場に集め，労働者を雇って生産を行う工場制手工業，マニュファクチュアへ，そして自動化機械が導入され，工場制機械工業へと進歩する。工場制機械工業まで成熟して初めて，規格品の大量生産が可能になり，コスト低減が可能になるのである。

バイオチップ産業が工業的な成熟へ向かうためのドライビングフォースとなるのは，市場の成長と，生産の各段階での取引構造の整備・構築である。先に述べたように，バイオチップ製品の現在の市場は，研究用途としての市場である。同じ市場の成長であっても，主に国家プロジェクトのような公的な研究費が支える研究用途市場の今後の成長は，それほど期待できない。これ以上の市場の拡大が期待できるのは，やはり産業用途の市場である。医薬品の安全性試験や，食品検査，工場環境の検査など，一定の目的で，繰り返し，しかも大規模にバイオチップが使われるようにならない限り，一定仕様の製品を大量生産しようという動機は生まれて来ない。近年バイオチップの市場がこのような産業用途へのシフトを見せていることを冒頭に指摘した。このシフトが進むことによって，大量の製品の安定供給が市場から望まれるようになれば，各メーカーは，大量生産とその効率化の検討を余儀なくされるであろう。生産計画が立ち，部品供給や生産ラインの最適化，少数人員での生産などの検討が進めば，1チップあたりの原価を大幅に下げることは不可能ではない。このように，価格の問題は，単に価格競争により商品価値を下回る価格を付けるというような危機的な状況を意味しているのではない。バイオチップのビジネスが工業的に成熟し，大量生産によるチップ製造原価の低減により価格競争力を生み出すことで利益を確保しながら，顧客となる企業に受け入れられる価格を実現することである。顧客やアプリケーション毎に異なるにせよ，市場が拡大するのに十分な価格帯に入っていながら，そこに測定・検出対象の数や種類などの特徴や，前処理の容易なプロトコル，さらには他のサービスとの複合サービス等，付加価値を付けて市場を勝ち抜くことこそが，バイオチップ産業を構成する各企業に求められる姿である。

市場が拡大し始め，大量生産が視野に入ると，3つ目の課題が顕在化する。それは材料や部品の供給の問題である。少数個別生産では，そのたびに部品やプローブの材料オリゴDNAなどを供給業者に発注し，検査してから用いることができた。たまたま問題があっても，再合成などの処置で問題が解決される時間的余裕もある。しかし，これが大量生産のラインであれば，どのようなことが起こるだろうか。部品や材料が供給されなければラインが止まる。生産計画は崩れ，大きな損害が出ることになってしまうのである。当然供給メーカーを複数にすることも考えられるであろう。しかし，そうなれば，複数のメーカーから指定した均一な品質の材料が供給されることが不可欠になる。現在の研究用途のマーケットでは，一つのバイオチップメーカーが生産の全責任を負い，顧客に近い営業から，生産，部品の選定までの全プロセスを管理している。しかし，産業用途のバイオチップの生産は，このような1つ1つの企業が全工程の設計と管理を行うのではなく，材料メーカーや，部品メーカー，組立工場，営業，メンテナンスなどを複数の企業で分担することが必要になってくる。こうなって初めてバイオチップのビジネスは，産業と呼べるようになるのである。バイオチップビジネスを産業化することは，製品の生産の各段階で，材料メーカーや，部品メーカー，生産工場の間での取引構造を明確にし，1つの製品製造に関わる複数の企業が，共通の言語で会話できるような社会的な基盤の構築なしには達成することはできないのである。特にバイオチップの市場は，そもそも人類共通の需要を考慮して開発されているだけに，国内市場だけに留まり続けるということは考えにくい。一旦産業が構築され始めれば，対象はグローバルなマーケットに波及するため，国際的な企業間取引を想定して，精度管理や認証制度を含めた社会基盤の整備を進めることが不可欠なのである。具体的に必要な社会基盤とは標準化である。これまで研究用途では，ごく少数のメーカーのチップがデファクトスタンダード（事実上の標準）を勝ち取り，そのメーカーの手法，性能，精度管理がチップの利用における標準化の全てであった。このような状況では，そのごく少数のメーカー以外のプレイヤーが，研究用途のマーケットに新規参入することは容易ではない。よほどの性能差や利便性がなければ，ユーザーは，市場で多く使われているチップを選択してしまうであろう。ここでもマーケットが研究用途から産業用途へとシフトしていることがチャンスになる。研究用途では，精度管理が製品の選択にとって産業用途ほどは問題とはならない。解析を行っている研究室ごとに，独自の精度管理を開発し，たとえば精度の良いデータを出すために繰り返し実験を行っても，最終的に科学的に議論された結論を導くことができれば，研究用途の製品としては合格である。一方で産業用途の場合は，このような状況は許されない。臨床検査であれば，患者一人，食品検査であれば，食品のサンプル1個について，たった一度の検査が経済上許される回数である。それ以上の検査が精度のために必要であれば，それはコストが2倍以上になることを意味しており，既に議論した価格の低減施策など意味をなさなくなる。産業用途でその製品が使われるということは，一度の検査にどのくらいの不確かさが含まれているのかをメーカーが示すことが必要であり，その不確かさが，診断や検査といった用途で許される範囲であるかどうかが，製品選択の大きなカギとなる。さらに外国への輸出や，外国製品の利用を考える場合，少数のメーカーが大きな市場を独占している場合は必要なかったが，マーケットが拡大し，たくさんのメーカーが製品を供給するようになると，その性能や精度を複数の製品で比較して最終的な製品の選択をする必要が生じる。このような場合，各国で評価方法が異なると，検査が複数回必要になってしまうことや，結果の解釈に齟齬が生じ，思わぬ貿易の障害となるリスクが発生する。このリスクを減らすのが国際標準化である。世界各国の国々が参加する会議の中で，バイオチップによる検査に必要な，基本的な用語の定義，製品の性能評価，測定に用いるサンプルの品質，性能評価のための測定手法などを，統一した考えの中で文書化し，コンセンサスを得ることが必要不可欠なのである。

バイオチップに関係する国際標準化を推進するのがISO（International Organization for Standardization，国際標準化機構）である。ISOは，スイス・ジュネーブに本部を置く，電気関係以外の国際標準を策定する組織である。適用される産業領域に合わせて，2014年7月時点で240もの専門委員会（technical committee：TC）に分かれ，規格の開発が進められている。また，いくつかのTCでは，TCの下に，特定のテーマに関して規格開発を行う分科委員会（subcommittee：

SC）が設置されて運営されている。ISOでは，自ら定める専門業務手順書に従って，IS（国際標準），TS（技術仕様書），TR（技術報告書），PAS（公開仕様書）という4つのカテゴリの規格文書が作成されている。それぞれ，取り決め文書の色合いが濃いISから，ガイドライン的な文書であるTRやPASまで，強制力の強弱の違いや，発行までの投票の回数や期間の違いがある。これらの違いは全てISOの専門業務手順書に記載されており，この内容を正しく理解することがISOでの国際標準化活動には必要である。文書の内容的には，まさにグローバルなバイオチップの取引において，複数の国にまたがる企業間の共通認識に関わる取り決めについて述べられることになる。具体的な内容は，その分野で使われる基本的な用語の定義，バイオチップ製品の性能評価の手順や要求事項，性能や精度評価のための測定手法，妥当性評価や精度管理に用いられる施設間差の評価に用いられる標準物質の利用に関する記述などが含まれる。具体的な項目を見てもわかるように，主観的な表現になりがちな，また取引上認識の違いがあると問題になるような，バイオチップの性能や精度といった項目について，最少要求事項のような概念的な記述や，評価方法など結果を得るまでのプロトコルが明示される具体的な説明文書も開発の対象となっている。規格文書は，発行の直前の段階から，ISOのWebサイトで購入が可能であるが，日本から購入するのであれば日本規格協会のWebサイトを利用するのが良いだろう。

バイオチップに関連する規格開発に特に関係しているのは，TC 34（農産食品）のSCの1つであるTC 34/SC 16（分子生物指標の分析に係る横断的手法），TC 212（臨床検査及び体外診断検査システム），そしてTC 276（バイオテクノロジー）の3つのTCである。TC 34/SC 16は，食品検査を対象としているが，特にPCRを用いた定性・定量手法に関する国際標準の開発で実績があるSCである。規格文書の詳細を検討してみると，中には，PCRに用いる機器の評価方法の記述があり，評価するウェルの位置までが図示されていて非常に興味深い。TC 34/SC 16は，バイオチップの国際標準が初めて発行されたSCでもある。この規格，ISO 16578[11]は，日本がプロジェクトリーダーとなって，2013年に発行されたものである。バイオチップ（規格内では，マイクロアレイ）による分析において，最低限必要な要求事項や，標準物質を用いた性能評価に関する取り決めが記載されている。“Cross hybridization”など，分子生物学の研究で通常使われている用語も，ISOの中ではこの規格の中で最初に定義された。TC 34/SC 16は，現在開発中のISO 16577には，「分子生物指標」すなわち，molecular biomarkerの定義も収載される予定で，創薬等で広く使われる用語についても，このSCでの定義が進んでいる。

TC 212は，臨床検査室や，体外診断薬に関わる国際標準を開発するTCである。ここで開発された代表的な国際標準といえば，臨床検査室の認定の基礎となるISO 15189である。この標準は，TC 212のWG（working group）1で開発されたものだが，広く世界中の臨床検査室の認定に用いられており，日本でも治験を行う臨床検査室では，ISO 15189認定を取得するよう厚生労働省からの事務連絡[12]に記載されたことから，特に最近取得する臨床検査室が増加している。日本は，JCCLS（特定非営利活動法人日本臨床検査標準協議会）とJMAC（特定非営利活動法人バイオチップコンソーシアム）が共同で，2014年のTC 212総会において，遺伝子検査における多項目解析のための核酸品質に関する予備的作業を開始する提案を行い，全会一致で可決された。臨床検査における不確かさの要因の半分以上が測定ではなく，サンプルと前処理にあることが以前から指摘されており，測定にかけるサンプルの品質が検査の品質に対し，非常に重要であるにも関わらず，ISOに定義や要求事項がないことを指摘し，規格文書の開発を進める提案を行ったものである。文書のドラフティングはすでに始まっており，各国からの意見を総合して開発ステージが進められる予定になっている。JMACでは，これらの項目に加え，今後臨床検査室で使われる機器に関する規格開発も並行して進めている。

TC 276は，上記の2つのSC，TCよりも新しい，バイオテクノロジーに特化したTCであり，2014年12月に発足後初の会議が開催された。TC 34/SC 16や，TC 212のように，食品あるいは医療と，適用される産業分野が決まっているわけではなく，バイオテクノロジー全分野に共通する，ISO用語でいえばHorizontalな国際標準を開発するのがこのTCのミッションである。WG 1から4までの4つのWGで構成され，2015年4月の総会でWG 5の設置が決議されている。WG 1は用語の定義，WG 2はバイオバンク，WG 3は分析方法，WG 4はバイオプロセスに関する規格開発が始まっており，WG 5では，バイオ関係のデータ利用に関する国際標準が開発される計画である。このTCで，日本は再生医療に関する国際標準を開発しようと考えている。再生医療に関連する国際標準を議論するメインのWGは，WG 4；バイオプロセスであり，このWGのリーダー（ISOではconvener（コンビナー）と呼ぶ）には，日本のFIRMのメンバーが就任し，強力なリーダーシップを発揮しながら活動を進めている。さらに日本からはWG 3分析手法において，合成核酸の品質評価に関する規格開発を進めている。この規格は，PCRのプライマーや，バイオチップの材料となる合成核酸の品質評価に関わる用語の定義や要求事項を定めるもので，バイオチップが産業用途で広く使われるために不可欠の規格となると考えられる。規格開発は，まだ始まったばかりだが，各国の理解を得ながらISOが定めた手順に従って，発行まで日本がリードする計画となっている。

このようにバイオチップの標準開発は進んでいるが，具体的に産業化にポジティブな影響を出すためには，やはり認証・認定制度で，文書を利用することが必要となる。認証・認定制度は[13,14)]，国際規格の要求事項に適合しているかどうかを適合性評価機関が文書で保証する『認証』と，権威ある機関が適合性評価機関を審査し，認証を遂行する能力のあることを公式に承認する『認定』の明確な区別があり，特に技術的適合能力の評価の有無が両者を区別している。国際標準を開発することに成功した後には，このような制度を，構築することにより，それぞれのメーカーが提供する製品やサービスが，国際標準に適合していることを，第三者により示し，バイオチップの国際的な取引のルールに従った製品の供給を積極的に進めることにより，バイオチップが国際市場に普及し，産業化を強く牽引することになると期待される。

今後バイオチップは，本書で詳述される様々な検出技術に加えて，工業的に成熟した企業で構成されるバイオチップ産業を考慮し，そこで用いられる生産技術や，ユーザーの出した結果を保証するための精度管理技術が課題として認識され，標準化というツールを経由して，開発が進んでいくであろう。これらの開発が，検出技術との両輪で進むことによって，バイオチップ市場の成長が加速されると考えられる。

## 文　　献


1) DNAチップ市場の現状と将来展望，㈱シードプランニング（2008）
2) 注目バイオ世界市場に関する調査，㈱富士経済（2009）
3) 日経バイオテク，住友ベークライト，国がんセと共同開発したがん診断用DNAチップを承認申請，5遺伝子を同時測定，https://bio.nikkeibp.co.jp/article/news/20130708/169484/
4) 三菱レイヨン㈱，ジェノパール，http://www.mrc.co.jp/genome/about/use_appli.html
5) 東洋製罐グループホールディングス㈱，ジェノゲート，http://www.tskg-hd.com/service/dna01.html
6) アース環境サービス㈱，Eco News Letter，http://www.earth-kankyo.co.jp/company/newsletter/pdf/20130404_4.pdf
7) 薬事日報，http://www.yakuji.co.jp/entry11137.html
8) ㈱東芝，プレスリリース，http://www.toshiba.co.jp/about/press/2015_01/pr_j1901.htm
9) ウシオ電機㈱，製品・技術ニュース，http://www.ushio.co.jp/jp/NEWS/products/20080930.html
10) ウィキペディア，家内制手工業，http://ja.wikipedia.org/wiki/家内制手工業
11) ISO 16578:2013 : Molecular biomarker analysis—General definitions and requirements for microarray detection of specific nucleic acid sequences
12) 厚生労働省，事務連絡，治験における臨床検査等の精度管理に関する基本的考え方，2013年7月1日
13) (公財)日本適合性認定協会，認定と認証，http://www.jab.or.jp/contact/faq/q14.html
14) シスメックス㈱，認定と認証，https://sysmex-success.com/cs/iso/iso15189/outline/recognition.html

# 第1章　DNAチップ

## 1　DNAチップ概説と動向

中江裕樹*

バイオチップとは，DNA，タンパク質，糖鎖などの生体分子あるいは細胞などのプローブを基板上に高密度に多数固定化しておき，検出対象の生体分子や化合物との相互作用を利用して同時に高速・大量の検出および解析を行うツールである[1)]。DNAチップとは，バイオチップの一種であり，DNAをプローブとして核酸を中心とする生体分子を検出するチップのことを総称している。1980年代，マイクロアレイの開発当初は，AffymetrixのGeneChipが半導体技術を用いて作られていること，半導体チップの隆盛に対する陰りを危惧した多くの電機メーカーが興味を持ったことなどから，半導体チップに準えてDNAチップと呼ばれるようになり定着したと考えられる。DNAチップは技術の発展と共に，DNAプローブを基板や膜，電極に固定してターゲットを解析するチップだけではなく，生体サンプルから核酸を分離する機能を持つデバイスもDNAチップに含まれるようになってきた。

バイオチップに関係する技術が今後どのように変化し，定義も変わって行くのか，まずmRNAを検出する発現解析用のDNAチップが生み出された背景に焦点を当ててみよう。DNAチップが発明される以前，RNAを検出する技術といえば，ノーザンブロッティングであった。これは，あらかじめ放射線でラベルしておいたプローブを利用し，電気泳動後，RNAのバンドを膜に写し取ったものを検出する手法である。DNAのバンドを検出するサザンブロッティングをベースにして考案されたものである。サザンブロッティングという名前は，この手法の発明者であるEdwin Southern博士からとられたものである。ノーザンブロッティングは，発明者名とは無関係なため小文字で書くのだが，Southernと対比させたのは，なかなか洒落たネーミングである。ノーザンブロッティングで検出できるのは，ターゲットとなるRNAの分子量すなわち鎖長である。しかしながらRNAが分解しやすいことなどもあり，技術的に分子量を高精度に解析することは難しかった。そのため，相対的な長さの比較がせいぜいであり，放射線プローブがハイブリダイゼーション（hybridization；以下ハイブリ）しているターゲットを明確に議論することは非常に難しい場合が多かった。当時は，世界各国の研究室が新しい遺伝子の探索・発見に注力する遺伝子ハンティングの時代であり，クローニングされた遺伝子をプラスミドの状態で放射線ラベルし，RNAをターゲットとしてハイブリさせ，放射線のシグナルがオートラジオグラフで確認されることで遺伝子の発現が確認できただけでも非常に貴重なデータだったのである。その後，ゲノム時代が到

＊　Hiroki Nakae　特定非営利活動法人バイオチップコンソーシアム　事務局　事務局長

来すると，全ての遺伝子に対応する塩基配列を，実験前にあらかじめ知ることができるようになった。核酸合成技術が開発され，一般化し，配列がわかれば，その配列と相補的な配列を持つオリゴDNAも合成できるようになった。ここまで来て，まさに発想が逆転する。最初からすべての遺伝子に対するプローブを合成しておき，後でわかるように，基板の特定の場所に固定しておいた上で，今度は調べたいRNAを逆転写して増幅する間に全て蛍光でラベルしてしまう。その後ハイブリを行えば，調べたいRNAに対するプローブを固定した場所が蛍光で光る，これがDNAチップである。逆転の発想だったため，ノーザンブロッティングでは，膜に着ける方がターゲット，ラベルする方がプローブであったが，DNAチップでは基板に固定する方がプローブ，ラベルする方がターゲットとなり呼び方も混乱していた。ノーザンブロッティングでは，電気泳動から予測される分子量のみがターゲットに結びつく特性であり，直接ターゲット分子を明言できるデータは得られなかったが，DNAチップの開発により，もはや電気泳動上の分子量ではなく，特定の塩基配列をシグナルに結びつけることができるようになった。検出したいターゲットの塩基配列に相補的な塩基配列をもつプローブを特定の場所に固定しておけば，その場所から検出される蛍光で，少なくともターゲットの配列をもつ分子の量的なデータ，すなわち発現強度を測定することができる。このことから考えると，DNAチップのコア技術とは「配列とシグナルの対応」，すなわち特定の塩基配列と，その検出量に対応するシグナルが高精度に対応付けられること，ということができる。このコア技術を軸にして，DNAチップは，さまざまな高機能化が行われてきた。どのような高機能化がなされ，それぞれどのような特徴があるのかを，表1を参照しながら説明する。まず基板を高機能化することによって，ハイブリ反応を大幅に効率化するプラットフォームが開発されている。例えば，東レの3D-Geneである[2]。配列とシグナルの対応に「場所」というタグを使う場合，たくさんのプローブを載せるには，たくさんの「場所」が必要になる。当然

**表1　さまざまなDNAチップの構成に関する比較**

ナノポア以外，すべての手法でハイブリがターゲットの検出に使われている一方で，シグナルへのタグは技術によって様々であり，技術開発がこの機能に集中していたことがわかる。

| | ターゲットへのタグ | タグの変換 | シグナルへのタグ | ターゲット検出方法 | シグナル |
|---|---|---|---|---|---|
| northern ブロッティング | 分子量 | 電気泳動パターン | 場所（ブロッティング） | ハイブリ | オートラジオグラフィ |
| DNAチップ | 配列 | 合成オリゴ | 場所 | ハイブリ | 蛍光 |
| DMAT（BIOCARTIS） | 配列 | 合成オリゴ | コード | ハイブリ | 蛍光 |
| xMAP（Luminex） | 配列 | 合成オリゴ | ビーズの蛍光 | ハイブリ | 蛍光 |
| Genelyzer（東芝） | 配列 | 合成オリゴ | 場所 | ハイブリ | 電流 |
| ナノポア（Quantum Biosystems） | 配列 | （不要） | （不要） | シーケンス | 個数 |

面積が大きくなるが，そうなるとターゲットの分子数が非常に少ない場合など，DNAチップの全プローブ領域まで，自然の拡散だけではターゲットが到達しない可能性が出てくる。そのため東レでは，樹脂基板上にプローブをスポットするための台を作り，台の下に微小ビーズを配置して攪拌する仕組みを開発した。基板材料と構造の工夫による効果は絶大で，攪拌効果だけではなく，台のトップに焦点を合わせてスキャンすることによるバックグラウンドノイズの低減や，さらに自家蛍光が少ない樹脂材料を選択することによって，大幅な高感度化が達成されている。非常に微量な発現解析や，最近ではmiRNAの検出で市場から注目されている。miRNAに関しては，この基板材料や構造の開発に加えて，血液からのmiRNA画分の抽出試薬も独自開発することで，新しいバイオマーカー，miRNAの高感度検出システムを実現している[3)]。

DNAチップのコア技術，「配列とシグナルの対応」を実現するためには，２つの要素技術が必要である。まず配列という記号は，オリゴDNAを合成することで物質に変換され，ハイブリでターゲットを検出できるようになるが，このターゲット分子の配列とシグナルとの関係を保持し，得られるシグナルにタグを付けることが，１つ目の要素技術である。たとえば上述したように，基板にプローブを固定するDNAチップの場合には，特定配列を持つ合成オリゴDNAを特定の「場所」に固定化することで，後で検出したシグナルがどのターゲットのシグナルであるのかわかるようにタグ付けしているのである。次の要素技術は，シグナルそのものの取り出し方，すなわちターゲット分子の量を可視化する技術である。一般的なDNAチップの場合には，ターゲットを蛍光ラベルし，ハイブリを介して相補的な配列を持つプローブにターゲットの蛍光色素を結合させる。蛍光色素の量は，ターゲットの量と相関しているので，蛍光シグナルを，スキャナと呼ばれる読み取り機で読み取ると，サンプル中のターゲット量が計測できる。このようにして，ターゲット分子の量を可視化しているのである。シグナルへのタグ付け，さらにどのようなシグナルを使うのか，これら２つの要素に対し，さまざまな技術開発が行われてきた。まずシグナルへのタグ付けについては，基板の場所を使う以外にも，様々な方法が開発されてきた。例として，Biocartis社のIdylla™ system[4)]など，基板をばらばらにするようなイメージの手法を用いたデバイスや，Luminexのようにビーズを用いてセルソーターのように解析するシステムも開発されている。いずれもシグナルへのタグ付けを，独自の技術で実現するシステムとなっている。Idylla™ systemに使われている技術はDMAT法と呼ばれ，macrocarrierと呼ばれる40 μm程の微小なディスクに穴をあけることでコードを付記し，そのコードで特定の配列を識別する手法を用いている。またLuminexでは，板ではなく，マイクロビーズと呼ばれる粒子を，後で見分けがつくように，さまざまな濃度の組み合わせによる２色の蛍光色素でラベルした後，特定の濃度のビーズに特定のオリゴDNAを結合させた上で，ターゲットとハイブリさせ，もう１つ別の蛍光色素でシグナルを検出する技術である[5)]。Biocartis社の技術の場合「場所」の代わりにマイクロキャリアのコードを用い，Luminex社の場合はビーズ自体の蛍光を用いてシグナルに対しタグ付けを行っているということができる。これらの方法は，DNAチップの「場所」によるシグナルの識別を解析システムから取り除くことを動機として技術開発がなされたのであろう。場所を固定しなくてよくなれば，全プローブをサンプルと共にハイブリ反応液中で攪拌することも可能であるし，反応液の量も減らすことができるというメリットも出せるのである。

さらに，２つ目の要素技術である検出に使うシグナルについても，改良がなされてきた。東芝のGenelizer™が良い例である[6]。DNAチップのシグナル検出には，蛍光色素が最も多く使われるが，検出用の蛍光色素は価格が高く，DNAチップの高いコストの一因となっている。東芝のDNAチップは，金電極の上に固定したプローブと，２本鎖DNAに結合するインターカレーターと呼ばれる色素を用い，蛍光を検出するのではなく，電極とインターカレーターの間に流れる電流を計測して，ターゲットとハイブリしたプローブの検出を行う，日本発の技術を用いている。この技術により，価格の高い蛍光色素を，解析システムから取り除き，さらに蛍光検出が不要であるため，装置の小型化にも成功している。このように，配列をシグナルと結びつけるコア技術を構成している２つの要素技術を改良することによって，DNAチップは高機能化してきた。研究用途市場の次に立ち上がりつつある産業用途市場では，このような改良により製品が普及していくことが期待される。これまで紹介してきた技術は全て「配列とシグナルの対応」に，特定の核酸配列をもった単鎖DNAが，相補的な配列をもつ単鎖DNAと水素結合するハイブリダイゼーションのステップを利用している。将来的には，特定配列やシグナルをタグやコードなどでマークせず，DNAの配列そのものを検出する方法も利用されてくると考えられる。配列の検出は，現在の言葉で言えば“シーケンサー”である。しかし，大阪大学と名古屋大学の共同プロジェクトの成果[7]によって生まれたナノポア技術は，シーケンサーという枠に留まらないかもしれない。この技術は，シリコン基板を加工して，サブナノメートルサイズのナノポアと呼ばれる電極を作製し，ナノポアに設置されたナノギャップ電極を通過するDNAやRNAの運動を，電圧制御でコントロールした上で，トンネル電流を測定，そのコンダクタンスの分布から塩基を特定する技術である。生体物質を一切使わず，すべてシリコン技術で構築できる微小センサーであり，将来的にはこのセンサーを用いた小型のデバイスが開発されると期待され，2013年の初頭には，クオンタムバイオシステムズ（QB社）というベンチャー企業が設立された。このデバイスが開発されれば，特定の塩基配列に対応するシグナルをタグ付けしてわかるようにしておかなくても，一つ一つの分子の解析結果から塩基配列データが出力されるため，そのデータの個数をカウントすることによってシグナル値に相当するものを得ることができる。タグ付けを一切することなく，DNAチップの「配列とシグナルの対応」を実現することができるのである。QB社は，後述する前処理のステップもデバイスに組み込むことを検討しており，小型化されたデバイスは，まさに将来的なバイオチップ，DNAチップと呼ぶにふさわしいデバイスになると期待される。

バイオチップの開発者の方々など，シーケンサーをバイオチップのライバルと見る読者も多いだろう。しかし改めて強調したいのは，産業用途の市場では，研究用途の市場と異なり，新技術は必ずしもこれまでの技術を消し去ることはない。市場原理で価格と機能が評価されて選択されるため，たとえばPCRも，少ない項目の検査に対して使われ続けるであろう。将来的には個々の技術のメリット，デメリットを考慮しながら市場で製品として選択されるようになると考えられる。

以上述べてきたように，技術の進歩と共にDNAチップも様々な技術的発展を遂げてきた。DNAチップの技術の広がりを考えると「同時に多数のターゲットが解析できるDNA解析デバイス」は，すべてDNAチップと呼べるのではないだろうか。

DNAチップの選択も増え，産業利用も進むと，これまで認識されてこなかった課題が顕在化してくる。研究用途では，研究者やコアラボの技術者が実験操作を行うことが多かった。しかし，産業用途が進めば，少人数でかつ，新しく検査室に入ったような未だスキルの十分でない技術者が操作をすることも想定されるだろう。場合によっては全く分子生物の実験経験がない作業者や一般の人までもがDNAチップの操作を行う場面も想定する必要がある。そのため今後はDNAチップで検出したシグナル値の測定だけでなく，対象となるサンプルからのDNAの抽出や，解析も含めたシステムの開発が進んでくると考えられる。

前処理については，検査ラボなど大規模な検査室で使われる場合，現在生化学検査などで実施されているように，測定プロセスと前処理を独立させ，ロボットなどで自動化したラインを組む方がコスト的にもスループット的にも有利であると考えられる。しかし，POCT（point of care testing）と呼ばれる，ベッドサイドや欧州で盛んに行われているような薬局などで行われる検査を考えると，前処理がDNAチップの中に実装されることも，ユーザーの利便性を上げると考えられる。μTASやLab-on-a-chipと呼ばれる前処理を組み込んだDNAチップがすでに市販されている他，今後の技術開発も進むであろうと予想される。さらにこのような実験操作のチップ内への実装には別のメリットもある。産業用途では使われる場合には，同じ検査を繰り返し実施することになってくるため，コンタミネーションの問題が懸念されるが，それを防止できる効果もある。たとえばDNAチップによる測定にPCRやLAMPなどの増幅ステップが入る定性試験などでは，現在ラボにおいては，Pre-PCRの操作とPost-PCRの操作を行う部屋を区別するなどの対策が取られていることが多い。サンプルの調整操作をDNAチップに実装することができれば，増幅処理の区画をデバイス内の構造によって隔離し，増幅産物を一切デバイスの外に出すことなく解析を行った後，デバイスごと廃棄できるようにすることも可能である。こうすれば，コンタミネーションの問題は大きく軽減できるようになり，さらにはサンプルへの接触機会を低減することで安全性も向上すると考えられる。

DNAチップの産業用途への利用は，近年大幅に進んできた。医療分野では，多くのDNAチップによる診断薬が，FDAの製造販売承認を受けている。国内でも，東芝が積水メディカルと組んで，HPVのタイピングを行うDNAチップ「クリニチップ®」の製造販売承認を2009年に取得している[8]他，複数の国内メーカーが製造販売承認の計画を発表している[9]。また，東レも最先端の次世代がん診断システムの開発へ向け，産学官連携プロジェクトに参画している。食品分野では，東洋製罐グループホールディングス㈱がGENOGATEと呼ばれる検査向けサービスを開始している他，東芝は，DNA検査装置Genelyzer™ IIで用いる食中毒菌検出用DNAチップカードや，米の品種判別用のDNAチップカードを発表している[10]。東洋製罐グループホールディングスでは，GENOGATE[11]を食品検査だけでなく，食品工場や病院，農業現場，文化財施設など，環境管理への応用展開を行っており，今後産業用途市場への参入が本格化すること考えられる。以上のように，DNAチップの対象とするマーケットは，医療から食品や環境管理へと広がってきており，産業化への対応を主眼に置いた開発も進むことで，今後のさらなる普及や，市場の拡大が，大きな期待を集めている。

## 文　　献


1）ジェトロセンサー，**3**，64（2009）
2）東レ㈱，3D-Gene, http://www.3d-gene.com/
3）東レ㈱，血液からのmiRNA解析，
http://www.3d-gene.com/service/analysis/ana_002.html
4）BIOCARTIS, Idylla system, https://www.biocartis.com/idylla
5）Luminex, xMAP technology,
https://www.luminexcorp.com/ja/research/our-technology/xmap-technology/
6）㈱東芝，プレスリリース，
http://www.toshiba.co.jp/about/press/2015_01/pr_j1901.htm
7）T. Ohshiro *et al*., *Sci. Rep*., **2**, doi: 10.1038/srep00501（2012）
8）積水メディカル㈱，リリース，
http://www.sekisuimedical.jp/news/release/090806.html
9）日経バイオテク「住友ベークライト，国がんセと共同開発したがん診断用DNAチップを承認申請，5遺伝子を同時測定」，
https://bio.nikkeibp.co.jp/article/news/20130708/169484/
10）㈱東芝，プレスリリース
http://www.toshiba.co.jp/about/press/2015_01/pr_j1901.htm
11）東洋製罐グループホールディングス㈱，ジェノゲート，
http://www.tskg-hd.com/service/dna01.html

## 2　ナノワイヤ3次元構造によるDNA解析技術の開発

加地範匡[*1]，安井隆雄[*2]，湯川　博[*3]，馬場嘉信[*4]

### 2.1　はじめに

マイクロチップ電気泳動法（microchip electrophoresis method）は，ガラスやプラスチックの基板上に作製した幅100 μm程度のマイクロ流路内に試料を分離するための分離媒体を充填し，試料の電気泳動を行うことで高速かつハイスループットな分離を実現する分析法である。この手法は，1990年にmicro Total Analysis Systems（μTAS）の概念が提唱[1)]された時点で，すでに最も分析性能の向上が見込める手法のひとつであることが理論的に予測されており，現在ではこの手法を用いたDNAやRNA，タンパク質の分離分析装置が数多く市販されるに至っている。マイクロチップ電気泳動法[2)]は，それまでのゲル電気泳動法やキャピラリー電気泳動法と比較して，必要な試料量を大きく低減し，分離速度と分離能を大きく向上させ，前後に必要とされる前処理や試料再回収といった工程を一枚のチップ上に集積化することで解析操作全体のスループットの向上に成功してきた。しかしながら分離原理そのものは，以前の方法と同様に分子ふるい効果や分子間のアフィニティを利用したものであることから，さらなる性能の向上を望むことは難しいため，全く新しいコンセプトに基づいた手法の開発が進められている。本稿では，従来の分離媒体に代わるナノワイヤ構造体を用いた新しいDNA解析技術の研究開発状況について概説する。

### 2.2　ナノ構造体によるDNA解析技術

DNAやRNAといった核酸は，その長さに依らず質量電荷比が一定のため，サイズごとに分離する際には分子ふるい効果を生み出すような分離媒体が必要となる。（厳密には約500 bp以上の場合であり，それ以下のサイズの核酸については自由溶液中でも分離できる）従来のガラスやプラスチック基板を用いたマイクロチップ電気泳動は，粘度の高いゲルやポリマーの充填が難しく，充填の際に気泡が混入すると電気泳動そのものができないことがあった。また，他の行程との集積化，例えばナノポアを用いた1分子DNAのダイレクトシーケンシングにDNAの抽出や分離と

---

＊1　Noritada Kaji　名古屋大学　大学院工学研究科　化学・生物工学専攻　応用化学分野　准教授；同大学　先端ナノバイオデバイス研究センター；同大学　大学院理学研究科　ERATO東山ライブホロニクスプロジェクト

＊2　Takao Yasui　名古屋大学　大学院工学研究科　化学・生物工学専攻　応用化学分野　助教；同大学　先端ナノバイオデバイス研究センター

＊3　Hirosi Yukawa　名古屋大学　大学院工学研究科　化学・生物工学専攻　応用化学分野　特任講師；同大学　先端ナノバイオデバイス研究センター

＊4　Yoshinobu Baba　名古屋大学　大学院工学研究科　化学・生物工学専攻　応用化学分野　教授；同大学　先端ナノバイオデバイス研究センター　センター長；国立研究開発法人産業技術総合研究所　健康工学研究部門

いった前処理工程を集積化しようとすると，ゲルやポリマー類の充填そのものができない事態が生じる。このような事態を回避するため，マイクロ流路内にナノピラーアレイ[3,4]やナノウォールアレイ[5]，ナノフィルターアレイ[6~8]，ナノフェンスアレイ[9]，ナノチャネル[10,11]，ナノ粒子[12~15]といった半導体分野で培われた微細加工技術により様々なナノ構造体を作製し，新しい原理に基づいたDNA解析技術が開発されてきた。これは，解析対象であるDNAが数十nmから数μmの慣性半径を有しており，ナノ構造体により形成されるナノ空間中に導入するとそのコンフォメーションが制限されて「閉じ込め（confinement）」効果が生じ，バルクの実験系では観察されなかった現象が生じるためである。例えばナノウォールアレイ[5]やナノフィルターアレイ[6~8]，ナノフェンスアレイ[9]などは，DNAのナノ空間中への「閉じ込め」によるエントロピーの減少をうまく利用したものであり，マイクロ空間とナノ空間におけるDNA分子のエントロピー差に基づいてサイズ分離を可能とした技術である。

われわれのグループでは，電子線リソグラフィーとフォトリソグラフィ，プラズマエッチングなどを組み合わせて直径500 nmのナノピラー構造体を幅25 μmのマイクロ流路内に様々な間隔（100～1,000 nm）で配置したナノピラーチップを開発し，マイクロチップ電気泳動における新しい分離媒体として機能することを実証してきた[3]。従来，マイクロチップ電気泳動において分離媒体として用いられてきたゲルやポリマーは，ランダムにその分子鎖が絡み合ったランダムポリマーネットワークを形成しているが，ナノピラーではその配列パターンを調整することにより，任意の規則正しい２次元パターンを形成することが可能である。このナノピラーチップにより，DNAのみならずマイクロRNA（miRNA）やタンパク質のサイズ分離も可能であり[16]，ナノピラー内で生じる複雑な電気浸透流[17,18]や水の特性[19]の解明，さらにはナノピラーの２次元配置を変えるだけでDNAの分離モードを制御できる[20]ことを明らかとしてきた。このようにDNAのサイズ分離に大きな力を発揮したナノピラーチップであるが，石英基板上に加工しているため汎用性に乏しく，分離能に関しても従来のゲルやポリマーの性能を大幅に上回ることは難しかった。この理由として，一つはナノピラーの直径が500 nmもあり，せいぜい直径が10 nm程度の分子鎖であるゲルやポリマーと比べて太すぎること，この太いナノピラーが絶縁体である石英でできているため，ナノピラー間に急激な電場勾配が形成されること，また，２次元の構造体であるため，電気泳動において３次元ランダムポリマーネットワークであるゲルやポリマーのように十分な物理的相互作用を得られないことが考えられる。これらの問題点を解決し，より高速かつハイスループットなDNA解析を可能とする分離媒体として，結晶成長により作製した酸化物ナノワイヤを適用することを試みた。

### 2.3　２次元ナノワイヤ構造体によるDNAマニピュレーションと分離分析

様々な材質の金属酸化物ナノワイヤが研究されているが，DNA分離のためのナノワイヤとして，酸化スズナノワイヤを用いることとした。図１の作製工程に示すように，石英基板上にマイクロ流路を作製し，その中に金触媒を介して気・液・固相（vapor-liquid-solid：VLS）結晶成長

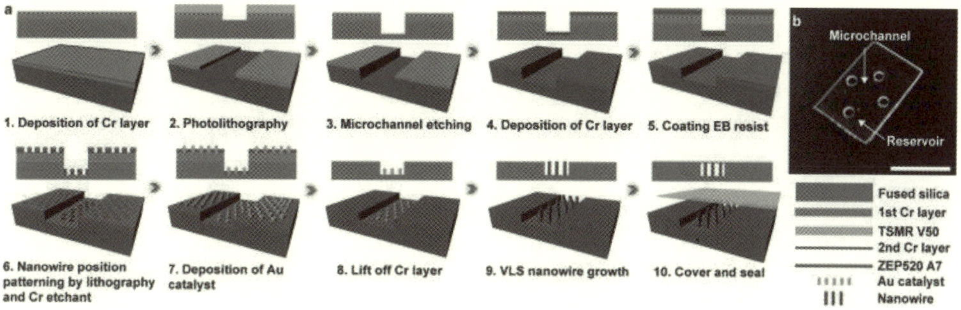


図1　石英基板上へのマイクロ流路作製とマイクロ流路内への酸化スズ2次元ナノワイヤ構造体作製工程
（文献21）より許可を得て転載）

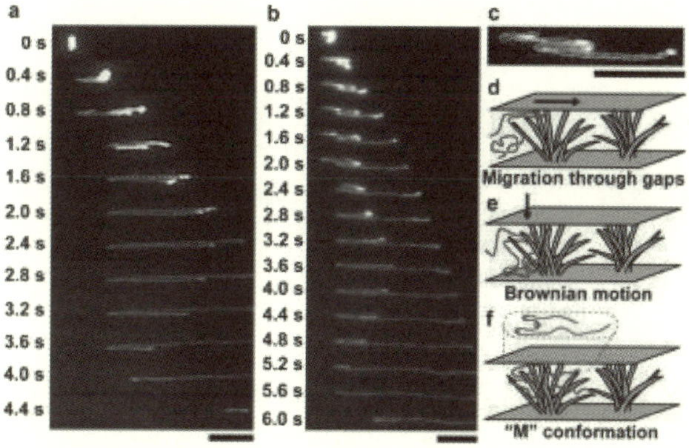


図2　スポット状ナノワイヤアレイにおける単一DNA分子電気泳動挙動の蛍光顕微鏡像
（文献21）より許可を得て転載）

メカニズムにより直径10～20 nmの酸化スズナノワイヤを作製した。分離対象となる生体高分子との化学的親和性や，電気泳動における導電性の影響などを考慮し，表面に厚さ10 nm程度の二酸化ケイ素（$SiO_2$）膜をスパッタリング（sputtering）により形成することで，マイクロ流路壁面と同じ化学的性質を付与する。ナノワイヤの直径や高さは，使用する金属酸化物の種類や成長条件，さらには表面に形成する$SiO_2$層の厚みで調整でき，金触媒の塗布位置を調整することでナノワイヤの配置パターンも調整することが可能である。はじめに，金触媒を電子線リソグラフィーによりスポット状に塗布し，マイクロ流路内にスポット状にナノワイヤを作製したもの（スポット状ナノワイヤアレイ）と，マイクロ流路内全面に金触媒を塗布し，ランダムにナノワイヤを結晶成長させたもの（高密度ナノワイヤアレイ）の2種類を作製した。スポット状ナノワイヤアレイにおけるDNAの電気泳動挙動を，蛍光顕微鏡により1分子レベルで観察したところ，図2のようにナノワイヤに衝突してU字型に伸張した後，より長い片側（長腕方向）に引っ張られてナノワイヤからすり抜けていった。この現象は，分子ふるい効果を生み出すために必要な物理的相

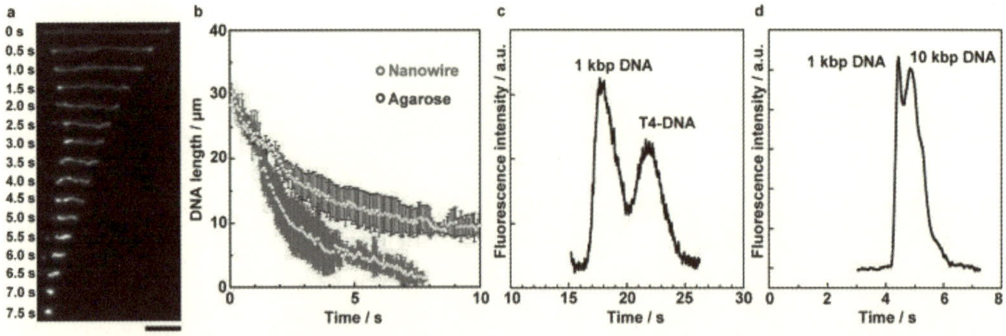


図3　スポット状ナノワイヤアレイ(c)と高密度ナノワイヤアレイ(d)を用いてDNAの分離を行った結果
（文献21）より許可を得て転載）

互作用であり，ナノピラーにおいても観察された。しかしながら，直径の太いナノピラーとの相互作用とは異なり，直径が細いナノワイヤでは，U字型に伸張された際のDNAの最大長がより長くなり，相互作用の時間も長くなる傾向が観察された。また，ナノワイヤにおいては，図2に示すようなM字型のコンフォメーションをとるDNAも観察された。これはナノピラーとは異なり，ナノワイヤの先端がマイクロ流路上面の天井部分と接合していないため，U字型を形成する際に一部のDNA分子鎖がナノワイヤ上面をすり抜けたために生じたと考えられる。このような特殊なコンフォメーションが，DNAのサイズ分離にどのような影響を与えるかは明らかではないが，DNAのコンフォメーション制御という観点からは，非常にユニークなコンフォメーションを作り出せることから，DNA分子の1分子レベルでの構造解析などへ応用できる可能性がある。

これらDNA単分子観察の結果をもとに，スポット状ナノワイヤアレイと高密度ナノワイヤアレイを用いてDNA分離を試みた。その結果，図3のように高密度ナノワイヤアレイの方が分離能・分離速度ともにスポット状ナノワイヤアレイよりも優れていることが明らかとなった[21]。このことからも，ナノワイヤとDNA分子との物理的相互作用の頻度と分離能に正の相関があることが予測できるため，よりナノワイヤの密度をあげるための方法を模索した。

### 2.4　3次元ナノワイヤ構造体によるDNA分離分析

これまでに構築したスポット状ナノワイヤアレイと高密度ナノワイヤアレイは，いずれもナノピラーと同じ「2次元」の構造であり，ゲルやポリマーといった3次元のランダムポリマーネットワーク構造を再現することは難しかった。そこで，図4のようにいったん結晶成長させたナノワイヤの側面に対して，再度，金をスパッタリングにより塗布し，VLS法により酸化スズナノワイヤを成長させる方法を考案した。この金触媒の塗布とVLS法による結晶成長を繰り返すことで，多くの分岐構造を作製することが可能となり，よりゲルやポリマーに近い3次元ネットワーク構造の形成が期待できる。マイクロ流路内に1度だけ結晶成長させた酸化スズナノワイヤの平均空間サイズ（ナノワイヤ間の平均距離）を測定したところ，400 nm程度であったのに対し，3，5

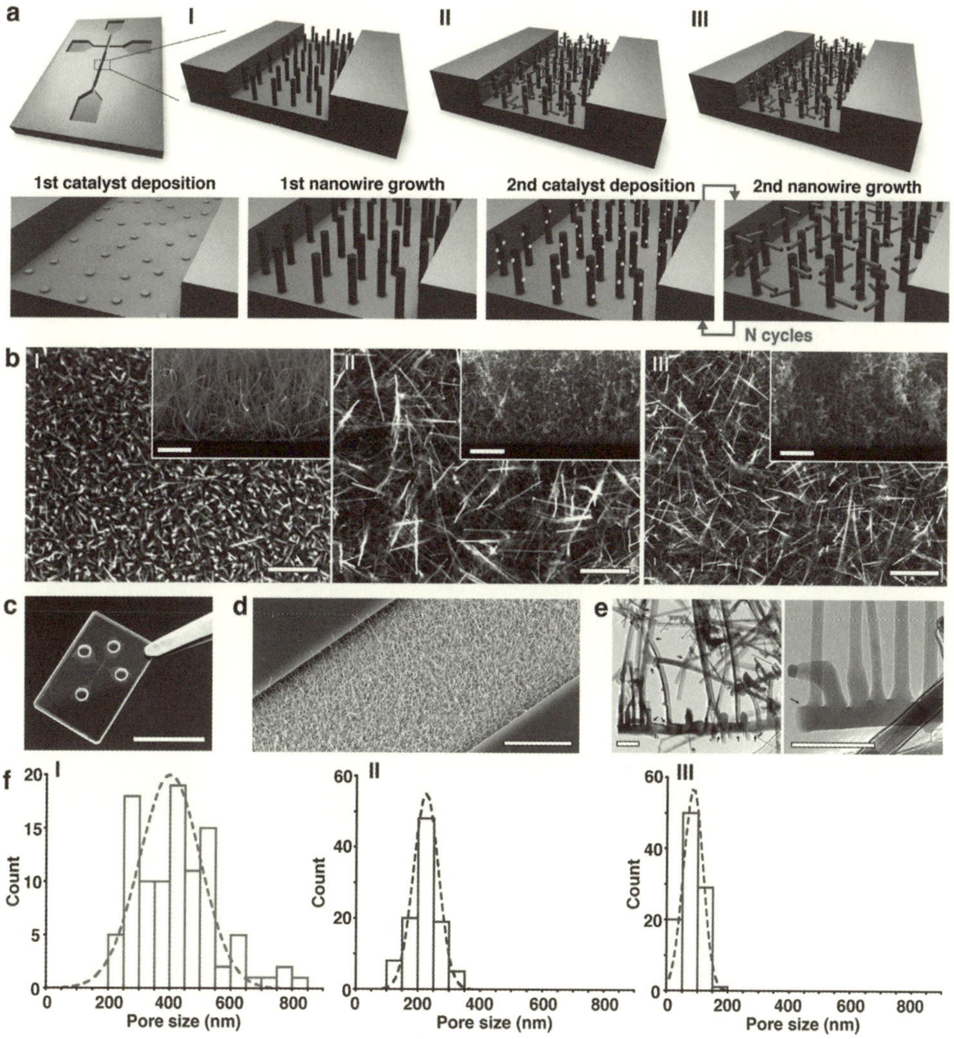


図4　金触媒の塗布とVLS法による結晶成長を繰り返して3次元ナノワイヤ構造を作製する工程と，結晶成長回数による平均空間サイズ（ナノワイヤ間の平均距離）
（文献22）より許可を得て転載）

回と結晶成長を繰り返すことにより，それぞれ200，100 nmと縮小することができた（図4）。このような3次元ナノワイヤネットワーク構造を用いることで，5 kbpから166 kbpまで4種類の大きさのDNA混合物を4秒以内に，100 bpから48.5 kbpまで5種類の大きさのDNA混合物を8秒以内に分離することに成功した[22~24]。従来のナノピラーチップと比較し，同じ組成のDNA混合物の分離において50倍の高速化を達成した。これらDNA分離実験において，DNAの大きさとその電気泳動度の相関を調べたところ，従来のゲルやポリマーと比較して，より高分子量領域（1 kbpから100 kbp領域）においてもサイズに依存して大きな電気泳動度差を生み出すことが示唆された。この結果は，従来のゲルやポリマー鎖と比較して，より硬い構造を有するナノワイヤが，よりDNAと分子量依存的に物理的相互作用をすることに起因すると考えられる。実際，酸化スズナノワイヤのヤング率は，100 GPa程度であるのに対して，ゲル電気泳動で頻用されるポリアクリルアミドゲルのそれは0.1～1 MPaであり，硬さの違いが分離能の違いをもたらしていると考えられる。

以上のように，ナノワイヤに多数の分岐鎖をもたせた3次元ナノワイヤ構造体を分離媒体として用いることで，これまでのナノ構造体の性能を大きく上回るDNA分離を達成することができる。3次元ナノワイヤ構造体は，マイクロ流路内の任意の位置に作製可能であることから，将来的にはDNA解析で必要とされる様々な前処理工程や，さらにはナノポアへDNAを送達する際にコンフォメーションを最適化するDNAシーケンシング工程の集積化に威力を発揮するであろう。

### 2.5　マイクロ流路におけるフィルターとしての3次元ナノワイヤ構造体

DNA解析においては，DNA分離やシーケンシングといったDNAの情報を読み取る工程の高速化はもちろんのこと，血液や体液といった生体試料から目的細胞の捕捉，DNAの抽出，濃縮・精製といった前処理工程も含めて全工程の高速化をはからなければ，現在切望されているゲノム情報に基づいた個別化医療を実現することは不可能である。概して前処理工程は，遠心分離やカラムやフィルターによる濃縮・精製といった「ローテク」で行われており，新しい技術開発を目指した研究対象としてはあまり取り組まれていないのが現状である。そこで筆者らは，このような前処理工程をチップ上で実現すべく，3次元ナノワイヤ構造体をDNA選別のためのフィルターとして応用することを試みた[23]。

3次元ナノワイヤ構造体は，結晶成長回数に応じてその平均空間サイズを縮小することができる。ここでは，7回結晶成長を繰り返したナノワイヤをマイクロ流路内に作製した（図5）。これにより，3次元ナノワイヤ構造体の平均空間サイズは20 nm程度まで縮小されたため，このサイズよりも大きな慣性半径を有するDNA分子がこの領域を通過する際，大きな障壁となる。そこで約520 nmの慣性半径を有するλDNA（48.5 kbp）と約970 nmの慣性半径を有するT4 DNA（166 kbp）の混合物を，電気泳動によりこの3次元ナノワイヤ構造体中に導入したところ，T4 DNAは全く導入されずλDNAのみが導入された（図5）。T4 DNAとλDNAの長さは4倍程度，慣性半径は2倍程度しか違わないにも関わらず，このような大きな挙動の差異が観察されたため，3次元ナノワイヤ構造体への入り口付近でのDNAの挙動を1分子レベルで観察した。T4 DNAもλDNAもそれらの慣性半径は，3次元ナノワイヤ構造体が形成する平均空間サイズ（20 nm）の20倍以上も大きいが，直流電場下，ナノワイヤに引っかかった後，λDNAはU字型に伸張してはすり抜けるコンフォメーション変化を繰り返してナノワイヤ中を泳動したのに対して，T4 DNAは入り口付近で捕捉され，U字型に伸張して泳動する挙動は観察されなかった。これらの結果から，DNAが捕捉されるか否かは，3次元ナノワイヤ構造体の平均空間サイズとDNAの慣性半径との間に閾値が存在し，それによって決定されることが示唆される。その他の可能性として，平均空間サイ

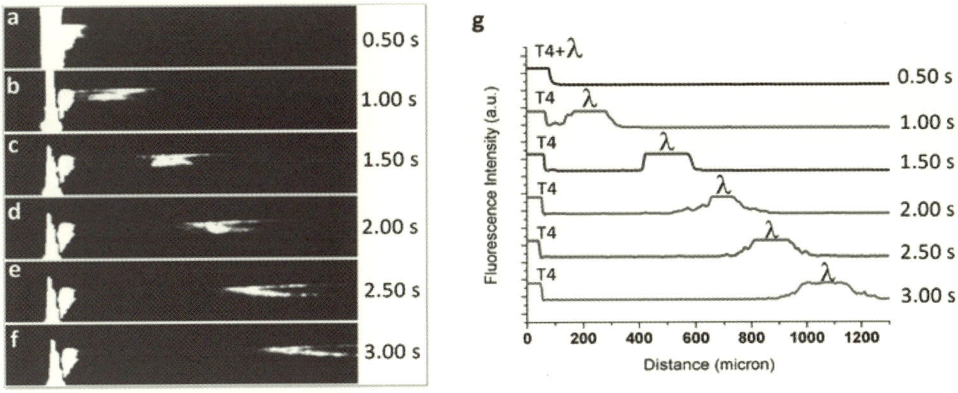


図5　結晶成長を7回繰り返した3次元ナノワイヤ構造体をマイクロ流路内に作製し，約520 nmの慣性半径を有するλDNA（48.5 kbp）と約970 nmの慣性半径を有するT4 DNA（166 kbp）の混合物を，電気泳動により3次元ナノワイヤ構造体中に導入したときの蛍光顕微鏡画像と蛍光強度分布
（文献23）より許可を得て転載）

ズが20 nmのような非常に狭いナノ空間内においては，T4 DNAとλDNAの電気泳動度が大きく異なるため，入り口付近で捕捉されているように見えることも考えられる。実際，ナノワイヤ領域に導入されたT4 DNAの電気泳動度を測定したところ$0.6723 \times 10^{-5} cm^2/Vs$であり，λDNAは$1.0350 \times 10^{-5} cm^2/Vs$であったことから，大きな電気泳動度差がDNAの選別に貢献しているとも考えられる。しかしながら，これはナノワイヤ領域にDNAが導入された後の議論であり，DNAにとってはマイクロ流路内のマイクロ空間とナノワイヤ領域のナノ空間にはエントロピーに由来する大きなエネルギーギャップが存在するため，より大きなT4 DNAのみが入り口付近で選択的に捕捉されたと考えられる。これらの要因を考慮すると，選別したい対象DNAの大きさに応じてナノワイヤの平均空間サイズを調整することで，これまでは実現が難しかった多段階選別などもひとつのマイクロ流路内に集積化することが可能になる。また，細胞から抽出した核酸の濃縮にも応用できることから，従来の核酸抽出・濃縮・精製スピンカラムに代わる新しいオンチップ核酸抽出・濃縮・精製法となることが期待される。

## 2.6　おわりに

ナノテクノロジーの進展に伴い，これまで化学合成により作製されたゲルやポリマーといった分子鎖に頼ってきたDNAの分離分析技術は，大きな変革を成し遂げた。ナノピラーやナノワイヤといったナノ構造体により，DNA分子と同程度の大きさを有するナノ空間を創出することで，新しい原理に基づいたDNA解析技術が確立され，DNA解析のスループット向上につながってきた。2次元の構造体であるナノピラーやナノワイヤでは難しかった3次元ネットワーク構造を有する多段階結晶成長ナノワイヤを構築することにより，DNAの解析速度は50倍あまりも向上した。平均空間サイズの極めて小さい3次元ナノワイヤ構造体は物理的なフィルターとしての機能も有しており，これまでスピンカラムなどで行ってきた核酸抽出・濃縮・精製といった前処理工程をチップ上に集積化するための要素技術となることが期待される。今後は，DNA解析に必要とされる各工程の集積化を，チップの加工プロセスから検出器や解析ソフトといった周辺機器との連携までをも含めて包括的に進めることにより，ゲノム情報にもとづいた個別化医療を実現する高速かつ低コストなDNA解析装置が実用化されることを願っている。

## 文　献


1) A. Manz *et al., Sens. Actuat. B-Chem.*, **1**, 244 (1990)
2) D. J. Harrison *et al., Anal. Chem.*, **64**, 1926 (1992)
3) N. Kaji *et al., Anal. Chem.*, **76**, 15 (2004)
4) W. D. Volkmuth & R. H. Austin, *Nature*, **358**, 600 (1992)
5) T. Yasui *et al., Anal. Chem.*, **83**, 6635 (2011)
6) J. Han & H. G. Craighead, *Science*, **288**, 1026 (2000)
7) J. Fu *et al., Nat. Nanotechnol.*, **2**, 121 (2007)
8) J. Fu *et al., Appl. Phys. Lett.*, **87**, 263902 (2005)
9) S. G. Park *et al., Lab Chip*, **12**, 1463 (2012)
10) J. D. Cross *et al.*, J. Appl. Phys., 102 (2007)
11) S. Pennathur *et al., Anal. Chem.*, **79**, 8316 (2007)
12) P. S. Doyle *et al., Science*, **295**, 2237 (2002)
13) M. Tabuchi *et al., Nat Biotechnol.*, **22**, 337 (2004)
14) Y. Zeng & D. J. Harrison, *Anal. Chem.*, **79**, 2289 (2007)
15) N. Nazemifard *et al., Angew. Chem. Int. Ed. Engl.*, **49**, 3326 (2010)
16) Q. Wu *et al.*, The proceedings of uTAS2014, 233 (2014)
17) N. Kaji *et al., Isr. J. Chem.*, **47**, 161 (2007)
18) T. Yasui *et al., ACS Nano*, **5**, 7775 (2011)
19) M. Jabasini *et al., Biol. Pharm. Bull.*, **29**, 1487 (2006)
20) T. Yasui *et al., Nano Lett.*, **15**, 3445 (2015)
21) T. Yasui *et al., ACS Nano*, **7**, 3029 (2013)
22) S. Rahong *et al., Sci. Rep.*, **4**, 5252 (2014)
23) S. Rahong *et al., Anal. Sci.*, **31**, 153 (2015)
24) S. Rahong *et al., Sci. Rep.*, **5**, in press (2015)

## 3　ZMWバイオチップによる1分子リアルタイムDNAシークエンサー

上村想太郎*

### 3.1　はじめに

ノーベル化学賞を2度受賞したことで有名なフレデリック・サンガーが1981年にデオキシ法（鎖停止法）をScience誌に発表[1]してから長年，塩基配列を読む手法は世界中でサンガー法に頼ってきた。このサンガー法とは一般的に，DNA複製時に4種類のデオキシリボヌクレオチド（dATP，dTTP，dGTP，dCTP）に加えて，4種類の蛍光標識によって分類・識別可能にしたジデオキシリボヌクレオチド（ddATP，ddTTP，ddGTP，ddCTP）を混在させることで配列を読むことが可能になる手法である。ジデオキシリボヌクレオチドを取り込むと反応が停止するため，必ず末端の塩基に取り込まれる。この原理を利用して，様々な長さで反応が停止したことによって生じた塩基長分布を電気泳動で分離させ，末端の塩基を蛍光で読み取ることで配列を算出する。

しかし，この手法では読み取れる配列の長さに限界があるだけでなく，電気泳動によって同じ合成塩基長の断片を多く集積させないと検出できないため，多くのサンプルが必要であった。さらにステップが多く，解析も煩雑であるというデメリットがあった。

前述したようにサンガー法では溶液内で反応を起こさせ，電気泳動で検出する手法を用いているため，核酸そのものを基板やビーズ表面などに固相化させる必要はなかったが，その後，開発された次世代シークエンス技術のほとんどはチップ技術の発展による基板やビーズへの固相化によって展開していった。その理由として，核酸や酵素を固定した状態での合成反応が可能になった点，固定化することによって溶液交換が可能となるので反応条件をコントロールしやすい点，さらには蛍光顕微鏡技術の発展により基板上の蛍光を分子数が少なくてもそのまま検出することが可能になった点などが挙げられる。

例えば，塩基の伸長に伴うピロリン酸の放出を発光検出するパイロシークエンシング法では，ビーズ表面上に固定したターゲット核酸をビーズ上で直接PCR増幅させ，各ビーズから放出されるピロリン酸を検出する手法が用いられている。また，イルミナ社のHiSeqシリーズのシークエンサーでは，まずガラス基板上にターゲット核酸を固定させた状態で直接PCR増幅させることで同じ配列を持つ集団を作らせる。その後，蛍光標識した各塩基を取り込ませ，画像処理をすることで配列を読む手法が使われている。

いずれの手法も，基板上やビーズ上で固定化した核酸のPCR増幅や伸長反応を蛍光や発光を用いて検出するためのチップ技術が鍵となる。本稿では次世代シークエンサーで用いられているこのような様々なチップ技術のうちリアルタイム1分子計測技術で用いられているzero-mode waveguides（ZMW）法[2]を中心に解説を行う。

---

＊　Sotaro Uemura　東京大学大学院　理学系研究科　生物科学専攻　教授

### 3.2　1分子レベルでのリアルタイムシークエンス

ポリメラーゼなどを用いた伸長反応を利用したシークエンサー技術は，原則的に大きく2つのタイプに分けることができる。ひとつは伸長反応を途中で停止させてその状態を観察し，配列情報を積算させ，配列情報を得るタイプ（sequencing by synthesis法）と伸長反応を全く停止させずに連続的に反応を観察し，直接配列を得るタイプ（real-time sequencing法）がある。簡単に言えば人為的な伸長反応停止の有無の違いである。反応を停止させるタイプは，反応の停止と再取り込みを繰り返し行う必要があるため溶液交換が必須であるが，反応を停止させないタイプは溶液を一切交換する必要がない。しかも，連続的に起こる複製反応を計測することができるので早く長い塩基長を読むことが可能となる。

反応を停止することのない新しいタイプのシークエンサーは米国Pacific Biosciences社のStephen Turner氏やJonas Korlach氏らが中心になって開発され，1分子レベルでリアルタイムにDNAの複製反応を可視化し，配列を直接読むリアルタイムDNAシークエンサーとして2009年のScience誌に発表された[3]。シークエンサー技術は前述のとおり，画像解析，ポリメラーゼ変異導入，塩基蛍光化学導入，情報解析などもそれぞれが極めて重要であるが，チップ技術が最重要項目であった。リアルタイムDNAシークエンサーはZMW法と呼ばれるチップ技術を用いて達成されたのである。

この技術は従来までの全反射照明を用いた1分子蛍光イメージング[4]において，溶液中の蛍光色素濃度を50 nM程度以上にすると，背景光の問題によって計測したいシグナルが邪魔されるの

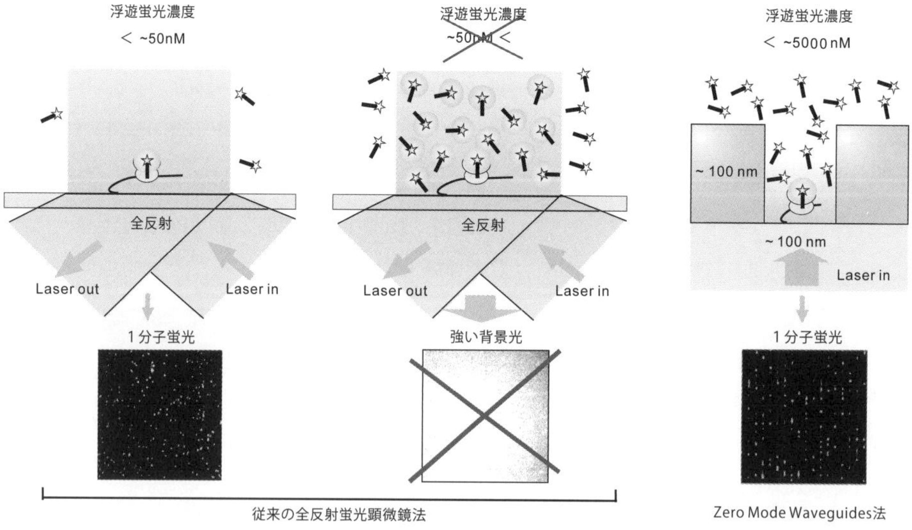


**図1　全反射法とZMW法**

溶液中に浮遊している蛍光濃度が50 nM以下の薄い条件下（左）では全反射照明法により1分子蛍光が観察可能であるが50 nM以上に濃くなる（中央）と背景光が強くなる。しかしその条件でもZMW法ではウェル底に超極小の励起領域を発生させることが可能で，背景光が下がるため計測が可能（右）となる。

で計測が難しくなる（図1左）。その理由として，溶液に浮いている蛍光色素は自由拡散をしているため，その濃度が上がると基板表面に拡散する分子数も増える。したがって，表面近傍に蛍光分子が増えると，それらはすべて励起され蛍光を発してしまうので全体として背景光となってしまう。これを避けるためには溶液中の蛍光色素の濃度を下げざるを得なかった。カメラの露光時間を長くすることでシグナルを積算させ，背景光とのシグナル比を上げる手法もあるが，あまり露光時間を長くすると時間分解能が犠牲になってしまうため，計測したい分子ダイナミクスを追うことができなくなる。

50 nM以下の蛍光色素濃度環境下では，細胞環境における生理濃度に比べて著しく低いため限定された環境となり，それによって蛍光色素を標識した分子の基盤に固定した対象となる分子への結合が律速となり，1回の反応にかかる時間は極めて長くなってしまう。ZMW法は計測したい分子に対して励起光を当て続けながら溶液中に浮遊している蛍光分子には励起光が当たらない特殊なナノ基板の手法を用いている。ガラス基板上にアルミニウム等の金属を蒸着させて金属の層を作る。そこに100 nmほどの穴（ウェル）を作り，そのウェルに測定したい分子を固定する（図1右）。そうすることで，およそ400〜700 nmの波長をもつ可視光領域の励起光は金属領域では消光する一方，ウェルの大きさが可視光領域の光の波長よりも小さいため，ウェルは透過できない。しかし，ウェルの表面近傍では近接場を形成することが知られているため，その近接場を用いてウェル底に固定して分子のみを超局所的に励起することが可能となるのである。その励起体積は理論上およそ20 zL（$20\times10^{-21}$リットル）にもなる（図2）。

その結果，理論上では数μM程度まで蛍光色素が溶液中に浮遊していても，固定した分子に結合した蛍光分子のみを励起することが可能となる。

問題は金属への蛍光分子や測定分子の吸着の防止を達成しつつ，測定したい分子のみを機能を損なわずにウェル底に1分子を固定する手法の確立である。Pacific Biosciences社は1分子リアルタイムDNAシークエンサーの開発段階でこれらの問題を克服し，ウェル底にDNAポリメラーゼを固定させ，それらが4色の蛍光色素を標識し，分けた各塩基を取り込み，加水分解すると同時に蛍光が消失する新しい仕組みを作った。さらには各塩基の濃度は数μMまで上昇させることができるため，反応速度を高速にすることが可能になった[3)]。

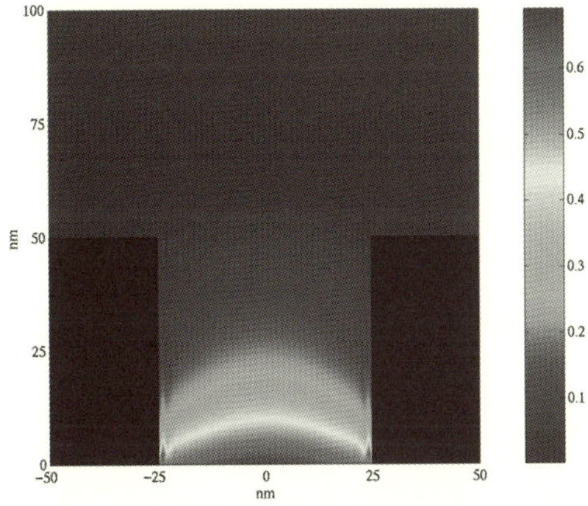

**図2　ZMWウェル内の理論上の励起強度分布**
励起強度のウェル内の理論分布図。赤い領域にのみ励起光が近接場を形成する（この図だと一番白い部分より下の領域）。

それは次のような仕組みによるものである。まず4つの塩基をどのようにリアルタイムに識別するのかを解説する。蛍光の色すなわち蛍光波長でA（アデニン），T（チミン），G（グアニン），C（シトシン）を識別するためには，それぞれ異なる4種類の蛍光色素を各ヌクレオチドに化学合成する必要がある。しかしそれには次の3つの条件がある。1つ目の条件は蛍光色素標識が複製反応を著しく阻害しないこと。そして2つ目は各色素の蛍光波長特性のピークが十分に分かれていて，確実に他の色素との識別が可能なこと。さらに3つ目は塩基を取り込んだらその塩基に結合している蛍光が消失することである。なぜなら，取り込んだ蛍光塩基が消失せずに重なり続けたら，どの蛍光の塩基が取り込まれたのかがわからなくなるばかりか蛍光色素の構造体が反応を阻害してしまい，容易に途中で停止してしまうからである。

彼らはこれらの条件をすべて満たす蛍光標識ヌクレオチドを，ヌクレオチドのリン酸部位に蛍光色素を合成し，かつ蛍光色素を注意深く選ぶことで達成した[3)]。リン酸部位に合成すれば反応が進むたびに蛍光部位は切断されるので，1つ目の条件である反応の阻害にも影響しないという利点がある。

次に先に述べた2つ目の条件であるが，確実な識別を達成するためには蛍光色素の確実な選択だけでは不十分であり，これらの各蛍光色素の色をどのように確実に検出していくのかが大変重要である。単純に4色を同時に計測するというのは1分子レベルでは技術的にかなり難しい。多色を同時に識別するためにはシグナルのスペクトルを計測すればよいのだが，そもそも1分子のシグナルは弱い。そこでPacific Biosciences社は蛍光の量子収率の高い蛍光色素を独自に合成しただけでなく，励起光強度の調整やビニング（画素を粗くする操作のこと），そして蛍光スペクトルの蛍光波長区分の最適化などを行い，プリズムを通過した1分子の蛍光スペクトルシグナルを4種類の蛍光に識別することに成功した。これらはシークエンサーを構築する上での一部分にすぎないが極めて重要な点である。

このようにしてリアルタイムDNAシークエンサーが構築されたことで現在では一回でおよそ8,000塩基ほどの長さを読むことができる。これらの長さを一度に読むことのできるシークエンサーは現在のところ他に存在しない。

一方で問題点もある。それはエラー率の改善に限界があるということである。エラー率とは配列の読み間違えのことであり，本来存在していない配列を間違えて読んでしまったり，読み飛ばしをしたり，さらには読み誤りを起こすことを指す。これらは1回の計測に限っては，他のシークエンサーが一般に数%内に抑えられているのに対して，1つのウェルから計測されるエラー率は15%程度と高い。この原因は1分子計測ならではの特性が大いに関係している。そもそも複製反応に限らず全ての分子反応はブラウン運動によって引き起こされる“確率的”事象である。すなわち，曖昧となる。曖昧さをなくし，起こっている事象を確実に決定付けるためにはできるだけ多くの計測を同じ反応に対して統計的に行い，結果として確からしさを主張しなければならない。すなわち1分子計測による1回の測定で配列を決定させるのは不可能に近いが，多くの分子を同時並列的に1分子計測した上でそれらの大量データを解析し，配列を決定させることができれば，エラー率が下がり確実に配列を決定することができる。このためにできるだけ広い視野に対してアレイ状にZMWのウェルを配置することが求められる。Pacific Biosciences社はナノ加工技術を駆使して，ZMW基板上におよそ数千個のウェルを作成し，それらの全てを同時並列に処理する高処理能力化を実現した。さらにはテンプレートを環状にすることでエラー率の問題を克服することができた[5]。

さらに塩基配列だけでなく塩基修飾情報を読み取ることも可能である。塩基をリアルタイムに取り込む反応を利用して，各塩基に対して塩基を取り込むのにかかる時間を計測した。すなわち前のシグナルと次のシグナルとの時間間隔を計測すれば取り込みにかかる時間が反映されているため，この時間は塩基の修飾などによって変化するはずであると考えたのである。すると修飾のある塩基は修飾のない塩基に比べて数倍長く時間がかかる結果を得た。これにより，直接配列を読みながら同時に修飾情報を得ることも可能になった[6]。

### 3.3　基板表面の処理

金属表面は基本的に電荷をもつ分子を引き寄せてしまう性質があるため，金属表面に何も処理をしないと測定したい生体分子が金属に非特異的に吸着してしまう。これによって蛍光色素が標識されている分子が，ウェルの壁面側の金属に吸着すれば背景光が問題になる。蛍光色素が標識されていない分子が吸着してしまっても金属膜の表面積は非常に大きいので，導入した分子のほとんどが吸着してしまうと導入した生体分子の実効濃度が著しく下がってしまう。

Korlachらはいくつかの化学処理を試したが，ビニルホスホン酸（polyvinylphosphonic acid；PVPA）を金属膜に処理することによって処理前と処理後での明らかな非特異吸着の改善が見られた[7]。

一方，ウェル底には確実に対象となる生体分子を固定する必要がある。ウェル底は石英ガラス表面上にPEG（ポリエチレングリコール）とビオチンを結合したビオチン化PEGをある割合で混合させ，それらを表面上に共有結合させる。PEGは一般的に生体分子の非特異吸着を避ける効果が高く，全反射型の1分子蛍光イメージングでも広く用いられている。固定する生体分子や安定した複合体の一部をビオチン化し，ビオチン化PEGとアビジンを介して特異的に結合させる手法を用いている（図3）。

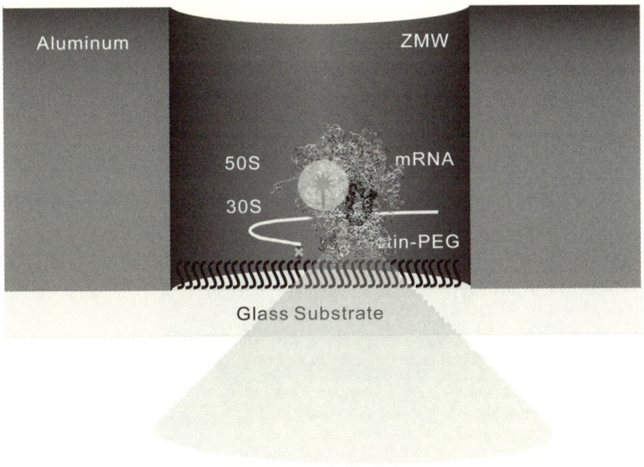


**図3　ZMW基板上への生体分子の固定**
ZMW基板のウェル底にはビオチンPEGが固定されており，アビジンを介してビオチン化分子や複合体を特異的に固定することができる。

### 3.4　Pacific Biosciences社PacBio RSⅡの一分子計測装置への応用

前述のように，Pacific Biosciences社は1分子レベルでDNAのシークエンサーPacBio RSⅡを開発することができた。一方，ZMW技術をシークエンサーとしての利用にのみに限定しておく必要は全くない。なぜならこの技術を利用すればあらゆる生命現象を可視化することが可能となるからである。筆者らはこの技術を用いてタンパク質の翻訳を1分子レベルで可視化することに成功し，翻訳伸長時におけるtRNAの新しい解離メカニズムを明らかにした。

この例からも明らかなようにあらゆる生命現象への応用が求められている。しかし，DNAシークエンサーとして特化した装置を一般的に研究者が生命現象を可視化するために利用する装置として使用するのは，現実的に様々なハードルがある。筆者らはPacific Biosciences社に積極的な働きかけを行い，ついにRSⅡを一分子ZMW顕微鏡としてDNAシークエンサー装置を改良して利用できるまでに至った[8]（図4）。

それによってまず高スループット化が実現できるようになった。Pacific Biosciencesでは従来のZMWチップではひとつのチップあたりおよそ3,000ウェルほどに限られていたが，多くの改良を行い，およそ75,000〜150,000ウェルの作成に成功した。多くのウェルが用意されていたとしても確率的にひとつのウェルに1分子の固定を行わなければならないため，ウェルの半分は分子が固定されていない条件となる。さらにウェル壁面などに固定されたものやウェル底に正確な向きで固定されていても失活している分子などを考慮すると20％程度となってしまうため，最終的には3,000ウェルから約1割である300分子程度のデータしか取得できないことになる。しかし75,000ウェルの場合であればおよそ7,000分子のデータが取得できることになり，圧倒的にデータ量が向上することになる（図5）。

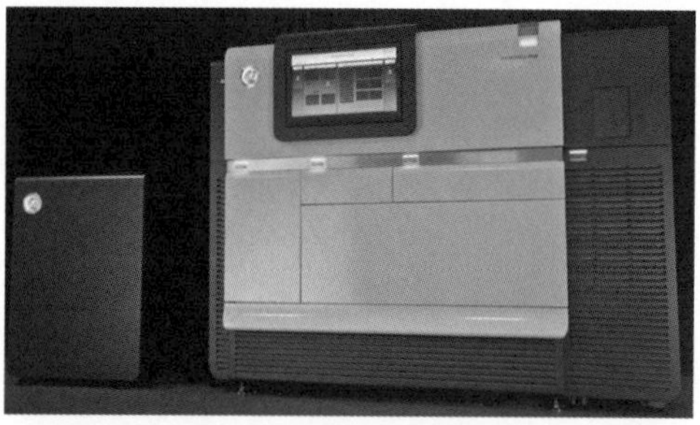

図4　PacBio RSII写真

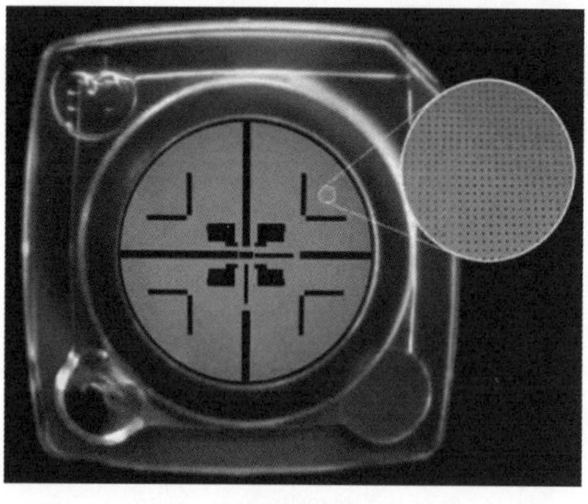

図5　SMRT cellチップ
SMRT cellチップは位置合わせのための指標として特殊なパターンで作られている。

次に，シークエンサーで用いられていた4つの塩基に標識された4色の特殊な蛍光色素を，一般に生命現象の計測に使用可能なCy色素へ対応させることができた。シークエンサー装置では532 nmおよび642 nmの励起レーザーが搭載されており，この2色のレーザーで4色の蛍光をそれぞれ励起し，蛍光スペクトルから4つのシグナルを得ることができる。これを応用しChenらは，Cy3，Cy3.5，Cy5，Cy5.5の4つ色素が最適であることを見出した[8]。これによってこれらの色素を目的の分子に標識することができれば本装置で計測が可能となる。また，常に窒素ガスをZMWチップに流入させることによって酸素を除去できるので，酸素ラジカルによる蛍光色素の退色現象を抑えることができた。これは溶液内に混在させる酸素除去酵素系の効果を高く維持する効果が顕著に出るため，結果的に蛍光退色が数倍程度遅くなったと考えられる。

### 3.5　タンパク質翻訳の一分子可視化

筆者らはこのZMW法を用いてリボソーム１分子を固定し（図６上図），トランスファーRNA（tRNA）を蛍光染色することによってタンパク質翻訳を１分子で可視化することに成功した[9]。

まずfMet-tRNA$^{fMet}$をCy3で蛍光標識し，それをリボソーム初期複合体に結合させた後，mRNA末端のビオチンを介してZMWの底面に特異的に固定することに成功した。検出される蛍光シグナルは，Cy2（青），Cy3（緑）そしてCy5（赤）の各蛍光シグナルに分光して観察される（本実験は532 nmおよび642 nmの励起レーザーに加え488 nmのレーザーも使用した）。

はじめにCy3の１分子蛍光を確認した後，蛍光観察しながら200 nM Phe-(Cy5)-tRNA$^{Phe}$および200 nM Lys-(Cy2)-tRNA$^{Lys}$さらに２種類の伸長因子（EF-TuおよびEF-G）をそれぞれ含む溶液を添加した。実験に使用したmRNAは，UTRを先頭にメチオニンMet（AUG）が続き，更にその後にフェニルアラニンPhe(UUC)とリジンLys(AAA)の６回繰り返しとストップコドンを含む配列を使用した。その結果mRNA配列の各コドンパターンに対応したtRNAの蛍光色のパターンを得ることができた[9]（図６下図）。リボソームが固定されていないウェルでは，蛍光tRNA分

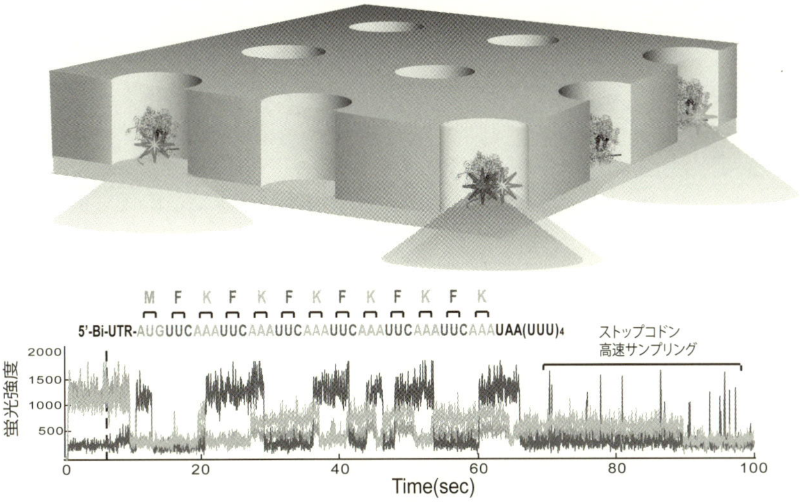


図６　タンパク質翻訳の一分子可視化

蛍光標識したtRNAが翻訳伸長時にリボソームに取り込まれる様子を可視化した。各ウェルからのシグナルを検出した（上図）。ひとつのウェルから検出されたシグナル（下図）の時間変化はmRNAのコドン配列に従って次々と現れた。ストップコドン位置では高速にtRNAがサンプリングをしている様子を初めて捉えることができた。

子の拡散運動によって安定したシグナルがほとんど観測されなかったことから，この結果はリボソーム依存的なタンパク質の翻訳反応をコドンレベルで１分子可視化したことを示している。各蛍光パルスのパルス時間はEF-Gの濃度が高いほど短くなることを示し，トランスロケーションに依存した反応であることも示された[9]。

興味深いことにストップコドン位置で種々のtRNAがランダムに結合，解離（ストップコドンと適合しないため）を高速に繰り返す高速サンプリング現象が観測された。

さらに詳細にトレーズデータを解析することによってリボソームの３つのtRNA結合部位に対してtRNAがどのようにどのタイミングでどの順番で結合するのかを明らかにすることができた。筆者らは得られた翻訳中のtRNA蛍光トレースから，tRNAの結合数と結合・解離のタイミングを解析することによって，EF-Gによるトランスロケーションに伴ってtRNAがP部位からE部位へと移動し，そのtRNAは次のtRNAのA部位への結合に関わらずただちに解離するという分子モデルを示した。

### 3.6　今後の展望

今後はこの技術をあらゆる生命現象の実験系へ適応させていくことが求められている。すでにシャペロニンの実験系での応用例がすでに船津らによって報告されている[10]。基本的には特定の蛍光標識が可能で，目的の分子を基板のウェル底に特異的に固定することが条件となる。これらは通常の全反射顕微鏡の実験系で確認することができるので，事前にチェックが必要であるがこれらがクリアされれば，あとは測定するだけでよい。

現実的な課題は装置が極めて高額であるので簡単には購入できない点である。一般的に広く使われるためにはもう少し価格を下げる必要がある。そのためにはできるだけ多くの生命現象の有用なデータを蓄積し，本技術で新しく発見できる知見の優位性を多くの生命科学研究者に知ってもらう必要があるだろう。

## 文　　献


1) F. Sanger, *Science*, **214**, 1205 (1981)
2) M. Levene *et al.*, *Science*, **299**, 682 (2003)
3) J. Eid *et al.*, *Science*, **323**, 133 (2009)
4) T. Funatsu *et al.*, *Nature*, **374**, 555 (1995)
5) K. Travers *et al.*, *Nucl. Acid Res.*, **38**, e159 (2010)
6) B. A. Flusberg *et al.*, *Nat. Methods*, **6**, 461 (2010)
7) J. Korlach *et al.*, *Proc. Natl. Acad. Sci. USA*, **105**, 1176 (2008)
8) J. Chen *et al.*, *Proc. Natl. Acad. Sci. USA*, **111**, 664 (2014)
9) S. Uemura *et al.*, *Nature*, **464**, 1013 (2010)
10) T. Sameshima *et al.*, *J. Biol Chem.*, **285**, 23159 (2010)

## 4　分泌型miRNA診断デバイスの開発

一木隆範*

### 4.1　はじめに

マイクロアレイは，生体分子の機能解析や相互作用解析の超並列化を可能にする重要なプラットフォーム技術である。中でも，1990年頃から開発が進んだDNAマイクロアレイは，細胞内のRNA発現解析やがん細胞の遺伝子異常の解析など，ゲノム発現の網羅的解析を可能にする強力なツールとなり，その後の生物学，医学分野の研究の方法論を大きく変えることになった[1~3]。ただし，市販のチップが比較的高額であることも少なからず影響して，その利用は主に研究開発用途に限られてきた。しかし，今後は重要特許の有効期限が満了を迎えることから低価格化が進行すると予想され，臨床検査への利用も拡大してゆくことが期待される。

一方，血液や尿，唾液などの体液に含まれるマイクロRNA（miRNA）が，様々な疾患の診断に革新をもたらす有望なバイオマーカー候補として昨今，注目されている。miRNA診断の臨床応用に向けて，バイオマーカー開発とともに，簡便かつ信頼性のある診断機器の開発を協同して進めてゆくことが肝要である。特に，小型で自動化されたmiRNA検出装置を実現できれば，将来のmiRNA診断の広い普及に繋がると期待される。筆者らは，体液中の分泌型miRNA検査による低侵襲がん診断の実現を目指し，疾病エクソソーム，バイオデバイス，バイオ界面工学，高感度生体分子検出等の専門家から成る研究開発チームを編成して，マイクロ流体デバイス技術を用いた検体の前処理とDNAマイクロアレイによるmiRNA解析を統合した集積バイオデバイスの研究開発を行ってきた[4,5]。本稿では，これまでに進めてきたカード型miRNA診断デバイスの試作開発について概要を紹介する。

### 4.2　体液検査とバイオマーカー

がんに対しては，早期発見・早期治療が重要であり，このために最も理想的なアプローチは，高い信頼性と経済性を兼ね備えたがんスクリーニングの普及であると考えられている。従来から，血液検査によるがんスクリーニングにかかる期待は大きく，例えば，前立腺がんマーカーのPSA（前立腺特異抗原）などの腫瘍マーカータンパク質が見出され，臨床的に用いられてきた。しかし，前立腺肥大症や前立腺炎などの前立腺がん以外の病態でもマーカータンパク質が高値となる問題があり，血液検査単独による信頼性の高いがん診断には限界があるとされてきた[6]。

最近，核酸分析技術の目覚ましい進歩を背景に，手術による組織摘出を必要としない生体検査「リキッド・バイオプシー」というコンセプトとともに，血液を用いるがんの検査が，再び注目されている[7]。これは，血中の微量ながん由来の成分を高感度計測することで実現され，具体的には，血中循環腫瘍細胞（CTC：circulating tumor cell）やcirculating tumor DNA（ctDNA）の

＊ Takanori Ichiki　東京大学大学院　工学系研究科　バイオエンジニアリング専攻　准教授；
㈶川崎市産業振興財団　ナノ医療イノベーションセンター　主幹研究員

高感度検出の研究開発が行われている。CTC検査は，最近の細胞分離技術の進歩が可能にした検査でもあり，血液10 mL中に数個〜数十個程度しか存在しない極微量のがん細胞を分離して分析する。転移性のがんの治療効果の判定や予後予測因子として有効性が認められているが，早期がん診断に適用しようとすると，検出すべきがん細胞の絶対数が少なすぎて検出できないという本質的な課題に直面する。ctDNA検査は，血中に含まれるがん細胞由来のDNAをマーカーとして検出するもので，次世代シーケンサーなどの遺伝子解析技術の急速な進歩とともに注目されるようになっている。ただし，血中の遊離DNAは細胞のアポトーシス等により生じていると考えられているが，がん細胞に由来しないDNAも多く含まれることから，信頼性の高いがんマーカーとしての成否は今後の研究を待つ必要がある。

一方，血中を循環する核酸（circulating nucleic acids：CNA）には，DNA以外にもmRNAやmiRNAがあるが，これらは血中では酵素（RNase）で分解されやすく，安定なマーカーになりえないと考えられていた。ところが，近年，miRNAが血液等の体液中で，安定に存在できる様態があることが分かってきた。血中miRNAは，その存在様式と生成機構が明らかになるとともに，有望ながんマーカー候補として一躍注目を集めている[8)]。その中でも，細胞から分泌されるエクソソームと呼ばれる小胞（直径30〜100 nm）に内包された状態で存在するものは分泌型miRNAと呼ばれ，由来細胞の状態を反映する情報を保持していると考えられることから，特に注目されている（図1）。エクソソームはその生物学上の役割もまだ十分に解明されていないが，細胞間の情報伝達の役割を担っている可能性が指摘されており，がんの転移などに密接に関与するとの報告もある[9,10)]。分泌型miRNAの解析を従来の方法で行う場合，超遠心分離機を用いて体液検体からエクソソームを分離した後，エクソソームを破砕して内包miRNAを回収，塩基配列の解析を行うという流れになり，半日から１日を要する時間と手間のかかる作業が必要となる。

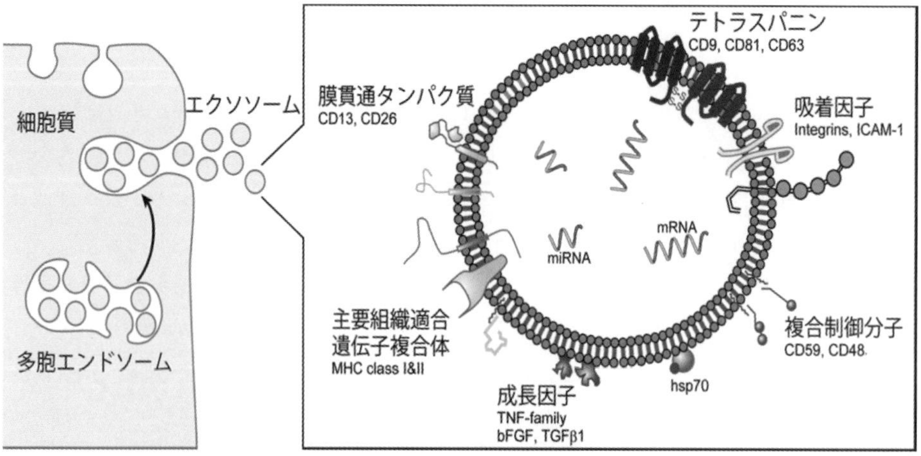


**図１　細胞から分泌されるエクソソーム**

エクソソームは細胞の多胞エンドソームで生成され，細胞外に分泌された後，血液，尿，唾液等の体液中を循環する。

### 4.3　miRNA診断デバイス

筆者らが開発した診断システムは，血液検体を入れたカード型診断デバイスをセットすると，自動で分析作業が順次進められ，結果を出力するようになっている。カード型診断デバイスは，検体の前処理に必要なエクソソームならびにmiRNAの分離・精製ユニットとmiRNA検出ユニット，さらに，これらユニット間での試料や試薬の移送を制御するマイクロ流路網と多数の圧空作動式マイクロバルブ，ポンプ等の流体制御素子が1枚のカード上に集積システム化されている（図2）。診断装置は，診断デバイスとカード読み取り機から構成される。後者は，診断デバイス上のバルブや外付けの吸引ポンプをシーケンス制御して送液をコントロールする系に加え，マイクロアレイ検出用の蛍光顕微光学系を内蔵している。以下に，主要な要素技術について概説する。

#### 4.3.1　マイクロバルブ

前処理から検出までの多段階にわたる工程を1枚のチップ上に集積するためには，複数の独立した反応槽間を連結し，試料や試薬の移動を制御する機能を搭載することが必要である。そのために不可欠となる要素技術がマイクロバルブである。従前より，マイクロバルブの研究開発は多く行われてきたが，小型，かつ実用に耐えるシール性を兼ね備えたバルブを安価に製造することは容易でない。しかし，近年，マイクロ流路壁の一部を変形が容易なエラストマーで形成し，空圧によって開閉を制御するマイクロバルブ技術が確立された。これにより，チップ上に多段階の分析工程を集積化できるようになり，バイオチップで実現可能な分析は著しく進展している[11]。筆者らは，図3に示すようなプラスチック基材のマイクロ流体デバイス上にエラストマーの微小

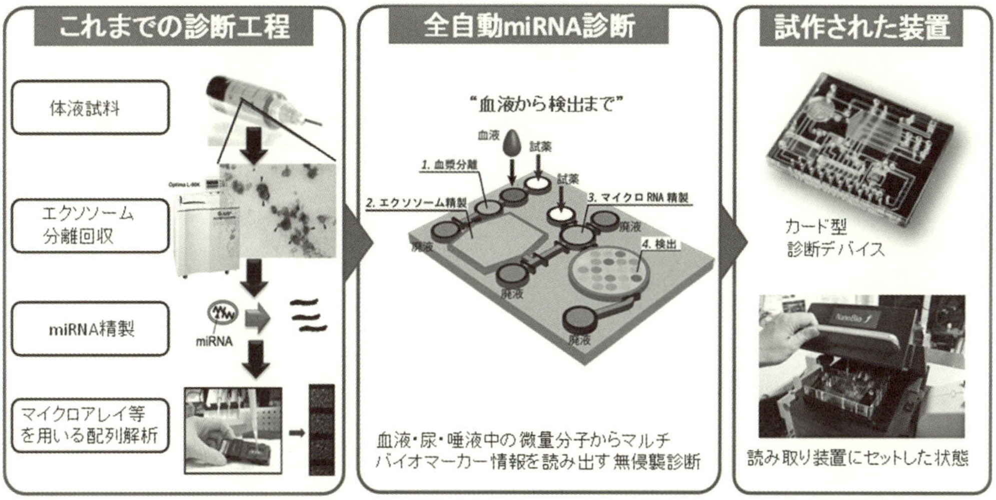


図2　分泌型miRNA診断デバイス

試作されたmiRNA診断デバイスにおいては，検体の前処理に必要なエクソソームならびにmiRNAの分離・精製ユニットとmiRNA検出ユニット，さらに，これらユニット間での試料や試薬の移送を制御するマイクロ流路網と多数の圧空作動式マイクロバルブ，ポンプ等の流体素子が1枚のカード上に集積システム化されている。

構造体を形成する技術を開発し[12]，この技術で製造した多数の圧空作動式バルブをチップ上に搭載して，複雑な試料，試薬の輸送・操作工程を統合可能な流体ネットワークを構築した。バルブは0.2 MPa程度の外部供給圧力により，60 ms程度の応答速度で開閉動作する。また，複数の圧空作動式バルブの位相をずらして動作させることで，ペリスタリックポンプを構成することが可能で，微量液体の輸送に利用できる。

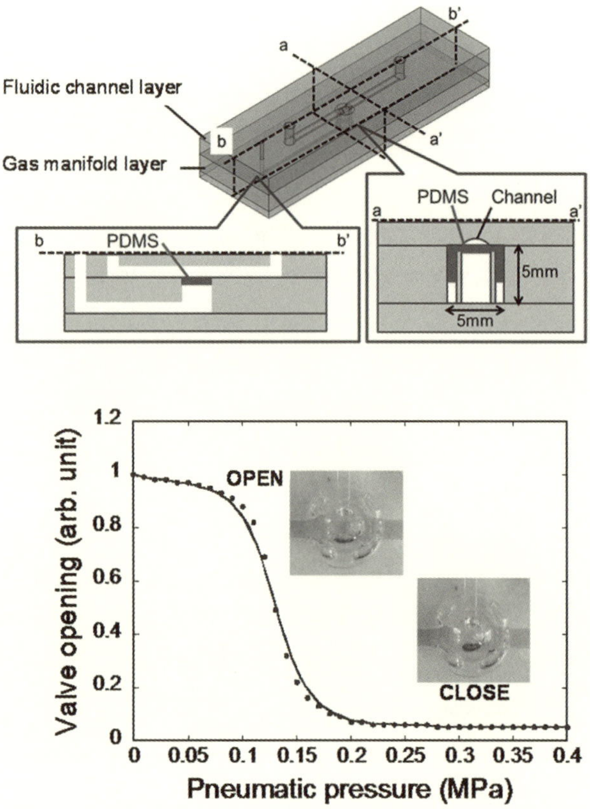


図3　プラスチック製マイクロ流体デバイス上に組み込まれたエラストマー製のニューマチックバルブ
下図は，流路中に蛍光試薬を導入して計測したバルブ動作の圧力依存性を示す。0.1〜0.2 MPaの空気圧を印加することで，エラストマー膜の変形が生じ，バルブが開閉する。

### 4.3.2　エクソソーム精製ユニット

分泌型miRNA診断デバイスを実現するためには，まず，小型・簡易・迅速を満たすエクソソーム精製装置が必要である。筆者らはPEG（ポリエチレングリコール）脂質誘導体をマイクロ流路底面に修飾したバイオチップを用いて，特異抗体を介さないエクソソーム精製法を開発している。図4に示すようにプラスチック製デバイスの流路底面にPEG脂質誘導体が固定されている。デバイスに接続した外部ポンプにより血液等の液体試料をデバイス内に吸引し，エクソソームの固相吸着による精製を行う。PEG脂質誘導体は，親水性のPEG鎖に疎水性の脂質を結合させたものであり，脂質鎖がエクソソームを構成する脂質二重膜に侵入し，アンカーリングして固定する[13]。さらに，捕捉された小胞をデバイス中で洗浄後，リシス試薬で破砕し，シリカ吸着を利用するmiRNA精製ユニットに送ることで，高品質miRNAの抽出を可能にする。マサチューセッツ総合病院のToner教授らは同様の構造をもつマイクロ流体デバイスを用い，流路底面に固定したCD63抗体により細胞外小胞体表面に発現するマーカータンパク質を捕える原理により，100〜400 $\mu$Lの血清からエクソソームを含む小胞体を精製し，RNAを回収するまでを1時間で行い，4〜16 $\mu$L/minの速度で血清をデバイス中に流した場合に，42〜94％の効率で小胞が捕捉できたと報告している[14]。PEG脂質誘導体を用いると，抗体に比べてより強い吸着が得られる

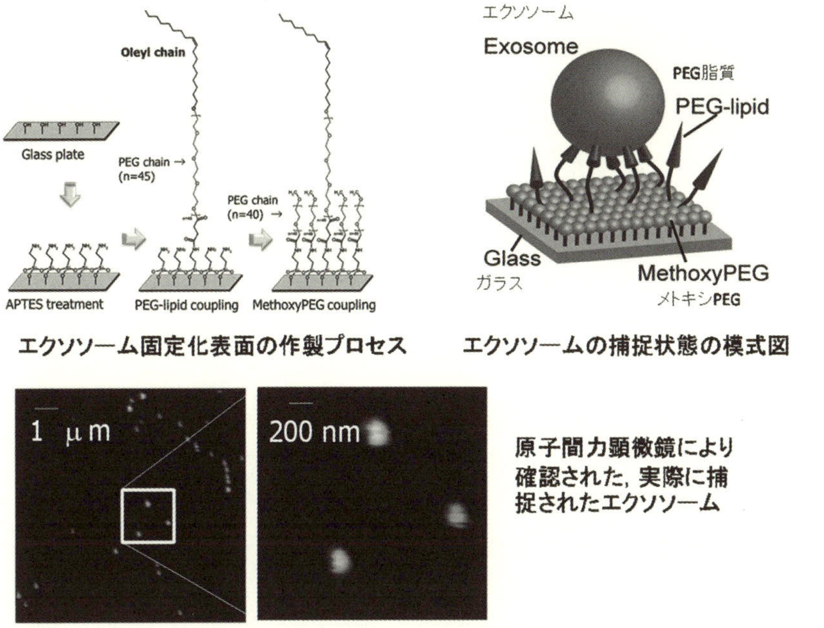


図4　PEG脂質誘導体修飾表面を用いたエクソソームの精製

脂質鎖がエクソソームを構成する脂質二重膜に侵入し，アンカーリングして固定する機構が考えられている。表面上に捕捉された小胞をデバイス中で洗浄後，破砕して，取り出されたエクソソーム内包miRNAは，シリカメンブレンへの核酸吸着を利用する精製ユニットへと送られる。

ため，デバイスを通過させる試料の流量を上述のデバイスに比べ2桁程度大きくした場合にもエクソソームを含む微小な小胞を流路底面に吸着できることが確認された。HEK293培養上清から回収したエクソソームをリン酸緩衝生理食塩水に分散したモデル試料を用いた実験では，試料の流量に依存するが，最大で84％の高い捕捉効率が達成されている。

### 4.3.3　LASH法によるmiRNAの無標識検出

最終的に精製されるmiRNAは微量であるため，高感度検出が必要となる。筆者らは，マイクロ流体デバイス内にDNAマイクロアレイチップを組み込み，前処理ユニットを経由して精製されたmiRNA検体をDNAマイクロアレイ上に移送して，ハイブリダイズ検出を行う方式を採用している。塩基配列が既知の捕捉用オリゴDNAプローブ上で，相補的な配列を有するmiRNAをハイブリダイズ結合させ，疾患マーカーとなるmiRNAの定量を行う原理は，従来のDNAマイクロアレイチップと同じである。実際には，チップ上で血液等の体液検体から精製されたmiRNAを，同一のチップ上で直ちに精度よく検出するためには，追加の工夫が必要であり，図5に示すようなligase-assisted sandwich hybridization（LASH）法と称するサンドイッチ型マイクロアレイを用いたmiRNAの定量法が開発された[15)]。本法では捕捉用プローブDNAに加えて，シュテム・ループ構造を組み込んだ検出用プローブを用いる。シュテム・ループ構造はハイブリダイズ可能な

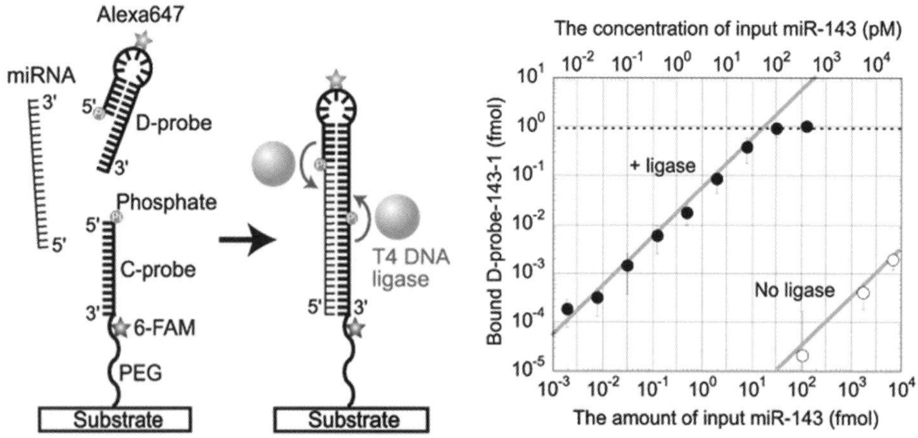


図5　LASH法による高感度miRNA検出

ライゲーションアシステッドサンドイッチ型マイクロアレイ法（LASH法）を用いる無標識miRNAの高感度マイクロアレイ検出，定量法。核酸連結酵素（リガーゼ）を用いて，捕捉用プローブ（C-probe）DNA，蛍光検出用プローブ（D-probe）DNA,測定対象のmiRNAの3つの核酸分子を不可逆的に結合することにより，高い検出感度を達成している。

miRNAの長さを規定する役割を果たすことにより，成熟過程を終えていない塩基長の長いRNAを検出してしまう可能性を排除し，成熟したmiRNAのみを検出することに寄与する。さらに，この検出用プローブのループ部分には蛍光分子が標識されており，検体をチップの外で蛍光ラベル化する作業を必要とせず，チップ上で全ての検出作業を行うことが可能になる。さらに，T4 DNAリガーゼを用いて，検出対象となるmiRNAと捕捉用プローブと検出用プローブを連結し，安定構造にすることでハイブリダイズ効率を50,000倍程度向上させることができ，合成miR-143を用いた性能評価では，30 fMから30 pMの範囲で定量検出が可能であることが示されている。

## 4.4　おわりに

miRNAによるがん診断を目指した診断デバイス研究開発の現状について紹介した。sample-to-answer型のがん診断装置技術により，従来1～2日を要したがん診断の作業を1時間程度に大幅に短縮できる見通しを得ている。遺伝子検査のように，未だ薬事承認されていないものの，研究用試薬・装置を用いて，従来の診断技術では得られなかった様々な疾患の情報を取得する検査法（laboratory-developed test：LDT）が次々と開発されている。今後，これらの「検査技術」が，実際の医療で利用できる「診断技術」として受容されるまでには，検査技術の信頼性，総合的なコストベネフィット，社会システムとの整合性など多くの検討が必要である。新たな診断装置の社会実装を結実させ，低コストで信頼性の高い早期診断を広く普及させることで，疾患による死亡率を低下させ，受診率が増大しても必要以上に医療費を増大させない費用対効果の高い医療システムの構築に繋がっていくことを期待している。

## 文　　献


1) U. Maskos & E. M. Southern, *Nucleic Acids Res.*, **21**, 2269 (1993)
2) M. Schena *et al.*, *Science*, **270**, 467 (1995)
3) A. C. Pease *et al.*, *Proc. Natl. Acad. Sci. USA*, **91**, 5022 (1994)
4) 一木隆範，現代化学，**504**(3), 42 (2013)
5) 最先端研究開発支援プログラムNanobio First プロジェクトウェブサイト，http://park.itc.u-tokyo.ac.jp/nanobiof/，COIプログラム「COINS-スマートライフケア社会への変革を先導するものづくりオープンイノベーション拠点」，http://coins.kawasaki-net.ne.jp/
6) M. S. Pepe *et al.*, *J. Nat. Cancer Inst.*, **93**, 1054 (2001)
7) D. A. Haber & V. E. Velculescu, *Canc. Discov.*, **4**, 650 (2014)
8) C. H. Lawrie *et al.*, *Br. J. Haematol.*, **141**, 672 (2008)
9) C. Théry, *F1000 Biology Reports*, **3**, 15 (2011)
10) H. Peinado *et al.*, *Nat. Med.*, **18**, 883 (2012)
11) M. A. Unger *et al.*, *Science*, **288**, 113 (2000)
12) S. Terane *et al.*, *J. Photo-polymer Sci. Tech.*, 27 (2014)
13) K. Kato *et al.*, *BioTechniques*, **35**, 1014 (2003)
14) C. Chen *et al.*, *Lab Chip*, **10**, 505 (2010)
15) T. Ueno & T. Funatsu, *PLoS One*, **9**, e90920 (2014)

## 5　DNAチップ ***3D-Gene***®の応用展開

近藤哲司*

### 5.1　はじめに

1990年代に誕生したDNAマイクロアレイ（以後，DNAチップ）は多数の遺伝子情報を一斉に解析できるツールとして，遺伝子関連の基礎研究に大いに寄与してきた[1~9]。このため，国内外の研究機関やメーカーでDNAチップが開発・製品化されてきたが，これまでは，基礎研究用途がほとんどであり，ようやく応用分野での実用化が広がりつつある段階である。今後，創薬の開発やテーラーメイド医療をはじめ，環境検査，食品検査・工程管理など実用的なDNAチップの利用が拡大，加速していくと期待されている[10~14]。

日本は近年少子高齢化社会の急速な進展と共に，2025年頃には国民医療費が現在の1.5倍にまで跳ね上がると予想されており，医療費の高騰が深刻な社会問題となっている。このため，このまま現在の医療の質を落とさずに，拡大する医療費を抑制するためには，疾患が発症する前段階でその予兆を発見し，治療的介入を実施して発症を予防する先制医療や，患者固有の特徴を踏まえて最適な治療を行うための診断を行うコンパニオン診断などの革新的な検査・診断技術を実現し，治療期間を短縮あるいは無駄な治療をなくすことにより医療費を削減することが期待されている。このような革新的な検査・診断技術を開発するためには，これまでにない新たなバイオマーカーが不可欠であると考えられ,そのようなバイオマーカーをDNAチップで探索し，当該マーカーにより，疾病の罹患の可能性を予測する検査や治療あるいは投薬前にその効果を予測し，患者個々へ最適な治療，投薬を行うための診断への応用が期待されている。

DNAチップが応用分野での実用化が遅れている理由の一つとして，従来のDNAチップでは，感度や再現性，定量性が必ずしも十分ではないことが挙げられる。例えば，スポットされたプローブが一部はがれるなどでスポット形状が安定しない，基板の自家蛍光などに起因するノイズ成分が高い，検出の再現性が低い，というような課題があった。また，感度や定量性が十分でないために，多数の遺伝子情報を一斉に検出できるDNAチップを用いているにもかかわらず，微小な遺伝子変動を議論することができないという課題もあった。

このような課題に対し，複数の統計学的処理を組み合わせることでデータの精度を高めようとする方法や検体から得られる微量なRNAやDNAを増幅して検出できるような手法が試みられているが，解析アルゴリズムの複雑化や増幅時のばらつき，検出時のバイアスなどの課題が実用面で懸念されている。

ここでは，これまで主流となっている蛍光検出技術をベースに，従来のDNAチップの最高で100倍の高感度が実現できる，高感度DNAチップ ***3D-Gene***®について紹介するとともに，上記のような検査・診断のためのバイオマーカーの一種として注目されるマイクロRNAならびにその探索ソースとして近年特に注目されているFFPE検体や血漿・血清検体を利用した発現遺伝子の

＊　Satoshi Kondo　東レ㈱　新事業開発部門　主任部員

検出方法について記述した。

### 5.2　従来型DNAチップの特徴

蛍光検出技術をベースとする従来型DNAチップには，アフィメトリックス社で開発されたリソグラフィー法[1]によるものと，スタンフォード大学Brown教授により開発されたスポッティング法[2]によるものなどがあり，いずれもガラス製の平滑な基板に遺伝子検出用プローブを固定して形成されているものである。前者は半導体製造プロセス技術を展開させたものであり，多数のスポットを高密度に配置する事ができることから，特にゲノムワイドな網羅的な研究に活用されることが多い。一方，後者はプローブ溶液を基板にスポットして作製するものであり，プローブの信頼性が高く，絞り込まれたプローブ使用したカスタマイズDNAチップへの対応が期待でき，特定の遺伝子群のハイスループットな検出用途に適している。初期の頃は，スポットの形状，配置の安定性など，検出の精度，再現性が十分とは言い難かったが，近年のスポット技術やプローブ固定化技術の改良により，かなり改善されている。

また，アフィメトリクス社のチップと複数のスポッティング法によるチップのデータ互換性が議論され，プラットフォームが異なる場合におけるデータの相関性も報告されている[15]。その一方で電気化学的な検出方法など，検出原理そのものが新しいチップも開発され，一部実用化されつつある。今後は，用途に応じて検出方法やプラットフォームが選択され，広い意味でのDNAチップの応用が益々拡大するものと期待される。

### 5.3　高感度DNAチップの特徴

高感度DNAチップ ***3D-Gene***® は，蛍光検出をベースとするスポッティング法によるDNAチップであり，次の3つの特徴を有している。

(1)　DNAチップ基板の形状・材質による検出スポット形状の安定化とノイズ低減

(2)　DNAチップに固定するDNA（プローブDNA）の密度制御

(3)　ターゲットDNAとの反応性向上

具体的には，DNAチップ基板をこれまでの平滑な形状から凹凸（柱状）形状にする画期的なアイデアと，基板表面をナノレベルの特殊加工で活性化する技術と，プローブDNAとターゲットDNA（サンプルから調製した標識化DNA）との反応（ハイブリダイゼーション）を強制的に促進させる技術を開発し，従来のDNAチップに比べ，最高で100倍の検出感度が達成できる[16]。

特に，従来技術では困難とされる反応の均一性，特異性や精度を著しく向上させており，高感度かつ正確な検出が求められるマイクロRNAの検出に有効であると考えられる。

#### 5.3.1　チップ形状・材質によるノイズ低減

高感度DNAチップは，平滑な基板ではなく，加工が容易で，かつ材料自体が有する自家蛍光が少ない合成樹脂を用い，検出部に凹凸構造を持たせた柱状構造チップを採用している（図1）。このため，平滑なガラス基板にスポットした場合に比べ，材料自体の自家蛍光を制御でき，従来型

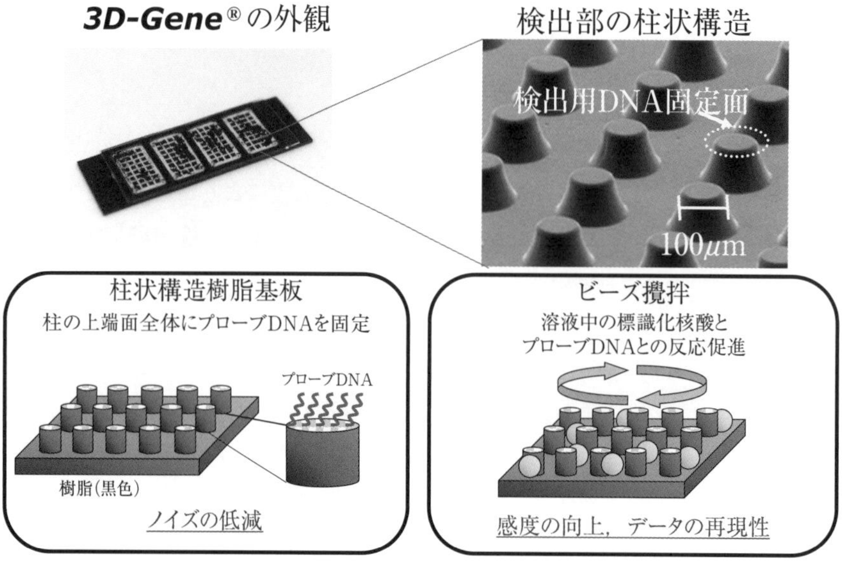


図１　高感度DNAチップの外観と検出部拡大図，ならびに柱状構造によるノイズの低減および
ビーズ攪拌による反応性向上を示した模式図

DNAチップ（平滑なガラス基板）の場合と比較して，スポットおよびスポット周辺のノイズが数分の一に減少できることが観察されている。スポットの形状が安定化できるばかりでなく，ノイズも大幅に低減できることにより，高精度な検出が可能になると期待される。

### 5.3.2　ターゲットDNAとの反応性向上

一般的なDNAチップでは反応時にサンプルから調製した標識化DNAの拡散が遅く（～200 μm[17]），希薄な溶液を用いた場合や低濃度の核酸を検出対象とした場合，十分な反応効率が期待できない。高感度DNAチップでは上述の柱状構造に組み合わせてビーズで溶液を攪拌することで，プローブDNAには何等影響を与えることなく効果的な反応促進が可能となっている（図１）。

ハイブリダイゼーション液が攪拌されることにより，静置時に比べて効率的に標識化DNAがプローブDNAと会合し，ハイブリダイゼーションが格段に加速される。また，DNAチップ内での反応均一性が増すだけでなく，DNAチップ間でも同一反応性が保障されるためにデータの定量性，再現性が向上する。このため，検査・診断用途に適したDNAチップであるといえる[18~20]。

## 5.4　高感度DNAチップの性能

図２に1.0および0.01 μg相当のtotal RNAを用いたときの従来型DNAチップと高感度DNAチップの検出イメージを示す。特に検出限界において，従来のDNAチップでは0.01 μg相当以下ではシグナル検出が困難であるにもかかわらず，高感度DNAチップでは，約100分の１のターゲットDNA量でもシグナルが検出できることが確認された。

この結果から，実用面を考えた場合，サンプルとして微量なRNAでも検出することができるた

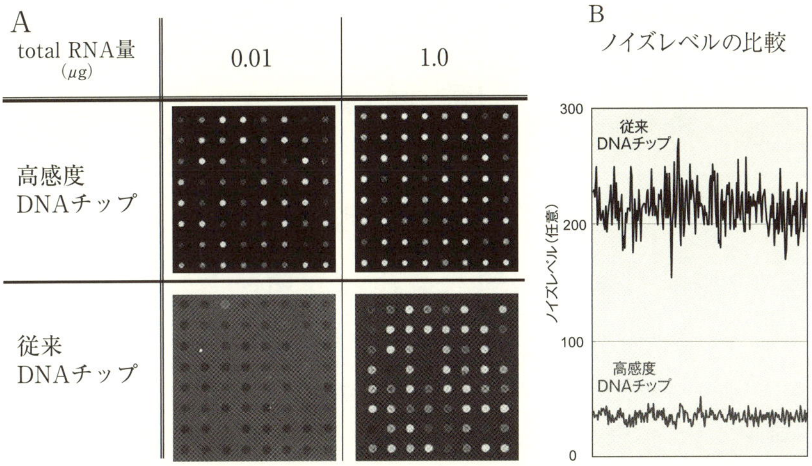


図2　A：調製total RNA1.0 μgと0.01 μg用いたモデル実験で高感度DNAチップと従来型チップの検出を比較した検出イメージ，B：バックグラウンドのノイズレベルを検出し，数値化した結果

め，感度面や精度面において飛躍的に優れたDNAチップといえる[21,22]。また，樹脂製のDNAチップであるため，基板の形状やレイアウトを自由に設計することができ，1枚のチップ上で複数のサンプルを測定できるマルチアレイ化への対応など検査・診断用DNAチップとして，実用面でのコスト低減も可能である。

### 5.5　マイクロRNAの解析

生物の細胞や組織の中には，生命現象の機能を司るタンパク質をコードするRNA（メッセンジャーRNA）とは異なり，タンパク質をコードしていないnon-coding RNA（ncRNA：非コードRNA）が多数存在する。これらのなかには，マイクロRNA（miRNA）と呼ばれる20～25塩基ほどの長さの一本鎖のRNAがあり，このマイクロRNAはメッセンジャーRNAの末端に相補的に結合することにより，メッセンジャーRNAからタンパク質が生成される工程を阻害・制御している（図3）。このため，マイクロRNAは各種の生命現象に関連しており，生命の発生や細胞分化の過程のみならず，疾患の発生においても重要な役割を果たしていることが解明されてきており[23～30]，これらマイクロRNAを生命現象の目印であるバイオマーカーとして測定し，疾患状況や投薬判断などの診断や薬理や毒性評価などの医薬品開発に役立てようとする試みが近年活発になっている[31～36]。

マイクロRNAはメッセンジャーRNAと違い以下の点でバイオマーカーとしての有効性に注目を集めている。

(1)　種類がヒトで2,500種類程度なのでメッセンジャーRNAと比較して分析が単純である。
(2)　鎖長が短く，分解に対して強いので検出データが安定している。
(3)　多様なバリアントが存在しないので考察が単純である。

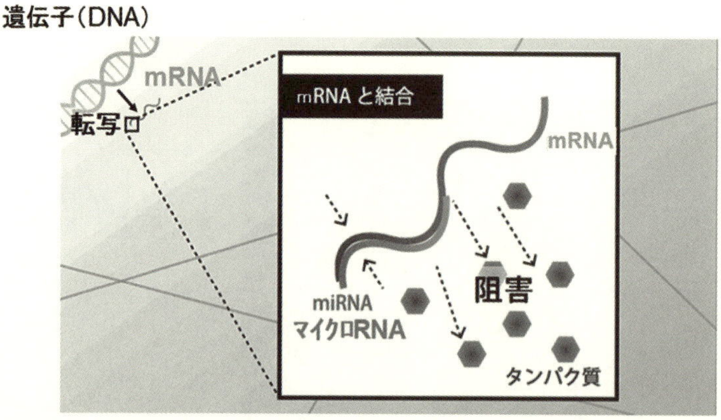


図３　細胞内でマイクロRNAはメッセンジャーRNAからタンパク質が生成される工程を阻害する

(4)　生物種間での配列相同性が高く，動物実験での結果がヒトに外挿されやすい。

マイクロRNAの定量的な解析方法としては，DNAチップによる解析法以外に，定量PCR法，次世代シークエンサーを利用した解析などが存在するが，探索ソースによってはその存在量が少なく，またマイクロRNAどうしの配列相同性も高いため，その解析には上述したDNAチップのような高感度かつ高精度な解析法が求められる[37~42]。

また，バイオマーカーを探索する上での探索ソースとしては，一般的には生あるいは凍結状態の組織検体が使用されるが，疾患あるいは正常の組織検体は入手自体が難しく，また組織を採取する際の患者への負担，浸襲性が高いため，以下のようなFFPE（formalin-fixed paraffin-embedded，ホルマリン固定パラフィン包埋）標本や血液といった入手し易い各種検体からの解析方法に期待がもたれている。

### 5.5.1　FFPE標本からのマイクロRNA解析

FFPE標本は，腫瘍などの病巣として摘出された検体をホルマリンで固定し，続いてパラフィン包埋したものである。通常はもっぱら，組織染色による観察により組織の異型度や悪性度を評価するために使われている。FFPE標本は病院や関連する研究機関に豊富に保管され，多くの情報とリンクされており，なかには希少な疾患も含まれているため，FFPE標本からの遺伝子解析技術を確立できれば，過去の膨大な疾患データを活かした遡及的な研究が可能となり，疾患の治療や予防に大きく貢献できるものと考えられ，注目を浴びてきた[43~46]。しかしながら，通常FFPE標本は長期間保存されたものが多く，その作製方法によっては遺伝子（核酸）が高次に架橋された状態となるため，FFPE標本から抽出した遺伝子，特にRNAは分解が進んでしまっており，その定量的な解析，評価は難しいといわれてきた。ところが，実際には抽出工程でRNAが分解してしまうことも多いため，最近では抽出方法を工夫して，RNAの分解を防ぎつつ，抽出効率を向上させ，抽出したRNAを分析する試みが増えてきている[47]。また，FFPE標本の作製条件や保管条件によって，抽出されるRNAの品質は様々であり，その条件，品質によっては遺伝子発現解析を

定量的に実施できない場合もある。以上から，FFPE標本から定量的なRNA解析を行うためのポイントとしては，

(1) 品質の良いRNAを抽出する。

(2) 抽出されたRNAが解析に値する品質かを見極める。

(3) サンプル間での検出バイアスを抑制した処方でサンプルを調製する。

の3点が挙げられる。(1)については，従来は熱を加え長時間の処理が必要であった処方を，常温・短時間で抽出する改良処方に工夫することにより，従来の処方より分解画分の割合が少ないRNAを抽出することができるようになっている（図4）。(2)については，RNAを電気泳動して，分解画分，架橋画分の存在有無，存在割合を確認することで，その品質を見極められることができ，解析しても正しい結果が得られない可能性が高いRNAを事前に排除することができる。また，(3)については，特にマイクロRNAは鎖長が短く，分解に対して非常に強いため，適切なRNAの品質基準を設け，基準をクリアしたRNAに対して増幅を行わないプロトコルを採用することにより，貴重な情報が得られる可能性が広がっている[48,49]。

特にFFPE標本の場合，疾患部位のみをダイセクションして解析を行う場合が多く，また，診断を行うため採取する標本量も最小化することが望まれることから，解析に供することができるRNA量も限定的になるため，上記した高感度のDNAチップでマイクロRNAの解析を行うことにより，有用なマーカー候補が探索できることが見出されつつあり[47]，その応用はがんなどの疾患の診断以外にも，今後疾患の予後予測やモニタリング，薬剤や治療の効果予測・評価にも広がっていくと考えられる。

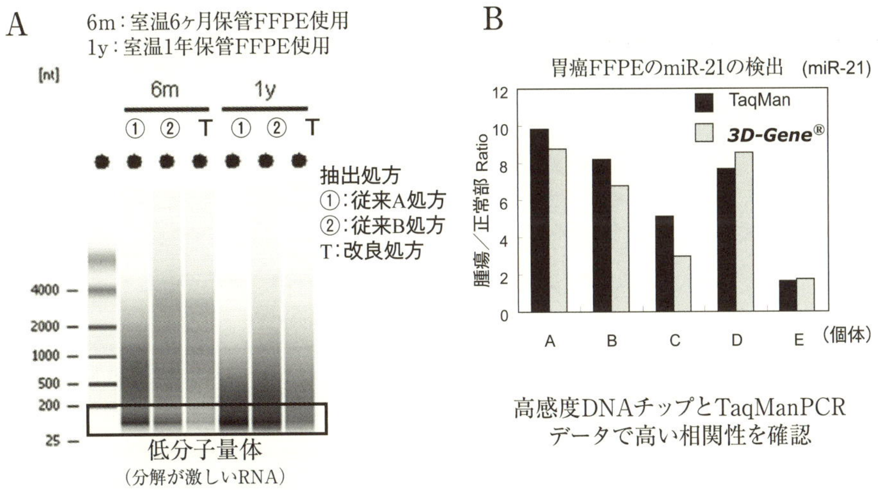


図4 A：FFPEを従来処方（①，②）と改良処方（T）で抽出したRNAの電気泳動像，B：A～Eの5個体の胃がんFFPEの腫瘍部，正常部から改良処方で抽出したRNAを使用してTaqmanPCRと高感度DNAチップでmiR-21を検出し，腫瘍部／正常部の発現比を示したグラフ

### 5.5.2 血清・血漿検体からのマイクロRNA解析

近年，血清・血漿中にもRNAが安定に存在することが明らかにされ，これらが臨床研究などにおける疾病の診断や治療効果の判定，治療の選択などのマーカーとして特に注目されている。従来，血清・血漿中には大量のRNA分解酵素が存在するため，血液中にあるRNAは短時間で分解され，血清・血漿中にマイクロRNAが存在することはありえないと考えられてきた，ところが最近の研究で，血清・血漿中でマイクロRNAが存在することが確認され，さらに血清・血漿中に存在するマイクロRNAを網羅的に解析し，血液中にあるマイクロRNAをターゲットとしてバイオマーカーを発掘する研究が飛躍的に増加している[50~54]。たとえば，がん患者と健常者とでは血液中のマイクロRNAのプロファイリングに大きな違いがみられ，その違いががんの病態，悪性度，予後に関する重要な情報として新たなマーカーとして利用できれば，診断や治療に応用できると期待されている（図5）[55~60]。

血清・血漿中にあるマイクロRNAは細胞や組織から分泌あるいは排出されるタイプのマイクロRNA（分泌型マイクロRNA）であるといわれ，細胞が放出する際に小胞（エクソソーム）内につつまれるか，あるいはタンパク質と会合した状態となり，RNA分解酵素の分解を受けず，安定的に存在する。このため，バイオマーカーとして以下に示されるような多くの利点があげられる。

(1) 血清・血漿は組織に比べて比較的非浸襲的に採取できる。
(2) 病巣（周辺組織）の状態や障害を受けた組織に対する特異性を反映する。
(3) 凍結融解や温度，酸などに対して安定なため，長期保存が可能である。
(4) タンパク質合成の上流を制御するため，創薬のターゲットになりうる。
(5) 薬剤・刺激に対するレスポンスが早い。

しかし，血漿・血清内に存在するマイクロRNAは極微量であり，通常使用できる血液検体量は1 mL以下であることから，いかにRNAを確実に抽出し，さらに微量なマイクロRNAを検出してマーカーを探索するかが課題であった。血液由来試料によるマイクロRNA解析は国内外で複数報

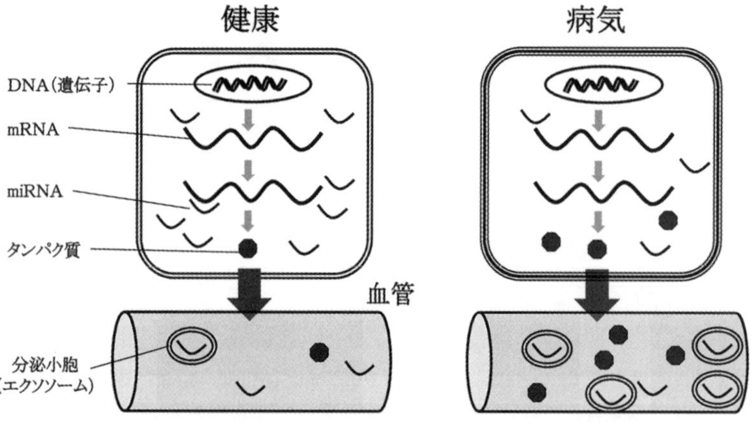


図5　病気になると血液中のマイクロRNAの量が増減

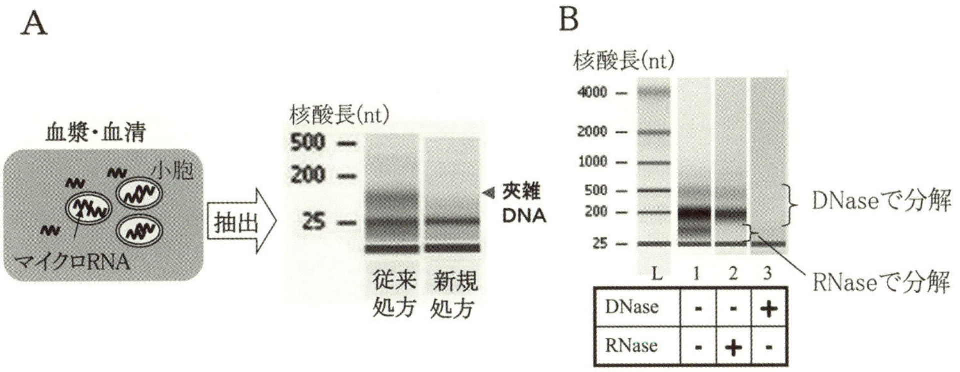


図6　A：血漿・血清検体から従来処方と新規処方で抽出されたRNAの電気泳動像（新規処方では夾雑DNAが混入しない），B：従来処方で抽出されたRNA（Lane 1）をRNase（Lane 2）およびDNase（Lane 3）で分解した際の電気泳動像

告されているが，マイクロRNAを包含する小胞やタンパク質の分離・分画方法やマイクロRNAの抽出法，定量法が様々で，再現性や信頼性の点で問題があると言われている。特に血漿・血清からRNAを抽出する方法は，図6に示すとおり，従来の抽出法だと，雑多な夾雑物や核酸が混入してしまう点が問題であり，特にDNAの混入は同一配列あるいは逆鎖配列のRNAに対して交差反応を起こしてしまうため，血清・血漿中の微量なマイクロRNAの測定結果に対して大きな影響を与えてしまう。

このため，抽出溶液の組成を工夫してDNAが混入しない高純度なマイクロRNAが得られる新規な抽出方法を開発しており（図6），血清・血漿中のマイクロRNAをバイオマーカーとして探索するためには，このような新規な抽出方法で抽出された高純度なマイクロRNAを使用して高感度な検出法で感度ならびに精度の高いデータを得ることにより，各種疾患の検出に有用な血液中のマイクロRNAバイオマーカーの研究が進展している[61~65]。

### 5.6　まとめ

DNAチップを利用した遺伝子解析の利点は数万種類以上の網羅的な解析から数十個のカスタマイズした解析までできる幅広い応用面であり，コンパニオン診断を目的としたバイオマーカーの探索段階から実際の検査・診断利用までを一貫したツールで研究・開発できる点にある。また，ハイブリダイズという比較的単純な検出原理であるために，検査・診断を考えた場合，この単純さが他の手法と比べて，検査・診断時間の短縮や装置の単純化にもつながり，簡便で安価な検査・診断への展開が期待できる。

また，先制医療やコンパニオン診断のためのバイオマーカーについては，がんを対象とした研究・開発が進んでいるが，マイクロRNAを解析し，バイオマーカーを探索しようという試みは，がん以外にも，難病のマーカー探索，痛みやストレスの指標の同定などにも応用できるといわれ，患者のQOL（quality of life）の維持に将来的に寄与できると考えられている。

特に今回紹介したFFPE標本や血清・血漿検体を使用したマイクロRNAの解析系は，探索研究以外にも実際の検査・診断現場において，検体の使用しやすさという点で有効であり，今後の検査・診断などの実用面での発展に期待がもたれている。

## 文　献


1) S. P. Fodor *et al., Science,* **251**, 767 (1991)
2) J. L. DeRisi *et al., Science,* **278**, 680 (1997)
3) U. Landegren *et al., Genome Res.,* **8**, 769 (1998)
4) A. J. Thiel *et al., Anal. Chem.,* **69**, 4948 (1997)
5) C. J. Flaim *et al., Nat. Methods,* 2, 119 (2005)
6) M. Maekawa *et al., Development,* **132**, 1773 (2005)
7) P. Soronen *et al., J. Steroid Biochem. Mol. Biol.,* **92**(4), 281 (2004)
8) A. Jamshidi-Parsian *et al., Gene,* **344**, 67 (2005)
9) X. J. Zhou *et al., Nat. Biotechnol.,* **23**(2), 238 (2005)
10) S. Katsuma *et al., Biochem. Biophys. Res. Commun.,* **288**, 747 (2001)
11) M. Yamada *et al., Proc. Natl. Acad. Sci. USA,* **102**, 7736 (2005)
12) L. J. van't Veer *et al., Nature,* **415**, 530 (2002)
13) D. L. Gerhold *et al., Nature Genetics,* **32**, 547 (2002)
14) O. Margalit *et al., Blood Rev.,* **19**, 223 (2005)
15) MAQC Consortium, *Nat. Biotechnol.,* **24**, 1151 (2006)
16) K. Nagino *et al., J. Biochem.,* **139**(4), 697 (2006)
17) J. C. Politz *et al., Proc. Natl. Acad. Sci. USA,* **95**, 6043 (1998)
18) T. Ito *et al., Oncology,* **73**, 366 (2007)
19) S. Otani *et al., Clin. Biochem.,* **42**(13-14), 1387 (2009)
20) M. Ichikawa *et al., Biochem.,* **148**(5), 557 (2010)
21) R. Ise *et al., Drug Metab. Pharmacokinet.,* **26**(3), 228 (2011)
22) H. Sudo *et al., PLoS One,* **7**(2), e31397 (2012)
23) H. Tazawa *et al., Proc. Natl. Acad. Sci. USA,* **104**(39), 15472 (2007)
24) L. Ma *et al., Nature,* **449**(7163), 682 (2007)
25) C. Xu *et al., J. Cell Sci.,* **120**, 3045 (2007)
26) N. Baroukh *et al., J. Biol. Chem.,* **282**(27), 19575 (2007)
27) N. Klötin *et al., PLoS One,* **4**(3), e4699 (2009)
28) J. Jiang *et al., Clin. Canc. Res.,* **14**(2), 419 (2008)
29) D. Xu *et al., J. Cell Biol.,* **193**(2), 409 (2011)
30) M. Osaki *et al., Mol. Ther.,* **19**(6), 1123 (2011)

31) A. Zampetaki & M. Mayr, *Circ. Res.*, **110**(3), 508 (2012)
32) K. J. Png *et al.*, *Nature*, **481**(7380), 190 (2011)
33) M. L. He *et al.*, *Biochim. Biophys. Acta.*, **1825**(1), 1 (2012)
34) G. Cerda-Olmedo *et al.*, *PLoS One*, **10**(3), e0121903 (2015)
35) T. Yokoi & M. Nakajima, *Toxicol. Sci*, **123**(1), 1 (2011)
36) K. Kato *et al.*, *Mol. Canc. Ther.*, **11**(3), 549 (2012)
37) F. Sato *et al.*, *PLoS One*, **4**(5), e5540 (2009)
38) Q. Lin *et al.*, *J. Cancer Res. Clin. Oncol.*, **138**(1), 85 (2012)
39) K. Lao *et al.*, *Biochem. Biophys. Res. Commun.*, **343**(1), 85 (2006)
40) D. Beck *et al.*, *BMC Med. Genom.*, **23**(4), 19 (2011)
41) A. Git *et al.*, *RNA*, **16**(5), 991 (2010)
42) F. Sato *et al.*, *PLoS One*, **6**(1), e16435 (2011)
43) A. B. Hui *et al.*, *Lab. Invest.*, **89**(5), 597 (2009)
44) L. Arzt *et al.*, *Exp. Mol. Pathol.*, **91**(2), 490 (2011)
45) R. Klopfleisch *et al.*, *Histol. Histopathol.*, **26**(6), 797 (2011)
46) A. Liu & X. Xu, *Methods Mol. Biol.*, **724**, 259 (2011)
47) S. Osawa *et al.*, *Oncology Letters*, **2**, 613 (2011)
48) T. Omura *et al.*, *Oncol. Rep.*, **31**(2), 613 (2014)
49) E. Giovannetti *et al.*, *PLoS One*, **7**(11),e49145 (2012)
50) D. D. Taylor & C. Gercel-Taylor, *Gynecol. Oncol.*, **110**(1), 13 (2008)
51) S. Gilad *et al.*, *PLoS One*, **3**(9), e3148 (2008)
52) P. S. Mitchell *et al.*, *Proc. Natl. Acad. Sci. USA*, **105**, 10513 (2008)
53) Q. Yang *et al.*, *Clin. Chim. Acta.*, **412**(23-24), 2167 (2011)
54) J. D. Arroyo *et al.*, *Proc. Natl. Acad. Sci. USA*, **108**(12), 5003 (2011)
55) F. Bianchi *et al.*, *Ecancermedicalscience*, **6**, 246 (2012)
56) H. Zhao *et al.*, *PLoS One*, **5**(10), e13735 (2010)
57) G. Reid *et al.*, *Crit. Rev. Oncol. Hematol.*, **80**(2), 193 (2011)
58) R. Morimura *et al.*, *Br. J. Canc.*, **105**(11), 1733 (2011)
59) O. F. Laterza *et al.*, *Clin. Chem.*, **55**(11), 1977 (2009)
60) H. Mizuno *et al.*, *PLoS One*, **6**(3), e18388 (2011)
61) M. Kojima *et al.*, *PLoS One*, **10**(2), e0118220 (2015)
62) S. Akamatsu *et al.*, *J. Infect.*, **70**(3), 273 (2015)
63) S. Komatsu *et al.*, *Br. J. Canc.*, **111**(8), 1614 (2014)
64) H. Yamada *et al.*, *Clin. Endocrinol (Oxf)*, **81**(2), 276 (2014)
65) H. Konishi *et al.*, *Br. J. Canc.*, **106**(4), 740 (2012)

# 第2章　タンパク質チップ，ペプチドチップ

## 1　タンパク質チップ，ペプチドチップの概説と動向

伊藤嘉浩*

### 1.1　はじめに

タンパク質チップには，DNAチップと異なり，フォワード型とリバース型があり（図1），様々な用途が報告されている。ペプチド・チップは多くがエピトープ・マッピングなどのリバース型として用いられる。バイオチップの製造法を報告してマイルストーンとなった1991年のFodorらの論文は，光リソグラフィでペプチド・チップを作成するもので，抗体のエピトープ分析に用いられた。ここでは，一般的なペプチド・チップやタンパク質チップの製造方法と用途について概説する。

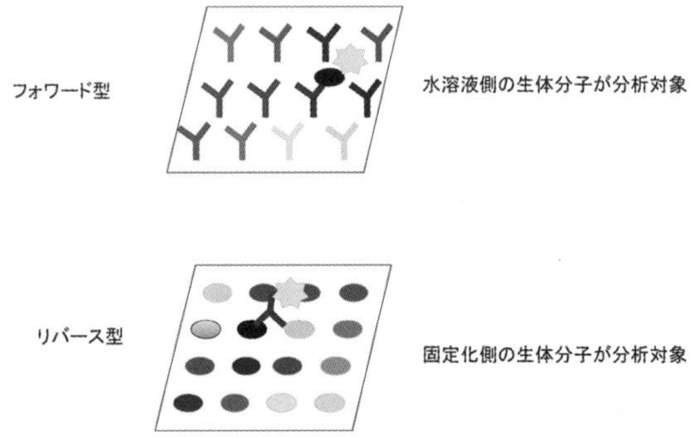


図1　フォワード型とリバース型マイクロアレイバイオチップ

### 1.2　製造法

ペプチド・チップは主にオンチップ合成で製造できるのに対し，タンパク質チップは，調製したタンパク質をマイクロスポッティングして固定化して製造される（図2）。後者は，さらに，チップ基板をそのまま，あるいは表面に官能基を導入して固定化する場合と，タンパク質にも固定化用の官能基やタグを導入して固定化する場合の二つに分類される。マイクロアレイ固定化方法については，前書[1)]で詳述したので，ここでは簡単にまとめる。

#### 1.2.1　オンチップ合成法

オンチップ合成は固相合成を微細に基板表面上で行うもので，最初に報告された光リソグラフィの他に，インクジェットの繰り返しで作成する方法，ポリマーマスクを用いる方法，酸化還元法などがある（図3）。正確に配向したペプチドが合成される一方，基材表面の性質の影響を受けやすく，スペーサーの導入が行われている。

---

＊　Yoshihiro Ito　国立研究開発法人理化学研究所　伊藤ナノ医工学研究室　主任研究員／同上　創発物性科学研究センター　創発生体工学材料研究チーム　チームリーダー

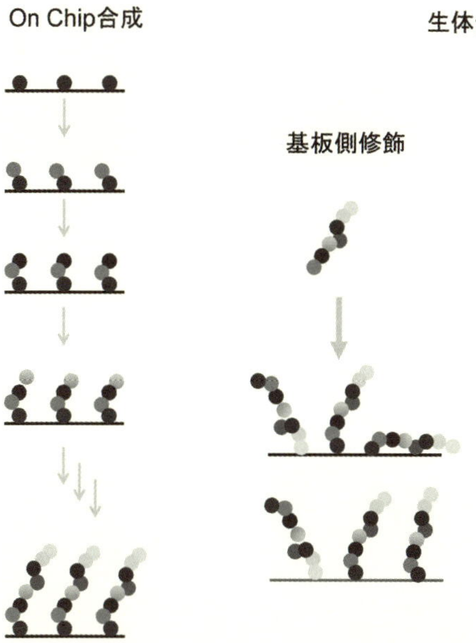


図2　ペプチド，タンパク質の固定化方法

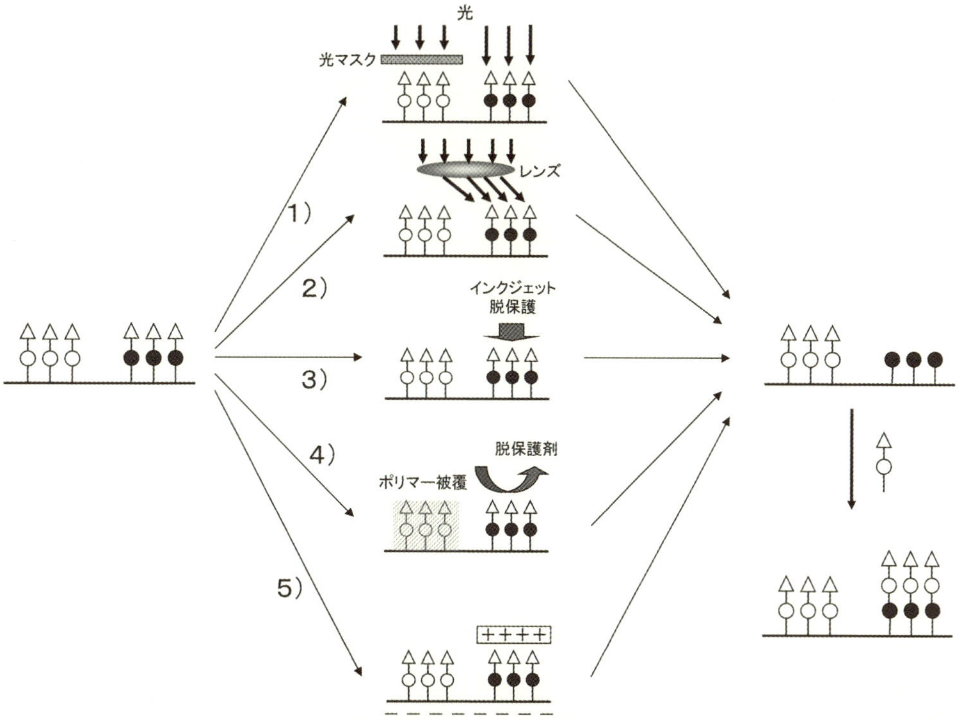


図3　様々なオンチップ合成法
1）光マスク法，2）マスクなし光照射，3）インクジェット逐次合成，4）ポリマーマスク法，5）酸化還元法。

### 1.2.2 固定化法

#### (1) 基板側を修飾

一般に，生体分子の固定化法には，非特異的な物理吸着による方法，イオン結合による方法，3次元架橋などによる包埋による方法，生体分子との共有結合による固定化法などがある。表1には，共有結合固定化のためにチップ表面に導入されている一般的な官能基の種類を示す。生体分子の種類によって官能基がある場合と，一つだけの場合，複数の場合，複数でも場所によって反応性が異なる場合があり，それによって，一定の配向性を持つ場合と，ほとんどない場合がある。抗体チップでは，抗体の不変領域Fcを認識するプロテインAを基板上に固定化してから，抗体を配向固定化する方法も行われている。

#### (2) 生体分子側を修飾

生体分子に新たに官能基を導入し基板にマイクロアレイ固定化する反応例を図4に示す。しかし，この場合，生体分子の修飾は主に化学的に行われており，部位特異的ではないため，基板側修飾と同様，配向性を厳密に制御することはできない。一方，各々のタンパク質側に，タンパク質工学で末端に，タグ（ニッケルなどの金属に結合するヒスチジン・タグ，グルタチオンに結合するグルタチオン-S-トランスフェラーゼ，マルトースに結合するマルトース結合タンパク質，アビジンに結合するビオチン化ペプチド・タグなど）を導入し，固定化する方法も行われている。また，DNAチップを利用して，核酸タグをつけて固定化する場合もある。これらの特異的な修飾を施した場合には，固定化部位は厳密に決められている。

固定化される生体物質の固定化法は，固定化された生体分子の活性と密接に関連し，バイオチップの性能と深くかかわる。固定化が不完全では，固定化の意味がなくなるが，固定化の方法によっては，用途によって配向性の問題が起きたり，構造変形により活性が失われる場合も多い。生体分子が活性を維持するためには，できるだけコンフォメーションや機能（分子認識）部位に影響なく固定化が行われる必要になる。一方では，マイクロアレイには，様々な生体分子を同じ

**表1　生体分子をそのまま共有結合固定化するために基板上に導入される官能基とそれに反応する生体分子内の官能基**

| 基板上の官能基 | 生体分子内の官能基 |
|---|---|
| カルボキシル基<br>活性エステル基<br>エポキシ基<br>アルデヒド基<br>イソシアナート基<br>イソチオシアナート基 | アミノ基 |
| マレイミド基<br>ピリジルジスルフィド基<br>ビニルスルホン基<br>ブロモアセチル基 | チオール基 |

| 基板上の官能基 | 生体分子内の官能基 |
|---|---|
| アミノ基 | カルボキシル基 |
| エポキシ基<br>シリルクロライド基<br>ヒドラジド基<br>アミノオキシアセチル基 | 水酸基 |
| ジアゾ基 | 芳香族 |
| 光反応性基<br>（アリルアジド，ジアジリン，ベンゾフェノン，ニトロベンジル基など） | アルキル基をふくめ全て |

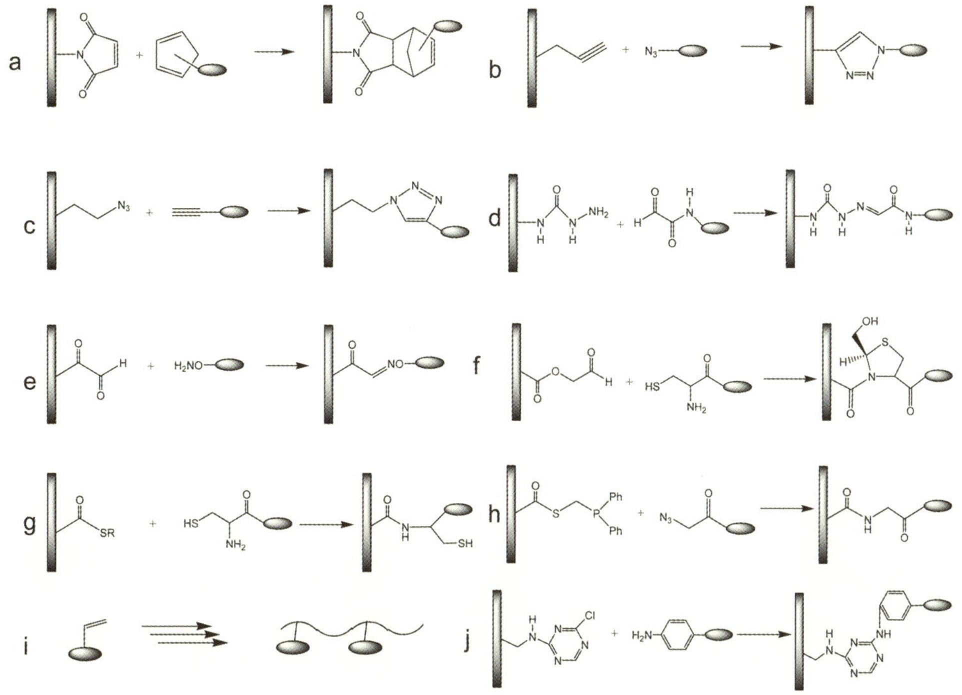

図4　生体分子に新たに官能基を導入し基板にマイクロアレイ固定化する反応例

a）Diels-Alder反応，b）クリック化学，c）クリック化学，d）α-オキソセミカルバゾン結合，e）オキシム形成，f）チアゾリジン形成，g）ペプチド形成，h）Staudinger結合，i）ビニル基重合，j）パラアミノフェニル基とシアノクロライドとの反応。

方法で固定化する要求があり，１種類の生体分子の固定化とは異なり，一朝一夕にはゆかない。最適の固定化方法を求めて検討が行われている。

### 1.3　用途

タンパク質チップは，固定化するものがタンパク質であるか，分析するものがタンパク質であるかで分類が異なるが，製品化されているものを中心に代表的な例を表２に示す。プロテオーム解析のために，大腸菌，ヘルペスウイルスからヒト由来まで，網羅的にタンパク質を発現させマイクロアレイされている[2~6]。この技術を用い，例えば，Thermo Fischer Scientific社がProtoArray™を使ってキナーゼ基質の同定をはじめプロファイリング受託をしている。日本では，産総研の五島らが，22,000個のヒト完全長サイズcDNAクローンから49,000のGateway導入クローンを作成し，約20,000クローンについてのタンパク質発現，タンパク質チップの作成に成功している。

フォワード型のタンパク質チップの代表である抗体マイクロアレイは，いくつかの企業で製品化されている。細胞質および膜タンパク質と広い範囲で検出でき，情報伝達系，細胞周期調節，遺伝子転写系，アポトーシス研究に用いることができる。また，Randox社では，22種類パネルを用いた完全自動から半自動まで測定器も製品化している。サンプル量は，20～200 μLで，1時間当り500から1,200サンプルを処理できる装置をラインアップしている。

リバース型タンパク質アレイの典型例は，細胞破砕物マイクロアレイであるが，これはマススペクトロスコピーを用いる場合に比べて，サンプル調製が容易で，感度が高く，限られた臨床サンプルから解析を行うことができる特徴がある[7,8]。細胞内のリン酸化，糖化，タンパク質分解，

**表2　タンパク質チップの例**

| 様式 | 用途 | 固定化物 | 商品名 | 製造元 |
|---|---|---|---|---|
| タンパク質マイクロアレイ | ヒト・タンパク質 | 9,000ヒト・タンパク質 | ProtoArray™ | Invitrogen |
| | キナーゼ | 200ヒト・キナーゼ・タンパク質 | Kinex™ | Kinexus Bioinformatics |
| 抗体マイクロアレイ | タンパク質検出 | 725抗体 | Panorama® Antibody Array | Sigma |
| | | 71抗ヒト・キナーゼ抗体 | RayBio® Human RTK Phosphorylation Antibody Array | RayBiotech |
| | | 656抗体 | Master Antibody Microarray | SpringBio |
| | | 抗ヒト血漿抗体 | PlasmaScan™ 380 Antibody Microarray | Arrayit |
| | | 500抗体 | AB Microarray 500 kit | Clontech |
| | | 276抗ヒト・キナーゼ抗体 | Kinase Antibody Microarray | Full Moon Biosystems |
| | 情報伝達経路探索 | 119抗体 | Protein Profier Antibody Arrays | R&D Systems |
| | | 185抗リン酸化MAPK経路タンパク質 | MAPK Pathway Phospho Antibody Array | Creative Bioarray |
| | | 1,358多項目経路抗体 | Signaling Explore Antibody Microarray | Full Moon Biosystems |
| 抗原マイクロアレイ | 病原体 | ヘンセラ菌，病原性スピロヘータ類 | Pathogen antigen microarray | Arrayit |
| リバース型タンパク質アレイ | 細胞破砕物 | 種々のヒト癌細胞破砕物 | SomaPlex™ | Protein Biotechnologies |
| | 細胞破砕物 | マウス・ラットの抽出物 | Panorama® Protein Array-Tissue Extract | Sigma |

表３　ペプチド・チップの例

| 商品名 | 用途 | 合成法 | 企業 | スポット数 |
|---|---|---|---|---|
| PepStar™ | エピトープ解析<br>酵素プロファイリング | ガラススライドへスペーサーを介して固定化 | JPT Peptide Technologies | 20,000 |
| Peptide Microarray | エピトープ解析 | | Arrayit | 10～10,000 |
| PEPperCHIP® | エピトープ解析 | オンチップ合成Fmoc | PEPperPRINT | 100～4,300 |
| ProArray® | エピトープ解析 | ペプチドN末端を介してガラスへ固定化 | Proimmune | 50～1,000 |
| Intel Array | エピトープ解析<br>酵素プロファイリング | オンチップ合成tBoc<br>光リソグラフィ | Intel | |
| PepChip Kinomics Array | キナーゼ・プロファイリング | | Pepscan | 1,042 |

タンパク質量などを定量し，疾患との関連や，医薬投与の効果，さらには薬剤耐性や感受性の細胞の比較を行い，個別医療のための生検分析へ応用が図られようとしている。

ペプチド・チップは，主にリバース型として応用されている。エピトープ解析や酵素プロファイリングのために，海外の企業で開発されている（表３）。最近，Intel社が新しいペプチド・チップを開発し，スタンフォード大学と共同でその評価を行っている[9)]。

## 1.4　おわりに

現在，市販されているタンパク質チップやペプチド・チップは，研究用だけで比較的初期の技術で製造されたものが主であるが，今後，新しい製造方法や技術が開発され，取り入れられることにより，より精度の高い測定や，用途の拡張が期待される。

## 文　　献


1) 伊藤嘉浩（監修）「マイクロアレイ・チップの最新技術」，シーエムシー出版（2007）
2) R. Chen, M. Snyder, *J. Proteomics*, **73**, 2147（2010）
3) L. Yang *et al.*, *Acta Biochim. Biophys. Sin.*, **43**, 161（2011）
4) J. M. Perkel, *Science*, DOI:10.1126/science.opms.p1200065（2012）
5) F. X. R. Sutandy, *et al.*, *Curr. Protoc. Protein Sci.*, DOI:10.1002/0471140864.ps2701 s72（2013）
6) B. Chen *et al.*, *Proteomics Bioinform.*, S12（2014）
7) M. I. Sereni *et al.*, *Methods Mol. Biol.*, **986**, 187（2013）
8) S. Boellner, K.-F. Becker, *Microarray*, **4**, 98（2015）
9) J. V. Price *et al.*, *Nat. Med.*, **18**, 1434（2012）

## 2　幹細胞培養のためのタンパク質チップ

加藤功一*

### 2.1　はじめに

幹細胞を利用する再生医療では，体外あるいは体内において細胞の増殖や分化をいかに制御するかが，その治療効果や臨床応用の可能性を大きく左右する。一方，幹細胞と人工材料を組み合わせた組織工学によるアプローチにおいても，細胞の増殖・分化が適切に進行するよう人工材料を設計する必要がある。細胞の増殖や分化には，細胞を取り巻くさまざまな環境因子が影響を及ぼすが，中でも，細胞成長因子や細胞外マトリックスのようなタンパク質性因子は，細胞表面レセプターへの結合を介して細胞内シグナル伝達経路を活性化し，多様な細胞応答の引き金となる。

以上の理由から，再生医療に用いる細胞の調製や細胞と組み合わせて用いられる組織工学足場材料の設計には，適切なタンパク質性因子の活用が有効であると考えられる。しかしながら，多くの幹細胞系では，求める作用にとって最も効果的なタンパク質性因子やそれらのカクテルに関する情報は必ずしも十分ではない。そのため，タンパク質性因子を利用して幹細胞の機能を制御しようとする場合，最適な因子の同定作業から開始しなければならない。そこで本稿では，幹細胞の増殖や分化制御にとって効果的な因子を簡便に見出すためのタンパク質チップ分析について紹介する。

### 2.2　細胞成長因子アレイ

2000年代に入ってDNAマイクロアレイやGeneチップと呼ばれるバイオチップが一般に用いられるようになり，その後，急速に普及した。これらは，従来は難しかった細胞内における遺伝子発現の網羅的解析を可能にする革新的なツールとなった。この例が示すように，多種類のプローブを搭載したバイオチップを用いることによって大規模なスクリーニングが可能になり，これに伴って生物学的分析から得られるデータの質が大きく変容した。

その後，DNAプローブだけでなく，抗体やペプチドを搭載したチップも登場し，バイオチップの応用の幅が拡大した。さらに従来型のバイオチップでは，核酸—核酸，タンパク質（あるいはペプチド）—タンパク質間の反応性に基づいて分析が行われてきたが，それらとは異なり，チップ上に搭載されたタンパク質や核酸が細胞に及ぼす影響を解析することによって，生体分子の生物学的機能を知るためのツールとしても有用であるとの提案がなされるようになった。

以下に述べるタンパク質チップは，多種類の細胞成長因子や細胞外マトリックスを搭載したバイオチップであり，チップ上での幹細胞培養を通して，細胞の増殖や分化制御に適したタンパク質性因子を同定するために用いることができる。以下には，パーキンソン病等の中枢神経疾患の再生治療に有用と考えられている神経幹細胞の増殖および分化を制御するためのタンパク質性因子の同定に用いた例を紹介する。

---

*　Koichi Kato　広島大学　大学院医歯薬保健学研究院　生体材料学　教授

中枢神経組織には自己複製能をもつ神経幹細胞の含まれていることが知られている。特に胎児の発達過程では，この神経幹細胞が活発に分裂を繰り返すとともに，情報伝達の中心的役割を果たすニューロン，その働きの制御に係るアストロサイトやオリゴデンドロサイトと呼ばれるグリア細胞へと分化し，中枢神経の形成に至る。

中枢神経の再生医療の試みにおいては，成体組織や人工多能性幹細胞（iPS細胞）・胚性幹細胞（ES細胞）のような多能性幹細胞から神経幹細胞を取得し，それらを分化誘導して移植細胞が調製される。治療に必要な数の細胞を再現性よく得るためには，増殖に適した環境で細胞を生育させなくてはならない。また，分化を誘導する工程では，目的とする細胞にいかに効率よく誘導するかが重要である。

神経細胞の増殖・分化に及ぼす各種の細胞成長因子や神経栄養因子のスクリーニングを行う目的でタンパク質チップが作製されている[1)]。2.5 cm角のガラス基材上に，上皮増殖因子（EGF），塩基性繊維芽細胞増殖因子（bFGF），インスリン様成長因子1（IGF-1），脳由来神経栄養因子（BDNF），毛様体神経栄養因子（CNTF）の5種類のタンパク質性因子がそれぞれ異なるスポット（直径1 mm）上に固定されている。また，同一基材上の他のスポットには，5つの因子のうち2種類を組み合わせた混合スポットも配置されている。

このようなタンパク質チップの作製には，各種の因子を基材上に固定する必要があるが，構造や安定性の異なる多種類の因子をどのようなケミストリーで固定するかという問題を考えなくてはならない。構造や安定性が異なるため，全ての因子に対して同一の化学反応を用いることができるという保証はない。反応収率や固定反応後の生物学的活性の維持に関して，それぞれ独立に条件検討をしなければならず，多大な労力を強いられることになる。さらに，因子を固定した基材上で細胞を培養したとき，固定された因子が簡単には脱離するようではその後の分析が難しい。

以上のような問題を回避する手段として，搭載するタンパク質性因子の末端にペプチドタグを融合し，その反応性を利用して，いずれの因子に対しても同一のケミストリーで固定反応を行うという方法が開発された[2)]。このような方法によって，タンパク質チップ作製工程が格段に簡略化され，また，タンパク質機能維持に関するばらつきを抑えることが可能になった。

具体的には，図1に示すように，遺伝子組換え技術を活用して，各因子の末端にヒスチジンタグ（His-tag；6～10個程度のヒスチジンの連鎖）を連結する。His-tagはニッケルイオンのようなの金属イオンに高い親和性をもつため，ガラス基材の表面にニッケルイオンをドットパターンとして予め固定しておけば，全てのタンパク質性因子をそれぞれのドット上に単純かつ同一の化学反応（キレート反応）によって固定することが可能である。このような固定反応はタンパク質性因子の構造および活性の維持に効果的であり，また，タンパク質性因子は細胞培養条件下においても安定に固定されていることが報告されている[3)]。

このようにして作製されたタンパク質チップの表面に，ラット胎児脳から採取された神経幹細胞を播種し，その接着性が評価された（図2）。各スポットには写真中に記載した各因子が固定されている。直径1 mmのスポット上に多くの細胞が接着し，進展している様子が伺える。さらに

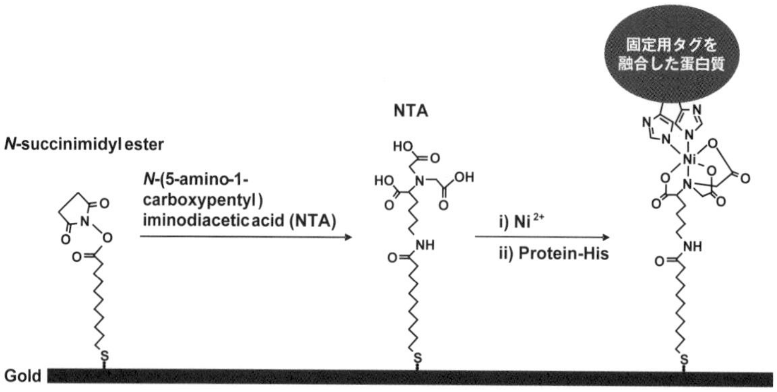


図1　固定用タグをもつ遺伝子組換えタンパク質の基材表面への固定

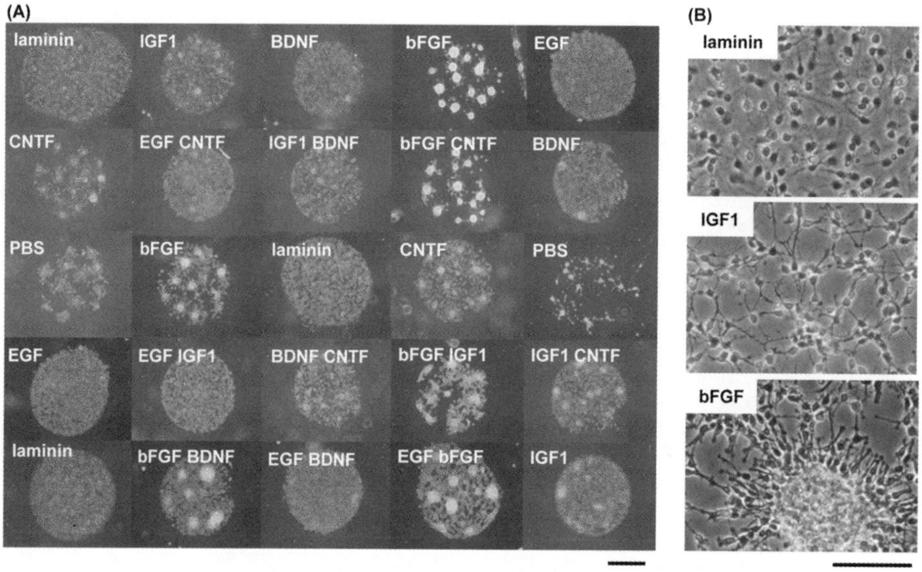


図2　細胞成長因子アレイに播種した神経幹細胞の位相差顕微鏡像
(A)各スポットに固定したタンパク質性因子の種類は写真中に示す。(B)代表的なスポットの拡大像。
スケールバー：(A)500 μm，(B)100 μm。

注意深く観察すると，細胞の密度や形態がスポット毎に異なることがわかる。この観察結果は，基材上に固定した因子が神経幹細胞の接着に影響を及ぼすことを示している。例えば，EGFを固定した表面では細胞接着が比較的良好である。

タンパク質チップ上で培養された神経幹細胞にヌクレオチド類似体である5-ブロモ-2-デオキシウリジン（BrdU）を与えれば，分裂する細胞ではDNA複製が行われるため，BrdUが細胞内に取り込まれることになる。そこで，培養修了後にBrdUに対する抗体を用いて蛍光免疫染色を行い，細胞の蛍光強度を計測すれば，BrdUの取り込み量，すなわち，細胞分裂の活発さを評価する

(A) BrdU

| | | | | | |
|---|---|---|---|---|---|
| bFGF | 2.27 | | | | |
| EGF | 3.06 | 2.04 | | | |
| BDNF | 0.19 | 1.33 | 0.00 | | |
| IGF-1 | 2.34 | 1.06 | -0.22 | -0.17 | |
| CNTF | 1.41 | 2.34 | 0.29 | -0.42 | 0.51 |
| | bFGF | EGF | BDNF | IGF-1 | CNTF |

(B) Nestin

| | | | | | |
|---|---|---|---|---|---|
| bFGF | 1.10 | | | | |
| EGF | 1.51 | 0.92 | | | |
| BDNF | 1.06 | 0.59 | −0.09 | | |
| IGF-1 | 1.23 | 0.49 | −0.25 | −0.10 | |
| CNTF | 1.10 | 0.79 | −0.18 | −0.01 | 0.16 |
| | bFGF | EGF | BDNF | IGF-1 | CNTF |

(C) β-Tubulin III

| | | | | | |
|---|---|---|---|---|---|
| bFGF | 0.09 | | | | |
| EGF | −0.42 | −1.53 | | | |
| BDNF | −0.47 | −0.05 | 0.28 | | |
| IGF-1 | −0.04 | −0.55 | 0.16 | 0.24 | |
| CNTF | 0.19 | −0.10 | 0.10 | 0.14 | −0.29 |
| | bFGF | EGF | BDNF | IGF-1 | CNTF |

(D) GFAP

| | | | | | |
|---|---|---|---|---|---|
| bFGF | −3.51 | | | | |
| EGF | −4.24 | −1.89 | | | |
| BDNF | −3.41 | −0.94 | − 0.23 | | |
| IGF-1 | −4.17 | −0.78 | − 0.15 | − 0.71 | |
| CNTF | −0.60 | 0.23 | 0.01 | 0.54 | 0.90 |
| | bFGF | EGF | BDNF | IGF-1 | CNTF |

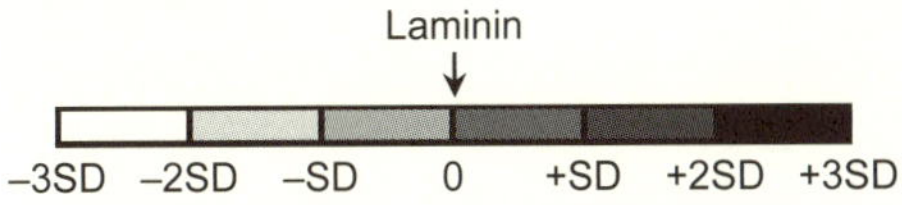


**図3　蛍光免疫染色における蛍光強度の計測結果**

各因子の組み合わせをリーグ表として示す。値は蛍光強度の対数値である。対照群としてラミニン固定スポット上の細胞における測定値を用い，各値との比の大きさを各ボックスの明度で表現した。(A)BrdU，(B)ネスチン，(C)β-チューブリンⅢ，(D)GFAP。

ことができる。実際に測定された蛍光強度を図3Aに示す。EGFやbFGFを単独で固定した場合や両者を共固定した場合に，神経幹細胞の増殖が活発であることがわかる。

さらに培地に少量の血清を加えて培養を継続することによって細胞分化を促進させ，数日間の培養後に分化マーカーを用いて免疫染色を行えば，どのタンパク質性因子がどのような系譜の細胞分化に効果的に働くかについて情報を得ることができる。分化マーカーとして，ネスチン（神経幹細胞），β-チューブリンⅢ（ニューロン），GFAP（アストロサイト）を用いて蛍光免疫染色を行ったときの蛍光強度の測定結果を図3B～Dに示す。蛍光強度の比較から，bFGFやBDNFを作用させるとニューロンへの分化が促進され，CNTFを単独で作用させた細胞ではアストロサイトへの分化が進行することがわかる。このように，少量の細胞を用いて，また，比較的単純な実験操作の末に多くの情報を取得できるのがタンパク質チップを用いた分析の利点である。

一方，図3の結果から，2種類の因子を組み合わせたときの効果について理解するのは容易ではない。そこで，得られたデータの全てを用いてクラスター分析が行われた。クラスター解析とは，データの類似性に基づいて各実験群をグループ分けする統計計的手法である。図4に示すように，Ward法と呼ばれるグループ分け手法を用いた解析の結果，それぞれの実験群は3つの類型に分類された。クラスターAは未分化維持に効果のある実験群であり，クラスターBではアストロサイトの分化が促進され，クラスターCではニューロンへの分化が促進された。

クラスター解析の結果，タンパク質性因子の組み合わせによる特異な現象が認められた点も興味深い。EGF/BDNFあるいはEGF/IGF-1の組み合わせはクラスターBに分類されたが，それぞれの因子を単独で作用させた場合にはクラスターAあるいはCに分類された。また，bFGF/BDNFとbFGF/IGF-1はいずれもbFGF単独の場合と同様にクラスターAに分類された。同様に，bFGF/CNTFとEGF/CNTFは，CNTF単独の場合と同様にクラスターCに分類され，BDNF/CNTFとIGF-1/CNTFは，BDNFやIGF-1単独の場合と同様に，クラスターCに分類された。ただし，bFGF，CNTF，BDNF，IGF-1の効果は，他の因子との組み合わせによって低減した。

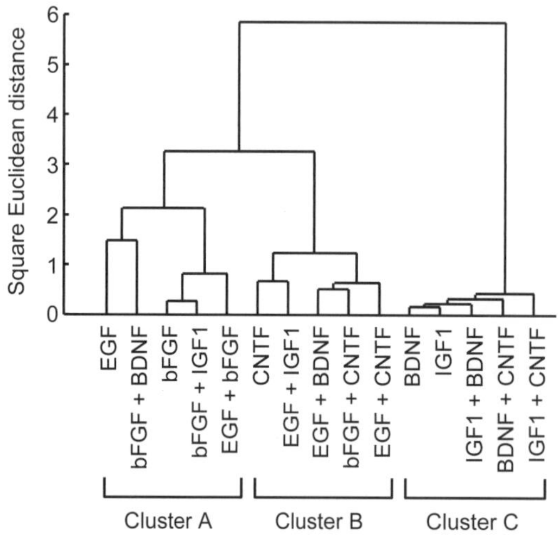


**図4　増殖因子の組み合わせに関するクラスター分析結果**
クラスター分析は，細胞の増殖アッセイ（BrdUの取り込み）および分化アッセイ（ネスチン，β-チューブリンⅢ，およびGFAPの発現）の結果を用いてWard法により行った。

さらに特筆すべきは，神経幹細胞の増殖が，EGFやbFGFによって促進されたが，それらを組み合わせたEGF/bFGFではさらなる促進が認められ，両因子に相乗効果のあることが示唆された。一方，BDNF/IGF-1混合系では，それらを単独で加えたほうがニューロンへの分化促進に効果的であった。以上の例が示すように，タンパク質性因子を組み合わせた場合の効果は，各因子単独の結果からだけでは予測できないケースが多い。タンパク質チップ分析とクラスター解析を組み合わせることによって，このような複雑な情報を一挙に得ることができる。

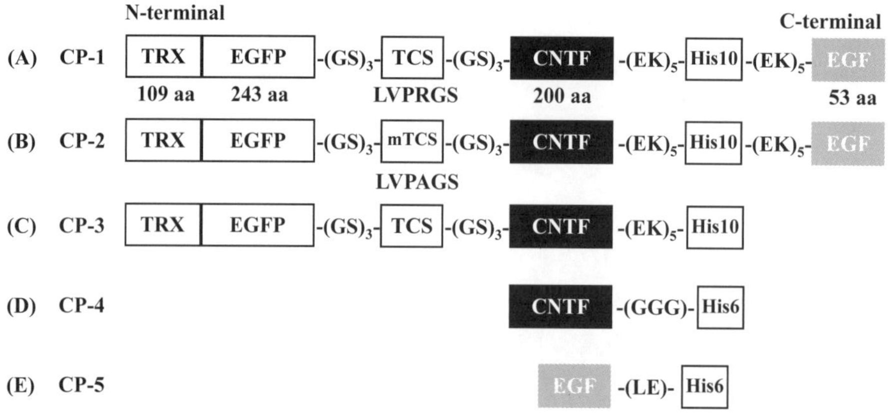


**図5　タンパク質チップ上に搭載されたマルチ機能タンパク質とコントロールタンパク質**
mTCS：トロンビン開裂配列に変異が加えられている（LVPAGS）。

これまでに述べたタンパク質チップ分析では，細胞成長因子や神経栄養因子の作用は単調であった。ところが，幹細胞移植による再生医療において，複数のタンパク質性因子を時間的に制御しながら細胞に作用させることができれば，組織再生過程をより高次にコントロールできるであろう。以下には，チップ上に搭載するタンパク質性因子の構造を遺伝子組換え技術を利用してデザインし，タンパク質の作用を時間的に制御した例について紹介する[4)]。

先に述べたように，神経幹細胞は環境条件に応じて自己複製するとともに，分化によってニューロンやグリア細胞へと性質を変えることができる。脳内に移植した神経幹細胞の生存を助け，その生着数を増やすことは，移植効果の増大にとって重要である。しかし，増殖した細胞をホスト組織内で機能させるには，それらの細胞をさらに分化細胞へと導くことが必要である。このような細胞挙動のスイッチングは，従来の細胞移植療法や組織工学技術では容易ではない。

細胞挙動のスイッチングを達成するためマルチ機能タンパク質が設計され，タンパク質チップを用いたモデル実験を通して，神経幹細胞の時間的作用制御の可能性が評価されている。設計された一連のタンパク質を図5に示す。図5Aに示したCP-1では，細胞増殖を助けるEGFおよび神経幹細胞からアストロサイトへの分化を促進するCNTFが，His-tagを挟んで連結されている。さらに，CNTFのN末端には，CNTF作用を一時的に遮断するためのグロビュラードメイン（EGFP）とタンパク質の親水性を高めるチオレドキシン（TRX）が，トロンビンによって特異的に切断されるペプチド配列（LVPRGS）を介して連結されている。移植サイトにおいて内在性のトロンビンが作用することによって，TRX-EGFPを徐々に脱離させ，CNTFが初めて機能できるようなる仕組みがデザインされている。

図5に示す一連のタンパク質を1枚のチップ上にアレイ化し，その表面で神経幹細胞を培養することによって，固定化されたマルチ機能タンパク質の効果が検証された。図6に示すように，CP-1を固定したスポットにおいては，培養初期に神経幹細胞が増殖し，神経幹細胞のマーカーであるネスチンを発現する多くの細胞が認められた。

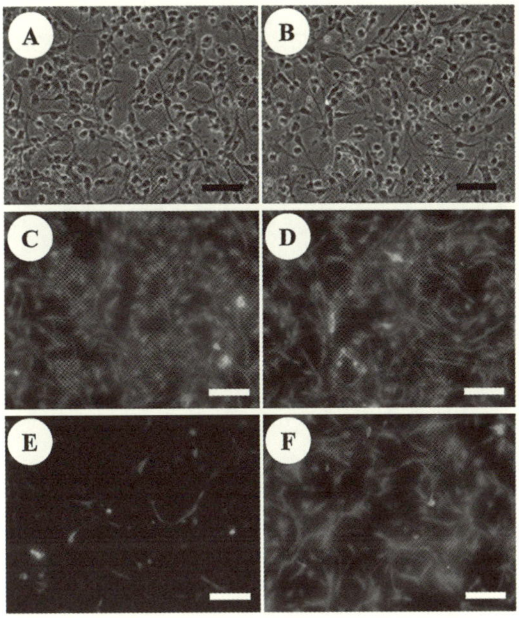


**図6　タンパク質チップ上で培養された神経幹細胞の（A, B）位相差顕微鏡写真および（C～F）蛍光免疫染色像**

(A, C, E)培養日数：3日。トロンビンを作用させていない。(B, D, F)培養日数：6日。培養3日目にトロンビンを作用させた。蛍光免疫染色では(C, D)ネスチン／β-チューブリンⅢおよび(E, F)GFAP／β-チューブリンⅢの二重染色が行われているが，いずれの場合もβ-チューブリンⅢの染色は僅かである。スケールバー：100 μm。

さらに，培養液にトロンビンを加えてLVPRGS配列を分解してTRX-EGFPを脱離させた結果，CNTFの作用が顕在化し，GFAPを発現する多数のアストロサイトが誘導された。

以上の実験結果は，トロンビン開裂配列を利用することによって2つのタンパク質性因子の作用を時間的に制御できることを示しており，そのような複雑な作用制御が可能であることをタンパク質チップの手法を使って簡便に証明したよい例である。

## 2.3 細胞外マトリックスアレイ

細胞外マトリックスは，細胞外環境を構成し，細胞の機能発現にとって重要な役割を果たしている。幹細胞においても，その生死，増殖，分化，移動，機能などさまざまな性質が細胞外マトリックスによって影響を受けることが知られている。そこで次に，各種の細胞外マトリックスを搭載したタンパク質アレイについて紹介する。本例で注目しているのは，iPS細胞由来神経前駆細胞の増殖に適した細胞外環境である。

iPS細胞はYamanakaら[5]によって樹立された多能性幹細胞であり，その特異な性質のおかげで再生医療のための細胞ソースとして注目されている。iPS細胞をもとに神経前駆細胞を誘導することも可能であり，そのような細胞は中枢神経系における再生医療に有用であると期待されている。しかしながら，そのような細胞が広く臨床応用されるようになるには，まだ幾つもの課題を克服しなければならない。その一つに効率のよい分化細胞の誘導や培養操作によって数を増やす効果的な方法の確立があげられる。

神経幹細胞を含む多くの接着系細胞の培養には，細胞の接着と生育に適した培養基材が必要である。標準的にはポリスチレン製の培養皿やフラスコが用いられるが，iPS細胞から誘導された神経前駆細胞の場合，接着・生育の観点で満足できる基材とは言えない。そこで，各種の細胞外マトリックスをマイクロアレイ状に提示したタンパク質チップを用いて，iPS細胞由来神経前駆細胞の接着・生育に適した細胞外マトリックスの探索が行われた[6]。

このタンパク質チップは，ガラス基材表面に，直径2mmの多数の穴をもつシリコーン膜を貼り付けたマイクロウェルアレイ型であり，各種の細胞外マトリックスがそれぞれ別々のウェルの底面（ガラス表面）に共有結合を介して固定されている。細胞外マトリックスとして，I型およびⅣ型コラーゲン，フィブロネクチン，ラミニン-1，ラミニン-5，ゼラチン，ビトロネクチン，マトリゲル，ProNectin

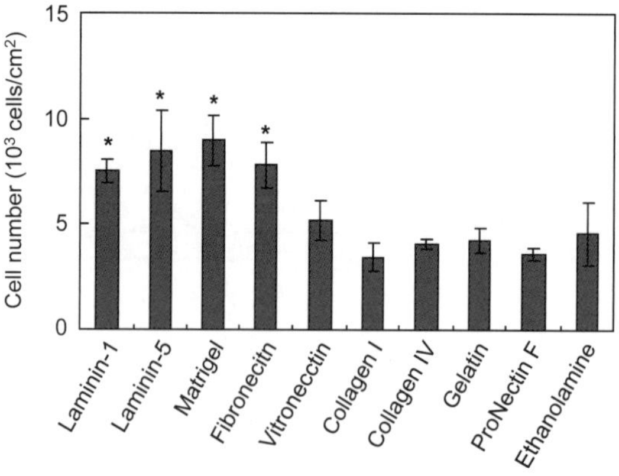


**図7　細胞外マトリックスアレイを用いたiPS細胞由来神経前駆細胞の接着試験結果**

細胞播種から1日後に測定した。値は平均値±標準偏差（n＝6）。

F（RGD配列をもつ人工タンパク質）が搭載されている。

このタンパク質チップに，iPS細胞から誘導された神経前駆細胞を播種し，その接着，増殖，ならびに，幹細胞の含まれる割合について評価された（図7および図8）。その結果，ラミニン-1，ラミニン-5，マトリゲルを固定したウェル内では，他のマトリックス固定表面に比べ，神経前駆細胞の増殖が活発であった。このような細胞外マトリックスへの接着ならびに増殖挙動は，これまでに報告されているインテグリン発現パターンから推測される細胞外マトリックスのカウンターパートとよい一致を示す。

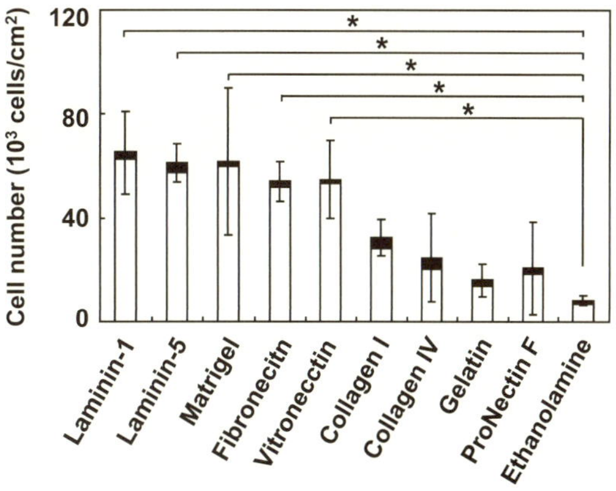


**図8　細胞外マトリックスアレイを用いたiPS細胞由来神経前駆細胞の増殖試験結果**

細胞播種から3日後に測定した。値は平均値±標準偏差（n＝3）。全細胞をネスチン発現細胞数（□）と非発現細胞数（■）に区別して示す。

## 2.4　おわりに

タンパク質チップを用いて得られた情報は，幹細胞を効率よく増殖させるための培養基材の開発に貴重なヒントを与えてくれる[7]。また，本稿で紹介したような成長因子や細胞外マトリックスに焦点を絞ったタンパク質チップだけではなく，双方を共固定したタンパク質チップの作成も可能であり，それを用いれば，細胞内シグナルのクロストークに基づく複合効果も検討することが可能である[8]。タンパク質チップ分析は，その方法が簡便である上に，少量のタンパク質および被検細胞を用いて分析することが可能である。さらに多種類のタンパク質を搭載したチップが供給されるようになれば，さまざまな細胞系において，培養条件の最適化に向けた一次スクリーニングを簡便に行えるようになり，生物学研究に与える恩恵は少なくないであろう。

## 文　　献

1） S. Konagaya *et al.*, *Biomaterials*, **32**, 5015（2011）
2） K. Kato *et al.*, *Langmuir*, **21**, 7071（2005）
3） T. Nakaji-Hirabayashi *et al.*, *Biomaterials*, **29**, 4403（2008）
4） T. Nakaji-Hirabayashi *et al.*, *Bioconju. Chem.*, **19**, 516（2008）
5） K. Takahashi & S. Yamanaka, *Cell*, **126**, 663（2006）
6） T. Komura *et al.*, *Biotechnol. Bioeng.*, in press
7） S. Konagaya *et al.*, *Biomaterials*, **32**, 992（2011）
8） M. Nakajima *et al.*, *Biomaterials*, **28**, 1048（2007）

## 3 無細胞タンパク質合成系を利用したタンパク質マイクロアレイ

上野真吾[*1]，一木隆範[*2]

### 3.1 はじめに

DNAマイクロアレイを用いた遺伝子解析，発現解析は，近年の生物学，医学，薬学等の分野において多大な貢献を果たしている。一方，生体内で実際の機能発現を担っているタンパク質の網羅的な解析を行うプロテオミクスの重要性が高まっているが，その一翼を担うであろうタンパク質マイクロアレイは未だ本格的な実用化には至っていない。DNAマイクロアレイの製造および普及において，DNAの化学合成の容易さや高い化学的安定性は好適であった。対照的に，タンパク質は化学合成ができず，細菌や培養細胞からの抽出に依存していることや，容易に変性してその活性を失うことが，タンパク質マイクロアレイの製造および普及を困難にしている。近年，タンパク質マイクロアレイ製造におけるこのような問題を解決するべく，細菌や培養細胞を使わない無細胞タンパク質合成系を用いたタンパク質マイクロアレイの製造技術が提案され，開発が進められている。無細胞翻訳系を用いることで，チップ上でのタンパク質のその場合成が可能となり，マイクロアレイ製造の迅速化，低コスト化が達成される。本稿では，無細胞タンパク質合成系を用いたタンパク質マイクロアレイについて概説した後，筆者らが開発を進めている高集積タンパク質マイクロアレイ技術について紹介する。また，高集積マイクロアレイをタンパク質変異体のハイスループットスクリーニングに適用し，タンパク質の改良や新規創出を目指す試みについても紹介する。

### 3.2 無細胞タンパク質合成系を用いたタンパク質アレイの概説

無細胞タンパク質合成系は，細胞からタンパク質合成に関わる酵素や基質を抽出した反応液もしくはその反応液を用いてタンパク質を合成する実験系のことを指す。細菌や培養細胞等の生細胞を用いないことから，タンパク質合成の簡便化や合成反応の改変等が可能となり，生物工学分野を中心に利用が広まっている[1)]。無細胞タンパク質合成系を利用したタンパク質マイクロアレイ作製法は複数のグループから提案されているが，いずれもチップ上でタンパク質を生合成することにより，全てのスポットを同時並列で形成するという点で共通している[2)]。無細胞タンパク質合成系を利用したタンパク質マイクロアレイの最初の報告は，2001年のHeらによるprotein in situ array（PISA）である[3)]。PISAではニッケル-ニトリロ三酢酸錯体（Ni-NTA）が修飾された基板上に，ポリヒスチジンタグ（Hisタグ）融合タンパク質をコードするDNAが含まれる無細胞タンパク質合成液をアレイ上に滴下する。液滴中で合成されたHisタグ融合タンパク質が，基板上のNi-NTAに結合することで，タンパク質マイクロアレイを形成する（図1A）。2004年には，

---

＊1 Shingo Ueno ㈶川崎市産業振興財団 ナノ医療イノベーションセンター 副主幹研究員
＊2 Takanori Ichiki 東京大学大学院 工学系研究科 バイオエンジニアリング専攻 准教授；㈶川崎市産業振興財団 ナノ医療イノベーションセンター 主幹研究員

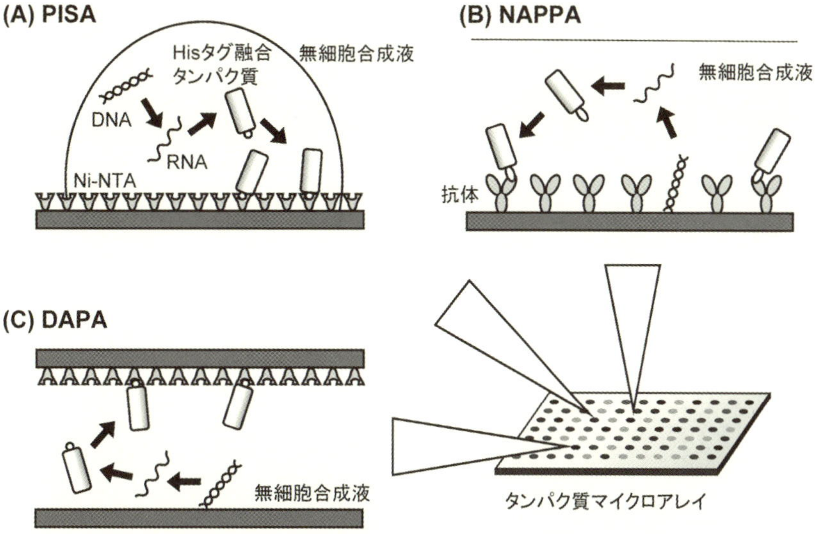


図1　過去に報告されている無細胞翻訳系を利用したタンパク質マイクロアレイ

Ramachandranらが，予めタンパク質をコードするDNAとそのタンパク質を抗原とする抗体を共結合させたDNAマイクロアレイを作製し，そのDNAマイクロアレイ上に，無細胞タンパク質合成液を展開することによって，チップ上のDNAから合成されたタンパク質が，DNA近傍の抗体に補足され固定化されるnucleic acid programmable protein array（NAPPA）を報告している（図1B）[4]。先にPISAを開発したHeらは，PISAを発展させたDNA array to protein array（DAPA）を2008年に報告している[5]。DAPAでは，Hisタグ融合タンパク質をコードするDNAを固定化したDNAマイクロアレイとNi-NTA修飾基板の間に，無細胞タンパク質合成液を挟むことで，DNAマイクロアレイから合成されたHisタグ融合タンパク質が，対面のNi-NTA修飾基板に固定化される（図1C）。上述した方法は，アレイチップ上の全てのスポットにおいて，タンパク質を並列に合成し固定化するため，予め調製したタンパク質を逐一スポットして固定する従来法と比較して作製時間やコストを低減できると考えられている。しかしながら，DNAのアレイパターンの形成をスポッティングで行っているため，スポット径が約150 $\mu$m以上となり，1枚の基板上のスポット数は$10^4$程度に制限される[2]。筆者らのグループでは，直径および深さがマイクロメートルサイズの穴（ウェル）をアレイ状に多数並べたマイクロウェルアレイを基盤として，$10^7$～$10^8$のスポット数を有する高集積タンパク質マイクロアレイの開発を進めている。次項以降では筆者らが開発を進めている本技術について紹介する。

### 3.3　マイクロウェルアレイを基盤としたタンパク質アレイ

#### 3.3.1　マイクロインタリオプリント

マイクロインタリオプリント（$\mu$IP）は，マイクロメートルサイズの凹構造を持つ基板を印刷鋳型とし，タンパク質やRNA等の生体高分子をインクに見立てて凹版印刷（インタリオプリント）する技術である[6~9]。マイクロメートルサイズの穴（マイクロウェル）をアレイ状に並べたもの（マイクロウェルアレイ）を鋳型基板とすることで，生体高分子のマイクロアレイパターンを印刷することができる。半導体製造技術を利用して微細化した鋳型構造を利用することによって，厳密に制御された微細アレイパターンの一括形成を可能とする。本手法は，液滴を逐一配置していくスポッティングによるアレイ形成と比較して，飛躍的な微細化，高密度化，迅速化を可能にする。また，固定化するタンパク質をマイクロウェル内で無細胞合成することで，新鮮なタンパ

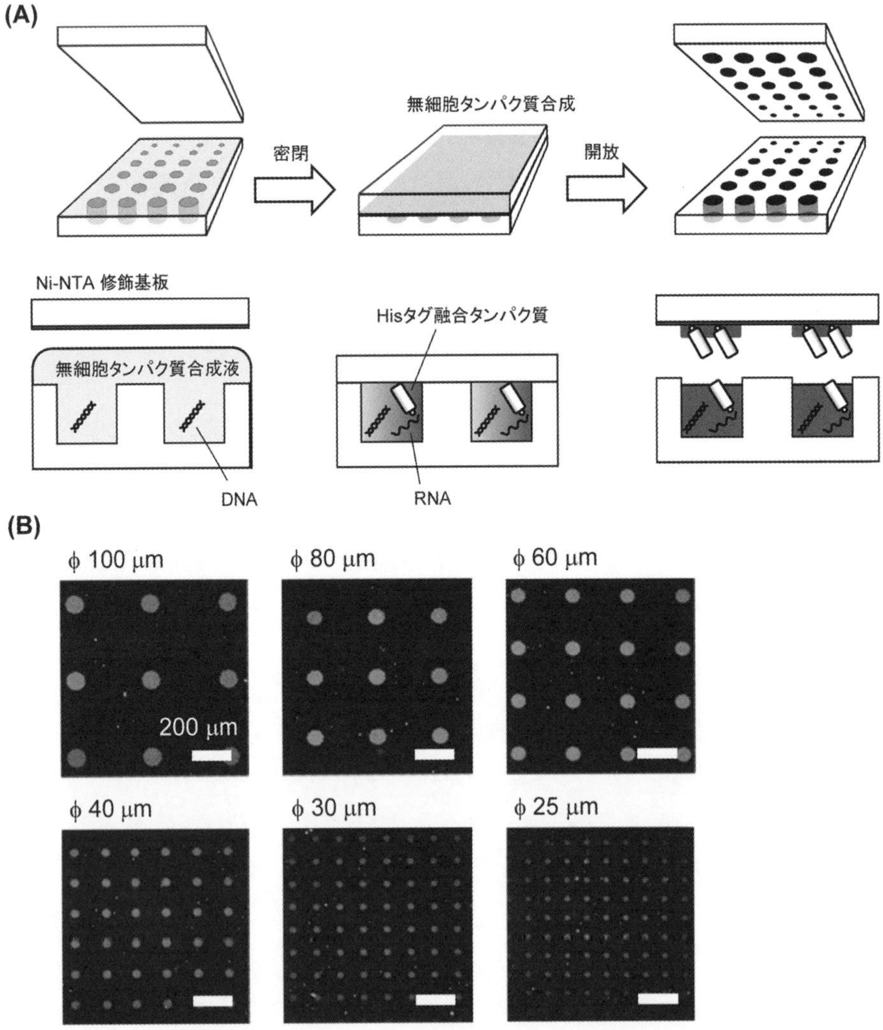


図２　マイクロインタリオプリント（μIP）によるタンパク質マイクロアレイの作製
(A)作製方法。(B)直径25～100 μmのマイクロウェルを鋳型として作製したGFPマイクロアレイの例。基板に固定されたGFPを蛍光顕微鏡で観察。

ク質を，必要な量だけ，乾燥させることなく固定化することができる（図2A）。マイクロウェル内で，Hisタグを融合した緑色蛍光タンパク質（GFP）をDNAから無細胞合成し，Ni-NTA修飾した基板にキレート結合させることで，直径25 μmのGFPスポットからなるマイクロアレイを作製した事例が報告されている（図2B）[8]。

### 3.3.2　リボソームディスプレイマイクロアレイ

リボソームディスプレイ[10]は，無細胞タンパク質合成系を用いることで，mRNAとそれがコードしているタンパク質を，リボソームを介して結合させる技術であり，本技術はタンパク質マイクロアレイの製造にも応用できる。マイクロウェル内でDNAからメッセンジャーRNA（mRNA）を無細胞合成し，光架橋基を挿入したDNAリンカーが固定化されている基板に，ハイブリダイズによってmRNAを固定化する（mRNAのμIP[6,9]）。mRNAマイクロアレイが形成された基板に紫外線を照射することでDNAとmRNAを架橋する。基板上に無細胞タンパク質合成液を展開すると，mRNA上をリボソームがタンパク質を合成しながら進んでいくが，光架橋部位で先に進めなくなり停滞する。結果として，基板上にmRNAとタンパク質が共固定されたマイクロアレイが形成される（図3A）[11]。

### 3.3.3　cDNAディスプレイマイクロアレイ

cDNAディスプレイ[12,13]は，リボソームディスプレイと同様に，無細胞タンパク質合成系を用いることで，mRNAおよびその相補的DNA（cDNA）と，それらがコードしているタンパク質を結合させる技術であり，やはりタンパク質マイクロアレイの製造に応用できる。リボソームディスプレイマイクロアレイと同様に，DNAリンカーが修飾された基板にmRNAをハイブリダイズさせることでmRNAマイクロアレイをμIPによって作製するが，基板上に修飾するDNAリンカーとして，翻訳中の新生タンパク質に取り込まれる抗生物質ピューロマイシンを末端に有する分岐鎖DNAオリゴマーを使用する。mRNAマイクロアレイが形成された基板上に無細胞タンパク

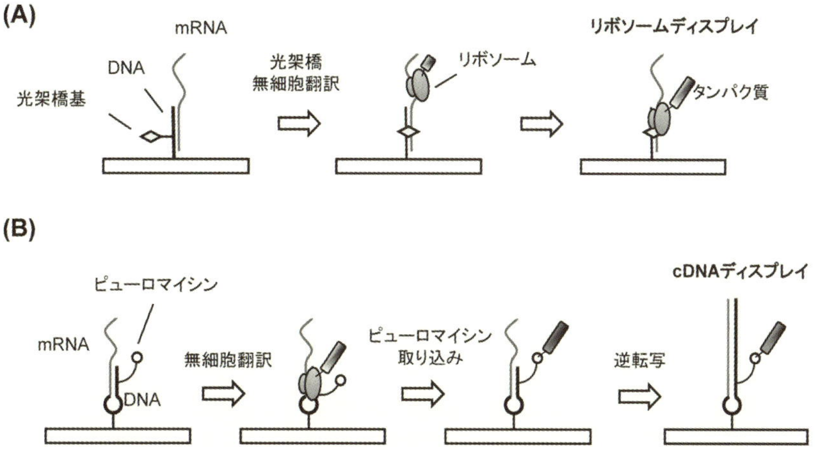


図3　タンパク質ディスプレイ技術を利用したタンパク質マイクロアレイ
(A)リボソームディスプレイマイクロアレイ。(B)cDNAディスプレイマイクロアレイ。

質合成液を展開すると，mRNA上をリボソームがタンパク質を合成しながら進んでいき，ピューロマイシンが新生タンパク質に取り込まれ，基板上にmRNAとタンパク質が共固定されたマイクロアレイが形成される[6)]。さらに逆転写反応を行うことで，基板上にcDNAとタンパク質が共固定されたマイクロアレイが形成される（図３B）。

### 3.3.4　ウェル内固定化タンパク質マイクロアレイ

上述したタンパク質マイクロアレイ作製法は，いずれも平面基板上にタンパク質を固定化する手法であったが，マイクロウェルアレイのウェル内にタンパク質を固定化することで，固定化されたタンパク質に個別の反応空間を提供することが可能となる。即ち，酵素を固定化することで，その固定化した個々の酵素の触媒反応を解析するマイクロウェルアレイが実現する。マイクロウェルアレイの表面をNi-NTA修飾し，そのウェル内でHisタグ融合酵素を無細胞合成する。する

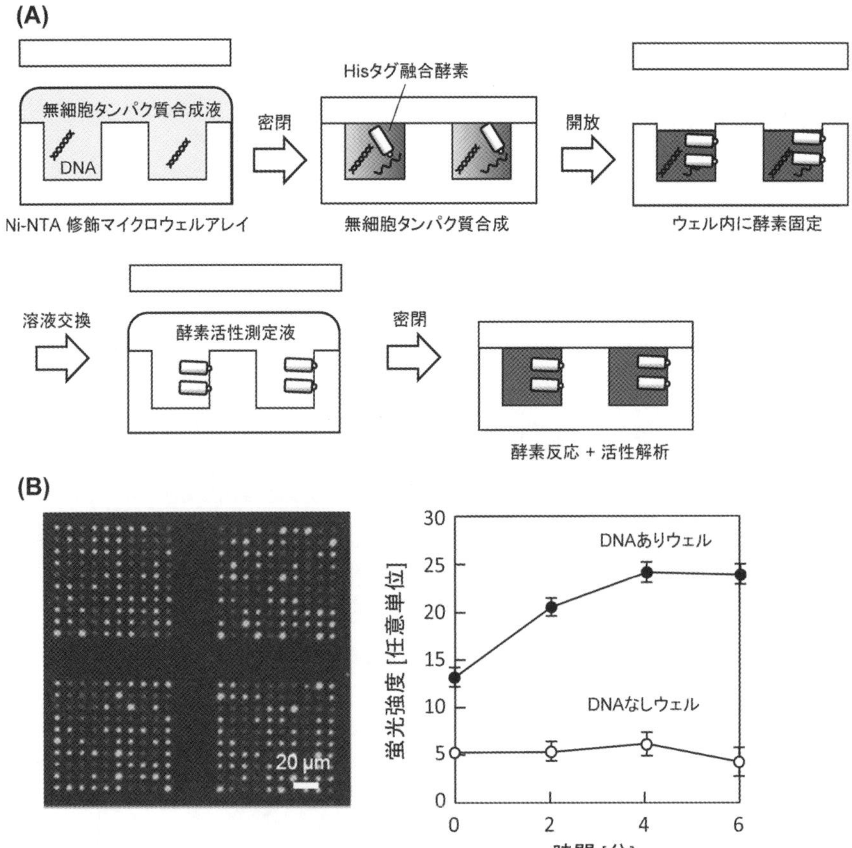


図４　ウェル内固定化タンパク質マイクロアレイ

(A)マイクロアレイの作製および解析のスキーム。(B)βグルコシダーゼの触媒反応観察結果。DNAとしてDNA結合磁気ビーズを使用。DNA結合磁気ビーズが分配されたウェルのみ酵素反応が観測された。左：酵素反応によって生じた蛍光を蛍光顕微鏡で観察。右：蛍光強度の経時変化。

と，合成されたHisタグ融合酵素はウェル内の壁面に固定化される。ウェル内の溶液を酵素活性測定用の溶液に交換することで，各ウェルに固定化された酵素の触媒活性を測定することができる（図4）[14]。

### 3.4　ランダムアレイ化による大規模集積の実現

通常，マイクロアレイは予め座標情報と固定化する分子の情報を対応付けている。先述したPISA, NAPPA, DAPAも，予め配列が分かっているDNAを決められた座標にスポッティングすることで対応付けを行っている。しかしながら，この方法では，各スポットのDNAを個別に合成し，それらを逐一スポットしていく必要があることから，DNA合成コストと，スポッティング操作に掛かる時間が律速となり，1基板上に形成可能なスポット数は数万程度に制限される[2]。これは，数百万種以上という試算もあるプロテオーム[15]の解析や，さらに膨大な多様性を持つタンパク質変異体の解析には十分とは言えない。筆者らはこの問題を解決すべく，あえて，座標情報と配列情報を対応付けずに，ランダムにDNAをアレイ化する手法を開発し採用している。まず，いくつかの次世代シーケンサー[16~18]でも使われている，BEAMing[19,20]と呼ばれる1ビーズエマルションPCR法により，それぞれ異なる配列を持つDNAを固定化した磁気ビーズを調製する。そしてこのDNA固定化磁気ビーズの分散液をマイクロウェルアレイ基板上に展開したのち，マイクロウェルアレイ基板の裏側に複数の磁石を近づけ，x, y方向に走査する。すると，磁場によって引き寄せられたDNA結合磁気ビーズは基板上のマイクロウェルに自動配列していく。ウェルのサイズをちょうど磁気ビーズが1粒子だけ収まるように設計しておくことによって，$10^7$個～$10^8$個のDNA結合磁気ビーズを，比較的短時間に，99%以上の高い充填率で，基板上にアレイ化することができる。直径および深さ4 $\mu$mの円筒状のウェルに，直径2.8～3.0 $\mu$mの磁気ビーズを配列した場合，$1.0\times10^6$スポット/$cm^2$の高集積DNAマイクロアレイが形成される（図5 A-B）[21]。このDNA結合磁気ビーズアレイは，第2章で紹介したいずれのタンパク質アレイにも適用でき，1基板上に$10^7$～$10^8$種のタンパク質を固定化する大規模集積タンパク質アレイの作製が可能となる（図5 C）[22]。

このランダムアレイ化法は，座標情報と配列情報の対応付けを排することで，大規模集積を可能としているが，特定の座標のDNA結合ビーズ，もしくはDNAのみをアレイ基板上から物理的に回収し，DNAの配列を解析することによって，観測者が興味を持ったタンパク質の配列情報を特定することが可能である。ガラスキャピラリーによるDNA結合ビーズの回収や[23]，DNAに光開裂機能を持つ化学構造を付与し，局所的レーザー照射によってDNAを基板上から回収する方法[24]が試みられている。

### 3.5　高集積タンパク質マイクロアレイを用いた人工タンパク質創製の試み

タンパク質やペプチドの変異体を多数作製し，その中から優れた機能を有する変異体を選別することで，タンパク質やペプチドの改良や新規創出を行う進化分子工学[25]に基づく分子創製技術は，酵素機能の改良や機能性ペプチドの創出において成果を上げているが[26,27]，マイクロアレイ

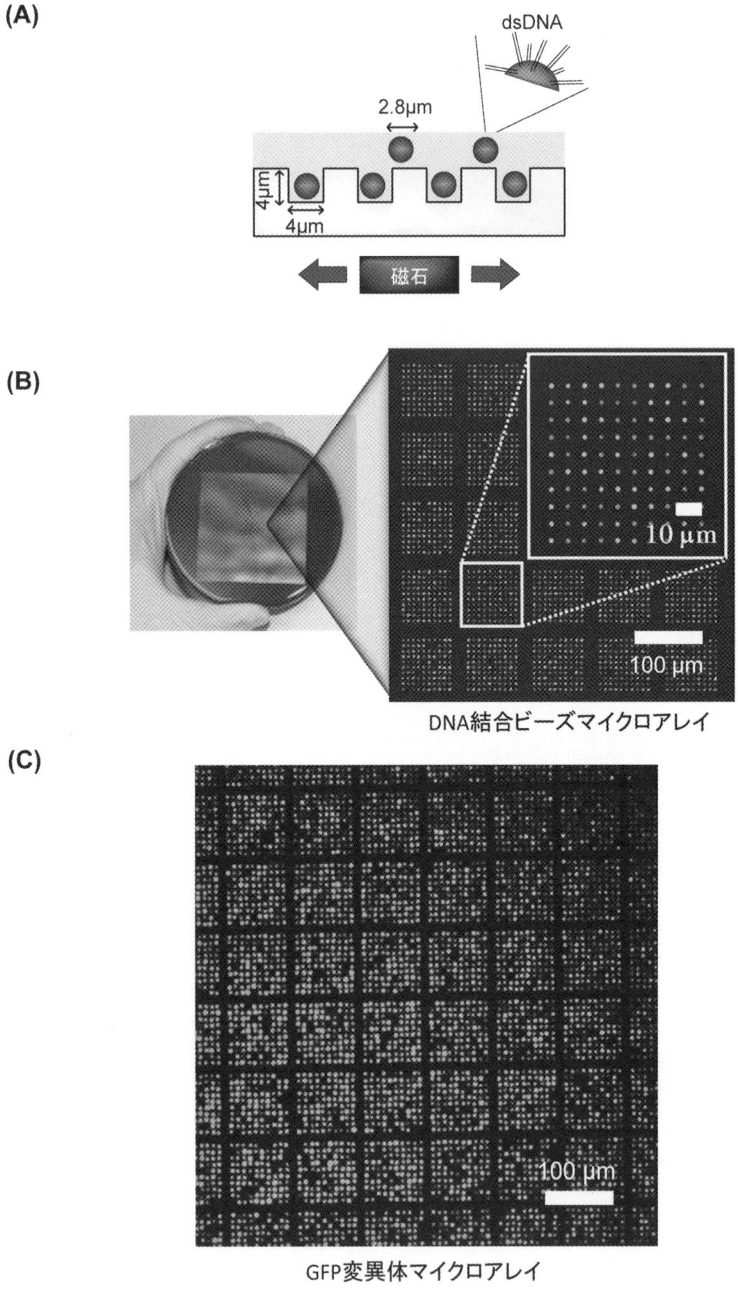


図５　DNA結合ビーズのランダムアレイ化

(A)磁場操作による磁気ビーズ分配。(B)DNA結合ビーズマイクロアレイの蛍光顕微鏡観察像（蛍光波長の異なる２種類のDNA結合磁気ビーズを配列）。(C)DNA結合磁気ビーズマイクロアレイから無細胞合成によって作製したGFP変異体マイクロアレイの蛍光顕微鏡観察像。

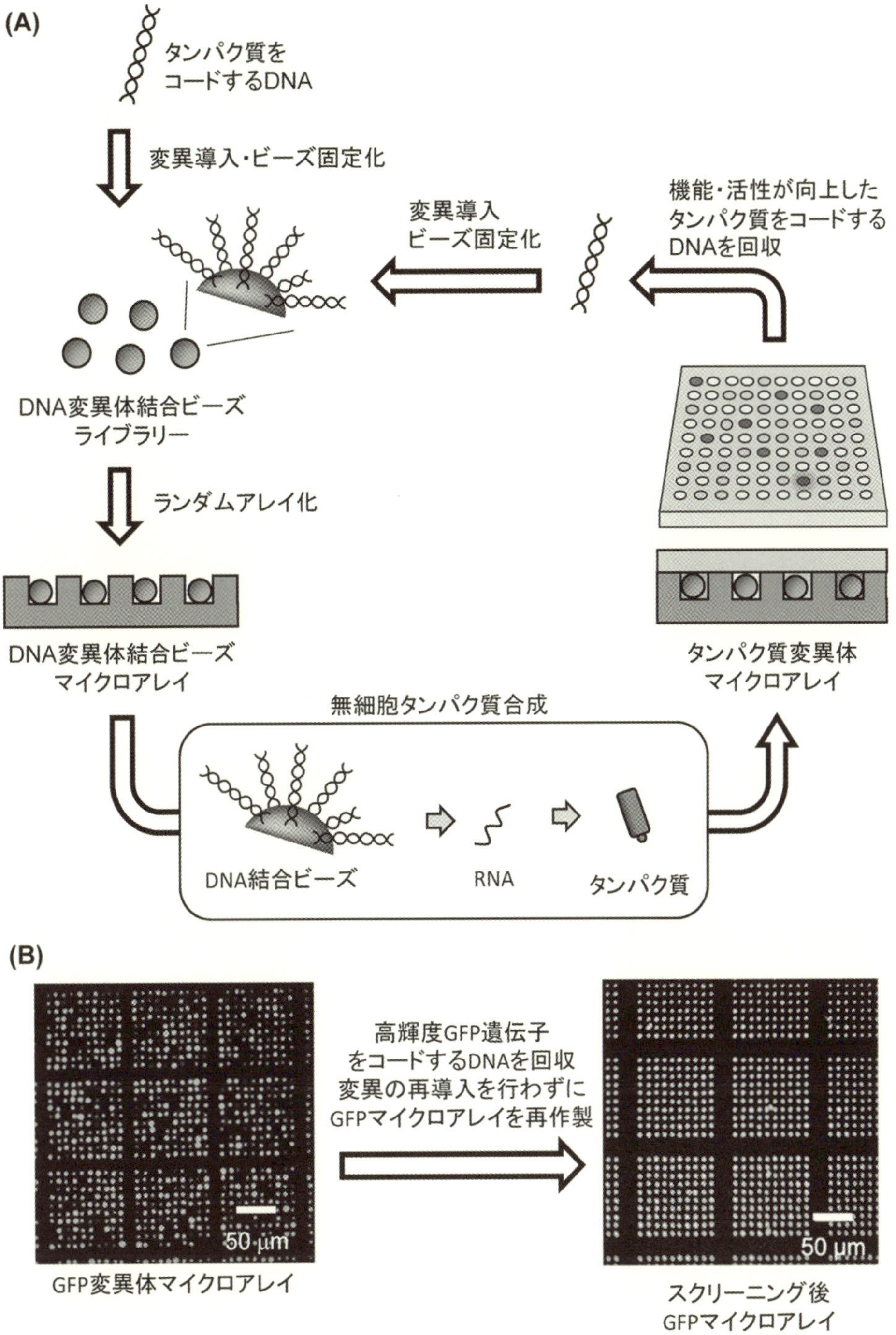


図６　高集積タンパク質マイクロアレイを用いた分子創製

(A)高集積マイクロアレイを用いたタンパク質創製スキーム。(B)GFP変異体ライブラリーを用いたモデル実験。蛍光輝度の異なるGFP変異体集団から，高輝度GFPの遺伝子を単離，増幅し，マイクロアレイ上で再発現。写真はGFPマイクロアレイの蛍光顕微鏡観察像。

等の並列解析技術を利用することでさらに発展するものと考えられる[28]。実際，DNAマイクロアレイの普及を牽引してきたアフィメトリクス社のマイクロアレイ作製技術[29]は，元々多種のペプチドをハイスループット解析し有用ペプチドを創製するためのツールとして開発されたものである[30]。分子創製を目的としたタンパク質マイクロアレイはいくつか報告されているが[31,32]，第2章で紹介した無細胞タンパク質合成系を利用するマイクロアレイも含めて，解析できるタンパク質種が数万種程度に限られているため，より膨大な種類のタンパク質を解析する必要がある変異体スクリーニングには不十分であった。しかしながら，筆者らが開発を進めているタンパク質マイクロアレイは$10^7$～$10^8$種という，変異体スクリーニングで一般的に用いられる多様性を扱うことができる。

図6Aに，筆者らが提案する，高集積マイクロアレイを用いたタンパク質創製システムのスキームを示す。タンパク質変異体ライブラリーの遺伝子をコードするDNAが固定化された磁気ビーズを調製し，マイクロウェルアレイに配列することで，DNA変異体マイクロアレイを作製する。続いて，無細胞タンパク質合成系によってDNA変異体マイクロアレイからタンパク質変異体マイクロアレイへと一括変換した後，各タンパク質変異体の機能や活性をスクリーニングする。スクリーニングの結果，有用と判断されたタンパク質変異体に対応するDNA結合ビーズもしくはDNAそのものをマイクロアレイ基板上から回収し，そのDNAの配列を解析する。さらに，回収したDNAに変異を導入し，再度DNA変異体ライブラリーを作製しアレイ化するというスクリーニングサイクルを複数回行うことで，タンパク質の機能，もしくは活性を向上させることができる。

マイクロウェルアレイを用いた分子創製のモデル実験として，蛍光輝度を下げた変異体が含まれるGFP変異体集団を高集積アレイ化したマイクロアレイを作製し，高輝度GFPをマイクロアレイ上でスクリーニングしたのち，高輝度GFPをコードするDNAをアレイ基板上から回収することで，高輝度GFPを単離するモデルスクリーニング実験に成功している（図6B）[23]。

### 3.6 おわりに

近年，報告が増えてきた無細胞タンパク質合成系を利用したタンパク質マイクロアレイの技術背景について報告した後，筆者らが開発を進めているマイクロウェルアレイを用いた，高集積タンパク質マイクロアレイについて紹介した。続いて，医療，環境分野等で益々重要度を増している高機能タンパク質やペプチドの創製手法として高集積マイクロアレイを利用する方法を提案した。タンパク質マイクロアレイは，その必要性と期待とは裏腹に未だ本格的な実用化には到達していない。本稿で紹介した無細胞タンパク質合成系を利用した革新的高集積タンパク質マイクロアレイ作製技術が，タンパク質マイクロアレイの実用化に繋がり，網羅的タンパク質解析の時代の到来に貢献することを切に期待する。

**謝辞**

本稿で紹介した研究成果は，科学技術振興機構地域結集型共同研究事業「高速分子進化による高機能バイオ分子の創出」並びに同機構戦略的創造研究推進事業CREST「ナノバイオチップ技術を利用する高速酵素分子進化システム創製」の支援をいただいて実施されたものである。共同研究者である東京大学大学院工学系研究科一木研究室，埼玉大学大学院理工学研究科根本研究室，東京大学大学院薬学系研究科船津研究室，並びにマイクロアレイのスクリーニングシステムの開発にご協力頂いた㈱ニコンの関係諸氏に厚く御礼申し上げる。

## 文　献

1) E. D. Carlson *et al.*, *Biotechnol. Adv.*, **30**, 1185 (2012)
2) N. Kilb *et al.*, *Eng. Life Sci.*, **14**, 352 (2014)
3) M. He & M. J. Taussig, *Nucleic Acids Res.*, **29**, e73 (2001)
4) N. Ramachandran *et al.*, *Science*, **305**, 86 (2004)
5) M. He *et al.*, *Nat. Methods*, **5**, 175 (2008)
6) M. Biyani *et al.*, *Appl. Phys. Express*, **4**, 047001 (2011)
7) M. Biyani *et al.*, *Appl. Phys. Express*, **6**, 087001 (2013)
8) M. Biyani *et al.*, *Jpn. J. Appl. Phys.*, **53**, 06 JL04 (2014)
9) R. Kobayashi *et al.*, *Biosens. Bioelectron.*, **67**, 115 (2015)
10) A. Plückthun, *Methods Mol. Biol.*, **805**, 3 (2012)
11) S. R. Kumal *et al.*, *J. Photopolym. Sci. Technol.*, **27**, 459 (2014)
12) J. Yamaguchi *et al.*, *Nucl. Acids Res.*, **37**, e108 (2009)
13) S. Ueno & N. Nemoto, *Methods Mol. Biol.*, **805**, 113 (2012)
14) S. Ueno *et al.*, *J. Photopolym. Sci. Technol.*, **28**, 719 (2015)
15) O. N. Jensen, *Curr. Opin. Chem. Biol.*, **8**, 33 (2004)
16) M. Margulies *et al.*, *Nature*, **437**, 376 (2005)
17) J. M. Rothberg *et al.*, *Nature*, **475**, 348 (2011)
18) J. Shendure *et al.*, *Science*, **309**, 1728 (2005)
19) D. Dressman *et al.*, *Proc. Natl. Acad. Sci. USA*, **100**, 8817 (2003)
20) F. Diehl *et al.*, *Nat. Methods*, **3**, 551 (2006)
21) M. Biyani *et al.*, *Proc. MicroTAS* 2010, 734 (2010)
22) S. Sato *et al.*, *Proc. MicroTAS 2011*, 765 (2011)
23) S. Sato *et al.*, *Proc. MicroTAS 2012*, 124 (2012)
24) S. Ueno *et al.*, *J. Photopolym. Sci. Technol.*, **25**, 67 (2012)
25) 伏見譲監修，進化分子工学 高速分子進化によるタンパク質・核酸の開発，エヌ・ティー・エス (2013)
26) M. V. Golynskiy *et al.*, *Methods Mol. Biol.*, **978**, 73 (2013)
27) A. Wada, *Front Immunol.*, **4**, 224 (2013)
28) A. Q. Emili & G. Cagney, *Nat. Biotechnol.*, **18**, 393 (2000)
29) A. C. Pease *et al.*, *Proc. Natl. Acad. Sci. USA*, **91**, 5022 (1994)
30) S. P. A. Fodor *et al.*, *Science*, **251**, 767 (1991)
31) SC. Tao & H. Zhu, *Nat. Biotechnol.*, **24**, 1253 (2006)
32) S. Weng *et al.*, *Proteomics*, **2**, 48 (2002)

# 4　膜タンパク質チップ

友池史明*1，竹内昌治*2

## 4.1　はじめに

細胞は細胞膜に包まれており，この細胞膜の機能によって選択的な物質の取り込みや細胞外環境の受容を細胞は行っている。この細胞膜は，主に脂質二重膜と膜タンパク質からなっており，特に膜タンパク質は選択的な物質の取り込みや外部環境の受容を担っている。そのため，膜タンパク質の機能は創薬のターゲットや生命現象の理解を目的として注目されている。膜タンパク質の機能を理解するためのアプローチとして，細胞を用いたものがあるが，細胞内には複数の膜タンパク質が発現しているため，個々の膜タンパク質の機能を調べるのは難しい。そのため，細胞膜を人工的に再現し，注目している膜タンパク質の機能のみを解析するアプローチが必要となる。近年，脂質二重膜を人工的に形成し，膜タンパク質を埋め込むことによって膜タンパク質の解析および応用を行う膜タンパク質チップが提案されている。本稿では，膜タンパク質チップを紹介するとともに形成した脂質二重膜に膜タンパク質を埋め込む手法を解説し，膜タンパク質チップによる膜タンパク質解析の実例と，膜タンパク質チップの応用例を紹介する。

## 4.2　膜タンパク質と脂質二重膜

細胞膜は主に脂質二重膜と膜タンパク質からなり，膜タンパク質のうち，チャネルタンパク質などの膜貫通タンパク質は図1に示したように脂質二重膜に埋め込まれた形で存在している。この脂質二重膜は，両親媒性の分子である脂質分子が親水性の領域同士，疎水性の領域同士が相互

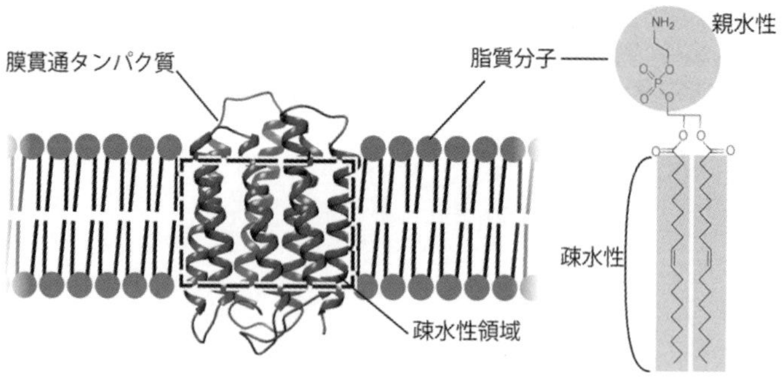


**図1　脂質二重膜と膜貫通タンパク質**

（左）バクテリオロドプシンの構造と脂質二重膜。バクテリオロドプシンはPDB ID：2BRDの構造データに基づき，Chimera[1]により描画した。
（右）グリセロリン脂質の一種であるDOPEの構造式。

＊1　Fumiaki Tomoike　東京大学　生産技術研究所　竹内昌治研究室　特任研究員
＊2　Shoji Takeuchi　東京大学　生産技術研究所　教授

作用し，二層に整列することで形成される平面上の構造物である。脂質二重膜中の脂質分子は水平方向に拡散しており，この性質を流動性という。この流動性は脂質分子の種類によって異なる。脂質分子の疎水性部分である炭素鎖中の二重結合の数を不飽和度といい，不飽和度が大きくなると炭素鎖が折れ曲がるため，脂質分子同士の相互作用が弱まり，流動性が上昇する。図1に示したように，脂質二重膜内部は疎水性を示すため，膜貫通型タンパク質の膜貫通領域は疎水性のアミノ酸残基が局在している。このため，膜非存在下では膜タンパク質は正しい立体構造をとることができず，その機能を調べることはできない。そのため，膜タンパク質の機能を調べるためには膜タンパク質が正しい構造・機能を持つための環境，すなわち脂質二重膜に埋め込まれた状態で解析を行う必要がある。

## 4.3　膜タンパク質チップの作製法

膜タンパク質を*in vitro*で解析するために，人工的な脂質二重膜を形成し，膜タンパク質を埋めこむ必要がある。人工脂質二重膜を形成する古典的な方法を図2に示した。1960年代にMullarらが最初に提案した手法は，二つのチャンバーを小孔のあいた板で仕切り，水を充填後に刷毛などで脂質溶液を分散させたオイルを塗る，Painting法である（図2-A）[2]。また，1970年代には脂質溶液を分散させた水溶液を二つのチャンバーに導入し，チャンバー間に空いた小孔に脂質二重膜を形成するMontal-Mueller法も提唱された（図2-B）[3]。これらの手法では，脂質二重膜は二つのチャンバー間をつなぐ小孔に形成さる。この小孔が小さいほど，安定した脂質二重膜が形成でき，また，膜を電気的に計測する際のノイズが軽減できることが報告されている[4]。これらの手法を用いて膜貫通型タンパク質の

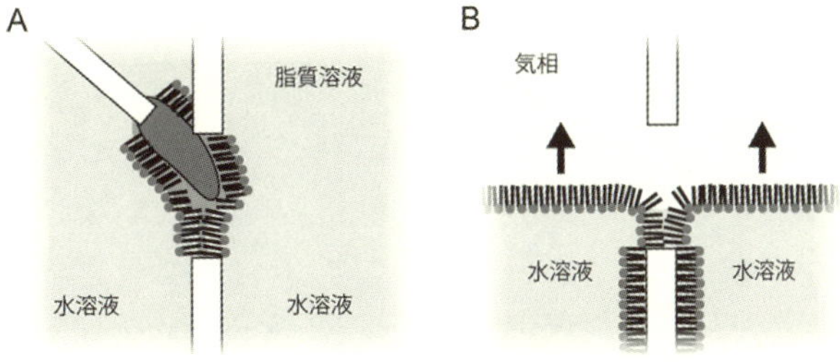


**図2　古典的な脂質二重膜形成法**
(A)Painting法，(B)Montal-Mueller法。

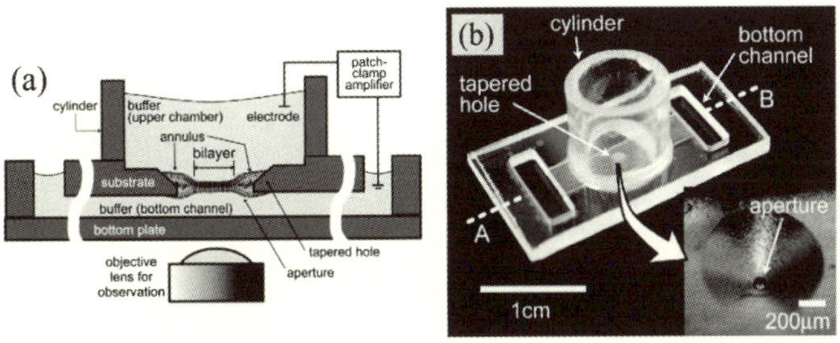


**図3　脂質二重膜を形成するデバイス**
鈴木らによる脂質二重膜を形成するためのマイクロデバイス[6]。Copyright 2007 Elsevier。

一種であるチャネルタンパク質の機能解析が行われてきたが，脂質二重膜の形成に熟練した技術が必要であった。そこで，安定した脂質二重膜を形成することを目的として，1999年にカップ状のチャンバーの底に小孔をあけ，溶液につけることで膜を形成する手法が報告されている[5]。そして，2000年代に入り，マイクロ流体や液滴などを利用して脂質二重膜を形成し，膜タンパク質を解析する膜タンパク質チップが提案された。ここでは，脂質二重膜を形成するための代表的なチップと脂質二重膜に膜タンパク質を埋め込む手法を紹介する。

### 4.3.1　微小流路を利用した膜形成

流路を用いたチップは盛んに研究されており，2000年代には，脂質二重膜を形成するための流路デバイスが報告されている（図3）[6,7]。流路に水溶液と脂質溶液を流すことで，水溶液で脂質溶液層を挟んだ状態を形成する。その後，脂質溶液層が薄くなり，脂質二重膜が形成される。ハイスループットな解析をめざし，チャネル数を増やしたチップも開発されている。ステレオリソグラフィーなどを利用して，4 × 3 $cm^2$の中に1つの流路と96のチャンバーを配することで，96ウェルの膜を形成するチップが提案している[8]。

この他にもマイクロチャネルを利用して，一度に複数の脂質二重膜を形成するチップも開発されている。Otaらが報告した流路では，水溶液，脂質溶液，水溶液の順に流路に流すことにより，チャネル内に複数の脂質二重膜が形成される[9]。また，近年では，流路中に親疎水のパターンをほどこすことで脂質二重膜を形成するマイクロ流体デバイスが報告されている[10]。これらのデバイスでは膜によって流路から隔てられた領域が微小であるため，膜タンパク質による輸送を蛍光によって観測できるという特徴がある。

また，Le GacのグループおよびDeVoeのグループはそれぞれ上下二層の流路からなるチップを用いて脂質二重膜内での挙動観察を報告している[11~13]。これらの報告では複数種類の脂質分子から脂質二重膜を作成しており，特定の脂質に蛍光標識を行うことで，脂質二重膜内における脂質分子のマイクロドメイン形成と動きを観測している。

### 4.3.2　液滴接触法による膜形成

液滴同士を脂質溶液中で接触させることで脂質二重膜を形成する手法が2006年に当研究室が初めて提案している[14]。液滴接触法（Droplet Contact Method，DCM）と名付けられた本手法はウェルの中に脂質溶液と水溶液を添加することで脂質二重膜を形成できる簡便な方法である（図4－A）。複雑な装置を必要としないため，使用する環境を選ばないという利点がある[15]。2007年には，この手法を利用して，Bayleyらが液滴ネットワークも提案されている[16]。また，チップ中で液滴を接触させるデバイスを発展させたものも開発されている。ウェルの下に流路を配置したチップでは，脂質二重膜形成後，水溶液の組成を交換することに成功している（図4－B）[17]。また，ウェルを動かすことができるチップでは，液滴を添加したチップを動かすことで，繰り返し膜を形成することに成功している[18]。このチップでは少量のサンプルで繰り返し測定することが可能という利点がある。また，このチップをアレイ化して同時に膜を形成するチップも報告されている（図4－C）[19]。このチップでは，ロボットによって溶液を添加することができるため，創薬のため

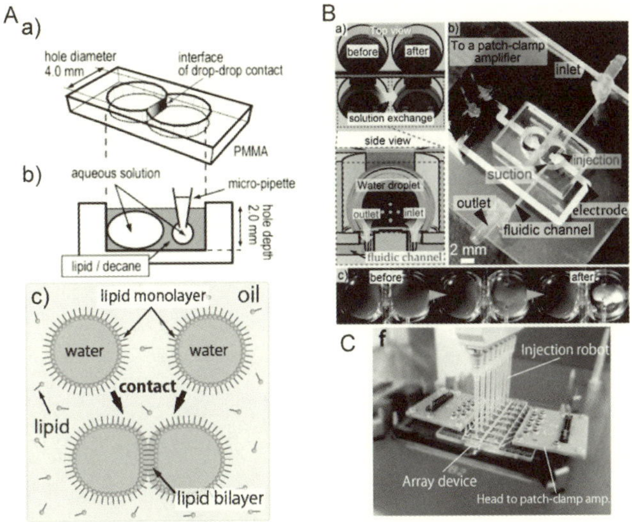


図4　液滴接触法を行うチップ

(A)当グループから最初に提案した手法[14]。Copyright 2006 American Chemical Society。(B)流路を底面に配置することで液交換を実現したチップ[17]。the Centre National de la Recherche Scientifique (CNRS) およびThe Royal Society of Chemistryの許諾により。(C)アレイ化し，同時に脂質二重膜形成と電気計測を行うチップ[19]。

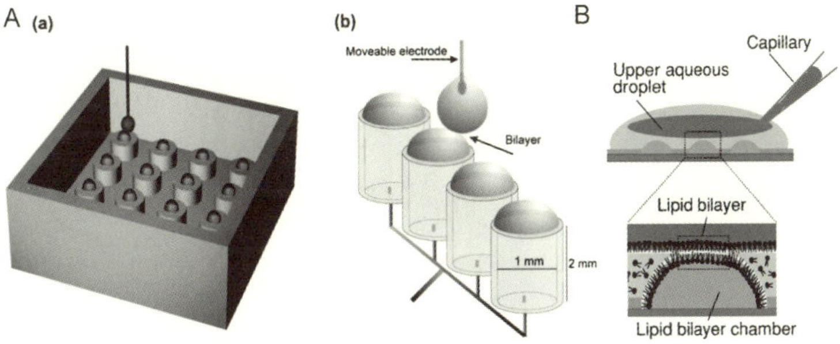


図5　液滴接触法を利用したチップ

(A)アレイ化した液滴に対し，液滴をつけた電極を動かすチップ[20]。Copyright 2006 American Chemical Society。(B)アレイ化した液滴上に液滴を添加することで，複数の脂質二重膜を同時に形成する手法[23]。Copyright 2014 John Wiley and Sons。

のスクリーニングを自動化することができる。液滴接触法は，ウェルに液を導入する以外にもいくつか報告されている。液滴を先端につけた電極を操作して電極上に固定された液滴に接触させるチップも提案されている（図5-A）[20,21]。この手法では，電極を動かすことで，土台側の溶液組成を変えることができるため，水溶液成分に対する膜や膜タンパク質の挙動の解析が可能である。また，液滴同士を誘電泳動で操作し，接触させる方法も報告されている[22]。また，基板上に親疎水パターンをつくることで，液滴をパターンし，溶液を上から添加することで脂質二重膜を複数形成する手法も提案されている（図5-B）[23]。

### 4.3.3 ベシクル融合による支持膜形成

固体層上に形成された脂質二重膜のことを支持膜（supported lipid bilayer）といい，これまで紹介した脂質二重膜に比べて，非常に安定しているという特徴がある。支持膜はスライドガラス上に脂質二重膜を形成することができるため，全反射顕微鏡などを利用することで膜上の反応を高分解能で観察することが可能である[24]。支持膜を形成する方法はベシクル融合によって行うことができる。これはスライドガラス上にリポソームを添加することで行う手法である（図6-A）。この現象に流体デバイスを利用することで異なる組成の脂質のパターンが報告されている。図6-Bに示したようにリポソームを流路によって基板上に導入することで脂質のパターンを実現している[25]。直接固体表面に脂質二重膜を形成するのでなく，自己組織化単分子膜（SAM）を介して，脂質二重膜を固定化する手法も提案されている[26]。

また，支持膜はベシクル融合だけでなく，アガロースなどのハイドロゲルに水溶液を，脂質溶液を介して接触させることでも形成される[5]。これはハイドロゲルが親水性を示すため，脂質溶液中の脂質分子がハイドロゲル上に配列するためである。アガロースをコートしたガラス上に液滴をのせることで脂質二重膜を形成する手法が報告されている[27]。同様にハイドロゲル同士を脂質溶液中で接触させることで，脂質二重膜が形成されることも報告されている[28]。

### 4.3.4 膜タンパク質の導入

人工的に脂質二重膜を形成する手法を紹介してきたが，膜タンパク質を解析するためには，この脂質二重膜中に膜タンパク質を局在する必要がある。一部のタンパク質は水溶液中に添加するのみで自発的に脂質二重膜に局在する。グラミシジン，アラメチシン，バリノマシンは脂質単重

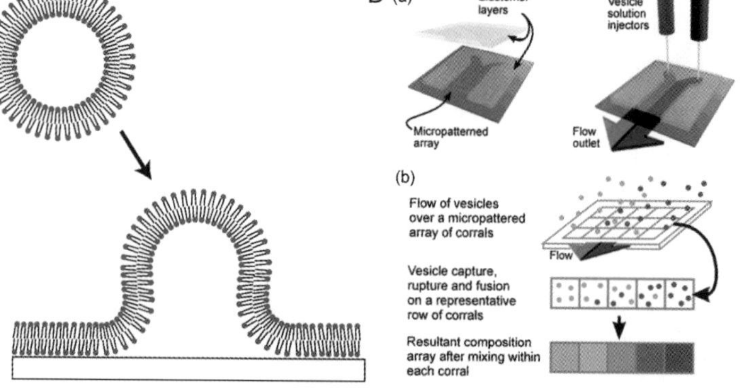


図6 支持膜を形成するチップ

(A)支持膜をガラス上に形成する古典的手法。(B)流体デバイスを利用してベシクルを導入することで支持膜をパターンするチップ[25]。Copyright 2000 American Chemical Society。

膜に局在し，二重膜上においては水平方向での拡散を経て，相互作用し，脂質二重膜に穴を形成する。また，$\alpha$ヘモリシンは水溶液中から脂質二重膜に局在し，膜上で七量体を形成して膜を貫通する。しかし，一般的な膜タンパク質は$\alpha$ヘモリシンなどに比べて大きく，自発的に膜へ導入することは難しい。

膜タンパク質を調整する場合は，可溶性のタンパク質と異なり，界面活性剤を加えることで可溶化する必要がある。可溶化後，膜に埋め込むためには界面活性剤濃度を調整することで膜タンパク質を人工脂質二重膜などに埋め込むことが可能である。予め膜タンパク質をリポソームに埋め込んだプロテオリポソームを調整して，人工脂質二重膜へ膜タンパク質を導入することも可能である。調製したプロテオリポソームを用いる場合は，プロテオリポソームを人工脂質二重膜に融合させることで膜タンパク質を導入する。この際，塩濃度勾配を作ることで融合が促進されることが報告されている[29]。

形成した人工脂質二重膜に直接膜タンパク質を発現させる方法も報告されている。近年，タンパク質の合成に関わる酵素などを抽出し，利用することで細胞を用いずにタンパク質を合成する系が開発されている。チップ上で脂質二重膜を形成する際に，水溶液中に無細胞タンパク質合成系試薬と目的タンパク質の遺伝子を入れることで，形成した人工脂質二重膜上に膜タンパク質を発現させられることが報告されており，イオンチャネルの検出例も報告されている[30]。もちろん，脂質二重膜存在下で無細胞タンパク質合成系を用いることで，脂質二重膜に局在させられる膜タンパク質の種類や効率は限られているが，新生ペプチド鎖を膜に局在させる機構であるトランスロコンも同時に調整することで，膜へのタンパク質発現を促進する試みも報告されている[31,32]。

### 4.4　膜タンパク質チップの応用

上述の通り，脂質二重膜を形成するチップは発展しており，またその中へのタンパク質導入技術も発展している。膜タンパク質チップでの解析事例，そして，解析だけでなく，膜チップを利用した分析手法をいくつか紹介する。

#### 4.4.1　膜タンパク質チップによる計測

形成された脂質二重膜は絶縁性を示すため，膜を透過する現象は電気的に計測することができる。また，脂質二重膜は5 nm～10 nmという薄膜であるため，電圧をかけることでコンデンサとして機能する。そのため，静電容量を利用することにより，形成された膜の厚さが求められる。静電容量は以下のとおり，絶縁膜の厚さと面積に依存する。そのため，形成した脂質二重膜を顕微鏡で観察し，面積を測定した上で，静電容量をはかることで膜厚を推定することが可能である。

$$C = \varepsilon_0 \varepsilon \frac{S}{d}$$

（$C$：静電容量，$\varepsilon_0$：真空の誘電率，$\varepsilon$：脂質の比誘電率，$S$：面積，$d$：脂質二重膜の厚さ）

脂質二重膜の静電容量は，脂質組成によって変化するが，脂質二重膜の厚さは，組成にもよるが，5～10 nmであるため，膜の静電容量は，およそ0.5-1 $\mu$F $cm^{-2}$の値を示す[33]。

また，チャネルタンパク質などの膜タンパク質による脂質二重膜を介したイオンの輸送は電流値を計測することで調べることができる。チャネルタンパク質によるイオン流による電気シグナルは微量であるため，環境由来のノイズ軽減と信号の増幅が必要となるが，一分子の膜チャネルの活性を測定することが可能となる。

膜上での反応は蛍光によって解析することが可能である。蛍光標識をした脂質分子の移動を蛍光顕微鏡でおった報告もある。また，支持膜を用いた場合，固体層の上に脂質二重膜が形成されているため，全反射顕微鏡を利用することで膜上の一分子の膜タンパク質の挙動を観察できる[24,34]。

### 4.4.2 膜タンパク質チップを利用した分析

膜タンパク質チップを利用したチャネルタンパク質の解析例はすでに多く報告されている。表1にまとめた通り，原核生物由来のものから真核生物由来のものまで，多くのチャネルタンパク質の解析例が報告されている。

膜タンパク質の解析だけでなく，これを利用した分析手法も発展している。脂質二重膜にαヘモリシンが局在した場合，電流値としてαヘモリシンの活性が観測されるが，αヘモリシンの穴がふさがれると計測される電流値は減少する。一本鎖DNAを添加した場合，一本鎖DNAはαヘモリシンの穴を通過できるため，一本鎖DNA通過時は電流量の減少が一時的にみられる。しかし，DNAが特定の分子と相互作用し，高次の構造をとった場合，αヘモリシン中でDNAが通過せず，αヘモリシンの穴をふさぐことになり，長時間の電流値の低下がみられる（図7-A）。この現象を利用したセンサーが提案されており，コカイン特異的に結合する一本鎖DNAを使った例では，300 ng/mLという高感度での検出に成功している[35]。また，通過するDNAの塩基配列によって電

**表1**

| イオンチャネル | 機能 | 参考文献 |
|---|---|---|
| 原核生物由来 | | |
| OmpF | バクテリア外膜の拡散孔 | 38) |
| KcsA | バクテリア由来カリウムチャネル | 19, 30, 39, 40) |
| OprM | バクテリア外膜薬剤排出タンパク質 | 41) |
| OmpG | バクテリア外膜タンパク質 | 42) |
| Kcv | ウィルス由来カリウムチャネル | 20) |
| McsL | 機械受容チャネル | 26) |
| 真核生物由来 | | |
| BK | カリウムチャネル | 19, 43) |
| hERG | 電圧依存的カリウムチャネル | 30, 40) |
| NMDA-R | N-メチル-D-アスパラギン酸受容体 | 40) |
| $K_V$1.3 | カリウムチャネル | 40) |
| $K_{ATP}$ | ATP感受性カリウムチャネル | 40) |
| TRPM 8 | 冷感センサー | 44) |
| | ニコチン受容体 | 45) |
| | リアノジン受容体 | 45) |

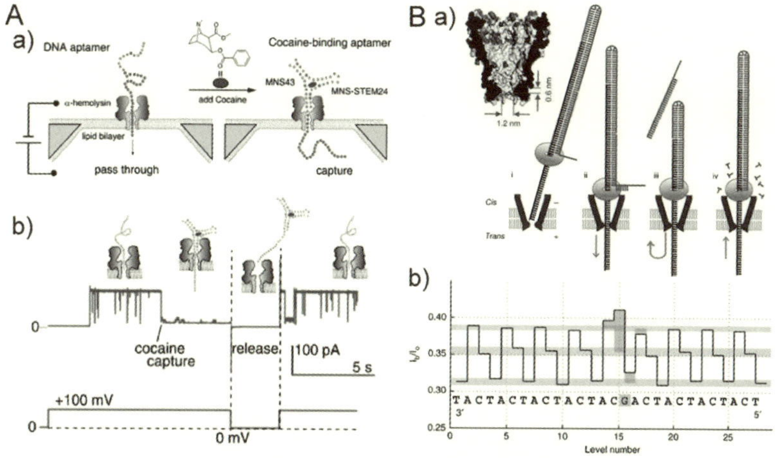


図7　膜タンパク質チップの応用例
(A)DNAアプタマーを利用したコカインを検出する膜タンパク質チップ[35]。Copyright 2011 American Chemical Society。(B)DNAの配列解析を行う膜タンパク質チップ[37]。Copyright 2012 Nature Publishing Group。

流値変化が異なることを利用して，DNAシークエンスへの応用も報告されている（図7-B)。これは，第三世代DNAシークエンサーとして期待される技術の一つである[36,37]。

### 4.5　おわりに

人工的に脂質二重膜を形成して膜タンパク質の活性を調べることは，細胞を用いるアプローチと異なり，他の要素による影響を軽減することができるため，膜タンパク質の機能を理解する上で有用であるが，従来の方法では脂質二重膜形成に熟練した技術を要するため，研究手法としては難しかった。そこでマイクロデバイス技術を利用することで人工脂質二重膜を形成するチップが開発され，脂質二重膜形成の再現性が向上した。また，チップ内の電極の配置や脂質二重膜のパターンをすることにより，従来の手法では不可能だった現象の解析も可能となった。また，すでに膜タンパク質の解析だけでなく，分析手法としての応用が行われており，膜タンパク質チップの応用は，膜タンパク質解析による創薬研究だけでなく，センサーへの応用も期待される。

## 文　　献

1）E. F. Pettersen *et al*., *J. Comput. Chem*., **25**, 1605 (2004)
2）P. Mueller *et al*., *Z. Kreislaufforsch*, **52**, 534 (1963)
3）M. Montal & P. Mueller, *P. Natl. Acad. Sci. USA*, **69**, 3561 (1972)
4）M. Mayer *et al*., *Biophysic. J*., **85**, 2684 (2003)

5) T. Ide & T. Yanagida, *Biochem. Biophysic. Res. Commun.*, **265**, 595 (1999)
6) H. Suzuki *et al.*, *Biosens Bioelect.*, **22**, 1111 (2007)
7) H. Suzuki *et al.*, *Lab Chip*, **4**, 502 (2004)
8) H. Suzuki *et al.*, *Biomed. Microdev.*, **11**, 17 (2009)
9) S. Ota *et al.*, *Lab Chip*, **11**, 2485 (2011)
10) R. Watanabe *et al.*, *Nat. commun.*, **5**, 4519 (2014)
11) E. L. Kendall *et al.*, *Small*, **8**, 3613 (2012)
12) C. Shao *et al.*, *Lab Chip*, **12**, 3142 (2012)
13) V. C. Stimberg *et al.*, *Small*, **9**, 1076 (2013)
14) K. Funakoshi *et al.*, *Anal. Chem.*, **78**, 8169 (2006)
15) R. Kawano *et al.*, *PloS One*, **9**, e102427 (2014)
16) M. A. Holden *et al.*, *J. Am. Chem. Soc.*, **129**, 8650 (2007)
17) Y. Tsuji *et al.*, *Lab Chip*, **13**, 1476 (2013)
18) Y. Tsuji *et al.*, *Anal. Chem.*, **85**, 10913 (2013)
19) R. Kawano *et al.*, *Sci. Rep.*, **3**, 1995 (2013)
20) R. Syeda *et al.*, *J. Am. Chem. Soc.*, **130**, 15543 (2008)
21) M. Lein *et al.*, *Lab Chip*, **13**, 2749 (2013)
22) S. Aghdaei *et al.*, *Lab Chip*, **8**, 1617 (2008)
23) T. Tonooka *et al.*, *Small*, DOI：10.1002/smll.2013033322014
24) J. R. Thompson *et al.*, *Biophysic. J.*, **101**, 2679 (2011)
25) L. Kam & S. G. Boxer, *J. Am. Chem. Soc.*, **122**, 12901 (2000)
26) M. Andersson *et al.*, *Biosens. Bioelect.*, **23**, 919 (2008)
27) A. J. Heron *et al.*, *J. Am. Chem. Soc.*, **129**, 16042 (2007)
28) K. T. Sapra & H. Bayley, *Sci. Rep.*, **2**, 848 (2012)
29) A. Hirano-Iwata *et al.*, *Trac-Trend Anal. Chem.*, **27**, 512 (2008)
30) M. S. Friddin *et al.*, *The Analyst*, **138**, 7294 (2013)
31) H. Matsubayashi *et al.*, *Orig. Life Evol. Biosph.*, **44**, 331 (2014)
32) J. J. Wuu & J. R. Swartz, *Biochimica et Biophysica Acta*, **1778**, 1237 (2008)
33) M. Naumowicz *et al.*, *Cell. Mol. Bio. Lett.*, **8**, 5 (2003)
34) A. J. Heron *et al.*, *J. Am. Chem. Soc.*, **131**, 1652 (2009)
35) R. Kawano *et al.*, *J. Am. Chem. Soc.*, **133**, 8474 (2011)
36) R. D. Maitra *et al.*, *Electrophoresis*, **33**, 3418 (2012)
37) E. A. Manrao *et al.*, *Nat. Biotechnol.*, **30**, 349 (2012)
38) S. J. Wilk *et al.*, *Biosens. Bioelect.*, **23**, 183 (2007)
39) M. Zagnoni *et al.*, *Anal. Bioanal. Chem.*, **393**, 1601 (2009)
40) S. Leptihn *et al.*, *J. Am. Chem. Soc.*, **133**, 9370 (2011)
41) W. Wang *et al.*, *The Analyst*, **137**, 847 (2012)
42) W. L. Hwang *et al.*, *J. Am. Chem. Soc.*, **130**, 5878 (2008)
43) R. Pantoja *et al.*, *Biophysic. J.*, **81**, 2389 (2001)
44) A. M. El-Arabi *et al.*, *Lab Chip*, **12**, 2409 (2012)
45) T. Ide & T. Ichikawa, *Biosens. Bioelect.*, **21**, 672 (2005)

## 5 糖ペプチドマイクロアレイ

軒原清史*

### 5.1 はじめに

ハイペップ研究所は生体機能・分子認識の産業応用を目的に創業した。その応用の具体的分野は，検査と創薬である。創業以来10年余研究開発に注力してきた次世代バイオチップの研究開発では，幸いにも，国や地方自治体，財団法人等から多くの支援を受けることができ，タンパク質をペプチド誘導体で認識させるマイクロアレイ技術（PepTenChip®システム）の基盤技術を完成させた。タンパク質よりも分子が小さいため，アフィニティが低いと考えられているペプチドを用いたアレイによる，タンパク質の定性的・定量的解析の基盤技術である。生体における分子同士の認識の本質は生体分子の立体的な構造対構造であり，その相互作用が蛍光強度変化で検出できることを世界に先駆けて実証した[1)]。多種のペプチド誘導体でタンパク質が模倣できることに着目し，ペプチドをセンサー素子（捕捉分子）としてタンパク質との相互作用に用いるため基板上に配置（アレイ化）した検査診断用のバイオチップの実用化開発を進めてきた。PepTenChip®システムによる生体計測の原理は，従来法とは異なり標的分子そのものの検出ではなく，1：1対応も含まれる多様な分子標的群の変化を捉える新規な方法であり，実際のタンパク質の相互作用により近いと考えられる。タンパク質と相互作用したペプチドはその構造が認識前と異なり，それによって捕捉分子である蛍光標識ペプチドの構造変化が蛍光強度変化（用量依存的）で検出できる。この原理は遺伝子検査が有効ではないプリオン病検査の研究でも示した。プリオン病はタンパク質の変性に起因する病気であり，いくつかの種類に分類される。BSEでも定型（肉骨粉による），非定型（弧発性），動物種による違い等をペプチド素子で区別できることを立証した[2)]。類似構造のペプチドを数多くアレイ化することによって，蛍光強度変化のパターンは検体であるタンパク質によって特徴的なバーコードに変換でき（プロテイン・フィンガープリント），それにより検体中の未知の生体分子の同定を行う。従来法は検体を標識するが当該手法では捕捉分子が標識されている。したがって，従来法では検体を載せてから洗浄せねばならず高価で操作が煩雑となる。一方，我々の方法では検体洗浄が不要で工業生産にも適する。しかし，蛍光強度変化をみるため，変化が小さいと感度が低下するため，高純度の捕捉分子が必須である。

ペプチドの固相合成はコンビナトリアルケミストリーのルーツであり，合成方法は確立されている。合成ペプチドは位置特異的に基板上に固定化でき，有効な固定化量を任意に調節することが可能である。また，ペプチドはタンパク質よりも低分子でデザインしやすく，任意の位置に標識や機能性分子団を結合できる（検出デザインにおけるフレキシビリティが高い）。また，リコンビナントDNA発現とは異なり，糖鎖や脂質，分子間距離の調節，環状化，非天然アミノ酸や微量検出用標識分子の自由な組み込み等が可能である。したがって，研究目的に応じたカスタムメイ

---

* Kiyoshi Nokihara ㈱ハイペップ研究所 本社 代表取締役／最高科学責任者；
南京医科大学 教授

ドのチップの製作が容易となる。抗体チップでは多数の抗体が必要であり，また，抗体の安定性・再現性・固定化量・固定化位置のバラツキ・交差反応性の問題，そして価格の問題等，実用性を阻む要因が多い。それに比べ，我々のコンセプトによるバイオチップは，固定化するライブラリーの種類が遥かに少なく，マススクリーニングに適している。すなわち，デザイン合成ペプチドアレイの大きな利点は安定品質のチップの工業生産が可能であることといえよう。これまで明確な標的に対する検出法が精力的に開発されてきたが，いずれも「１対１」の対応に基づく既知物質の検出（例えば標的の数だけの抗体の産生が不可欠となる）であり，未知の標的やサロゲートマーカー等関連する物質の解明は困難であった。我々は未知標的群を含めた多変量解析による正常，疾患等が判別できるバイオチップの実用化を目指し，この捕捉分子配置型アレイ技術シーズで，タンパク質や菌毒素の検出，細胞検査における実用性を見出した。将来的に医師の個人的な技量に依存しない客観的な検査が可能となれば，健康診断にも利用でき，疾病等の早期発見につながると期待される。バイオチップシステムは次の４要素（①〜④）からなるが，最近，このシステム（図１）を完成させPepTenChip®と命名した。①捕捉分子として用いるアレイ用標識ペプチド群（糖ペプチドを含む多種ペプチド）の化学合成技術を確立しライブラリー2,000種以上を確保した。②捕捉分子を搭載するためのチップ基板では新規な優れた素材を開発し，固定化するための表面化学を確立した[3)]。③ナノテクノロジーを駆使してチップ基板上に極微量のペプチド群を定量的にデポジットするアレイ化技術を確立した。④オンサイトで使用可能なポータブル型検

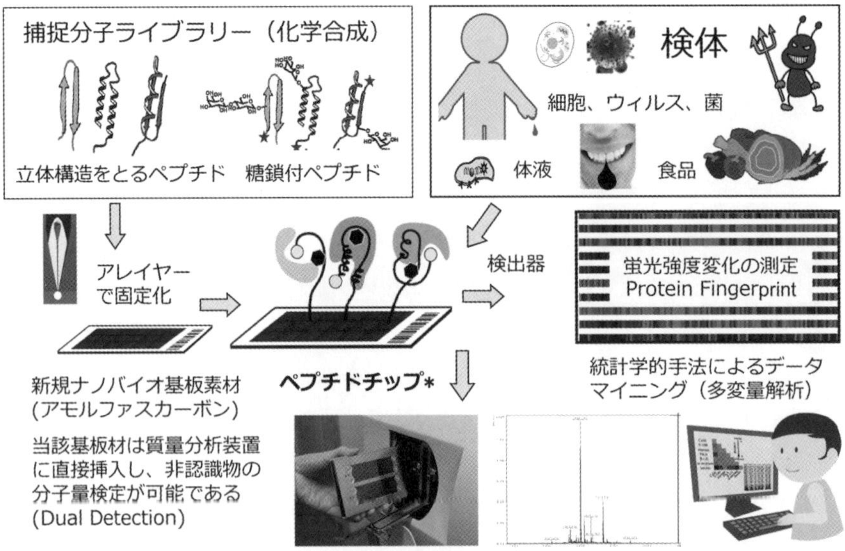


図１　ペプチドアレイのコンセプト

アモルファスカーボン基板の表面にペプチドが固定化されている。図中ペプチドチップ*の太線は構造ペプチド，○印はペプチドにコンジュゲートされた標識蛍光色素，六角形はペプチド鎖に結合された糖のユニットを示す。当該コンセプトは日・欧・米で特許が成立している。

出器を設計製造した。すなわち，ペプチド誘導体をピコからフェムトモルレベルで特殊基板上に固定化することで，世界でも類を見ない独自のバイオ検出の基盤技術が確立できた。当該コンセプト，さらに新規基板素材に関しては，欧州主要国・日本・米国で複数件の特許が認められた[4)]。今後，実検体として体液を用いてデータマイニングを行い，データベースを構築し，実用化へ進むところである。

### 5.2　捕捉分子ペプチド，蛍光標識デザイン糖ペプチドライブラリーの構築

基板上にペプチドを搭載する方法として，SPOT合成が知られている[5)]。この方法では誘導体化した平面膜上に順次保護アミノ酸を縮合していくため，簡便ではあるが合成途中で合成物の検定確認は行わない。固相合成法はHPLCの発展とともにあり，精製と確認なしでは有用ではない。ペプチド合成の難易度は配列に依存するが，特に構造を持つペプチドは難合成として知られている。SPOT合成では確認の方法がないため，目的物はできているという推定だけであり，エピトープマップのような作業はともかく，現実的に構造をとる長いペプチドの合成はできない。すなわちアレイとしての再現性は乏しく定量もできない。我々は個々のデザインしたペプチドを各々合成し，検定（二次構造，純度等）した高純度精製ペプチドをアレイ化した。タンパク質の検出は「DNAチップのように1対1の対応によるシグナルが出るだけ」ではなく，定量せねばならず，ここがプロテインチップのハードルを高くしている点である。我々の研究開発では，より高効率な固相法によるペプチド誘導体の化学合成法を確立し，併せて各種器材，試薬，合成手法の開発も進めた。実用的には，自動合成装置で多種品目同時合成を行い，側鎖糖付アミノ酸のように高価なビルディングユニットの導入では自動合成機（PSSM-8，島津製作所）から一旦出し，手動で確認しながら縮合反応を行い（PetiSyzer®，ハイペップ研究所），糖アミノ酸導入後，また合成機に戻した。合成だけでなく，高分解のペプチド分析用カラムも開発し，精製は口径20～50 mmの分取用カラムで行った。

哺乳動物由来の細胞で発現されるタンパク質の半数以上は翻訳後修飾を受け，それらは様々な生体認識のプロセスにおいて重要な役割を担っている。特に糖タンパク質は細胞接着，感染，生体防御システムにおいて重要である。そこで，これまでに構築したタンパク質の基本構造である，$\alpha$-ヘリックス，$\beta$-ループ，$\beta$-シートからなる蛍光標識ペプチドライブラリーを糖化することで，PepTenChip®検出素子群を拡張した。毒素タンパク質，ヒマ種子凝集素（RCA），コレラ毒素，ベロ毒素，緑膿菌レクチン（PA-Ⅰ）のようなレクチンは，糖鎖に結合することが知られている。ペプチドに糖鎖を導入することによってレクチンが糖ペプチドをより確実に認識し，結合の際にペプチドの二次構造が変化し，それに伴う蛍光強度変化が検出できるかを検証した[6)]。すなわち，ペプチドのみを素子とした場合に比べて糖ペプチドでは検出感度や精度が向上することを期待した。糖ペプチドライブラリーの多様性としては，異なる糖の種類（Glc, Gal, Man, Lacを選定した），糖の数（1から2個），糖鎖の位置，二次構造（アミノ酸配列）である。当初Lys残基の側鎖に糖を導入しようと試みたが，スループット，経済性から糖鎖を保護したアミノ酸を自社で合

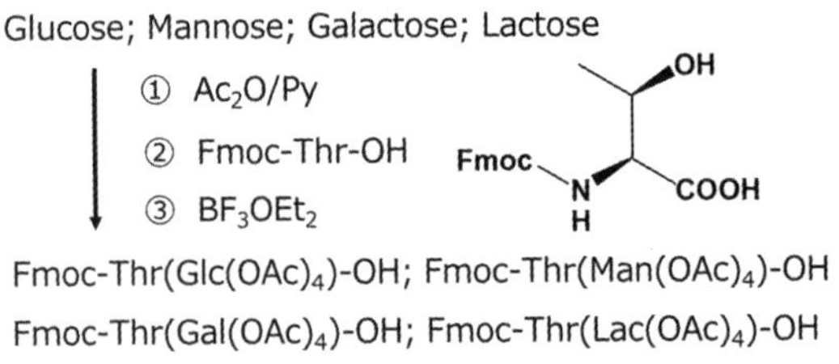


右図中　末端C=Cys(Acm)

B: Glucosylated Thr　　X: Mannosylated Thr

Y: Galactosylated Thr　　Z: Lactosylated Thr

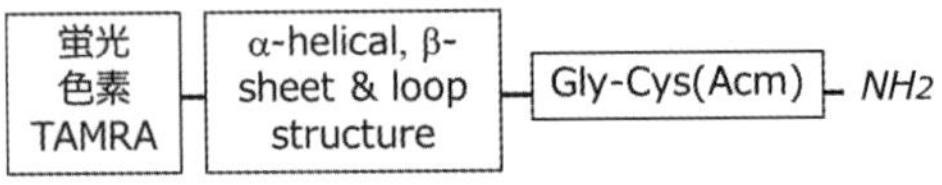


α-helix (1-27)

1:TAMRA-A**B**KAAKAAKKAAKA-GC
2:TAMRA-AKKAA**B**AAKKAAKA-GC
3:TAMRA-AKKAAKAA**B**KAAKA-GC
4:TAMRA-A**X**KAAKAAKKAAKA-GC
5:TAMRA-AKKAA**X**AAKKAAKA-GC
6:TAMRA-AKKAAKAA**X**KAAKA-GC
7:TAMRA-AKKAAKAAKKAA**X**A-GC
8:TAMRA-A**Y**KAAKAAKKAAKA-GC
9:TAMRA-AKKAA**Y**AAKKAAKA-GC
10:TAMRA-AKKAAKAA**Y**KAAKA-GC
11:TAMRA-AKKAAKAAKKAA**Y**A-GC
12:TAMRA-A**Z**KAAKAAKKAAKA-GC
13:TAMRA-AKKAA**Z**AAKKAAKA-GC
14:TAMRA-AKKAAKAA**Z**KAAKA-GC
15:TAMRA-AKKAAKAAKKAA**Z**A-GC
16:TAMRA-LKKLL**B**LLKKLLKL-GC
17:TAMRA-LKKLLKLL**B**KLLKL-GC
18:TAMRA-LKKLLKLLKKLL**B**L-GC
19:TAMRA-LKKLLKLL**X**KLLKL-GC
20:TAMRA-LKKLLKLLKKLL**X**L-GC
21:TAMRA-LKKLL**Y**LLKKLLKL-GC
22:TAMRA-LKKLLKLL**Y**KLLKL-GC
23:TAMRA-LKKLLKLLKKLL**Y**L-GC
24:TAMRA-LKKLLKLL**Z**KLLKL-GC
25:TAMRA-LKKLLKLLKKLL**Z**L-GC
26:TAMRA-AKKAAKAAKKAAKAGC
27:TAMRA-LKKLLKLLKKLLKL-GC

β-sheet (28-54)

28:TAMRA-G-KAKAKA**B**A-GC
29:TAMRA-G-KAKA**B**AKA-GC
30:TAMRA-G-KAKAKA**X**A-GC
31:TAMRA-G-KAKA**X**AKA-GC
32:TAMRA-G-KA**X**AKAKA-GC
33:TAMRA-G-**X**AKAKAKA-GC
34:TAMRA-G-KAKAKA**Y**A-GC
35:TAMRA-G-KAKA**Y**AKA-GC
36:TAMRA-G-KA**Y**AKAKA-GC
37:TAMRA-G-KLKLKA**B**A-GC
38:TAMRA-G-KLKA**B**AKL-GC
39:TAMRA-G-KA**B**AKLKL-GC
40:TAMRA-G-**B**AKLKLKL-GC
41:TAMRA-G-KLKLKA**X**A-GC
42:TAMRA-G-KLKA**X**AKL-GC
43:TAMRA-G-KA**X**AKLKL-GC
44:TAMRA-G-**X**AKLKLKL-GC
45:TAMRA-G-KLKLKA**Y**A-GC
46:TAMRA-G-KLKA**Y**AKL-GC
47:TAMRA-G-KA**Y**AKLKL-GC
48:TAMRA-G-**Y**AKLKLKL-GC
49:TAMRA-G-KLKLKA**Z**A-GC
50:TAMRA-G-KLKA**Z**AKL-GC
51:TAMRA-G-KA**Z**AKLKL-GC
52:TAMRA-G-**Z**AKLKLKL-GC
53:TAMRA-G-KAKAKAKA-GC
54:TAMRA-G-KLKLKLKL-GC

β-loop (55-80)

55:TAMRA-KKITV-D**B**ER-KTYTE-GC
56:TAMRA-KKITV-D**X**ER-KTYTE-GC
57:TAMRA-KKITV-D**Y**ER-KTYTE-GC
58:TAMRA-KKITV-E**B**DR-KTYTE-GC
59:TAMRA-KKITV-E**Y**DR-KTYTE-GC
60:TAMRA-KKITV-E**B**SD-KTYTE-GC
61:TAMRA-KKITV-E**X**SD-KTYTE-GC
62:TAMRA-KKITV-E**Y**SD-KTYTE-GC
63:TAMRA-KKITV-E**Z**SD-KTYTE-GC
64:TAMRA-KKITV-D**Y**SE-KTYTE-GC
65:TAMRA-KKITV-D**X**SE-KTYTE-GC
66:TAMRA-KKITV-D**Y**SE-KTYTE-GC
67:TAMRA-KKITV-D**Z**SE-KTYTE-GC
68:TAMRA-KKITV-D**X**E**X**-KTYTE-GC
69:TAMRA-KKITV-D**Y**E**Y**-KTYTE-GC
70:TAMRA-KKITV-D**Z**E**Z**-KTYTE-GC
71:TAMRA-KKITV-E**X**D**X**-KTYTE-GC
72:TAMRA-KKITV-E**Y**D**Y**-KTYTE-GC
73:TAMRA-KKITV-E**Z**D**Z**-KTYTE-GC
74:TAMRA-KKITV-E**Y**S**Y**-KTYTE-GC
75:TAMRA-KKITV-D**Y**S**Y**-KTYTE-GC
76:TAMRA-KKITV-D**X**S**X**-KTYTE-GC
77:TAMRA-KKITV-D**Y**S**Y**-KTYTE-GC
78:TAMRA-KKITV-D**Z**S**Z**-KTYTE-GC
79:TAMRA-KKITV-DPER-KTYTE-GC
80:TAMRA-KKITV-EPSD-KTYTE-GC

図2　合成した糖ペプチドのリスト

蛍光標識デザイン糖ペプチドライブラリーの内，ペプチド番号26, 27, 53, 54, 79, 80の構造ペプチドはそれぞれ糖鎖の無いペプチド

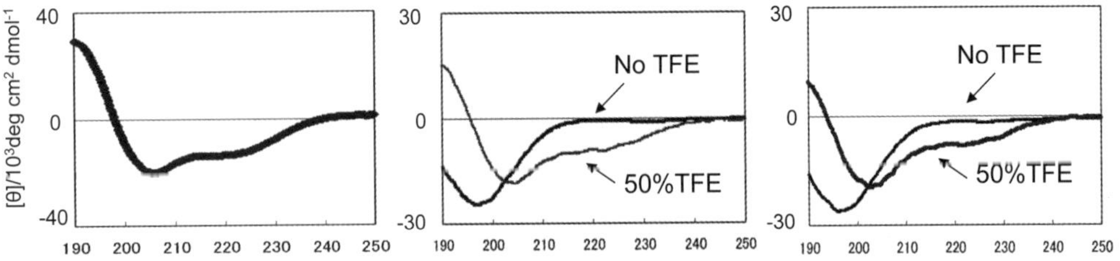


図3　CD-スペクトル

左：*O*-glyco-*α*-helical peptide（図2#13）；中央および右：*β*-シートペプチド（中央：糖鎖無ペプチド—図2#53，右：糖鎖入ペプチド—図2#32)。

成を検討した。Fmoc-Thr（*O*-glycoside）をビルディングユニットとして各種の糖鎖ペプチドを合成し，ライブラリーを構築した。一般的な糖ペプチドの構造とライブラリーを図2に示す。

各構造ペプチド骨格に糖鎖を導入してもここで設計した捕捉分子としてのペプチドの二次構造に顕著な変化はなく，構造が保持されていることをCD測定で確認した（図3）。

### 5.3　蛍光標識デザイン糖ペプチドアレイのアレイ化と検体のフィンガープリント検出

TAMRAの紫外吸収（$\varepsilon$=91,000，メタノール中，545.5 nm）で糖ペプチドストック溶液濃度を決めた。末端Cys側鎖をAcm基で保護してあるペプチド（1 μmol）は5 μM AgOTf（TFA/Anisole：10/1 v/v, 300 μL）に溶解し，定法により除去し基板に固定化した。このときのペプチド濃度は25 μM（1％酢酸）である。固定化はチップ基板（EMCA-PepTenChip®）上に吐出型アレイヤー（Perkin Elmer社）を用いて固定化した（350 pL/spot）。ペプチドアレイは2-メルカプトエタノールを含む含水イソプロパノール，水，メタノール，の順で洗浄後乾燥した。使用した蛍光標識デザイン糖ペプチドは，コントロールの糖鎖なしも含めて80種類を用い，各種10点ずつスポットした（合計800スポット）（図4左）。検体として*Ricinus communis* agglutinin［RCA］，*Pseudomonas aeruginosa* lectin［PA-Ⅰ］とを用いた。測定はCRBio Ⅱe（Hitachi software Engineering Co., Ltd., 東京）を用いて検体添加前（$I_0$）と後（$I_1$）で蛍光強度を測定した。顕著な蛍光強度変化が確認された糖ペプチドを選別して，RGBコードによりカラーイメージに変換しプロテインフィンガープリントを作成した（図4右）。得られたプロテイン・フィンガープリントよりレクチンの判別が可能であることが示された。また，実際の検査環境（例えば食品中の毒素検査）を考慮して2％ミルクの混在下でもアッセイした（図5）。

蛍光標識デザイン糖ペプチドアレイで各種のレクチンの検出が可能であることから，毒素検出

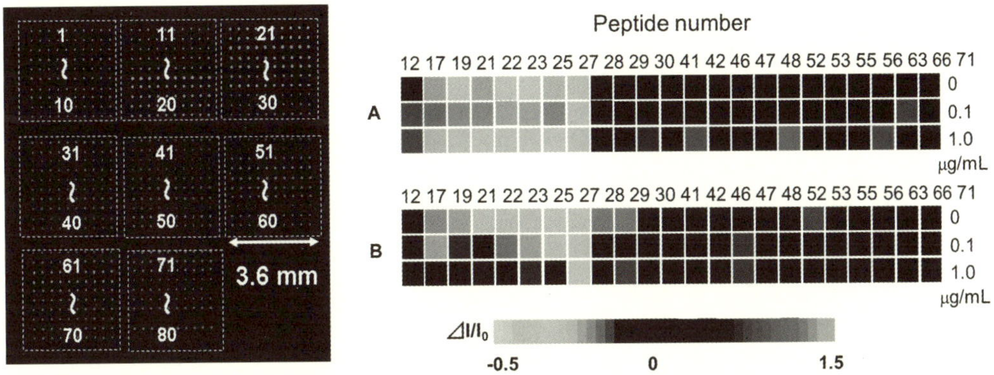


図4　PepTenChip®上の蛍光標識デザイン糖ペプチドアレイ（各10点ずつアレイ化）の位置と共焦点レーザー蛍光スキャナー像（左），各蛍光標識デザイン糖ペプチドのレクチンとの反応による蛍光強度変化フィンガープリント（右）

配置が白数字と波線枠で示す（左）。A：RCA，B：PA-Ⅰ，濃度：0, 0.1, 1.0 μg/mL PBS。

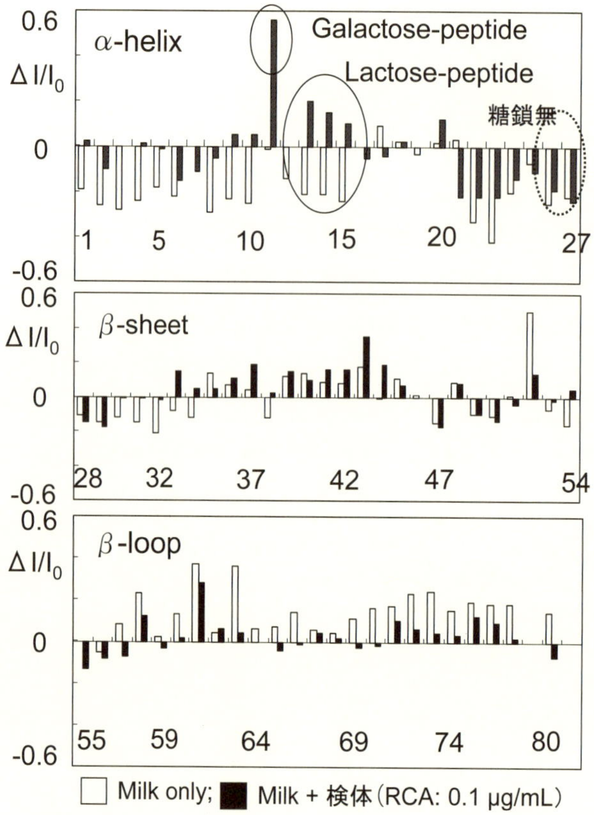


図5　2％ミルクの混在下のアッセイとの比較（±0.3％）

ツールとして応用が可能である。また，疾病の体外診断や感染防止のための研究分野への応用も期待できる。現在，毒素タンパク質は菌の培養とELISA法を組み合わせることにより検出されるが，解析には数時間を要するのでその間に感染が広がるおそれがある。多くの細菌は糖を標的としてヒトの内皮細胞に感染することが知られている。菌が産生する毒素タンパク質は，糖鎖に対するアフィニティが有るため，糖鎖を並べたチップが研究されている。しかしながら，糖鎖のみの細菌等へのアフィニティは高くない。事実，バクテリア毒素を検出するためにペプチド鎖の無い糖鎖だけのアレイが報告されているが，検体を標識する必要があり感度も良くないため，実用的とは言い難い。糖タンパク質をアレイすることは可能であるが，安定性（乾燥すると構造を失い認識能も消失する）そして捕捉分子としての価格は極めて高価となるため，「糖タンパク質ミメティック」としての「糖鎖入りペプチド」を捕捉分子として用いることが工業生産の観点から優れている。現段階（検体20 ng，アレイ化ペプチド量 9 fmol）において，我々の検出感度はELISAとほぼ同等であるが，ペプチドのデザインを最適化することでさらに検出感度が上がると期待される。

### 5.4　質量分析とPepTenChip®によるDual Detectionとレクチンアレイ

先に述べた様にチップ用新規基板素材として，アモルファスカーボン基板を開発し，併せてその表面化学（官能基を配置）と品質管理法を特許化した[3,4]。当該素材の優れた点を列記する：自家蛍光が無い，特異性が高いためバックグランドノイズが低い，優れた加工性と精度を有する，非特異吸着を低減した表面処理が可能，優れた機械的強度・操作性を有する，表面官能基の分布が均一である（高再現性），化学的に安定である，保存／運搬時の安定性が高い，熱特性に優れる，検出時の再現性・感度に優れる，電気伝導性に優れる，表面官能基量が極めて多い，再生再利用が容易である，鏡面加工（平坦度＜10 $\mu$m）が容易である等従来の基板にない優れた特性を有している。新規品質管理法を開発し，特許化した。これら優れた特性の中で，電気伝導性が優れる点を活かし，質量分析装置MALDI-TOF-MSサンプルトレイへの応用技術も開発した。ある種のペプチドや低分子化合物ではマトリクスを使用することなくアモルファスカーボン基板上にサンプルを載せるだけで質量測定が可能であった。この場合，分子量2,500以下の分子が望ましく，感度はマトリクスを使用する場合に比べて劣るが，マトリクス由来のマスシグナルが検出されないため，低分子量領域における質量解析に適する。したがって，バイオチップ検出と併行して被捕捉分子（検体）の分子量が判明する。しかしながら，市販の質量分析装置のイオン源のレーザー照射では高密度アレイでは近傍の被捕捉分子が同時にイオン化されるため，手動アレイ用の基板も商品化した。このマニュアルアレイ用基板を用いることで高価なアレイヤーを用いなくてもアレイが作製可能である。当該基板は直径1 mmのスポット用に誘導体化されており，これより大きめのスポットをマイクロピペットなどで基板上に載せた後，洗浄すれば非誘導体化部分には固定化や吸着がないため，均一サイズのアレイができた（図6）。

カーボン基板と質量分析によるDual解析の実用性を確認するため，糖タンパク／レクチンアレイを試作した。すなわち，PepTenChip®上のアミノ基をアルデヒド基に置換し，糖結合特異性既

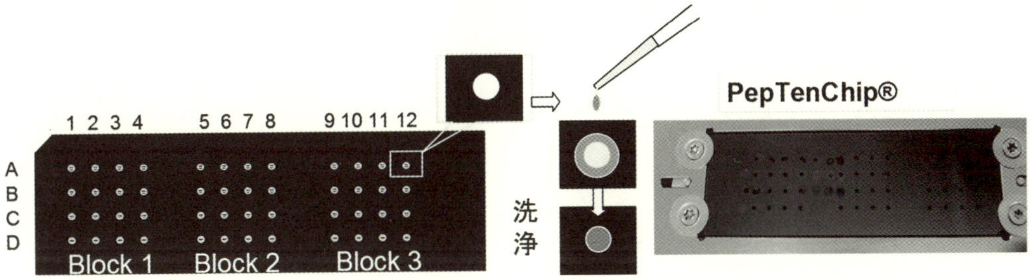


図6　マニュアルアレイ基板とサンプルアダプターに装填したPepTenChip®
同径のスポットが3ブロック配備（16×3スポット），1枚の基板で　n＝3が可能である。

表1　レクチンアレイ
Gal: galactose; Lac: lactose; GalNAc: *N*-acetyl-galactosamine; Glc: glucose; Man: mannose; GlcNAc: *N*-acetyl-glucosamine; LacNAc: *N*-acetyl-lactosamine

| レクチンアレイ | 既知の認識能 |
|---|---|
| Ricinus communis agglutinin（RCA） | Gal/Lac |
| Amaranthus cruentus lectin（ACL） | Galb1-3GalNAc |
| Peanut Agglutinin（PNL） | Gal |
| Concanavalin A（ConA） | Glc/Man |
| Galanthus Nivalis Lectin（GNL） | Man |
| Wheat Germ Agglutinin（WGA） | GlcNAc |
| Chitin-binding Lectin（DSL） | LacNAc |
| Dolichos biflorus agglutinin（DBA） | GalNAc |
| Erythrina Cristagalli Lectin（ECL） | Lac |
| Euonymus Europaeus Lectin（EEL） | Lac |

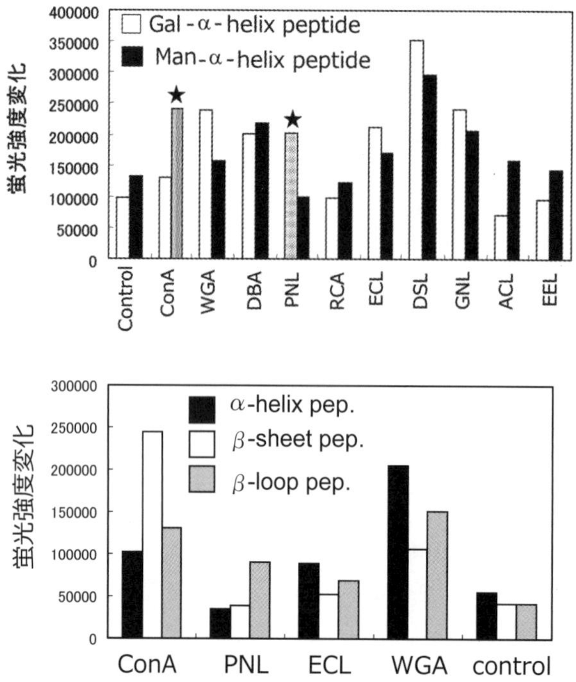


**図7　レクチンを捕捉分子としたペプチドのスクリーニング**
上図★印は糖鎖による顕著な差異を示す。下図はペプチドの二次構造の認識特異性の例である。

知のレクチン（蛍光標識していない）を固定化後，未反応部分アルデヒド基をブロッキングしてレクチンアレイを作製し，TAMRA化ペプチド，同糖ペプチドを検体として蛍光測定およびMALDI-TOF-MSでペプチドのスクリーニングを行った。表1に使用したレクチンを示す。その結果，レクチンの種類に応じた蛍光強度変化が観測され，また糖特異性が検証された。PepTenChip®システムはレクチンチップ（糖タンパク質チップ）としても利用可能であるが，ペプチドをアレイ化した物とは異なり，レクチンアレイは保湿状態で使用せねばならないため実用上面倒である。特に微量のスポットでは乾燥が早く，レクチンの三次元構造が壊れて失活する[7]ため湿度50～60％の密閉下でチップを作製した。糖ペプチドの混合物をレクチンアレイに添加した結果，糖鎖の違いのみでなく，ペプチドの二次構造の違いがレクチンの結合性に反映され，ペプチド構造が認識に関与することが示された（図7）。ConAはβ-シートを，WGAはα-ヘリックス構造をそれぞれ認識することが示された。そこで，ConAおよびWGAに結合した蛍光標識デザイン糖ペプチドの糖部分の構造をMALDI-TOF-MSにより確認した。蛍光強度測定結果およびMALDI-TOF-MSデータを図8に示す。混合物中でも糖鎖の識別が可能であることは，共雑物の多い検体（実サンプル）から特定の糖鎖を検出できることを示唆した。すなわち，多成分のタンパク質群の中から，疾患の原因物質等，特定の成分が検出できることを示した。さらに，糖のついていないペプチドも特定の糖タンパク質を認識することが証明された。レクチンタンパク質は糖部分だけではなく，ペプチドの二次構造骨格も含めた全体構造と相互作用する。多くの種類の検体を試験することにより，糖鎖プロファイルが作製可能である。これによって糖タンパク質や細胞表面の糖鎖の解析が可能となり，たとえばバクテリアの検出にも使える。最近，糖鎖アレイが報告されており，細菌毒素をマイクロフロー法で検出しているが1 mL近い多量の検体が必要である[8]。植物の細胞壁から糖鎖アレイを作製し抗原抗体反応を応用した報告[9]もあるが，二次抗体で検出しており時間と手間がかかり簡便とは言い難い。また，最近ではバクテリアの検出同定を質量分析装置で行うことも可能となっているが，装置自身の大きさ（設置場所）と解析ソフトウエアも含めた価格などから，汎用とは言いがたい。

### 5.5　おわりに

ハイペップ研究所は次世代生体計測，PepTenChip®システムを開発した。新規基板素材を使用することでプロテインフィンガープリント法による蛍光検出に加え，MALDI-TOF-MSにより捕捉されたタンパク質の解析も可能とした。バイオチップは従来の検査診断法に比べ，迅速簡便さが命である。すなわち，リアルタイム，オンサイトでの結果が求められる。したがって，将来，特に健康診断で威力を発揮すると期待される。厳密な確定診断よりもむしろ，予後も含め，「苦痛を伴わない検体の採取」，「短い待ち時間」等が診断での普及の鍵であり，これまでの健康診断を回避する傾向を改め，重篤になる前の早期発見により医療費全体の削減に貢献すべきである。健康志向が高まる中，1：1対応の特定原因物質は無く，また客観的な診断基準もない疾病では客観的な検査システムが強く求められている。病院や診療所等の臨床現場だけでなく，地域・職域保健のフィールドでも共用できる高い簡便性と再現性を備えた検査システムの開発は重要であり社会貢献は大きい。PepTenChip®はこのような状況にも対応できるのではないかと考えている。革新的医薬品・医療機器開発は現在，国家的重要課題となっており，薬事法の改正（新薬機法）によってさらに加速されると思われる。生体計測は化学，生物学，医学を伴う情報工学である。分子診断の市場は極めて大きく，世界的には2011年で177億USドルであった。統計はどこまで含むかにより変動するが，検査市場全体のシェアは当初は極めて小さいであろうが，個々の応用例の発表によってそのシェアは拡大する。当該バイ

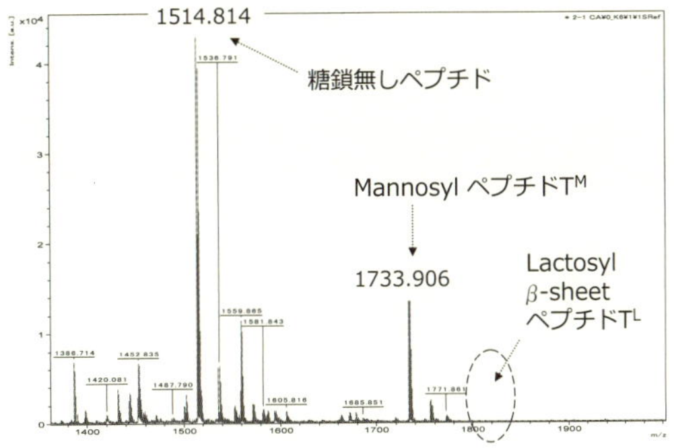


*m/z* 1515.8: TAMRA-G-KAKAKAKA-GC(Acm)-$NH_2$
*m/z* 1735.5: TAMRA-G-KLKLKAT$^M$AGC(Acm)-$NH_2$
*m/z* 1813.6: TAMRA-G-KAKAKAT$^L$A-GC(Acm)-$NH_2$

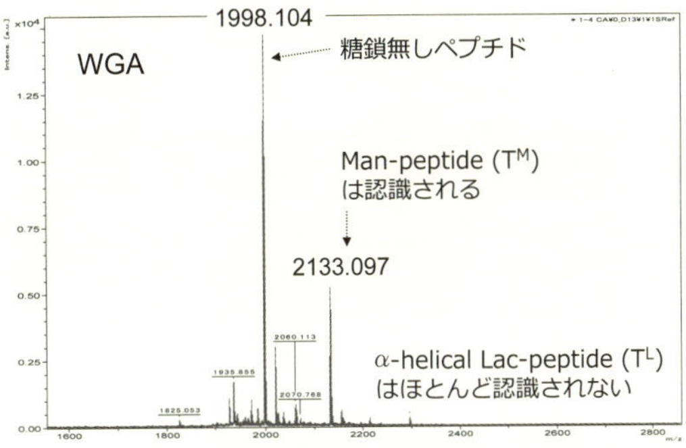


*m/z* 1999.5: TAMRA-AKKAAKAAKKAAKAGC(Acm)-$NH_2$
*m/z* 2134.6: TAMRA-AKKAAT$^M$AAKKAAKAGC(Acm)-$NH_2$
*m/z* 2297.0: TAMRA-AKKAAT$^L$AAKKAAKAGC(Acm)-$NH_2$

**図8　レクチンアレイを用いたレクチンで捕捉されたペプチド／糖ペプチド混合物のMALDI-TOF-MSスペクトル（Matrix：CHCA）**

上図：β-シートペプチドとConAの特異性の検証Mannosylペプチドと糖鎖なしペプチドは認識され，Lactosylペプチドは認識されない。下図：WGAはα-ヘリックス構造にアフィニティがあり，mannosylとlactosylペプチドとを認識しない[10]。用いた質量分析装置は，Ultraflex Ⅲ（Bruker Daltonics, Japan KK）である。

オチップはDNAチップにはない機能，“健康のモニター”という役割を担えるため，その市場規模は診断・検査より遙かに大きい。日本の医療機器市場は2.6～３兆円で今後も成長を続ける市場とされており，当該チップの実用化はその中心の一つとなりうる。最近，日本では規制システムが改善され，ドラッググラグやデバイスラグは次第に解消されつつある。PepTenChip®はクラスⅠ医療機器に分類される。クラスⅠ医療機器は欧米と同様に届出によるPMDA認可だけで販売できるようになった。先制医療のための新規な医療機器ニーズの高まりは追い風であり，また増大し続ける医療費の削減に資するものである。言うまでもなく，バイオチップによる解析は，医療関連分野のみでなく，食品・農薬等の安全性の検査や環境検査へも応用が可能である。

**謝辞**

PepTenChip®システムの研究開発は，2000年当時，科学技術庁の「ミレニアムプロジェクト・革新的な技術開発提案研究（平成12-14年度）」の採択テーマが発端である。ミレニアムプロジェクト終了時の評価会で「このテーマ内容が本当に世の中に出れば，画期的な診断手法として世の中に貢献できる。非常に期待している」と審査委員長から言葉があった。2002年筆者は，㈱ハイペップ研究所を設立し，バイオチップの開発を継続してきた。多くの技術的，経済的困難を乗り越え，2014年，当該バイオ検出の基盤技術が完成した。当該研究開発に関はミレニアムプロジェクトに続き，次の助成制度を受けた。いずれもプロジェクトリーダーは筆者である。沖縄県バイオプロジェクト・バイオベンチャー企業研究開発費補助金（平成14-16年度）；NEDO産業技術実用化プロジェクト・産業技術実用化開発費助成金（平成15-16年度）；NARO生物系産業創出のための異分野融合研究支援事業（異分野融合研究開発型）（平成19-23年度）；内閣府沖縄総合事務局，沖縄県産業振興公社による沖縄イノベーション創出事業（平成20-22年度）；JST研究成果最適展開支援事業フィージビリティスタディ（平成21-22年度）；（公財）京都産業21による連携型イノベーション研究開発事業（平成24年度）。さらに，2003年財団法人中小企業ベンチャー振興基金；2004年UFJニューフロンティア企業育成基金；2004年第５回バイオビジネスコンペ優秀賞；2013年第90回新技術開発助成（公財）新技術開発財団等の研究開発助成・賞金等も研究開発に充てられた。また，当該技術開発における初期の基礎研究は，東京工業大学の三原久和教授の研究室とともに，また新規基板素材開発では，日本軽金属㈱技術センターの岡安夫部長（当時）のグループとともに，また，プリオン病に関する研究では，動物衛生研究所プリオンセンター毛利資郎所長（当時）とともに，さらに，がん細胞の研究では国立病院機構沖縄病院，石川清司院長（当時）のグループとともに共同研究を実施し，多くのご助力を頂いた。ハイペップ研究所の参画研究者は京都，沖縄両ラボを併せて総勢20名を越える。この場を借りて謝意を表する。

## 文　　献

1）M. Takahashi *et al.*, *Chem. Biol.*, **10**, 53（2003）；軒原清史ほか, *Solid Phase Synthesis and Combinatorial Chemical Libraries 2004*, p.83, Mayflower Scientific（2004）；軒原清史ほか，高分子論文集，**61**, 523（2004）；K. Usui *et al.*, *Mol. Divers.*, **8**, 209（2004）；K. Usui *et al.*, *Biopolymers*, **76**, 129（2004）；K. Usui *et al.*, *Mol. BioSyst.*, **2**, 113（2006）

2）K. Kasai *et al.*, *FEBS Lett.*, **586**, 325（2012）

3）K. Nokihara *et al.*, *Peptide Science 2007*, 108（2008）

4) 軒原清史，バイオチップ及びその製造方法，特許第4490067号（2003）；軒原清史，三原久和，ペプチド固定化基板及びそれを用いた標的タンパク質の測定方法，特許第4562018号（2002）；軒原清史，三原久和，ペプチド固定化基板及びそれを用いた標的タンパク質の測定方法特許第4912362号（2008）；軒原清史，岡安夫，バイオチップ用基板及びバイオチップ，特許第4694889号（2005）；軒原清史，岡安夫，バイオチップ用基板及びバイオチップ，特許第5041680号（2005）；軒原清史，平田晃義，固相基板表面上の官能基の定量方法，特許第5062524号（2007）；軒原清史ほか，バイオチップ用基板及びバイオチップ特許第5459990号（2008）
5) R. Frank, *Tetrahedron*, **48**, 9217 (1992)；R. Frank, *J. Immunol. Methods*, **267**(1), 13 (2002)；K. Hilpert *et al.*, *Nat. Prot.*, **2**, 1333 (2007)
6) T. Kawasaki *et al.*, *Bull. Chem. Soc. Jpn.*, **83**, 799 (2010)；K. Nokihara *et al.*, *Peptide Science 2009*, 337 (2010)
7) K-L. Hsu *et al.*, *Nat. Chem. Biol.*, **2**, 153 (2006)；K. T. Pilobello *et al.*, *Proc. Natl. Acad. Sci.*, **104**, 11534 (2007)
8) M. Ngundi *et al.*, *Biosens. Bioelectron.*, **21**, 1195 (2006)
9) I. Moller *et al.*, *Glycoconj. J.*, **25**, 37 (2008)
10) K. Usui *et al.*, *NanoBiotechnology*, **1**, 191 (2005)

# 6　光固定化法を用いたタンパク質チップの開発と応用

伊藤嘉浩*

## 6.1　はじめに

生体物質のマイクロアレイ固定化のためにこれまで様々な方法が考案されてきた。その中で光固定化法は，ほかの方法にはないいくつかの特徴があり，それを生かした研究開発がこれまで行われてきた。ここでは，特徴とタンパク質チップとしての応用例について解説する[1~4]。

## 6.2　光固定化法の特徴

光固定化法は，光照射によって生じるラジカルによる化学反応で生体分子を固定化するために，共有結合で強固に結合できるにもかかわらず，通常の共有結合固定化で必要となるような特別な官能基を必要としないことである。そのために主に二つの特色が生まれる。

第一は，様々な官能基があり，その数も異なる種類のタンパク質を1枚の基板上に固定化するには最適な方法となる（図1）。一般的に，共有結合固定化には，生体分子のアミノ基，カルボキシル基，チオール基などが用いられるが，これらは生体物質によって保有量も，存在箇所も異なり，その量や箇所により固定化できない場合や固定化量が極端に少なくなる場合もあるが，光固定化法ではそのようなことがないと考えられる。ほとんど有機物なら，「何でも」固定化できることになる。

第二の特色として，生体物質の様々な箇所を介して固定化が起こるため，配向がランダムになることである（図2）。これは，一定の相互作用だけを検出する際には不利になるが，抗原を固定化して血液中の抗体量を測るときなどは，これらがポリクローナル抗体を定量する必要があることから有利になる。

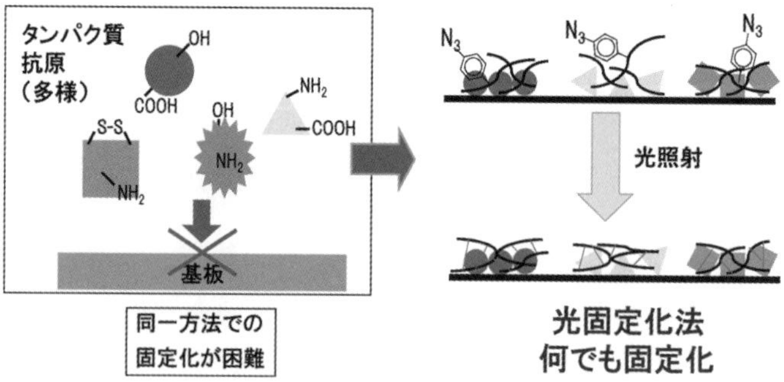


図1　光固定化法の特徴（その1）
官能基の種類にかかわらず同一方法で固定化が可能。

＊　Yoshihiro Ito　国立研究開発法人理化学研究所　伊藤ナノ医工学研究室　主任研究員／同上　創発物性科学研究センター　創発生体工学材料研究チーム　チームリーダー

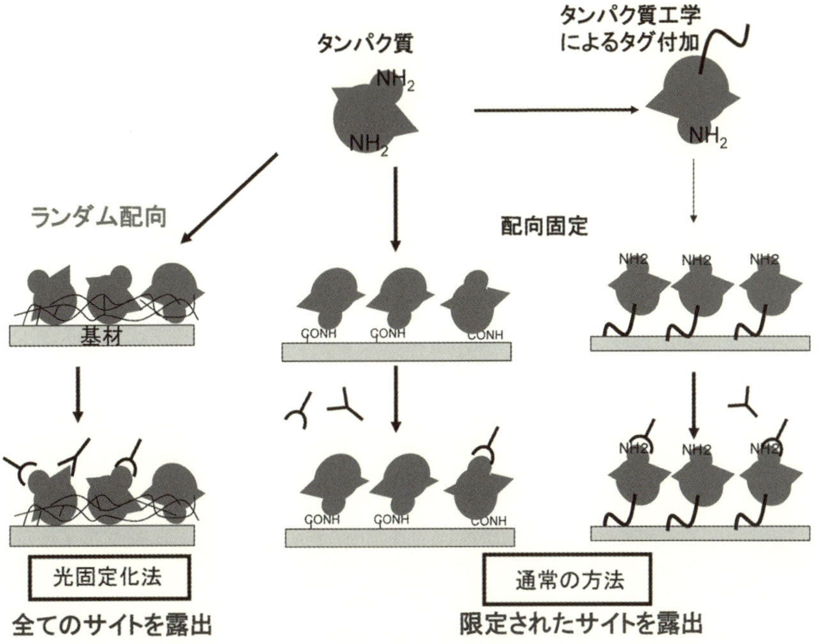


図2　光固定化法の特徴（その2）
ランダム配向での固定化により，ポリクローナル抗体と網羅的に相互作用できる。通常の官能基を用いる方法やタグを付加する方法では，少なからず，タンパク質が配向して固定化されることになり，分析対象がポリクローナル抗体の場合，全てと相互作用できない。

タンパク質のアミノ基やカルボキシル基を用いて固定化する場合には，一般的にタンパク質内にこれらの官能基は複数含まれるので極端な配向性は考えにくいが，存在部位によっては反応性も異なり，ある程度の配向性が生じることが考えられる。近年よく用いられるタグ（アビジン-ビオチン，ヒスチジンタグ-ニッケル基材など）を使った固定化は，最も厳密に配向固定化するものである。特異的な配向で固定化が行われると相互作用できる箇所が限られ，場合によっては相互作用が固定化に使われてしまったり，固定化箇所と相互作用箇所が近傍にあり，立体障害で観測されないことが懸念されるが，無配向であればそのような問題はないと考えられる。

### 6.3　光固定化のための基材

これまでに，光反応性基として主に，ベンゾフェノン基，フェニルジアジリン基，アジドフェニル基，パーフルオロフェニルアジド基（図3）などを用いた生体分子固定化法が報告されている。前述のように，様々な有機物の固定化が可能で，低分子有機化合物からタンパク質，核酸，ペプチド，抗原，抗体，多糖のような分子レベルのものから，ウイルスや細胞まで様々な生体成分が基板上に固定化され，タンパク質，抗体，細胞との相互作用が調べられてきた。

光固定化法をマイクロアレイに応用した最初の例は，Millerらによるもので，ポリリシン被覆

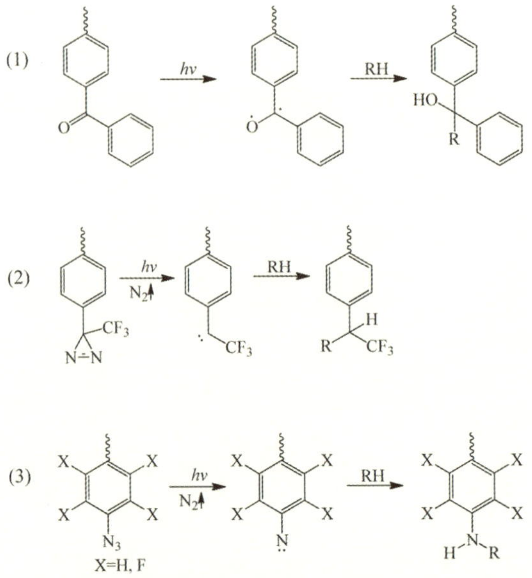


**図３　光固定化に使われる光反応性基の例**

(1)ベンゾフェノン，(2)ジアリジン，(3)フェニルアジド。

ガラスプレートの上に抗体をN-ヒドロキシスクシンイミド-4-アジド安息香酸を混合して480 nm紫外線照射でマイクロアレイ固定化する方法を報告している[5]。Sigristのグループ[6]は，非特異的相互作用を抑制するデキストランにジアジリンを結合させ，糖複合体やレクチンのマイクロアレイを報告している。Kanohら[7]はポリエチレングルコールアンカーを介してガラス基板に芳香族ジアジリンを固定化し，低分子化合物をマイクロスポットしてから，360 nm紫外線を照射して固定化を行う方法を報告している。第１編第２章で述べたように，これは化合物マイクロアレイとして創薬のためのツールとして用いられている。Waldmannのグループは，チオール-エン反応を利用した光固定化法を報告している[8]。

筆者らは，細胞機能を制御するために，これまで様々な光反応性高分子を調製し，材料表面をマイクロパターン状に微細加工する研究してきた[3,9~12]。光反応性高分子（基板）の合成法には大きく分類して２種類がある。一つは，光反応性基を高分子（基板）へ高分子反応で導入するもので，もう一つは，光反応性基をもつモノマーを共重合させる方法である（図４）。導入する高分子（生体高分子も含む）や共重合するモノマーを変えることによって，生体成分との相互作用を増強したり，少なくしたりすることが可能で様々な研究例がある。

アレイ用には，非固定化領域では生体成分と非特異的な相互作用をしないような高分子をマトリックスとして用いるのが有効である。これにより，非特異的な相互作用（N）が少なくなり，特異的相互作用（S）が高まり，高S/N比検出が可能になる（図５）。基板との非特異的相互作用を抑制するような高分子としては様々なものが知られているが，筆者らが，図４の重合反応で導入した場合の例を，図6に示す。図3で示すような官能基を含む光反応性モノマーを合成し，タンパク質，細胞など生体成分との非特異的な相互作用を抑制する効果がある官能基を側鎖にもつモノマーと共重合してマイクロアレイ用の光反応性高分子を開発した。非特異的相互作用を抑制するものとしては，親水性モノマーの他に，古くから知られているポリエチレングリコールを側鎖にもつモノマー（マクロマー）や，生体膜の脂質成分にあるホスファチジルコリンをもとにした

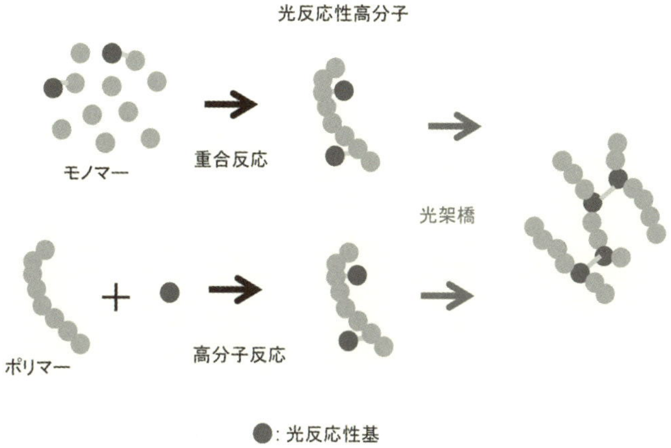


図4　光反応性高分子の合成例
重合反応（上）あるいは高分子反応（下）で合成され，光照射により架橋する。

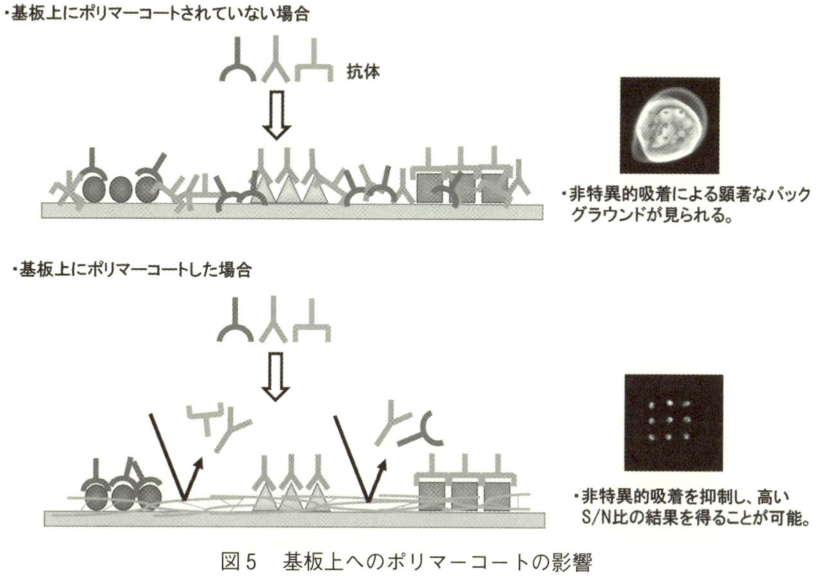


図5　基板上へのポリマーコートの影響
光反応性高分子として生体物質との相互作用を抑制する高分子を使うことで，高いS/N比を得ることができる。

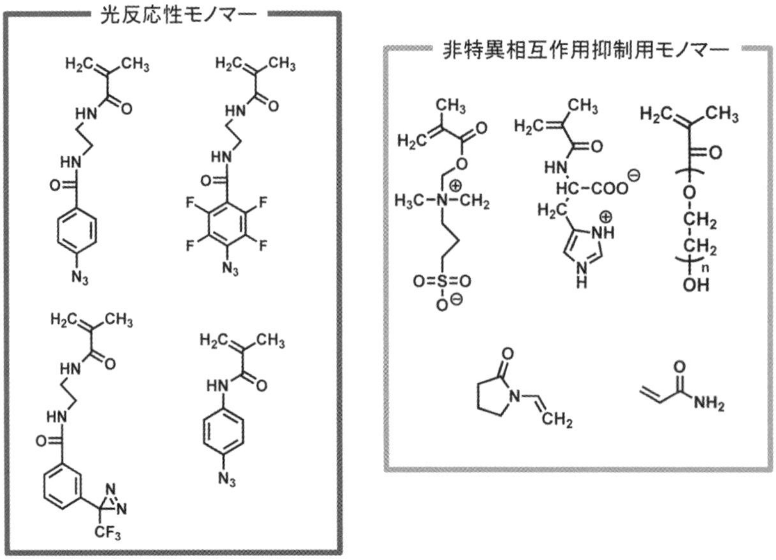


図6　重合反応による光反応性高分子合成のために検討されたモノマーの例
光反応性モノマーは全体の5モル%程度で，残りを生体物質との相互作用を抑制するベタイン構造や親水性のモノマーやマクロマーを使う。

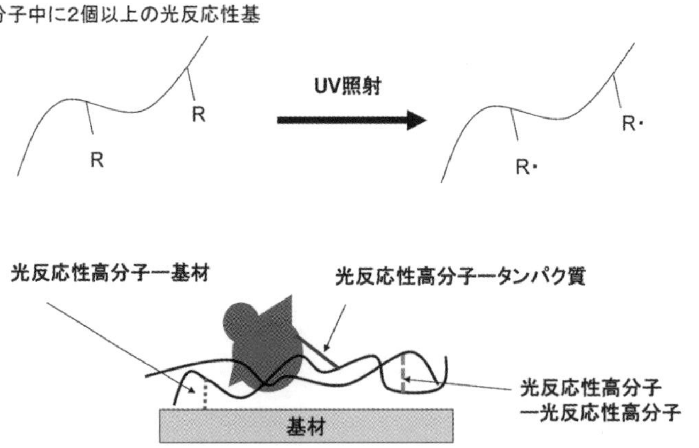


図7　光反応性高分子を用いた生体物質固定化の原理
1分子中に少なくとも2個以上の光反応性基があることにより，光反応性高分子と基材，生体物質，そして光反応性高分子同士の共有結合架橋により，生体物質を固定化できる。

ホスホベタイン構造や，スルホベタイン構造をもつ両性電解質モノマーが挙げられる。

このような光反応性高分子を用いた生体物質の固定化の原理を図7に示す。図3のように光照射によってラジカルが生じると，これが，高分子間，高分子と基材間，そして高分子と生体物質間での共有結合を生じ，架橋して，生体物質が固定化されることになる。この他に，共有結合だ

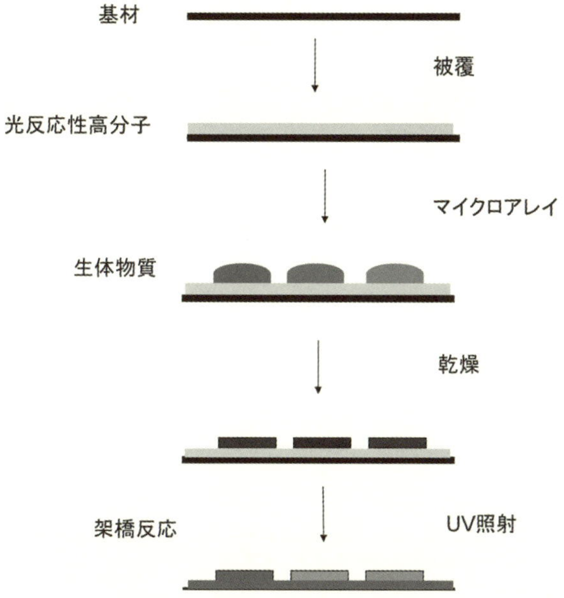


図8　光反応性高分子を用いた光固定化バイオチップの製造過程
ガラスやプラスチックの基板上に光反応性高分子を塗布し，乾燥する。その後，生体物質を含む水溶液をマイクロアレイしてから，再度乾燥し，光照射をして架橋反応する。

けなく，架橋された高分子の網目中にトラップされる生体物質も考えられ，全体として，ヒドロゲルのような薄膜層が基板の上に形成されていると考えられる。

光反応性高分子を用いた光固定化マイクロアレイ・チップの作製法を図8に示す。あらかじめ基材を光反応性高分子で被覆してから，乾燥し，生体物質をマイクロアレイ（スポット）してから光照射を行う。場合によっては，生体物質水溶液をスポットする際にも光反応性架橋剤や高分子を添加すると有効な場合もある。

## 6.4　測定系

測定原理は，他のマイクロアレイ・チップと同じで次のようになる。まず，光固定化したチップの上に相互作用を調べたい検体を滴下する。そして一定時間後そのままにした後，相互作用しなかった分を洗い流す。続いて結合した生体物質を検出する。タンパク質であれば，色素染色，蛍光染色，化学発光で，細胞が対象であれば，透明基板を使い，そのまま顕微鏡で細胞を観察することになる。

図9には抗原をマイクロアレイ固定化し，抗原と相互作用する抗体を検出する原理を示す。抗体IgGやIgEを特異的に認識するラベル化抗IgGや抗IgE抗体を反応させる。抗体は，ペルオキシダーゼやアルカリホスファターゼのような酵素でラベル化されている。そして，酵素で分解されて発光する（化学発光）基質を加えて，発光を観察する。化学発光を用いることによって安価な撮影装置での検出が可能になる。

マイクロチップは主に研究用の大規模解析への応用が主であるが，臨床での応用のためには，装置の小型が必要となる。これまでに，小型の自動測定装置はなかったので，筆者らは，図10のような装置の開発もバイオチップの開発と同時に行ってきた。当初は，マイクロフルイド技術とマイクロアレイ技術を融合した新しいシステムを開発した（1号機）が，セッティングの煩雑さやコストの面から，マイクロフルイドは使わないシステム（2号機）を開発した[13,14]。現在は，試薬サーバーなどを使わず，測定ごとにセットするシステムとなっている（3号機）[15]。

この動作機序を図11に示す。チップと，反応試薬や洗浄試薬を装填し，サンプルとなる血清をチップ上に滴下し，スイッチを押すと，それらが装置内部に引き込まれる。血清とチップを相互

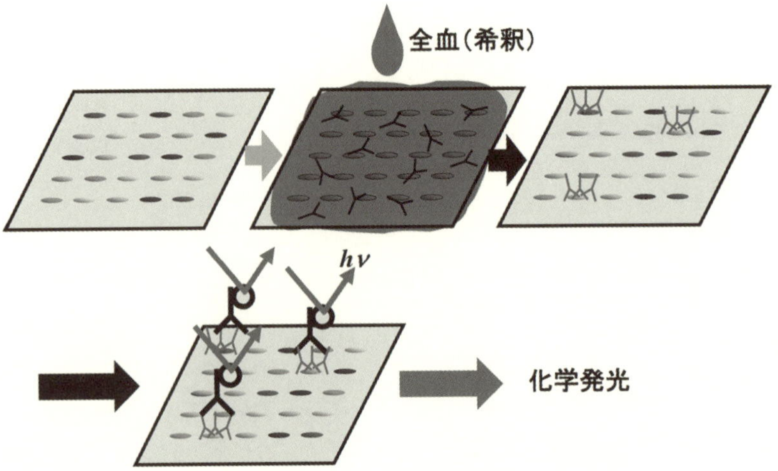


図9　固定化バイオチップを用いた化学発光測定の例
マイクロアレイ・チップ上に血清あるいは血液（希釈）を滴下し，一定時間浸漬した後，血液を洗浄し，その後，結合した抗体を認識する標識抗体を反応させ，最後に化学発光試薬を滴下し，発光を観測する。

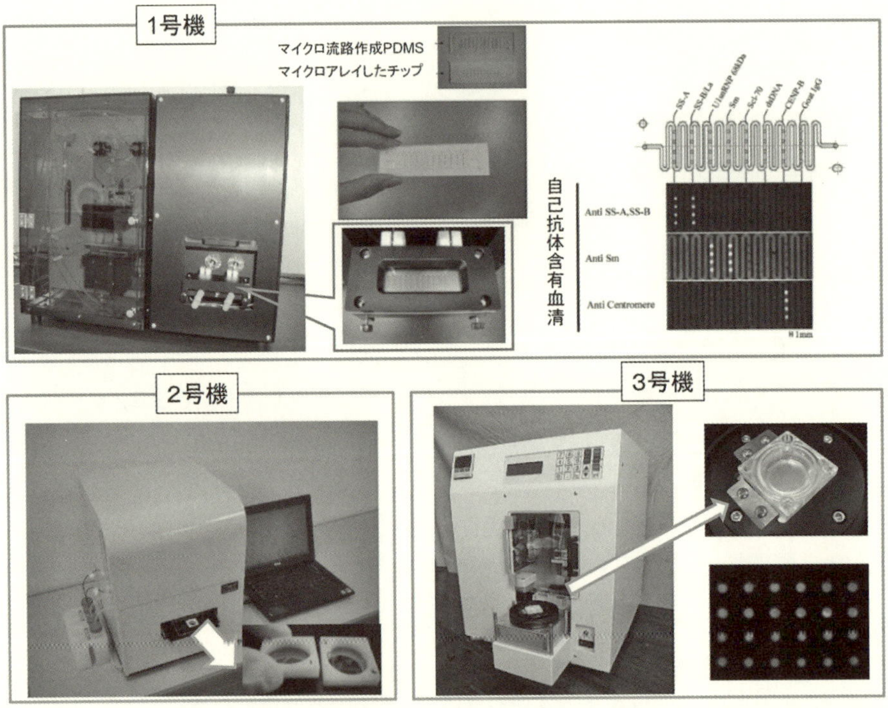


図10　固定化バイオチップによる測定のために開発した小型全自動測定装置の１号機，２号機，および３号機
１号機は，マイクロアレイしたチップとマイクロ流路を作成したポリジメチルシロキサン（PDMS）フィルムを重ね合わせ，マイクロ流路を作成した。マイクロアレイした抗原のスポット上を血清が流れ，抗体が結合するのを検出する仕組みである。２号機，３号機はマイクロ流路は用いず，チップ全体に液を満たす仕組みになっている。

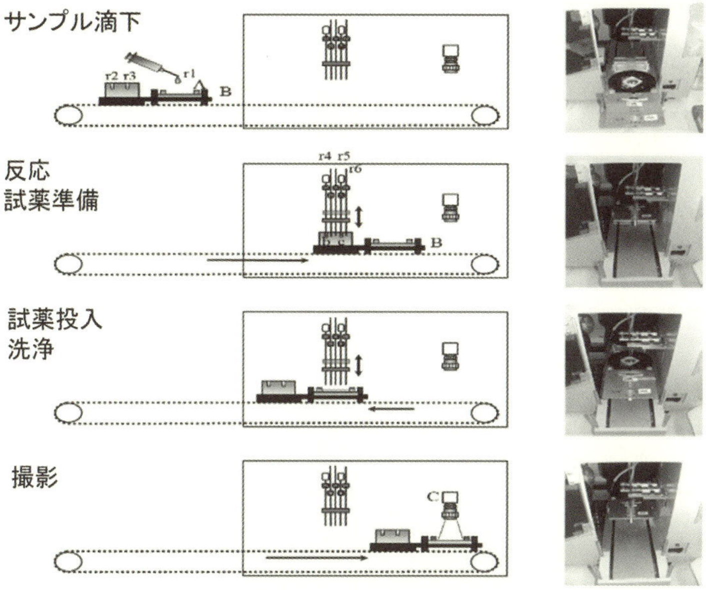


図11　3号機の完全自動測定器の作動原理
動作機序は本文参照。

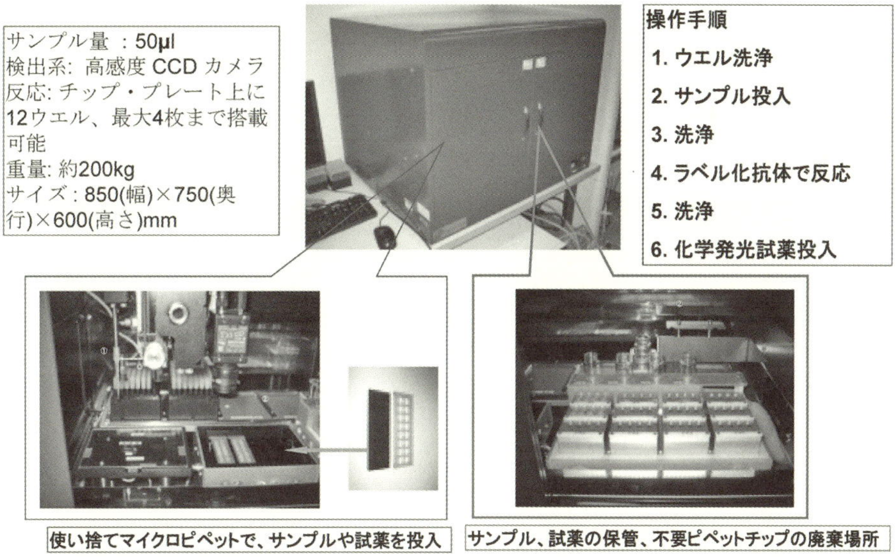


図12　固定化バイオチップによる測定のために開発した大型全自動測定装置

作用させる間に，洗浄試薬を吸い込む。一定時間後，チップを吸い込み場所に移動し，血清を吸い取り，洗浄液を滴下し，回転振動でチップの洗浄を繰り返した後と，抗体標識用抗体を反応させ，また洗浄した後，最後に化学発光試薬を滴下し，CCDカメラの場所に移動し，撮影をする。全部で，15分程度で測定が完了する。多検体を分析するための装置も開発しており，図12に示す。この場合，50検体を２時間ほどで処理できるように設計した。

### 6.5 応用例

これまでに当研究室で光固定化バイオチップを用いて行ってきた研究例を紹介する。

#### 6.5.1 タンパク質固定化

細胞培養用のポリスチレン製ディッシュに光反応性高分子を被覆して，乾燥後，タンパク溶液をキャストして再び乾燥してから紫外線照射を行い，タンパク質を光架橋した[16, 17]。溶液濃度が異なる蛍光ラベル化タンパク質水溶液を無処理のディッシュにマイクロアレイした場合には，生理食塩水での洗浄で容易に洗い流されたのに対し，光反応性高分子で固定化した場合には，Tweenのような界面活性剤を用いても洗い流されることなく強固に固定化することができた。このように固定化した表面で細胞を培養すると，細胞接着タンパク質が固定化されている領域では細胞接着が促進され，細胞と相互作用しないタンパク質を固定化した場合には，接着が観測されず，固定化タンパク質の性質に依存した細胞の挙動が観測された。

このようなタンパク質や有機高分子をマイクロアレイして細胞の挙動を観測して適当な基材を選ぶ手法は，ハイスループットスクリーニングの手法として光固定化に限らず多く利用されるようになっている。

#### 6.5.2 抗原固定化

光固定化法の大きな特徴の一つがランダム配向で固定化できることであり，血液中のポリクローナル抗体をトータルに検出するのに，最も威力を発揮することが期待される。そこで，これまでに，自己免疫疾患やアレルギーをターゲットに研究を進めてきた[13, 14]。

自己免疫抗原やアレルゲンを固定化して，さまざまな部位を認識する血液中のポリクローナル免疫グロブリンのIgGやIgEが結合するのを各々観測でき，従来法で測定された数値と高い相関関係が得られることがわかった。これまでにもアレルゲン固定化マイクロチップが試みられていたが，全てのアレルゲンを固定化できない問題が指摘されていた。光固定化法は，その問題点を解決した。図13には，食物アレルゲンを固定化して特異的IgEを検出した例を示す。検出のためのCCDカメラの露光時間により，感度が異なるが，現在臨床現場で利用されている検査結果と同様な結果が，図10の装置を用い，15分程度で「その場」で，しかも複数アレルゲンに対して，得られることがわかった。

抗原としてウイルスを固定化して感染症の免疫履歴を調べられることを示した例を示す。感染症予防のための多様なワクチンが開発されており，個人個人の免疫獲得の履歴を知ることが，感染症対策の１つとして重要視されている。どんな免疫ができているか，感染症にかかったことがあるか，あるいはワクチンを接種した効果が持続しているか否かを調べることになる。図14には，はしか，風疹，おたふくかぜ，水疱瘡など各ウイルス，エプスタイン・バーウイルスの成分タン

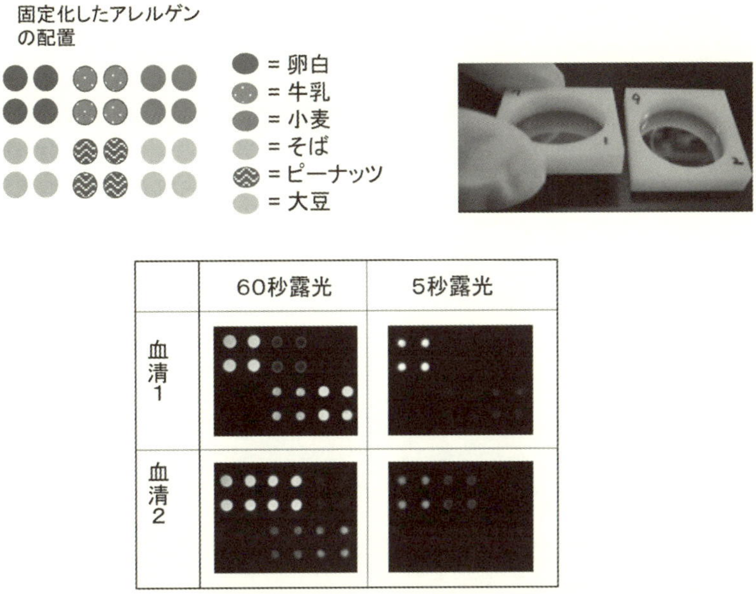


**図13　食物アレルゲンを固定化したバイオチップによるアレルギー（特異的IgE）測定**

血清1は卵白のほか，ピーナッツや大豆への特異的抗体が，血清2では，卵白のほか，牛乳や，ピーナッツ，大豆に対する特的抗体があることがわかる。

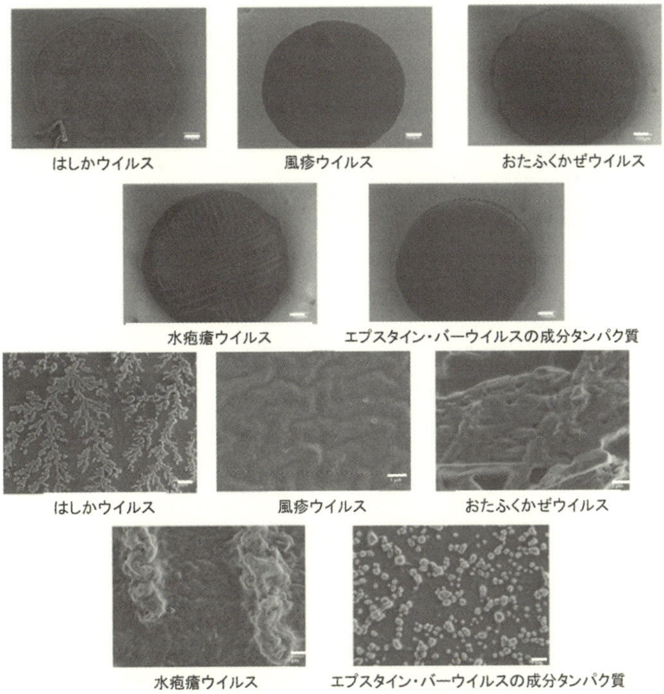


**図14　固定化ウイルスの走査型電子顕微鏡像**

上の5枚はスポット全体の像で，スケールバーは100 $\mu$m，下の5枚は，上の拡大像で1 $\mu$m。

パク質を光固定化した状態を示す。図10の３号機で図11の原理を使って，固定化されたウイルスに血液あるいは血清を滴下して，中にある抗体量を定量すると，従来法と高い相関で検出できることがわかった[15)]。

免疫履歴を調べるには，通常，採取した血液を検査センターに送り，はしかや風疹などの免疫項目ごとに獲得履歴の確認依頼をするが，結果を得るまでに５日ほどを要していた。今回開発した診断システムでは，医療現場で採取した少量の血液（分離血清）を使い，複数の免疫項目を同時にかつ15分程度という短時間で測定可能になった。

これら以外にも，抗原として多糖，核酸，および脂質も固定化可能で，２次元表面プラズモン共鳴や水晶発振子マイクロバランスで，抗体との相互作用解析が可能であることを報告している[18)]。

### 6.5.3　細胞固定化

光固定化法によって，ウイルスよりももっと大きな細胞についても固定化が可能である。安全な輸血のためには，同じ血液型の血液を選ぶことが重要である。血液センターでは献血者の血液（輸血用血液）を赤血球と血清の両方から判定し，血液型を決定している。

図15には，ABO型のパネル血球を固定化したマイクロアレイ・チップを用いた測定原理とその結果を示す。A型，B型，O型，AB型のパネル血球を光反応性高分子と混合してマイクロスポッ

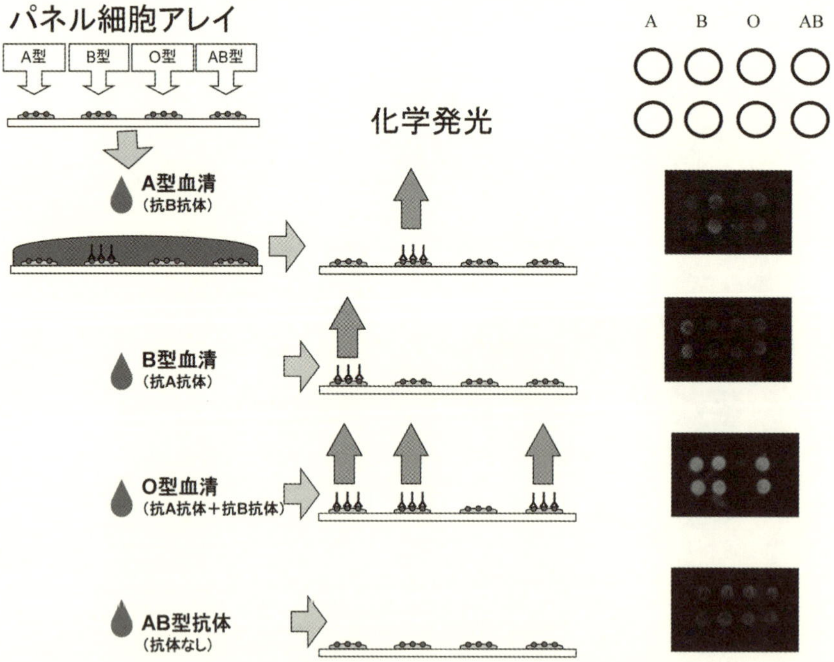


図15　化学固定化パネル細胞の基板への光固定化とその測定例
それぞれの血液型のパネル細胞をホルマリンで固定化したあと，光固定化。その上に各血液型の血清を滴下し，血清に応じた抗体の存在を，マイクロアレイ・チップで確認できることがわかった。

トした後，光を照射して同一チップ上に固定化した。次に被検血清をチップに乗せ反応を行った[19]。この時，血清がＡ型である場合，血清中にはＢ抗体が存在するため，Ｂ型血球と反応する。吸着した抗体（IgG）を化学発光法により検出することにより，Ｂ型血球を固定化したスポットのみが発光を示し，血清がＡ型であると判定できる。抗体量は，酵素標識抗IgG抗体を用いて検出することができた。

## 6.6　まとめ

ここでは，光固定化法を用いた生体物質固定化マイクロアレイを，タンパク質を中心に紹介した。イムノアッセイ市場は，全診断薬の半分近くを占めると言われており，タンパク質チップは，重要な位置を占めている。今後，多種類の解析を同時に迅速に，しかも定量的に「その場」で行えるようになれば，医療への大きな貢献が期待できる。バイオチップを含む測定システムの早期の確立が望まれる。

## 文　　献


1) 伊藤嘉浩ほか，高分子論文集，**61**，501（2004）
2) Y. Ito, *Biotechnol. Progr.*, **22**, 924 (2006)
3) P. S. Malliappan *et al.*, Biomimetics: Advancing Nanobiomaterials and Tissue Engineering, p.253, Wiley-Scrivener Publishing (2013)
4) D. Zhou *et al.*, Photocured Materials, p.134, RSC Publishing (2015)
5) J. C. Miller *et al.*, *Proteomics*, **3**, 56 (2003)
6) Y. Chevolot *et al.*, *Med. Chem.*, **9**, 2943 (2009)
7) N. Kanoh *et al.*, *Angew. Chem. Int. Ed.*, **42**, 5584 (2003)
8) D. Weinrich *et al.*, *Chembiochem*, **11**, 235 (2010)
9) Y. Ito *et al.*, *Acta. Biomater.*, **3**, 1024 (2007)
10) M. Sakuragi *et al.*, *J. Appl. Polym. Sci.*, **112**, 315 (2009)
11) T. Konno *et al.*, *Biomaterials*, **26**, 1381 (2005)
12) M. Sakuragi *et al.*, *Mat. Sci. Eng. C*, **30**, 316 (2010)
13) T. Matsudaira *et al.*, *Biotechnol. Progr.*, **24**, 1384 (2008)
14) Y. Ito *et al.*, *J. Biotechnol.*, **161**, 414 (2012)
15) P. M. Sivakumar *et al.*, *PLoS One*, **8**, e81726 (2013)
16) Y. Ito *et al.*, *Biomaterials*, **26**, 211 (2005)
17) Y. Ito & M. Nogawa, *Biomaterials*, **24**, 3021 (2003)
18) S. Tsuzuki *et al.*, *Biotechnol. Bioeng.*, **102**, 700 (2009)
19) Y. Ito *et al.*, *Biomaterials*, **27**, 2502 (2006)

## 7　抗体マイクロアレイ

熊田陽一*

### 7.1　はじめに

抗体マイクロアレイは，多数の特異抗体をスライドガラス等の基板材料上に集積化させた抗体固定化基板であり，これを用いてサンプル中の複数の目的物質を同時に検出・定量可能なデバイスである。抗体マイクロアレイは，EIA（enzyme immuno assay）[1,2]やFIA（fluorescence immuno assay）で利用されてきた抗体固定化基板とDNA Microarrayで発展してきたハイスループットスポッティング技術を組み合わせたものであり，その検出の基本原理は従来のイムノアッセイの手法に従うことが多い。図1に抗体マイクロアレイでよく用いられるサンドイッチ型イムノアッセイの概略図を示す。検体は，血清，尿，髄液等の体液や，細胞破砕液などがよく用いられる。マイクロプレートを用いる従来のイムノアッセイと大きく異なる点は，ハイスループット性およびマルチプレックス性である。すなわち，マイクロプレートを用いた従来のイムノアッセイとは異なり，抗体マイクロアレイでは，ウェルのないフラットなプレート上で検体溶液中の多数の目的抗原を同時に検出できる。抗原検出の基本操作は，マイクロプレートを用いる従来のEIAやFIAと大差はないが，後述する通り，使用するリガンド抗体ならびに検出用抗体の選択や操作条件の最適化については，小型化ならびに同時検出成分の増加に伴ってより厳密に設定する必要がある。また，プレート基板上の微小領域にリガンド抗体を安定かつ高密度に固定化する技術が極めて重要であり，現在でもプレート表面の材質，抗体分子，固定化方法など様々な改良が行われている。

表1に示す通り，抗体マイクロアレイとDNAマイクロアレイの決定的な違いは，固定化するリガンド分子の安定性・固定化密度・残存結合活性にある。また，化学合成可能なオリゴDNAと比較して，抗体マイクロアレイのリガンド分子である抗体は，主に実験動物を用いて製造されており，コストが極めて高く，ハイスループット生産に適さない。さらに，DNA-DNAもしくはDNA-RNAの相互作用のように，DNAマイクロアレイにおいては，リガンドDNAのGC含量や鎖長，さらには，アニーリング温度の調節によって相互作用の強さや選択性をある程

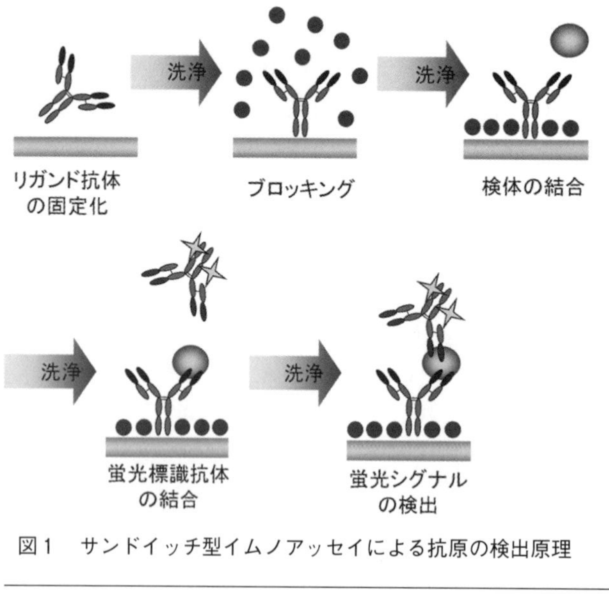


図1　サンドイッチ型イムノアッセイによる抗原の検出原理

*　Yoichi Kumada　京都工芸繊維大学　大学院工芸科学研究科　機能物質化学専攻　准教授

表１　DNAアレイと抗体アレイの比較

| | DNA array | Antibody array (1) | Antibody array (2) |
|---|---|---|---|
| リガンド分子 | オリゴDNA | 完全長抗体<br>(Whole Ab) | 低分子抗体<br>(scFv, VHH, Fab) |
| リガンド分子の生産コスト | 低い | 高い | 低い |
| リガンド分子の生産方法 | 合成 | 細胞培養<br>実験動物 | 微生物培養 |
| リガンド分子の<br>ハイスループット生産 | 可能 | 困難 | 可能 |
| リガンド分子の分子設計 | 容易 | 困難 | 可能 |
| 固定化方法 | 化学結合 | 物理吸着<br>化学結合<br>バイオアフィニティ | 物理吸着<br>(材料親和性ペプチド) |
| リガンド分子の<br>固定化後の安定性 | 高い | 抗体種により<br>大きく異なる | ある程度安定 |
| 固定化密度 | 高い | 低い | 高い |

度均一にコントロールできるのに対し，抗体マイクロアレイにおける抗原抗体反応は，特異性が高い反面，親和性，結合部位，安定性は様々であり，これらを複数の抗体間で統一することは困難である。さらに，プレート基板上に固定化された抗体の密度，配向性，残存活性が検出感度に大きく影響するため，プレートの表面特性や固定化方法の開発，最適化の検討はもちろんのこと，固定化状態における安定性の高い抗体のスクリーニング作業も重要なファクターである。このような背景から，DNAマイクロアレイのように$10^4$～$10^5$種類ものマルチプレックスアッセイを抗体マイクロアレイに適応することは現在の技術では困難である。一方で，個別化医療，予防医学の重要性が認識されるようになり，臨床検査項目が近年格段に増加していることも事実である。抗体マイクロアレイは，古くから存在するコンセプトであるが，その利用用途が未だはっきりとしておらず，どの程度のスループット性（スポット数）と感度（検出限界）を求めるのかも未だに明確ではないが，特異性・親和性・多様性の３要素を兼ね備えた生体分子は抗体以外まだ存在せず，これらを利用したマルチプレックスアッセイの開発には現在でも大きな期待が寄せられている。

## 7.2　抗体の特徴

### 7.2.1　抗体の特徴

抗体は，図２に示す通り，重鎖（H鎖）および軽鎖（L鎖）のヘテロ４量体からなる糖タンパク質である。抗体マイクロアレイを含め，イムノアッセイに利用される抗体は，IgGタイプが多く，ポリクローナル抗体であれば，ウサギやヤギ等の実験動物の血清（抗血清）から，モノクローナル抗体であればハイブリドーマ細胞の培養液や，ハイブリドーマ細胞をインジェクションしたマウスの腹水中から得られ，これらをアフィニティ精製したものが用いられる。IgG型抗体において，抗原と相互作用するのは，N末端側のFv領域であり，H鎖（≒$10^4$種類）とL鎖（≒$10^3$種類）の組合せによって哺乳動物体内には$10^7$種類以上の特異抗体が存在する。抗体の抗原に対す

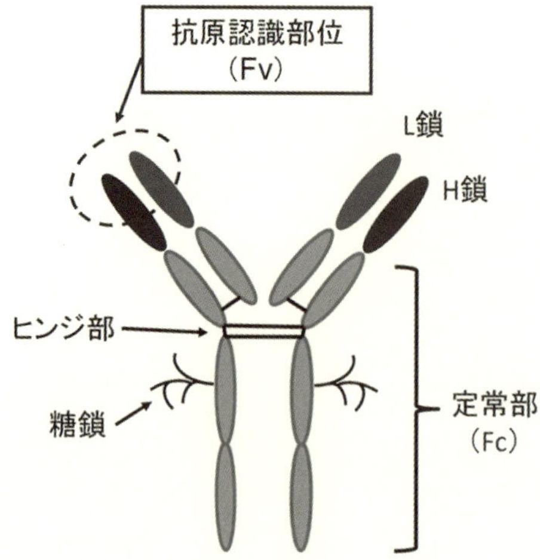


図2　抗体（IgG型）の構造

る親和力は，結合定数（$K_a$）の値として概ね$10^7$～$10^{10}$（$M^{-1}$）程度であり，その多様性もさるところながら，特異性ならびに親和性も生体分子の中でも群を抜いて高い。すなわち，このような優れた特徴を有する抗体を材料基板上に均一にアレイ化できれば，原理的にはDNAマイクロアレイと同等のスループット性を創出でき，$10^5$種類までの異なる抗原分子を同時に測定可能となる。

### 7.2.2　リガンド抗体

スライドガラスやプラスチックプレート上に固定化（固相化）され，検体中の抗原物質を固体表面上に濃縮する抗体は，リガンド抗体と呼ばれる。リガンド抗体は，サンプル溶液中の微量な目的成分を選択的かつ高親和的に吸着する役割を担うため，特異性・親和性の高い抗体を選択しなければならない。特に，抗体マイクロアレイにおいて，リガンド抗体の特異性は極めて重要である。すなわち，従来のマイクロプレートを用いたイムノアッセイとは異なり，複数の抗原を1枚のプレート上において同時に検出しなければならず，サンプル中の夾雑物質や他の目的抗原に対する交差反応性が極めて低い抗体を選択するべきである。特に，各リガンド抗体と他の検出成分との間に生じる交差反応性は事前に確認しておかねばならず，また，実サンプル（例えば，血清，血漿，尿など）中の阻害物質等の存在や，適切な希釈倍率等を確認しておく必要がある。

### 7.2.3　検出用抗体

検出用抗体（いわゆる二次抗体）には，Cy DyeやAlexa Fluor等の蛍光色素を標識したものが良く用いられている[3]。これらの蛍光色素の抗体への導入は，様々な方法が考案されているが，通常はアミンカップリング法によって検出用抗体の任意のアミノ基に導入されることが多い。高感度に抗原を検出するためには，検出用抗体1分子あたりの蛍光色素量を適切に保つことが重要であり，蛍光色素の導入率が低い場合，非標識の抗体が蛍光標識抗体の結合を阻害するため検出感度は大きく低下する。一方で，過剰な蛍光色素の導入は，非特異吸着の原因となるばかりか，抗体の抗原結合活性そのものを大きく低下させてしまうので注意が必要である。このような問題を解決するために抗体のヒンジ部のSH基や糖鎖に蛍光色素を導入する方法も提案されている[3]。検出用抗体がモノクローナル抗体の場合，抗原を含む検体溶液と混合して用いることが可能であり，ブロッキング後，1段階のインキュベーション/洗浄操作でシグナルを検出できる。抗体マイクロアレイの場合，検体中に含まれる多成分を各スポットエリアで同時に検出する必要があるため，従来のイムノアッセイとは異なり，検出用抗体は，検出すべき成分の数だけ必要であり，これらの混合液を調製する必要がある。すなわち，それぞれの検出用抗体について，リガンド抗体や他の抗原成分，他の検出用抗体，さらには検体中の夾雑成分への交差反応性を確認し，交差反応性の極めて低い抗体を用意する必要がある。一方で，それぞれの検出用抗体の検体溶液中における希釈率を適切に設定する必要があり，検出感度と抗原特異性を両立するための条件検討は必須である。これは，検出成分の数が増えれば増えるほど，交差反応性の条件がより厳しくなることを意味しており，DNAマイクロアレイと比較して，抗体マイクロアレイのスループット性が上がらない理由はここにあるといっても過言ではない。

## 7.3　抗体の固定化技術

### 7.3.1　背景

リガンド抗体をプレート上に集積化させるために，DNAマイクロアレイと同様に，マイクロアレイスポッターを用いて抗体の固定化を行う。スポッター（アレイヤー）は，接触型（ピンタイプ）ならびに非接触型（ピエゾ素子タイプ）に大別され，処理速度やメンテナンス等の問題から接触型が採用される場合が多い[4]。また，抗体は，DNAと比較して水への溶解度が低い。したがって，数百pL～数nLオーダーの液滴をスポットした場合，蒸発により急激にBuffer組成が変化し，さらには，抗体が容易に凝集・構造変化してしまうため，均一な条件で長時間固定化作業を行うことが困難になる。この点も，マイクロプレートを用いた従来のイムノアッセイと大きく異なる点である。したがって，スポッティング中の調湿は必須である。マイクロアレイヤーで液滴を基板上に塗布する際，液滴の体積が小さくなるにしたがって，液滴の体積当たりの接触面積は増加する。すなわち，スポッティング体積が100分の１となっても，接触面積は100分の１とはならず，これよりもかなり大きな値を取る。このことは，液滴の体積が変わると，リガンド抗体を固定化するための反応条件も異なってしまうことを意味する。すなわち，単純にスポット体積を減少させることがスポット数を増加させることには繋がらない。また，微小スポット系においては，単位体積当たりの接触面積が増加することで，抗体の基板表面に対する接触効率が向上する反面，抗体の固定化密度や固定化後の安定性は大きく減少するため，結果として単位面積当たりの抗原結合活性は劇的に低下する場合がほとんどである。このような背景から，スポッティングの際の抗体濃度は通常のマイクロプレートを用いたイムノアッセイと比較して10～100倍程度高濃度に設定される場合が多い。さらに，固定化密度や固定化後の残存活性を向上させる目的で，プレート表面に様々な修飾が施されている（表２）。特に，リガンド抗体のプレート上への固定化方法については，以下の３タイプに大別される。

### 7.3.2　物理吸着法

プレート基板上へ抗体を物理的に吸着させ，固定化する方法である。マイクロプレートを用いた従来のイムノアッセイでは，主にポリスチレン（PS）やThermo社の酸化ポリスチレン（Maxisorp™）が用いられてきた。一方で，抗体マイクロアレイでは，ニトロセルロースをコートしたスライドガラスがよく用いられている。ニトロセルロースをスライド上に導入することで，接触面積を格段に向上でき，また，抗体の疎水性相互作用による吸着サイトを大幅に増加させることで，吸着容量を格段に向上させている。また，２次元的な物理吸着用プレートとして，Maxisorp™

表2　市販のマイクロアレイスライド基板

| Mode | Surface | Suppliers |
|---|---|---|
| Adsorption | Nitrocellurose-coated slide | Schleicher & Scuell |
| | Acrylamide gel-coated slide | PerkinElmer |
| | Maxisorp™ treated slide | Thermofisher Scientific |
| Coupling | Aldehyde-activated slide | Genetix Ltd |
| | Amine-introduced slide | Genetix Ltd |
| | Epoxy-acticated slide | Genetix Ltd |
| | NHS-activated slide | Quantifoil Corp. |
| Bioaffinity | Streptavidin-coated slide | Xenopore |

も市販されているが，吸着容量の観点からあまり利用されていない。

プレート表面において，リガンド抗体は，最初，疎水性基板表面と可逆的に弱く相互作用し，さらに，固液界面においてゆっくりと構造変化を伴いながら最終的には不可逆的に固定化される。このような2段階の固定化が完了するまでには，長時間を要するが，固定化された抗体は，生理的条件で複数回インキュベート操作や洗浄操作を行っても解離することはほとんどない。

リガンド抗体の正味の吸着速度は，基板表面の吸着サイト数と界面付近における抗体濃度の積と考えられる。すなわち，3次元的なマトリックスを形成しているニトロセルロース表面は，単位面積あたりに非常に多くの吸着サイトが存在し（～300 $\mu$g-IgG/cm$^2$），リガンド抗体分子の吸着速度は，非常に早い。一方で，比表面積が大きいがゆえにリガンド抗体との接触部位も多く，その結果，抗原結合活性の低下も著しい。したがって，スポッティング時においては，抗体濃度を高く設定しておく必要がある。さらに，吸着容量が非常に大きいため，ブロッキング操作が不十分であると，目的物質や二次抗体の非特異吸着が顕著に起こり，バックグラウンドシグナルの上昇やシグナル/ノイズ比（S/N比）の低下を招くので注意が必要である。

一方で，プラスチックプレート等，フラットなプラスチック基板に2次元的にリガンド抗体を固定化する場合，抗体の吸着速度はニトロセルロースと比較して格段に遅く，安定な固定化のためには長時間のインキュベートが必要である。特に，マイクロスポッターを用いて抗体溶液をスポットした場合，液滴の蒸発にともなって，溶液の体積が急激に減少していくので，リガンド抗体やバッファー成分の濃度変化が無視できなくなる。すなわち，体積の急激な減少とともに，塩濃度の上昇とそれに伴う抗体分子の凝集，析出が顕著になる。したがって，スポッティング装置内の調湿管理は長時間のインキュベートを要する場合，重要な要素である。

いずれの吸着用基板を用いた場合でも，物理吸着法で抗体を固定化した場合，固定化後の配向性は，制御されておらず，また，固定化条件や抗体の種類によっては，固定化後の残存活性が大きく変化する。特に，スポッティング時の抗体濃度が低い場合，密度低下に伴って固定化後の抗原結合活性は著しく低下するうえ，スポット面積における抗体の局在性も不均一となる。

### 7.3.3　化学結合法

プレート表面に反応性の官能基を導入し，抗体とプレートを共有結合によって連結する方法である。プレート表面に*N*-ヒドロキシスクシンイミドエステル（NHSエステル），アルデヒド，エポキシ等を導入したプレートがよく用いられ，これらの官能基は，抗体分子内の第一級アミン（$-NH_2$）と主に反応する（エポキシ基は，チオール基（-SH），水酸基（-OH）とも反応するが，アミノ基の方が反応速度は速い）。微小液滴とプレートとの界面での生じる化学反応は，一般にリガンド抗体のプレート表面への拡散が律速となる。すなわち，抗体溶液の初濃度や溶液組成によって固定化率は大きく変化する。一般に，これらの化学反応は，弱アルカリ性（pH8）付近で行われることが多い。一方で，NHSエステルと抗体との反応では，抗体を敢えて弱酸条件（pH4～6）にして正味の電荷を正とし，プレート表面に残存しているカルボキシアニオン（COO-）とイオンコンプレックスを形成させるとともにプレート表面に抗体分子を濃縮することで，反応速度を高めることができる（プレコンセントレーション効果[5]）。化学結合法においても，乾燥に伴うBuffer組成の変化やリガンド抗体の凝集には注意が必要である。さらに，リガンド抗体の固定化後の残存活性は，物理吸着法と比較すると高く維持できる反面，固定化密度は，プレート上に導入された活性基の分子数や反応条件に大きく影響を受ける。さらには，条件やプレートの表面状態によっては物理吸着も少なからず存在することから，それぞれの抗体種で条件を最適化することが好ましい。さらに，市販の抗体を利用して抗体マイクロアレイを作成する場合，防腐剤（$NaN_3$等）やバッファー成分（Tris-HCl等），安定化剤（BSA等）はカップリング反応を著しく阻害するため，予め，リガンド抗体の脱塩・精製が必要である。

### 7.3.4　バイオアフィニティを利用した固定化法

プレート上に予め，ストレプトアビジン，protein A/G，anti-IgG antibody，anti-Fc antibodyなど，足場分子を固定化し，足場分子とリガンド抗体（ストレプトアビジンの場合はビオチン修飾抗体）との特異的な相互作用によって間接的にリガンド抗体を固定化する方法である。リガンド抗体の基板上への直接的な吸着を防ぐことができ，比較的低濃度でも高効率で固定化できるといった利点がある。また，protein A/Gやanti-Fc antibodyをリガンドとして用いる場合，リガンド抗体分子の配向を理想的な形に制御できるため，抗原成分とのアクセシビリティが改善する場合がある。

一方で，リガンド抗体の固定化密度は，足場分子の有効密度（すなわち，固定化後に活性を有する足場分子の密度）以上に高めることはできないため，足場分子を高密度・高活性に固定化するための条件検討が必要である。さらに，ストレプトアビジン-ビオチン反応を利用する場合，それぞれの抗体をビオチン修飾せねばならず，用いる抗体種が多くなればなるほど作業の煩雑さが問題となるうえ，ビオチン導入量や回収率を決定することが困難になる。また，protein A/Gを足場分子として用いる場合でも，長時間のインキュベートならびに洗浄操作中におけるリガンド抗体とprotein A/Gとの解離が無視できないほか，サンプルが血清の場合，血清中の高濃度のIgGの存在によってリガンド抗体がProtein A/Gから競争的に解離してしまうことや，protein A/Gに結合しない二次抗体がほとんど存在しないことなど，多くの問題が残されており，実用的にはあまり利用されていない。

## 7.4 抗体マイクロアレイおよび抗体チップに関する最近の研究動向

### 7.4.1 背景

現行の抗体アレイは，従来のマイクロプレートを用いる蛍光イムノアッセイの小型版に過ぎず，メリットと言えば，サンプル液量が少量となった程度であり，その反面，固定化密度の低下や安定性の欠如によって検出感度は減少することが多い。また，前述のとおり，DNAマイクロアレイと比較して，マルチプレックスアッセイを行う上でのリガンド分子の製造コストが極めて高価なうえ，その使い道（マルチプレックス検出の必要性と需要）が確立されていないため，現在は，ほとんどが受託製造となっている。理想的な抗体マイクロアレイでは，マイクロプレート以上のスループットとマルチプレックス性能が要求される。仮にスポット数をDNAマイクロアレイと同等の$10^4$程度とすれば，これを調製するためには莫大な費用がかかることになる。したがって，低価格で高感度な抗体アレイを実現するためには，大前提として多品目の抗体を安価，高濃度，さらにはハイスループットに生産する技術が必要となる。さらに，抗体のアミノ酸配列や由来によらず，同じ固定化条件で高度な固定化を達成しなければならない。

筆者らの研究グループでは，以下に示す材料親和性ペプチドタグを活用し，scFvやVHHなどの低分子抗体を高密度・高配向・高活性に固定化するための分子設計・生産・固定化技術の開発を行っている。これらの技術は，将来の抗体マイクロアレイの主要な要素技術となる可能性が高い。

### 7.4.2 材料親和性ペプチドタグ

材料親和性ペプチドタグ（以下，ペプチドタグと略す。）とは，固体材料表面に強い親和力を有するオリゴペプチドのことである。筆者らの研究グループでは，これまでに，組織培養用親水化ポリスチレン（phi-PS）[6,7]，ポリカーボネート（PC），ポリメタクリル酸メチル（PMMA）[8]，窒化ケイ素（$Si_3N_4$）[9]等の基板材料表面に高親和的に付着可能なペプチドタグの単離に成功している。近年，他の研究グループにおいても，チタン[10]，シリカ[11]，isotactic-PMMA[12]，ポリスチレン[13]等，様々な材料基板に高親和的に付着可能なペプチドタグが発見されている。これらペプチドタグをリガンド抗体の特定位置に導入することで，当該タンパク質を特定の材料基板上に高密度に固定化することが可能となる。導入されたペプチドタグが材料基板と積極的に相互作用することで，リガンド抗体の密度の低下に伴う著しい失活を低減でき，結果として，固定化後の残存活性を高く維持できる[14]。筆者らのグループでは，後述の通り，ペプチドタグをC末端部に導入した低分子抗体を設計し，これを組換え大腸菌によって，ハイスループット生産，さらにはプレート表面に高密度・高配向・高活性に固定化する技術を開発している。

### 7.4.3 ペプチドタグ融合低分子抗体のハイスループット生産と固定化

低分子抗体は，図3に示す通り，単鎖抗体（scFv）や単ドメイン抗体（VHH）など，完全長抗体（Whole Ab）の抗原認識ドメインのみからなる遺伝子組換えタンパク質である。現在単離されている低分子抗体のレパートリーは臨床検査に利用できるほど十分な数とは言えないが，ファージディスプレイ等のスクリーニング技術の発展にともなって，今後，ますます増加していくものと考えられる。低分子抗体は，大腸菌や酵母など，微生物を宿主として大量生産が可能である

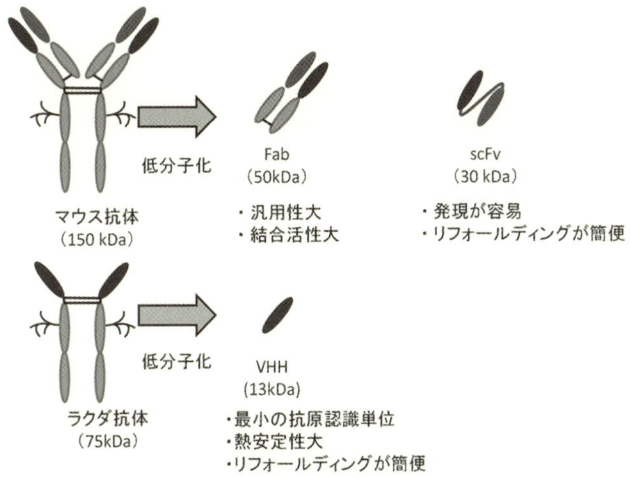


図3　低分子抗体の種類と特徴

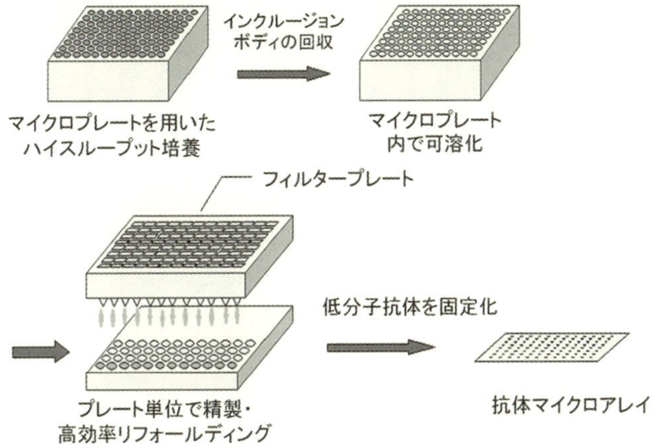


図4　マイクロプレートを用いる低分子抗体のハイスループット生産と抗体マイクロアレイ製造への応用

ため，ひとたび単離してしまえばWhole Abよりも製造コストが格段に安く，製造期間も極めて短い。筆者らは，図4に示す通り，96ウェルディープウェルプレートを用いて多種類の低分子抗体を封入体中に高生産（＞1 mg/well）し，マイクロプレート内で精製ならびにリフォールディングを行うことで，抗体マイクロアレイに必要な抗体レパートリーを短時間で十分量に調製可能であることを実証している[15)]。本手法を用いれば，抗体アレイの作成に必要なリガンド抗体種（～$10^4$種類程度）をマイクロプレート単位で容易に調製・管理できる。低分子抗体のC末端側に上述のペプチドタグを融合しておくことで，特定の材料基板上に低分子抗体を高密度・高配向・高活性な状態で固定化できる。本方法は，ペプチドタグの種類や抗体のアミノ酸配列の違いによらず，ある程度高濃度のリガンド抗体が回収できるといった利点がある。

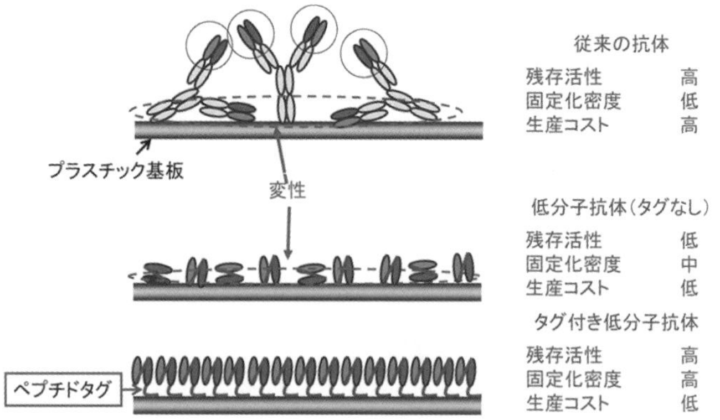


図5　タグ付き低分子抗体をリガンドに用いる新規抗体マイクロアレイ

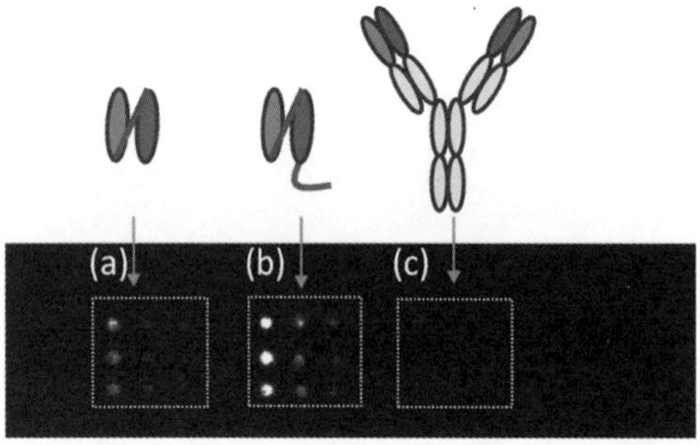


図6　低分子抗体固定化マイクロアレイによるC-reactive protein（CRP）の検出
(a)単鎖抗体，(b)PS-tag融合単鎖抗体，(c)Whole抗体。

図5に示す通り，ペプチドタグ融合低分子抗体をリガンドに用いることで，基板材料表面における密度をWhole Abよりも飛躍的に高く維持できる。さらに，ペプチドタグの基板に対する高親和的な相互作用により，抗体の種類によらず，低分子抗体自身の基板への接触が大幅に低減され，その結果，固定化後の失活を大幅に抑制できる。これまでの研究において，PS-tag，PMMA-tag，SiN-tagを融合したscFvは，phi-PS基板，PMMA基板，SiN基板上においていずれも安定に固定化され，高感度な抗原検出が可能であった（図6，7）。

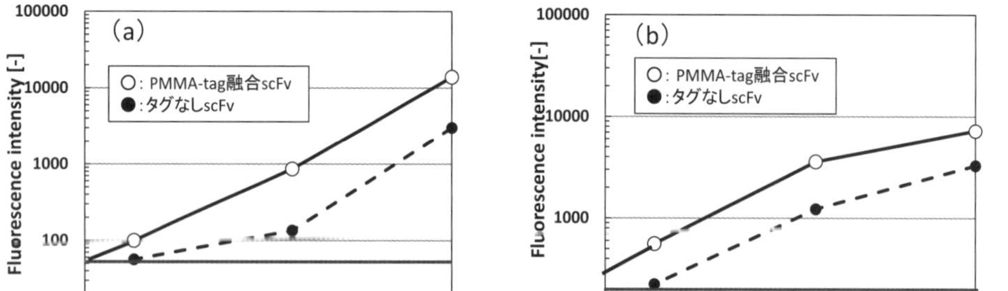


図7　PMMA-tag融合単鎖抗体固定化マイクロアレイを用いる抗原タンパク質の検出
(a)Carcinoembryonic Antigen（CEA），(b)Ribonuclease A（RNase A）。

### 7.5　今後の課題

抗体マイクロアレイは，DNAマイクロアレイに続くポストゲノム時代のバイオツールとして当初大きな期待があった。一方で，DNAマイクロアレイ規模（$10^4$～$10^5$ Spots/Slide）の検査項目を抗原抗体反応を用いて行った場合，リガンド抗体，二次抗体の調製だけで莫大な費用が必要になるほか，抗体マイクロアレイであえて実施しなければならないハイスループット検査およびマルチプレックス検査の必要性が当時ははっきりと見出されていなかったという見方が強い。特に，リガンド分子ならびにプローブ分子の相互作用の強さや二次構造，非特異吸着性等をある程度予測・制御可能なオリゴDNAと比較して，抗体は，多くが未だに実験動物を用いて製造されている。特に市販の抗体は，その形状がポリクローナルであるかモノクローナルであるかにとどまらず，精製方法によって純度は大きく異なり，安定化剤や防腐剤の有無，溶解Buffer成分も統一されていない。これらの不均一性や不確定情報がスポッティング時の固定化効率，密度，残存活性に大きく影響してしまうことは言うまでもない。さらに，スポット数が増えれば増えるほどこれらの項目をすべて統一することは現実的に不可能に近くなる。したがって，今後，抗体マイクロアレイを汎用的な検査技術として利用していくためには，これらの標準化が必要となる。すなわち，リガンドならびに検出用抗体のハイスループットかつ高効率な生産技術，汎用的かつ安定なリガンド抗体の固定化技術が必要となってくる。

## 文　　献


1） S. S. Deshpapnde, Enzyme Immunoassays-from Concept to Product Development, Chapman & Pall (1996)
2） P. Tissen，エンザイムイムノアッセイ，東京化学同人 (1989)
3） G. T. Hermanson, Bioconjugate Techniques, Second edition, Elsevier (2008)
4） D. Kambhampati, Protein Microarray Technology, Wiley-VCH (2003)
5） 橋本せつ子，森本香織編，Biacoreを用いた相互作用解析実験法，Springer (2009)
6） Y. Kumada *et al.*, *Biotechnol. Prog.*, **22**(2), 401 (2006)
7） Y. Kumada *et al.*, *J. Biosci. Bioeng.*, **109**(6), 583 (2010)
8） Y. Kumada *et al.*, *J. Biotechnol.*, **160**(3-4), 222 (2012)
9） Y. Kumada *et al.*, *J. Biotechnol.*, **184**, 103 (2014)
10） K. Sano *et al.*, *J. Am. Chem. Soc.*, **125**(47), 14234 (2003)
11） K. Taniguchi *et al.*, *Biotechnol. Bioeng.*, **96**(6), 1023 (2007)
12） T. Serizawa *et al.*, *Langmuir*, **23**(22), 11127 (2007)
13） B. Feng *et al.*, *Biologicals*, **37**(1), 48 (2009)
14） Y. Kumada *et al.*, *J. Biotechnol.*, **142**(2), 135 (2009)
15） Y. Kumada *et al.*, *J. Biosci. Bioeng.*, **111**(5), 569 (2011)

## 8　診断・分析機能を集積した免疫分析チップ

笠間敏博*1，渡慶次 学*2

### 8.1　はじめに

現在の医療においては，患部組織を直接採取する生検とよばれる方法が，確定診断に広く用いられている。しかしこれは，患者の身体的・経済的負担が非常に大きい上，場合によっては分析に何日もの長い時間を要するという問題がある。そこで，病気が疑われる人をスクリーニングするために，疾病マーカーが利用されている[1~4]。疾病マーカーとは，罹患している病気やその進行度と関連している生体分子（タンパク質や核酸など）である。血液やそれが関係した体液（尿，唾液，涙など）などから採取できるため，これらに含まれる疾病マーカーを定性・定量分析することで，患者の病気を非侵襲・低侵襲に診断することができる。しかしながら疾病マーカーは，濃度が低いものが多く[5]，測定のタイミング（食事後や運動後など）によっても濃度が変化する[6]。したがって，高い頻度で定期的にモニタリングし，診断精度を向上させることが肝要である。しかしその一方で，高い頻度で多量に体液を採取すると患者に負担がかかることから，わずかな検体の中から微量の生体分子を検出することが要求される。同時に，1回あたりの分析にかかる費用も低く抑えなければならない。これらの要求を満足した分析手法の確立は容易ではない。従来から分析に用いられてきた方法は，簡単に採取することが難しい量の検体（50～100 μL）を必要とする，高価な試薬を多量に必要とする，結果が出るまでに数時間から1日の時間がかかる，専門的な分析スキルや高価で据え置きの分析装置が必要とされる，などの問題を抱えている。A. Manzらによって1990年に提案されたμTAS（micro total analysis systems）の概念[7]は，これらの問題を解決できる，省検体，省試薬，迅速な分析手法として注目されている。μTASは半導体製造装置によって作製されたナノ～マイクロメートルの流路を有するチップが反応場となる。反応場の比表面積を大きく取れることから，検出ターゲットを効率的に捕捉することができるため，高感度・迅速な検出が可能である[8~10]。また，微小空間で反応を行うため，必要な検体や試薬は微量で済む。本稿では，筆者らが最近の研究で開発した単純な流路構造の中に高効率な抗原-抗体反応の反応場を構築した免疫診断チップと，それを用いて行った疾病マーカーおよびタンパク質毒素の高感度検出について紹介する。

### 8.2　免疫診断チップ概要と作製手法

一般的に免疫診断チップに求められる仕様には次のようなものがある。

① 非侵襲もしくは低侵襲に得られた微量の検体で分析できること

② カットオフ値（陽性，陰性を分ける値）よりも低い濃度のターゲットを検出できること

③ 分析に熟練の技術を必要としないこと

---

＊1　Toshihiro Kasama　名古屋大学　大学院工学研究科　化学・生物工学専攻　研究員

＊2　Manabu Tokeshi　北海道大学　大学院工学研究院　応用化学部門　教授

④　低コストで分析できること

⑤　10分程度で結果が出ること

昨今，医療サービスはユビキタス化の実現に向かって進展しており，免疫診断チップに求められている上記の仕様は，多くの点においてユビキタス医療のニーズに沿ったものになっている。医療サービスのユビキタス化の一例として，2014年3月の臨床検査技師等に関する法律の一部改正がある。これによって，受検者が自ら採取した検体に限り，「検体測定室」において医師・看護師・薬剤師・臨床検査技師のいずれかが生化学的検査を行うことができるようになった。これは，薬局などでも生化学的検査を行うことができるように制限を緩和し，国民が健康をより高度に自己管理するよう促すものである。イムノピラーチップと呼ばれる筆者らが開発したチップも，これらの要件を満たすことを目標にして作製された（図1）。COP（環状オレフィンポリマー）製の基板に，深さ50 $\mu$m，幅1 mm，長さ6.5 mmのマイクロ流路が40本設けられており，各流路には抗体が固定化されたポリスチレンビーズ（直径1 $\mu$m）を多数内包した，ポーラス構造の紫外線硬化樹脂（MI-1，関西ペイント）の柱（直径200 $\mu$m，高さ50 $\mu$m）が5本立っている。ポリスチレンビーズの表面が反応場となるため，比表面積（検体の体積に対する反応場の面積の割合）が大きくなり，反応効率が向上している。0.25 $\mu$Lという極微量の検体や試薬でピラーを浸すことができるため，検体は市販の穿刺器具で簡単に指先から採取することができるし，試薬にかかるコストは低減できる。基板は，流路入口と出口のための穴（それぞれ直径0.9 mm）と，流路部分の凹みを設けたCOP板と，平滑なCOP板の貼りあわせで作製されている。貼りあわせ前のCOP板は，それぞれ射出成形で作製されているため，安価に大量生産が可能である。これが，マイクロ流路基板としてよく実験で用いられるガラスなどの材料と比較して優れた点である。また，COP

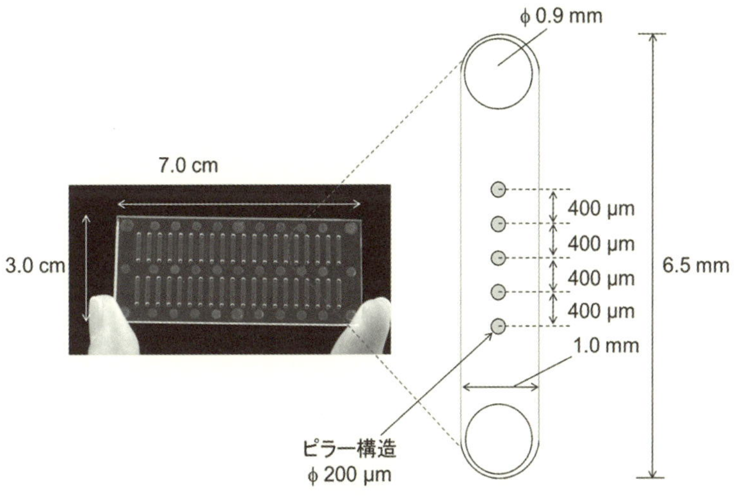


図1　イムノピラーチップ

文献11)より引用。マイクロ流路（長さ6.5 mm，幅1 mm，高さ50 $\mu$m）の中に，抗体が固定化されたポリスチレンビーズを内包した親水性ゲルの柱（直径200 $\mu$m，高さ50 $\mu$m）が5本立っている。

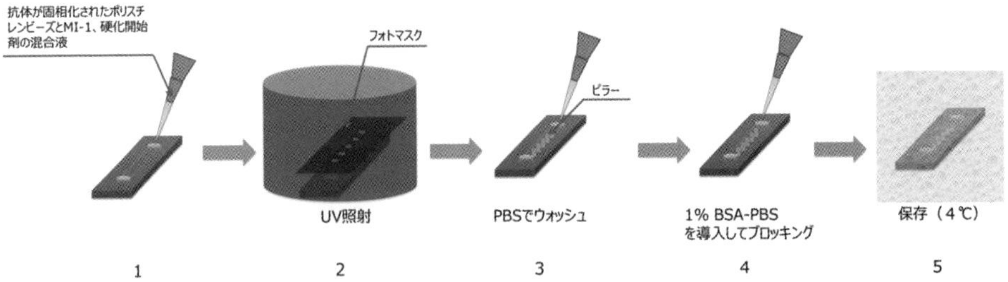


図２　イムノピラーチップの作製手順

1. MI-1と硬化開始剤，抗体が固定化されたポリスチレンビーズを混合し，マイクロピペットで流路に注入する。2. フォトマスクを被せて紫外線を照射する。3. 未硬化の樹脂はアスピレーターによって吸い出す。PBSで流路内を洗浄する。4. 1%BSA-PBSを流路に入れる。5. 乾燥防止のために流路の入口と出口をテープで塞ぎ，ブロッキングのため最低60分間は４℃で保存する。

は他のプラスチックと比較して，加工精度や紫外線透過率が高いという特徴も有している。試薬の導入・排出は，マイクロピペットとアスピレーターで行い，特別な道具は必要ない。イムノピラーチップの作製手順は図２の通りである。必要な機器は紫外線照射装置だけであり，露光だけで簡単に作製できるため，量産に適している。イムノピラーチップを用いたアッセイの手順は次の通りである。

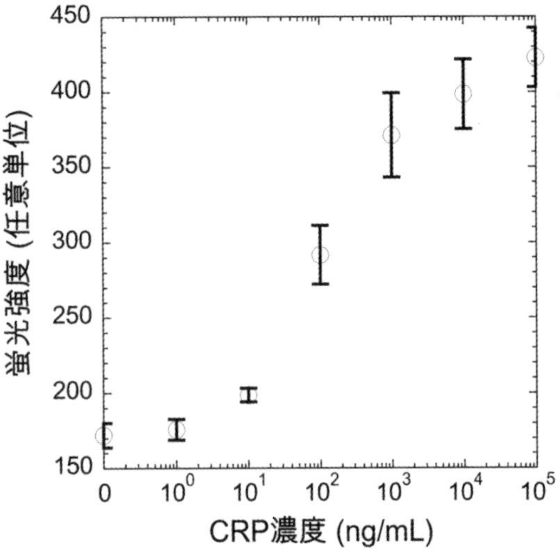


図３　CRPの検量線

① 流路入口と出口のテープを外し，流路内の１%BSA-PBSを排出する。
② 検体（抗原）0.25 μLを入れ，そのまま静置する（インキュベーション）。
③ 検体をアスピレーターで吸い出す。
④ PBSで流路内を３回洗浄する。
⑤ 蛍光標識された検出抗体0.25 μLを入れ，そのまま静置する（インキュベーション）
⑥ 検出抗体をアスピレーターで吸い出す。
⑦ PBSで流路内を３回洗浄する。
⑧ PBSに浸漬した状態で，蛍光顕微鏡により観察する。

イムノピラーチップによって検出したヒト血清中の疾病マーカーCRP（C反応性タンパク質：炎症および動脈硬化の疾病マーカー）の検量線を図３に示す。CRPは１%BSA-PBSで希釈したものをアッセイに使用した。検出抗体は，アッセイ前にAlexa 488でラベリングした。２回のインキュベーションはそれぞれ15分間であり，洗浄も含めた総アッセイ時間は33分であった。また，検出限界（本章では，背景光強度（抗原濃度0 ng/mL，つまり1％BSA-PBSでアッセイしたあとの蛍光強度）に3$\sigma$（$\sigma$は標準偏差）を加えた数値を超える最も低い濃度を検出限界と定義する）は10 ng/mLであった。従来の，マイクロタイタープレート上で酵素標識の検出抗体を用いて行うサンドイッチELISA法の場合，検出限界は1 ng/mLとイムノピラーチップよりも高感度であるが，アッセイに7～8時間を要する（C-Reactive Protein ELISA Kit, Cell Biolabs, Inc., San Diego, CA）。これと比較すると，イムノピラーチップは非常に迅速に抗原抗体反応が進んでいることがわかる。さらに図3の検量線は，動脈硬化マーカーとしての濃度測定範囲（300 ng/mL～1 $\mu$g/mL）[12]で蛍光強度がCRP濃度に応じて大きな変化を示していることから，イムノピラーチップが高感度CRPの検出デバイスとして使用できる可能性を示している。

### 8.3　ビーズへの抗体固定化方法の改良

ポリスチレンビーズへの抗体の固定化を物理吸着で行った場合は，抗体はビーズ表面にランダムな配向で直接吸着しているため，抗原認識部位が隠れてしまっているものもあると考えられる。もし抗体をマイクロビーズ表面にある程度自由度を持ったまま固定化できれば，抗原捕捉能を向上させることができ，さらなるデバイスの高感度化やアッセイの迅速化が期待できる。したがって，次に筆者らはアフィニティビーズ（BS-X9908，住友ベークライト㈱）を用いてイムノピラーチップを作製した。アフィニティビーズはコア剤が多孔質シリカで，ビーズ表面から離れた場所に活性エステル基が修飾されており，抗体やアミノ修飾DNA，ペプチドなどのアミノ基含有リガンドを共有結合で強固に固定化することができる。また，ビーズには抗原や抗体の非特異的吸着を抑制する特殊表面処理も施されている。ビーズの概略を図4に示す。ビーズの直径は，前述のポリスチレンビーズよりも大きい5 $\mu$mである。アフィニティビーズへの抗体固定化はメーカーが公開しているマニュアルにしたがって行った。その後，上述のイムノピラーチップ作製手順に従って紫外線硬化樹脂に包埋した。このイムノピラーチップを用いて，ヒト血清中CRPのアッセイを行った結果を図5に示す。抗原抗体反応のインキュベート時間は，ポリスチレンビーズのデバイスよりも短い10分（総アッセイ時間は23分）としたが，検出限界はより低い100 pg/mLであった。アフィニティビーズをイムノピラーチップに包埋したことにより，アッセイ時間は33分から23分に短縮された上，感度は100倍向上されたことを示している。さら

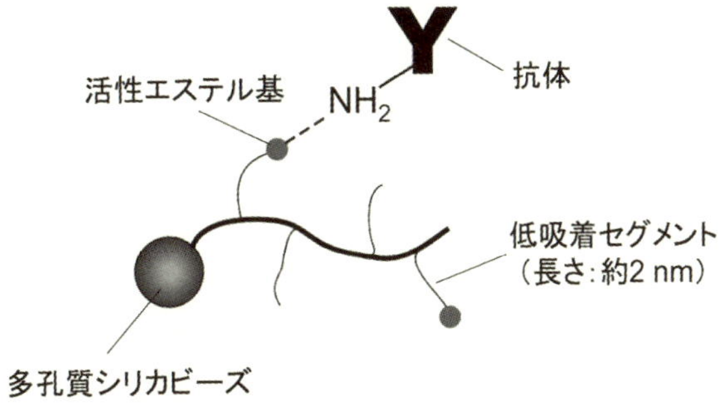


図4　アフィニティビーズの概略
住友ベークライト㈱ウェブサイトのアフィニティビーズBS-X9908技術データより引用。多孔質シリカビーズの表面から枝状に伸びた低吸着セグメントの先の活性エステル基が抗体のアミノ基と共有結合することで抗体が固定化される。

に，ELISAキットと比較すると，分析時間は約20分の１にも関わらず，感度は10倍高いことがわかる。

### 8.4　疾病マーカーの同時多項目検出

複数項目の疾病マーカーを同時に検出することができれば，複数の疾病診断を同時にできるだけでなく，診断精度の向上も見込める[13]。したがって筆者らは，蛍光フィルタや励起光源などの光学系を切り替えることで，互いに最大蛍光波長が離れている複数種の蛍光色素を別々に測定できることを利用し，３種類の疾病マーカーを一度のアッセイで測定できるマルチプレックスアッセイ用イムノピラーチップを開発した。抗体の固定化には，直径１$\mu$mのポリスチレンビーズを使用した。抗CRP抗体，抗PSA抗体（PSA：前立腺がんマーカー），抗AFP抗体（AFP：肝細胞がんマーカー）のいずれかの抗体が固定化されたポリスチレンビーズを別々に用意した後，同じ割合（体積比）で混合した。それ以降の操作は，図２の手順４以降と同じである。疾病マーカーの検出抗体は，それぞれFITC, Alexa Fluor 555, DyLight 649をアッセイ前に結合させた。各疾病マーカーの検出には，励起光源として，Arイオンレーザー，He-Neレーザー，ダイオード励起固体レーザーを用いた。また，蛍光フィルタやダイクロイックミラーなどは，それぞれの励起光源に対応したものを使用した。同じ濃度の３種類の抗原が１％BSA-PBSに含まれたものに対してアッセイを行った。捕捉抗体と抗原，抗原と検出抗体の反応時間はそれぞれ５分とした。アッセイの結果を図６に示す。CRP，AFP，PSAのそれぞれの検出限界は約100 pg/mLであった。これは，シングルアッセイの検出限界と同じであった。マルチプレックスアッセイの場合においても，アフィニティビーズを用いることで，感度の向上と分析時間の短縮が可能になると考えられる。

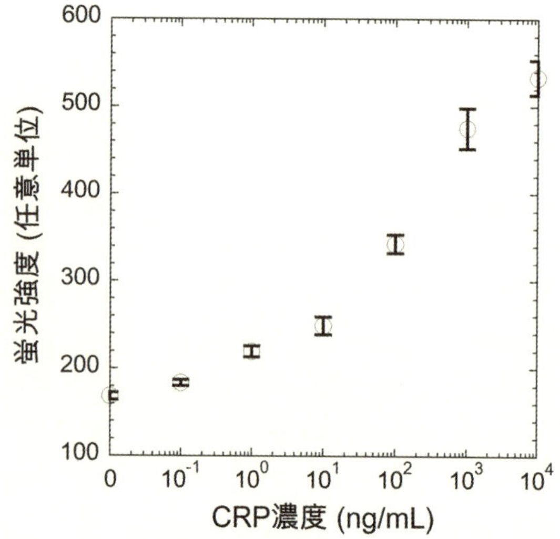


図５　アフィニティビーズを包埋したイムノピラーチップによるCRPの検量線

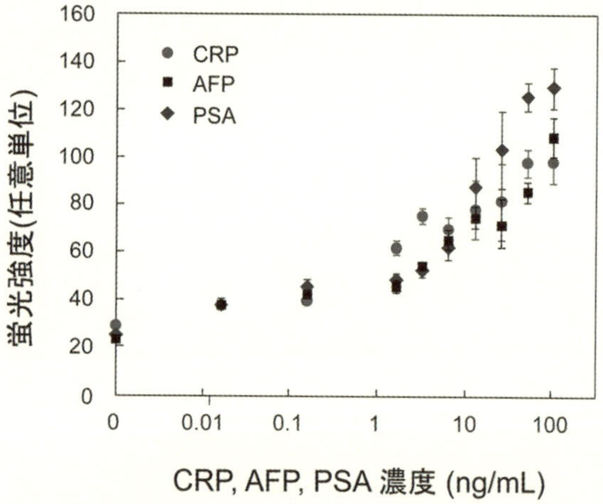


図６　１％BSA-PBS中のCRP，AFP，PSAのマルチプレックスアッセイ結果
（文献11）より引用）

### 8.5　食品中の毒素の検出

増え続ける医療費の問題の他，食の安全も近年の日本が抱える大きな課題の一つである。筆者らは，イムノピラーチップを用いて食品中の毒素の検出にも成功している。エンテロトキシンは黄色ブドウ球菌が増殖しながら産出するタンパク質の毒素であり，代表的な食中毒の原因の1つである。エンテロトキシン食中毒は，家庭内における少人数の事故だけでなく，1万人以上の大規模な事故も引き起こしている[14)]。これらの事故の原因には，食品の管理状態が不適切であったことや，「食品を加熱すれば食中毒の原因は死滅する」という人々の誤解がある。確かに，黄色ブドウ球菌は熱に弱いため，調理による十分な加熱で死滅するが，一旦発生してしまったエンテロトキシンは，100℃30分の加熱にも耐えるため，調理で無害化することは困難である。したがって，エンテロトキシンの耐熱性に対して人々が理解することも重要であるが，不注意により発生してしまったエンテロトキシンを迅速・低コストに検出できる技術を確立することも重要である。筆者らは，エンテロトキシンの中でも特に事故が多い[15)] SEA，SEB，SED（黄色ブドウ球菌エンテロトキシンA，B，D）を市販の牛乳に混合し，マルチプレックスアッセイ用イムノピラーチップにより同時検出を試みた。ここまで抗体は全てIgG抗体を用いてきたが，黄色ブドウ球菌表面にあるプロテインAがIgG抗体に非特異的に結合してしまうおそれがあることから，エンテロトキシン検出用イムノピラーチップでは，鶏卵から精製したIgY抗体を用いた。直径1 μmのポリスチレンビーズに，SEA，SEB，SEDのいずれかに特異的に結合するIgY抗体を物理吸着により固定化した。その後のデバイス作製プロトコルは上述のマルチプレックスアッセイ用イムノピラーチップと同じである。図7に，SEA，SEBおよびSEDのマルチプレックスアッセイの結果を示す。イムノピラーチップによるSEA，SEB，SEDの検出限界はそれぞれ15.6 pg/mLであった。また，総アッセイ時間は15分であった。エンテロトキシンの従来の検出方法には，ラテックス凝集法やマイクロタイタープレートでのサンドイッチELISA法があるが，これらの検出限界はそれぞれ250 pg/mLと28.2 pg/mLであり，イムノピラーチップのほうが高い検出感度を有している。また，これらの方法は検出に80分以上を必要とするため，分析の迅速さにおいてもイムノピラーチップのほうが優位である。これまでに報告されているエンテロトキシンが原因となった食中毒事故で，最も食品中濃度が低かったものは380 pg/mLとされている

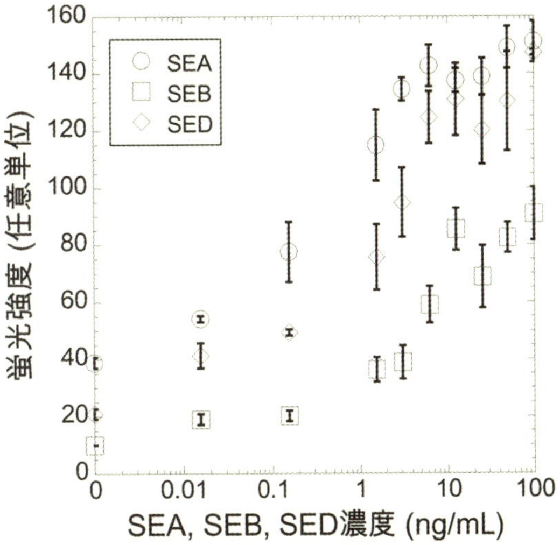


図7　黄色ブドウ球菌エンテロトキシンA，B，D（SEA，SEB，SED）のマルチプレックスアッセイの結果（文献16）より引用）

が，イムノピラーチップの検出限界はそれよりも低い。さらに，FDA（アメリカ食品医薬品局）が定めるエンテロトキシンの許容摂取量は1 μgである[16]。これは，イムノピラーチップによるエンテロトキシンの検出限界15.6 pg/mLから換算すると牛乳64.1 Lに相当する。この量は常識的なヒトが一度に飲む牛乳量をはるかに上回っているため，イムノピラーチップによって，牛乳が原因で発生したエンテロトキシン食中毒は確実に検出できることになる。

## 8.6 おわりに

本稿では，これまで筆者らが取り組んできた免疫診断デバイス，イムノピラーチップについて紹介した。マイクロ流路の特性を利用することで，疾病マーカーや毒素などのタンパク質を迅速，高感度，低コストに検出できることを示した。ビーズに工夫を凝らすことで，デバイスのさらなる高感度化や迅速化，多項目同時診断が可能であることも示した。免疫診断デバイスの高性能化により次世代医療を実現し，多くの人がより健康な生活を長く送れるよう，今後も医工連携・産学連携を重視しながら，研究開発に取り組んでいく。

## 文　献


1） J. C. Miller *et al.*, *Proteomics*, **3**, 56 (2003)
2） E. F. Patz Jr. *et al.*, *N. Engl. J. Med.*, **343**, 1627 (2000)
3） D. E. Henson *et al.*, *Curr. Opin. Oncol.*, **11**, 419 (1999)
4） M. S. Pepe *et al.*, *J. Natl. Canc. Inst.*, **93**, 1054 (2001)
5） H. Knüpfer & R. Preiss, *Breast Canc. Res. Treat.*, **102**, 129 (2007)
6） R. J. Bateman *et al.*, *Neurology*, **68**, 666 (2007)
7） A. Manz *et al.*, *Sens. Actuators B*, **1**, 244 (1990)
8） K. Sato *et al.*, *Anal. Chem.*, **72**, 1144 (2000)
9） K. Sato *et al.*, *Anal. Chem.*, **73**, 1213 (2001)
10） T. Ohashi *et al.*, *Lab Chip*, **9**, 991 (2009)
11） M. Ikami *et al.*, *Lab Chip*, **10**, 3335 (2010)
12） W. L. Roberts *et al.*, *Clin. Chem.*, **47**, 418 (2001)
13） D. R. Rhodes, *J. Natl. Canc. Inst.*, **95**, 661 (2003)
14） 雪印乳業食中毒事件の原因究明調査結果について―低脂肪乳等による黄色ブドウ球菌エンテロトキシンA型食中毒の原因について―(最終報告)，平成12年12月，雪印食中毒事件に係る厚生省・大阪市原因究明合同専門家会議，http://www.mhlw.go.jp/topics/0012/tp1220-2.html
15） U. S. Food and Drug Administration: Bad Bug Book: Foodborne Pathogenic Microorganisms and Natural Toxins Handbook, Staphylococcus aureus, http://www.fda.gov/food/foodborneillnesscontaminants/causesofillnessbadbugbook/ucm070015.htm
16） T. Kasama *et al.*, *Anal. Methods*, **7**, 5092 (2015)

## 9 生体分子解析・細胞解析に向けた設計ペプチドチップ

臼井健二*1，堤 浩*2，三原久和*3

### 9.1 設計ペプチドチップ

生命の営みは生命体の最小単位である細胞の生理的活動や応答によって成り立っている。それら生理的活動や応答は，タンパク質を中心とした機能・特性をもつ生体分子が様々な相互作用をすることによって，複雑に制御されている。この分子間相互作用やその結果の細胞応答などを解析することは，生命現象の解明や疾病の診断などに役立つほか，疾病の治療法や治療薬の開発などの生命現象を人為的に制御する技術の創出にもつながる。そこで，このような生体分子や細胞の応答を網羅的かつ簡便に解析できるツールとして期待されているのがバイオチップデバイスである（図1－A）[1~8]。バイオチップは用途に応じて，2種のチップシステムに大別できる。一つは，健康モニタリングや診断などを目的とした，サンプル中の多数の生体分子の量や機能，あるいはアレイ化した細胞への影響を一括して把握する検出システムである。もう一つは，創薬や治療法確立などを目的とした，標的分子と高い結合を示す分子や活性を導き出す分子，あるいは細胞に目的とする応答を促せる分子を多数の候補から迅速に探索できるスクリーニングシステムである。

筆者らは，これまで，設計ペプチドを用いてこれら用途に応じたバイオチップシステムの構築を行ってきた。バイオチップシステムに設計ペプチドを用いる利点には以下が挙げられる。①タンパク質の小型版であり，合成化学的取り扱いが可能であること，②乾燥状態などにも強く比較的安定な物質であり，様々なバイオチップフォーマットに適用可能であること[9,10]，③$\alpha$-ヘリックス構造やループ構造など二次構造形成が設計でき，これにより生体分子との結合においては特異性の向上が見込めること，④シグナルペプチドや抗菌ペプチド，膜透過ペプチドに代表されるように，細胞制御素子や応答を促す素子としての利用が期待できること，⑤非天然アミノ酸や標識分子などの機能性基を位置特異的に導入できること，特に蛍光基など標識分子をペプチドへ導入することにより，検出の際に標的への標識操作が不要であること，などである。

バイオチップデバイスの構築には，今回用いる設計ペプチドのライブラリ作製といった，捕捉剤の開発だけでは不十分である。捕捉剤開発技術のほかに，高密度に配置して運搬・保管・測定が簡便になるようなアレイ化技術（表面化学），さらに，高感度で効率よく得たい情報を検出できる検出・解析技術，得られた膨大な検出データから目的に応じた解析結果を抽出できるデータ処理技術という4つの要素技術の開発と融合が重要となる（図1－B）[11]。生体分子解析チップ開発においては，DNAチップからプロテインチップまでの昨今の研究進展に伴い，この4要素技術はある程度，成熟してきた状況[9~14]であり，現在においてはこれ以上の画期的な新規技術が生み出

---

＊1 Kenji Usui 甲南大学 フロンティアサイエンス学部 生命化学科 講師
＊2 Hiroshi Tsutsumi 東京工業大学 大学院生命理工学研究科 生物プロセス専攻 助教
＊3 Hisakazu Mihara 東京工業大学 大学院生命理工学研究科 生物プロセス専攻 教授

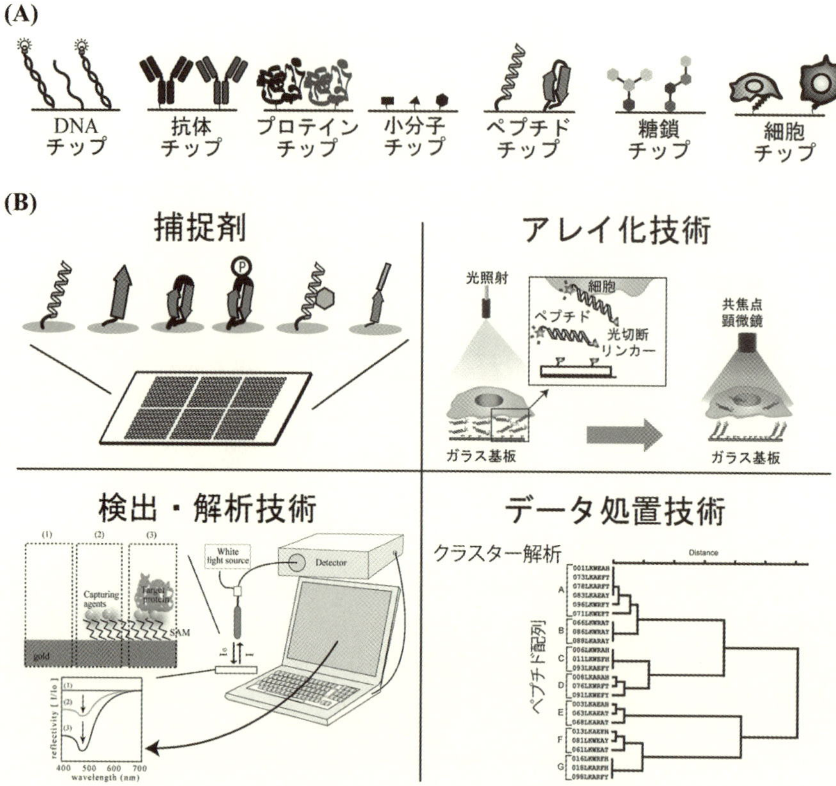


図1　(A)様々なバイオチップ，(B)チップ技術を支える4要素技術

筆者らがこれまで開発してきた要素技術を基に，ここでは概念図を作成した。捕捉剤では，$\beta$-ループ構造や両親媒性$\alpha$-ヘリックス構造をもとに配列を変化させたペプチドライブラリや，糖や脂肪鎖，リン酸基などの機能性基修飾ペプチドライブラリを構築している。アレイ化技術では，光切断リンカーを介してペプチドを細胞培養装置底面に固定化するチップ構築法などを開発している。検出・解析技術では，金の異常反射（anomalous reflection of gold，AR）特性を利用するファイバ型相互作用測定法を開発した[13]。データ処理方法では，検出・解析から得られたデータにクラスター解析や主成分解析などの統計学的解析手法を適用している。

される兆しは見られないのが現状である。あとは，測定したい各生体分子をいかに多くカバーできるかにかかっており，これまで捕捉不可能であった分子も捕捉できるような捕捉剤の開発など，捕捉剤の種類・多様性を増やすことが今後主な課題となると考えられる。一方，細胞解析チップは，生体分子解析チップとは状況が異なり，次世代チップとして近年注目され始めた発展途上の新技術システムである。したがって，細胞を培養し取り扱うために適したアレイ化法や様々な細胞応答に対応した解析法の開発が急がれている。さらに，結合データだけでほぼ解析できた生体分子解析チップとは異なり，種々の応答から得られた様々なデータ群を意味のある情報へと変換する情報処理技術も，細胞解析用に新たに開発する必要があると考えられる。

そこで本稿では，以下，筆者らがこれまで行ってきた設計ペプチドを用いた生体分子解析チップおよび細胞解析チップの技術開発について概説する。9.2では，設計ペプチドを利用した生体分子解析チップ開発について述べる。特に，前述の今後の課題である，捕捉剤（設計ペプチド）の種類や多様性を増大させることに関連する，筆者らの試みを紹介する。タンパク質解析チップへの試みが主であるが，一部，糖解析研究あるいは核酸解析研究につながる試みも行っている。それらも併せて紹介したい。9.3では細胞解析チップ開発の解説として，9.2とは異なり，未だ発展途上のアレイ化技術，解析技術，データ処理技術という3つの要素技術における，筆者らの試みを紹介していく。

## 9.2　生体分子解析チップ

### 9.2.1　タンパク質解析チップ

抗体やタンパク質そのものを捕捉剤に用いたバイオチップは，DNAチップの延長技術にあたり，標的タンパク質の有無，発現量などを網羅的に調べる「量検出チップ」であり，すでに確立され，研究レベルではこれらを用いた報告なども数多く見られる。これに対して，筆者らの設計ペプチドを用いたチップは，「機能解析チップ」としての用途を想定したものである。生命現象の中心を担うと言っても過言ではないタンパク質は，複雑な構造をとり，様々な相互作用や機能を有しており，これらを詳細解析できる検出システムが，今後の臨床診断などの現場で必要になると考えられる。また，創薬などの現場においても，標的タンパク質と小分子との相互作用解析による薬剤候補の探索や酵素に対する基質・阻害剤探索など，スクリーニング研究にも威力を発揮すると考えられる。設計ペプチドを用いたタンパク質機能解析チップでは，蛍光修飾した設計ペプチドライブラリへの標的タンパク質添加に伴う様々な蛍光強度変化をタンパク質の「指紋」に見立てた「プロテインフィンガープリント（PFP）」として，種々のタンパク質の識別に用いる。この識別法はペプチドのタンパク質に対する比較的低い特異性を逆手に取り，生体内でのタンパク質–タンパク質相互作用を模倣して，検出・解析する独創的手法である。これにより，異なる二次構造をもつ体系的なペプチドライブラリを構築しておけば，種々のタンパク質を対象とした相互作用解析が可能となる。また，得られた標的タンパク質との相互作用の強いペプチド配列と立体構造情報を元にリガンドや阻害剤の開発への応用も期待できる。実際に筆者らは，標的タンパク質と結合することで，その標的タンパク質が関与する生体内の相互作用ネットワークを制御できるペプチドリガンド探索に成功している[15)]。筆者らはこれまでに，$\beta$–ループ構造のループ部分アミノ酸4残基を様々に置換した設計ペプチドライブラリ[16)]をはじめ，両親媒性$\alpha$–ヘリックス構造のアミノ酸側鎖の電荷や疎水性度を体系的に変化させた設計ペプチドライブラリ[17)]，$\alpha$–ヘリックス構造のコア部分アミノ酸4残基を様々に変化させた設計ペプチドライブラリ[15)]，また，脂肪鎖を有する$\beta$–シート設計ペプチド群[18)]も構築している。

### 9.2.2　糖結合タンパク質解析チップにおける糖鎖アナログペプチドの開発

筆者らは，糖結合タンパク質検出のための糖導入設計ペプチドライブラリ構築も行っている。糖結合タンパク質解析チップ開発の場合，捕捉剤となり得る複雑な糖鎖のライブラリは作成しにくいことが難点である。もし複雑な糖鎖ライブラリのアナログとして糖導入設計ペプチドライブラリを利用できれば，より拡張された捕捉剤ライブラリの作製も可能となる。このようなライブラリは，グライコミクスに関連するタンパク質に結合するリガンドの探索や，より複雑な糖のアナログ候補の探索などに役立つ。したがって，糖の解析研究への間接的寄与も期待できる。例えば，$\alpha$-ヘリックスの中央部分にアミノ化した糖を配置し，その近傍のアミノ酸残基を体系的に変化させたペプチド群を構築している[19]。糖結合タンパク質との相互作用解析の結果，糖周辺のペプチド配列の違いによって結合能が様々に変化することが示されている。これをもとに糖結合タンパク質に対するPFPが得られ，このパターンの相違を統計処理によって数値化した結果，レクチン，糖分解酵素などの結合特性による種類分けが可能であった。また最近では，さらに配列の多様性を増大させる目的で，新規の糖修飾ペプチドのライブラリを創製するために，糖修飾化学合成法とファージ提示法を組み合わせた手法の確立にも成功している（図２）[20]。具体的には，遺伝子工学的手法により$\beta$-ループ構造のループ部分アミノ酸５残基のうち４残基をランダム化したペプチドライブラリをファージ上に提示させ，選択的な化学修飾反応によりループ中央部分のアミノ酸側鎖に糖を導入することにより，$10^5$以上のアミノ酸配列の多様性をもつ糖導入ペプチドライブラリの構築を行っている。また，このライブラリを用いたスクリーニングにより糖結合タンパク質に対して種々の結合特性を有する糖導入ペプチドが得られている。

### 9.2.3　DNA二次構造解析チップ開発へ向けて

従来，DNA解析においては，発現RNA量やある配列の有無などを調べる「量検出用チップ」が重要で，DNA相補鎖を用いた，既存のいわゆるDNAチップで必要十分であると考えられてきた。しかしながら近年，核酸はRNAやタンパク質配列情報の保持や伝達という一次構造（配列）のみが重要であるだけではなく，タンパク質発現の調節など生理的活動の調節に，核酸の二次構造が積極的に関与していることが解明されつつある[21,22]。よって，核酸の二次構造を網羅的に解析する試みも行われつつあり，配列情報から二次構造を予測する手法が現在主流となっている[23]。しかしながら，実際の細胞内環境でこのような二次構造を形成していることを直接確認すること

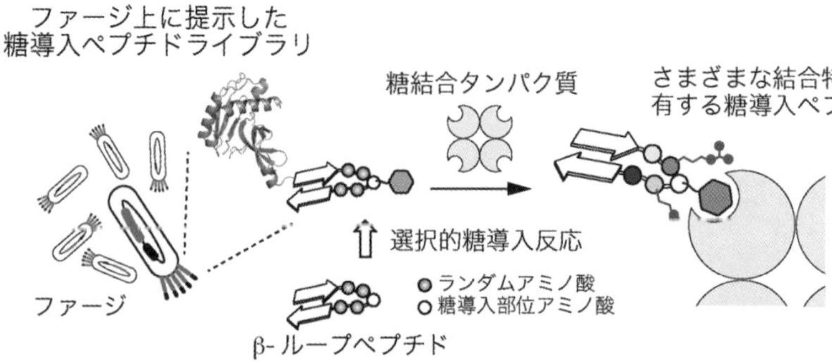


図２　新規の糖修飾ペプチドのライブラリの創製
糖修飾化学合成法とファージ提示法を組み合わせた新規ライブラリの構築手法を確立した。

は未だ不可能である。二次構造を実際に捕捉できる分子を用いて網羅的に解析できる技術が今後必要になると考えられる。そこで，筆者らは核酸の二次構造を特異的に認識するペプチドリガンドを探索する試みを行った[24]。4つのグアニン塩基が環状となり平面構造を形成し，その平面構造が何面か重なった，核酸の四重鎖構造を標的DNA構造として，比較的短い配列で，配列の異なる核酸の四重鎖構造を見分けることが可能なペプチドの探索を行った。核酸とのある程度の結合能を付与するために，すでに核酸との相互作用が報告されているリシン-トリプトファン-リシンという配列を基本とし，そこに鎖の柔軟性を変化させるために，グリシンかプロリンを挟んで，親水性，疎水性，親水性の並びで様々なアミノ酸に変化させたミニペプチドライブラリを構築した。その結果，類似したDNA四重鎖構造どうしでも配列が異なれば結合能が変化するようなペプチド配列を見出すことに成功している。今後，ペプチド配列の長さや二次構造を形成するペプチド配列の導入などを考慮していけば，各種DNA二次構造に選択的に結合してくれるような有用な設計ペプチド配列を見出すことも可能と考えられる。これらを多数用意できれば，将来的には，網羅的に核酸の様々な二次構造を解析できる新しいタイプのDNA解析チップの構築が期待できる。

## 9.3　細胞解析チップ

### 9.3.1　新しいアレイ化技術（表面化学）

筆者らがこれまで開発してきた生体分子解析チップは，分析対象を生体分子から単純に細胞に置き換えることで，細胞解析チップとしての応用が可能である。すなわち，検出・解析対象を細胞に置き換え，細胞を多数培養したウェルに様々な設計ペプチドを添加して，細胞の応答や生理的活動を高効率に解析できるシステムの開発が可能である。一方近年，細胞の応答に着目した新しい分子探索方法が提唱されている[25]。これは作用機序などの細かい考察は後にまわし，最初から細胞を対象にして期待する細胞応答が見込まれる分子を直接スクリーニングし見出す方法である。この方法を適用するのに，筆者らの設計ペプチドを用いた細胞解析チップは，候補分子の毒性解析や効能解析なども直接かつ同時に行って絞り込める点で，創薬分野などで有用なツールになると考えられる。

筆者らは，このようなチップを用いた細胞の解析において，詳細な知見が得られるようなプラットフォームの開発を最近行った。光切断リンカーを介して設計ペプチドを96-wellなどの細胞培養基材底面に固定化した，細胞解析チップである（図3）[26~28]。ペプチドをあらかじめ固定化した上で，細胞を培養することができ，光を照射すればペプチドが遊離して，細胞の応答を検出することができる。さらに，共焦点顕微鏡を組み合わせて，底面からペプチドが遊離した直後から，このペプチドが細胞にどのように相互作用し，細胞近傍あるいは細胞内でどのような挙動を示すかまでリアルタイムで観察できるシステムの構築にも成功した。また毒性があるペプチドでも固定化している際にはその細胞毒性は発現されず，ペプチドが固定化された基板上での細胞培養が可能であったことや，測定までに培養によってペプチドが遊離してしまうことも見受けられなかったことから，細胞培養から測定まで一通り行える簡便なシステムであることも確認している。

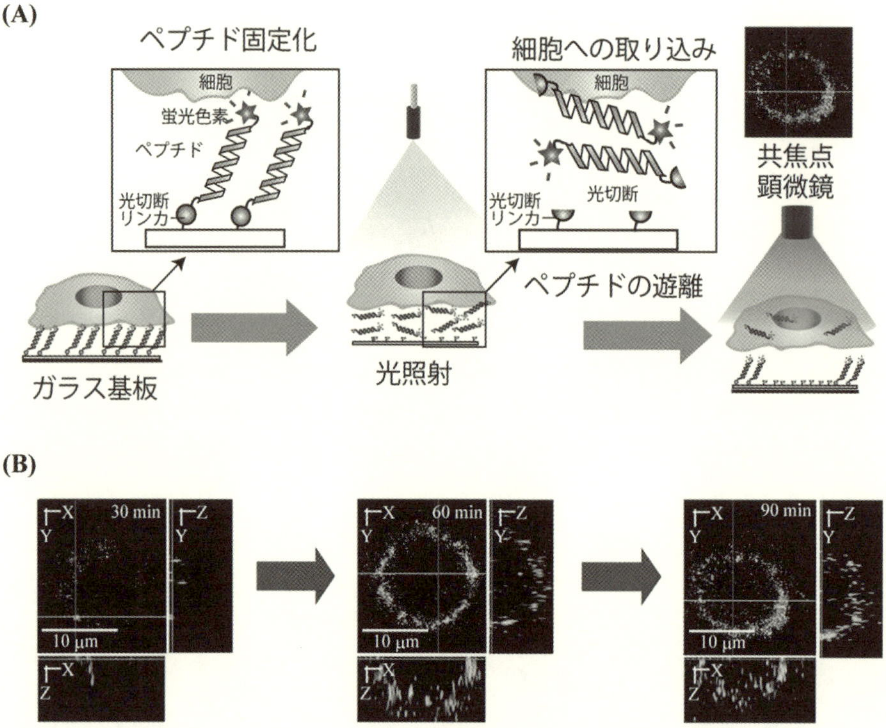


図3　光切断リンカーを介してペプチドを細胞培養装置底面に固定化するチップ構築法

(A)共焦点観察が可能となるようにガラス底面である装置に，光切断リンカーを介して設計ペプチドを固定化する。固定化したペプチド上での細胞培養は可能である。測定したいときに，光を照射すれば，固定化されていたペプチドは遊離する。共焦点顕微鏡を組み合わせれば，ペプチドの底面からの遊離から，細胞との相互作用状態，細胞近傍や細胞内での挙動をリアルタイムで観察できる。
(B)ペプチド取り込み具合のリアルタイム一細胞観察。
(参考文献26)より改変)

本システムは現状では高効率性には欠けるものの，1細胞ごとに細胞の様子を詳細観察できる点で重要な方法である。今後，情報処理技術との融合により，観察画像からの自動的かつ高効率なデータ取得・処理方法の確立などが求められる。

### 9.3.2　新しい細胞解析技術

生体分子解析チップでは，より感度の高い測定技術やより簡便な測定技術を念頭にタンパク質などとの相互作用を検出する様々な方法が確立されてきたが，細胞解析チップでは細胞のどのような生理活性や応答の測定を行うのかにより，検出・解析方法は限定されてしまうのが特徴である。例えば，特定の細胞への死活性を有するペプチドの探索を試みようとすると，その検出方法には，細胞の生死判定に使われるCell Counting Kitなどによる測定方法を採用することになる[29]。また，膜透過活性を有するペプチドの探索を試みようとすると，まず，設計ペプチドを蛍光修飾し，細胞内への取り込みの測定にはセルソーターか，蛍光顕微鏡や共焦点顕微鏡を用いることになる[30]。筆者らは最近，膜透過ペプチド配列の探索を行い，さらにその中から，細胞分化を見分けることの可能なペプチド群の探索に成功している[31]。このような機能をもつペプチド群は，iPS細胞研究や幹細胞の分化研究において，未分化細胞が然るべき細胞に分化したのかを簡便に見分ける技術の確立につながる。そこで，膜透過ペプチド探索用ライブラリにおいて，分化の違いにより透過活性が異なるものを見出すことで，分化判定剤候補配列を探索することにした。具体的には，筆者らは，先に24種類のα-ヘリックスペプチドミニライブラリを用いて，数種の細胞に対しての膜透過活性をまず共焦点蛍光顕微鏡で判定した。次にその中から細胞種によって大きく細胞導入効率が変化するペプチド配列や，どの細胞種にも良く導入されるペプチド配列など特徴のある数種を選定した。そしてそれらが脂肪細胞の分化の度合いや，PC12の神経細胞様分化の度合いにより，細胞導入具合が異なることを見出している（図４）。これら選択されたペプチド群を用いれば，細胞に添加しただけで，その分化状態を簡便に確認できる。実際にフローサイトメトリーなどによる分化細胞と未分化細胞の仕分けが可能であった。今回見出された細胞の分化状態を見分けるペプチドのように，設計ペプチドライブラリから見出された有用なペプチドをさらに利用して，既存の検出装置や検出方法と組み合わせることで，新たな細胞応答検出手法の開発が期待できる。

### 9.3.3　新しいデータ処理技術

様々な検出方法で得られたデータ群は，生体分子解析チップと同様にデータ処理を行う必要がある。筆者らは，細胞応答解析で得られた結果を，これまでのタンパク質解析チップにおけるPFPと同様に，カラーバーコードで表現するデータ処理を行い，それを「セルフィンガープリント(CFP)」と名付けた（図４-A）[29,30]。これを用いれば，タンパク質解析の際と同様に，細胞死活性や膜透過活性などの応答を指標に，細胞種や分化の度合いなどを特徴づけることが可能であった。さらにCFPの統計学的処理[10,14]を行うことにより，ある細胞種で特異的に細胞死活性を示すペプチドや，膜透過活性のあるペプチドなどを見出すことなどが可能であった（図４-B)。今回のように同じ１つのペプチド配列でも細胞死および膜透過という両方の活性を示すなど，細胞解析においては１つの生理的活性や応答の検出に留まらず，様々な生理活性や応答の検出を行うことが必要とされる。こうして得られた種々のデータをどのように処理して有意義な解析結果を導けるか，様々な多変量解析法を試行錯誤し組み合わせることによって新規手法の確立を行う必要がある。また同時に簡便にその解析が行えるようなソフトウェア開発も重要になってくると考えられる。

## 9.4　おわりに

以上，筆者らがこれまで行ってきた設計ペプチドを用いた生体分子解析チップおよび細胞解析チップの技術開発について述べてきた。生体分子解析チップにおいては，設計ペプチドをどのように扱うのか，タンパク質を中心に生体分子に対しての解析に用いることのできるライブラリ構築法について筆者らの試みを紹介した。細胞解析チップ開発においては，生体分子解析チップと

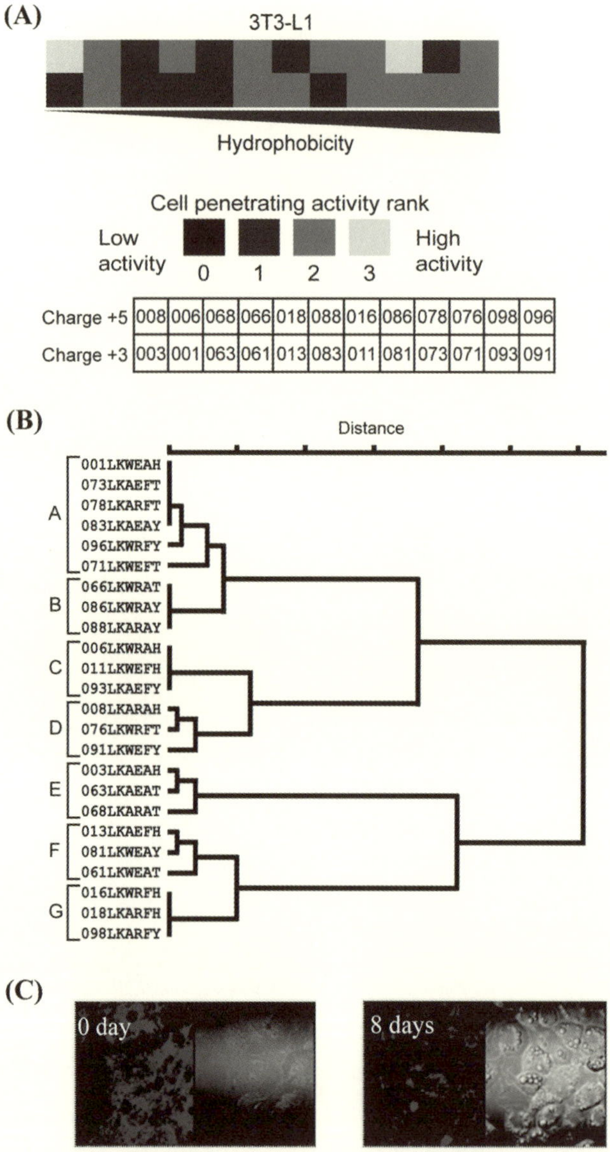


図4　細胞分化を見分けられるペプチド配列の探索

まず，24種類のαヘリックスペプチドミニライブラリを用いて，数種の細胞に対しての膜透過活性を共焦点顕微鏡で判定した。その結果，ペプチドの配列によって細胞への導入具合は変化し，同じペプチドでも細胞種によって導入具合は異なる。

(A)3T3-L1細胞におけるペプチド24種の導入具合を表したセルフィンガープリント（CFP）。

(B)各ペプチドの細胞の違いによる導入具合の違いによって，データ解析をすると，A～Gまでの導入様式に24種のペプチドは種類分けされる。

(C)No.008ペプチドにおける3T3-L-1 の分化開始後0日後と8日後での細胞導入具合（各図の左側が蛍光画像で白色部分がペプチド。右側は明視野画像。）。

（参考文献30），31）の結果より改変）

は異なり，チップ構築のための要素技術が未だ発展途上である点を踏まえ，アレイ化技術，細胞解析技術，データ処理技術における筆者らの試みを解説した。

このようなチップ開発をはじめとしたナノバイオ分野は，細胞解析分野などの製品化研究において，世界的な競争の中にある。日本には，生体分子研究も含めて，ナノテクノロジー，電子工学，加工技術，分析技術や情報技術といった高度な技術力を保有しているという強みがある。加えて，iPS細胞技術に代表されるような細胞工学における技術力は，今後日本の基幹となる可能性が高い。日本の高度な技術を集約して，様々な用途に用いることができるバイオチップ開発が急務となる。今後も異分野との共同研究を通じて，具体的な製品化を視野に入れながら，生命の営みの詳細な解析と医療や食品などの産業分野への応用に貢献できるような設計ペプチドによるバイオチップ開発を実施していく。

**謝辞**

本研究は，東京工業大学大学院生命理工学研究科富崎欣也助教（現龍谷大学教授），高橋瑞稀博士（現第一三共㈱），尾島徹則氏（現㈱キヤノン），柿山喬氏（現味の素㈱），菊池卓哉氏（現アステラス製薬㈱），新井佳菜子氏（現積水メディカル㈱），東京工業大学大学院総合理工学研究科 小畠英理教授，三重正和准教授，ハイペップ研究所軒原清史博士の協力により達成されたものである。これらの方々に感謝する。また，本研究の一部は文部科学省科学研究費補助金により達成または進行中のものである。

## 文　　献

1）J. L. DeRisi *et al.*, *Science*, **278**, 680 (1997)
2）K.-y. Tomizaki *et al.*, *Wiley Encyclopedia of Chemical Biology*, **4**, 144 (2009)
3）D. Kambhampati (ed.), "Protein Microarray Technology", Wiley-VCH (2003)
4）E. T. Fung, Protein Arrays: Methods and Protocols; Methods in Molecular Biolog., Vol.264, Humana Press (2004)
5）K. L. Hsu *et al.*, *Nat. Chem. Biol.*, **2**, 153 (2006)
6）T. J. Phelps *et al.*, *Curr. Opin. Biotechnol.*, **13**, 20 (2002)
7）T. G. Fernandes *et al.*, *Trends. Biotechnol.*, **27**, 342 (2009)
8）M. C. Park *et al.*, *Lab Chip*, **11**, 79 (2011)
9）K. Usui *et al.*, *Mol. BioSyst.*, **2**, 113 (2006)
10）K. Usui *et al.*, *Methods. Mol. Biol.*, **570**, 273 (2009)
11）K.-y. Tomizaki *et al.*, *Chem. Bio. Chem*, **6**, 782 (2005)
12）A. Syahir *et al.*, *Microarrays*, **4**, 228 (2015)
13）S. Watanabe *et al.*, *Mol. BioSyst.*, **1**, 363 (2005)
14）K. Usui *et al.*, *Mol. BioSyst.*, **2**, 417 (2006)
15）K. Usui *et al.*, *Bioorg. Med. Chem. Lett.*, **17**, 167 (2007)

16) M. Takahashi *et al., Chem. Biol.*, **10**, 53 (2003)
17) K. Usui *et al., Mol. Divers.*, **8**, 209 (2004)
18) K. Usui *et al., Biopolymers*, **76**, 129 (2004)
19) K. Usui *et al., NanoBiotechnology*, **1**, 191 (2005)
20) K. Arai *et al., Bioorg. Med. Chem. Lett.*, **23**, 4940 (2013)
21) A. Okada *et al.*, Chemical Biology of Nucleic Acids: Fundamentals and Clinical Application., p.459 (2014)
22) K. Usui *et al., Org. Biomol. Chem.*, **13**, 2022 (2015)
23) J. L. Huppert *et al., Nucleic Acids Res.*, **33**, 2908 (2005)
24) K. Kobayashi *et al., J. Nucleic Acids*, 2011:572873 (2011)
25) B. R. Stockwell, *Nature*, **432**, 846 (2004)
26) K. Usui *et al., Chem. Commun.*, **49**, 6394 (2013)
27) T. Kakiyama *et al., Polym. J.*, **45**, 535 (2013)
28) K. Usui *et al., Methods. Mol. Biol.*, in press
29) K. Usui *et al., Bioorg. Med. Chem. Lett.*, **21**, 6281 (2011)
30) K. Usui *et al., Bioorg. Med. Chem.*, **21**, 2560 (2013)
31) K. Usui *et al., Bioorg. Med. Chem. Lett.*, **24**, 4129 (2014)

## 10　食物アレルギーに関与する抗体エピトープ解析

大河内美奈*

### 10.1　はじめに

近年，先進国におけるアレルギー疾患は急速に増加しており，何らかのアレルギーを発症している人は日本で約３人に１人と報告されている。これらの疾患は生活の質を低下させる他，家族の負担も多く，社会問題となっている。食物アレルギーに関する有病率も増加しており，乳児においては約10％にも上ると報告されている[1)]。

アレルギー疾患では，アレルギー症状を引き起こす抗原の特定が，症状の緩和や治療において重要である。アレルゲンの特定には，抗原に結合するIgE抗体量を測定する血中抗原特異的IgE抗体検査（イムノキャップ，アラスタット3g Allergyなど）が中心に実施されているが，血中抗原特異的IgE抗体陽性と食物アレルギー症状が出現することとは必ずしも一致しないことも多く，判断が難しいのが現状である。特に，乳児や幼児早期における即時型食物アレルギーの主な原因食物である鶏卵，乳製品，小麦では，患者が成長するとともにアレルギー症状が軽減し，学童期までにはその約８割がアレルギーを克服する（自然寛解）ことが知られるが，同じ抗体価における症状誘発の可能性は年齢と共に低下する傾向にあると報告されており[2~4)]，IgE抗体価のみから寛解したかを診断するのは難しい。原因食物の経口負荷試験は，最も信頼性の高い検査法であるが，アナフィラキシーのようなリスクを伴うため安易に実施することはできず，緊急対応が可能な専門機関において原因抗原診断，耐性獲得判断，負荷量のリスクアセスメントを目的とした検査が行われている。近年では，特異的IgE抗体検査と負荷試験における症状誘発の可能性に関するプロバビリティーカーブも報告され[2~4)]，特異的IgE抗体価による診断指標も提供されているが，アレルギーの病態把握や症状経過の推定など治療指針となる検査法の開発が望まれている。

このような現状を踏まえ，筆者らは，ペプチドレベルにおける抗体エピトープ解析を可能とするペプチドアレイを開発した。従来のタンパク質レベルにおける特異的IgE抗体検査に加え，抗体エピトープ解析を可能とする検査法を確立することで，より詳細な抗体の結合特性が明らかになり，抗原特定のみならず，その病態や治療経過の把握に関する情報が得られるもの期待される。本稿では，主にスポット合成により作製したペプチドアレイおよび抗原タンパク質のペプチドライブラリーを網羅的に固定化したペプチドマイクロアレイを用いたアレルギー臨床検体の解析について紹介する。

### 10.2　アレルギー応答検出のための２種エピトープ分岐鎖ペプチドアレイの構築

抗原が体内に入り直ちに症状が生じるアレルギー応答は即時型アレルギー（Ⅰ型アレルギー）と呼ばれる。これらのアレルギー反応は，図１Ａに示すように細胞表面上に高親和性IgE受容体（FcεRI）を有するマスト細胞や好塩基球に血中のIgE抗体が結合し，そのIgEが多価の抗原を認

＊　Mina Okochi　東京工業大学　大学院理工学研究科　化学工学専攻　教授

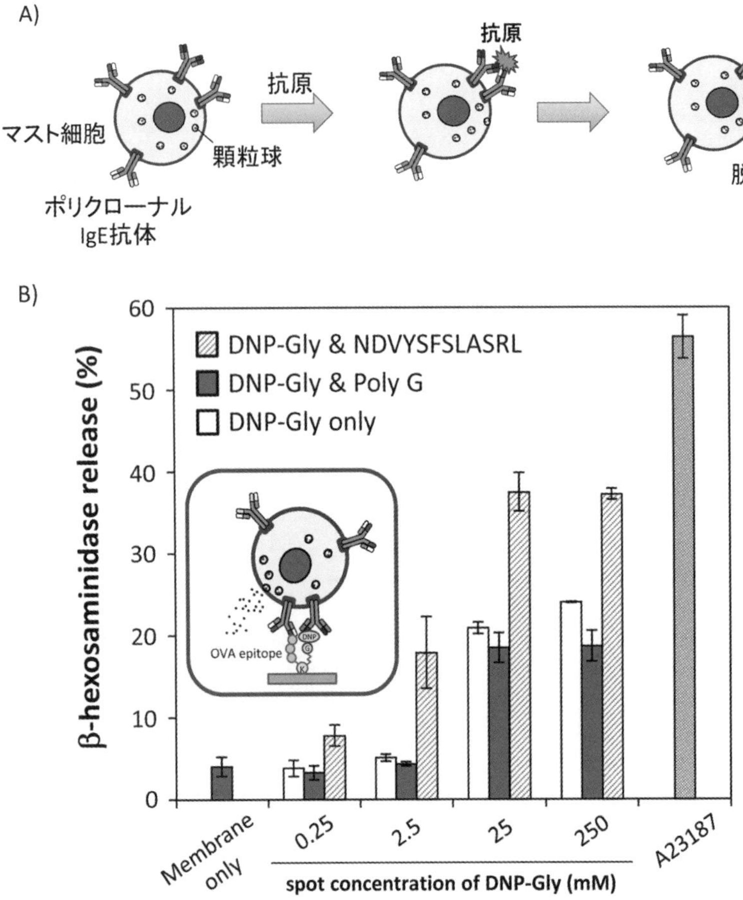


図1 脱顆粒を指標としたアレルギー反応

(A)マスト細胞に結合したIgE抗体が抗原との結合を介してFcε受容体を架橋し，脱顆粒を惹起。
(B)分岐鎖ペプチドアレイを用いたアレルギー反応。抗DNP-IgE抗体および抗OVA抗体を感作したRBL-2H3細胞を分岐鎖ペプチドアレイ上に播種し，エピトープによる刺激を行った。

識することで受容体が架橋，ヒスタミンなどを含む顆粒球を放出する脱顆粒により引き起こされる[5,6]。したがって，脱顆粒が生じるためには単に1つのIgEが抗原と結合するのみでは不十分であり，少なくとも同じタンパク質内に2箇所以上のIgE結合部位（エピトープ）が必要である[7]。実際に多くの抗原タンパク質において複数箇所のエピトープが見つかっている。これらのエピトープ情報等はAllergen Database for Food Safety[8]にてデータベース化され，多様なアレルギー研究に活用されている。しかし，個々の患者において脱顆粒の惹起に有効なエピトープの組合せを検出する手法は確立されていない。そこで，エピトープの組合せ探索に向けて異なる2種類のエピトープを合成する分岐鎖ペプチドアレイを構築した。

ペプチドアレイを用いた脱顆粒検出に向けて，スポット合成法を利用して2種類の保護基が修飾されたリジン残基，Fmoc-Lys(ivDde)-OHを用いて分岐鎖ペプチドアレイを合成し，ペプチドアレイ上で好塩基球と直接反応させることでアレルギー反応を行った。2種類のエピトープとして，卵白アルブミン（OVA）由来ペプチドおよびジニトロフェニル基（DNP）修飾アミノ酸を用いることとした。まず，OVA由来ペプチドライブラリーを合成し，モノクローナル抗体である抗OVA-IgE抗体を感作させたラット由来の好塩基球（RBL-2H3細胞株）の脱顆粒割合を調べた。その結果，DVYSFSLASを含むペプチドにおいて脱顆粒割合の上昇がみられたことから，本配列をこの抗体のエピトープとして利用することとした。そこで，リジン残基の主鎖にOVAエピトープペプチドであるNDVYSFSLASRLを合成後，副鎖にDNP-グリシンを結合させ，複数のエピトープを有する自然抗原を模倣した脱顆粒反応に基づいた検出系を作製した。抗OVA-IgE抗体および抗DNP-IgE抗体を感作したRBL-2H3細胞をこのペプチドアレイ上に播種することで，脱顆粒刺激を行った結果，ペプチドアレイ上のエピトープ量依存的に脱顆粒割合が上昇する他，OVAエピトープとDNP-グリシンの2つのペプチドを固定化した分岐鎖ペプチドアレイにおいて脱顆粒割合が大きく上昇した（図1B）。これより，2つのエピトープを有する自然抗原を模倣した系において，脱顆粒を大きく誘導できることが示された[9]。分岐鎖ペプチドアレイを用いた脱顆粒検出は，個々の患者におけるアレルギー反応を惹起するエピトープの組合せを探索する上で有用であると考えられる。

### 10.3　ペプチドマイクロアレイの作製

ペプチドは，化学合成が可能であり，タンパク質のアミノ酸配列に基づいた機能の一端を保持する機能性分子である。多種類のペプチドをスラドグラス上に固定化するペプチドアレイは，DNAマイクロアレイとプロテインアレイの間をつなぐ大量解析が可能なバイオチップとして捉えることができ，抗体エピトープ解析をはじめ，主にタンパク質の機能解析ツールとして利用されており，臨床分野への展開も期待されている[10,11]。

小児の食物アレルギーに着目し，ペプチドアレイによる抗体エピトープ解析を利用したアレルギー検査法の研究開発を行った。主要抗原タンパク質のペプチドライブラリーをスライドグラス上に固定化したペプチドアレイを作製し，アレルギー患者血清中のIgE抗体結合特性を詳細に調べることで，抗原の特定のみならず，その発症や寛解機序の解明にもつながる新しい解析法となるものと期待される。まず，食物アレルギーの中でも卵に次いで第2位の発生率であり，多くの人がはじめて食する食物である牛乳に着目した。

牛乳に含まれる主なタンパク質である$\alpha$-lactoalbumin，$\beta$-lactoglobulin，$\alpha_{S1}$-，$\alpha_{S2}$-，$\beta$-，$\kappa$-caseinのアミノ酸配列に対応し，アミノ酸16残基からなる合成ペプチドを合成した。このミルクペプチドライブラリーは，各タンパク質のアミノ酸配列を3残基ずつずらして合成した（精製率75%以上）ものであり，隣接する配列とは13残基がオーバーラップしたものを用いた。これらの合成ペプチドは，そのアミノ酸配列により疎水性や電荷が大きく異なることから，多くの溶解・スポッティング試験を行った。日本碍子㈱にご協力いただき，各ペプチドをピエゾ素子微小液滴吐出法により，DNAマイクロアレイスポッティング用の実機を使い，ガラス基板上に固定化した。最終的にスポッティング溶媒にペプチドプローブを溶解し，スポッティング助剤とともにスクシイミド基が導入されているガラス基板上にスポッティングした。代表的なペプチド数種について，蛍光標識ペプチドプローブを用いてパイロットアレイを100枚作製したところ，スポット径および蛍光強度は共に安定しており，良好なアレイ作製が可能であった[12]。ミルクペプチドライブラリーをN＝3でアレイ上にスポットし，コントロールプローブを含め1,950スポットのペプチドアレイを工業的なレベルで作製した。

次に，ミルクアレルギー臨床検体を用いた解析を実施した。医療機関（あいち小児保健医療総合センター内科医長 伊藤浩明先生，国立病院機構相模原病院臨床研究センターアレルギー疾患研究部長 海老澤元宏先生）のご協力により，約200の患者血清を収集し，1％オボアルブミンを含むPBS緩衝液で10倍希釈し，ペプチドアレイ上のプローブと37℃で30分間反応させた。本アレイを用いた解析では，血清10 μLで解析が可能であり，イムノCAPと比較してもわずかな血清量において解析が可能である。洗浄後，Alexa647標識抗IgE抗体およびAlexa555標識抗IgG4抗体を二次抗体としてアレイに添加，同様に37℃で30分間反応後に洗浄し，DNAマイクロアレイリーダにて蛍光シグナルを同時検出した。図2に示すように，N＝3のスポットパターンが確認され，同時検出が可能であることが確認された。各ペプチドプローブのシグナルについて，シグナル安定性をcoefficient of variation（CV，標準偏差を平均値で除した値）により評価した。同一検体

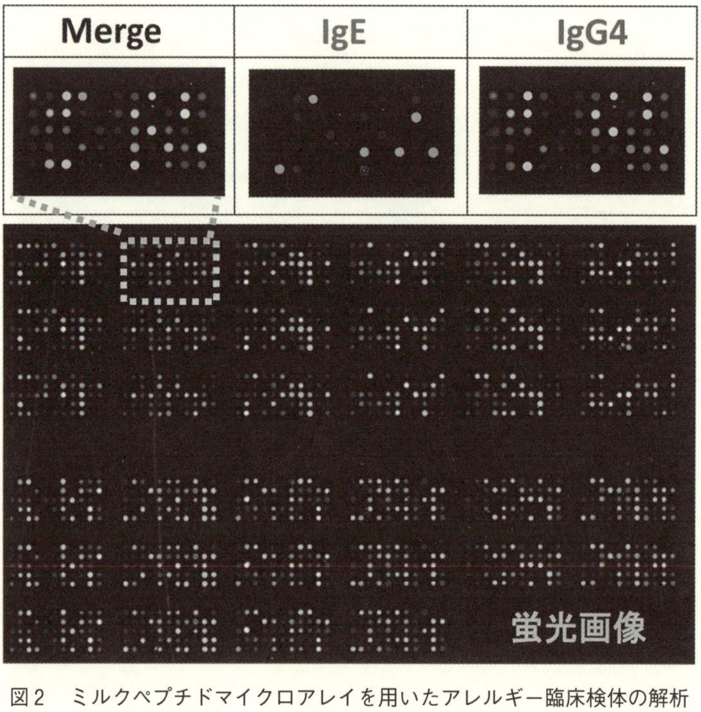


図2　ミルクペプチドマイクロアレイを用いたアレルギー臨床検体の解析

を用いて実験を3回行った結果，平均CV値は，5.1％となった。これは，他のペプチドアレイにおける試みがCV値20～30％であるのに対し，良好な値となっている[5,6]。また，製造ロット間の異なるペプチドアレイについて，同一検体を用いた解析を実施することでシグナルの再現性を確認したところ，相関係数は0.98となり，信頼性のある解析が可能であると示された。また，ペプチドアレイの保存安定性について検討した。保存期間，1，3，6ヵ月のペプチドアレイを用いて，患者血清の抗体エピトープ解析を行ったところ，同一プローブにおいて得られるシグナル強度はアレイ作製後すぐに解析した結果と同等であった（図3）。以上のことから，作製したペプチドアレイは，アレルギー臨床検体の抗体エピトープ解析に用いることができ，信頼性のある解析が可能であると示唆された。

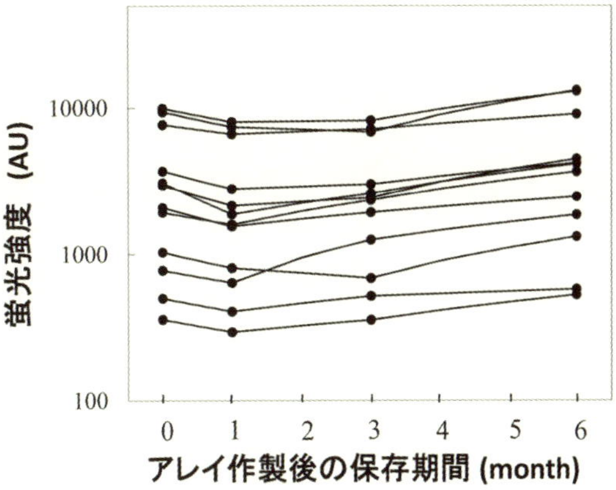

図3　ペプチドマイクロアレイの保存安定性

## 10.4　ペプチドアレイを用いた牛乳アレルギー臨床検体の解析

ミルクペプチドマイクロアレイを用いて牛乳臨床検体の解析を行った（図4）。アレルギー陽性群，52検体と陰性群（牛乳特異的IgE抗体陽性であるが経口負荷試験においてアレルギー症状のない偽陽性検体，牛乳IgE感作血清），20検体の解析より，アレルギー陽性群において有意にIgE結合がみられた73ペプチドを抽出した。これらのペプチドの約半数は$\alpha_{S1}$-caseinに含まれ，複数ペプチドにまたがるエピトープが8箇所存在することが示唆された。この他には，$\beta$-，$\kappa$-caseinに多くのペプチドが含まれ，いずれも複数のエピトープが選出された。これらのペプチド配列を用いることにより，アレルギー陽性群と陰性群を判別できることが示唆された。

次に，アレルギー陽性群，陰性群（牛乳IgE感作血清），および陽性患者が自然寛解した耐性獲得群のIgEおよびIgG4シグナル分布を解析した。陽性検体は，4歳以上でアレルギー陽性の12検体，陰性検体は7例を用いた。これらは，タンパク質レベルの解析ではIgEおよびIgG4陽性となる検体であるが，ペプチドレベルで解析すると結合パターンが異なり，陽性検体では高IgE領域のスポット数が多く，陰性検体では高IgG4領域のスポット数が多い傾向がみられた。ブラインドテストにおいても結合パターンを利用した判別法の有効性が確認された。また，耐性獲得検体は，経口負荷試験において陰性となった時点での血清を用いてペプチドアレイ解析を実施しているが，IgEおよびIgG4シグナル値が共に減少する傾向がみられた（図5）。これらの図において，波線はIgEおよびIgG4シグナル値の95％水準のカットオフ値を示しているが，基準以上のシグナル値を示すスポット数が耐性獲得検体においては非常に少ない結果となった。以上の結果から，各ペ

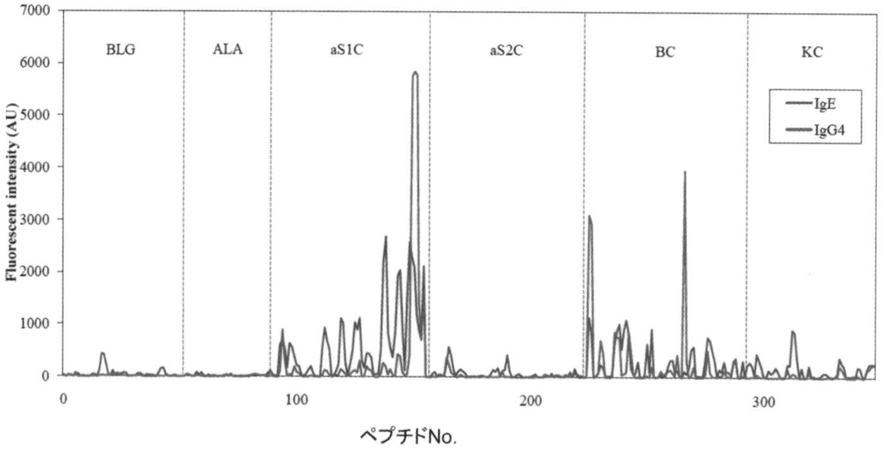


図4　ミルクペプチドマイクロアレイを用いたアレルギー検体の解析例
持続性牛乳アレルギー群（12検体）の平均蛍光強度

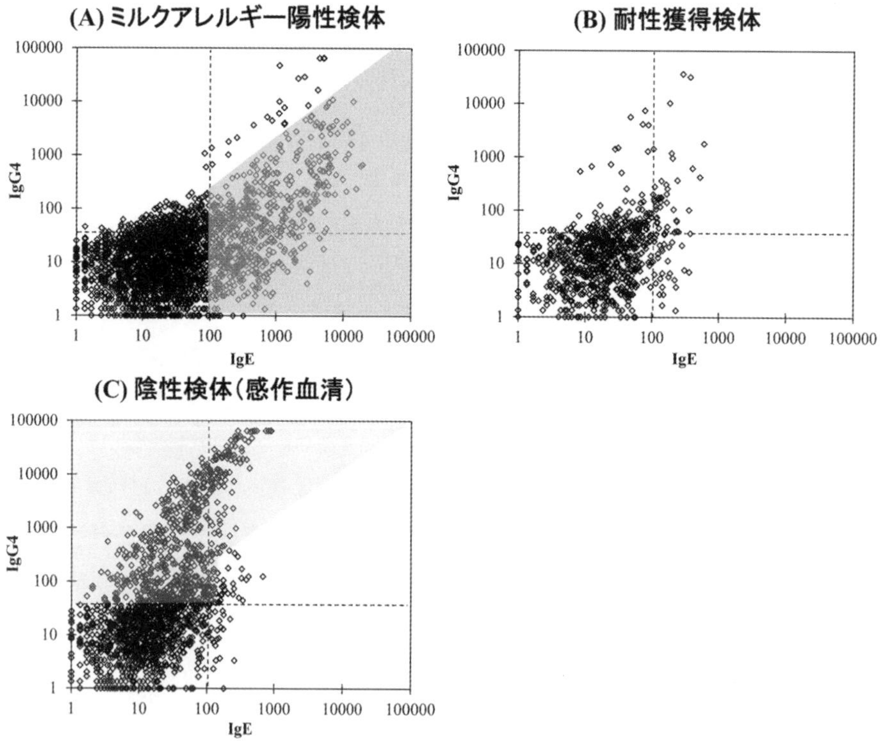


図5　各検体群におけるペプチドマイクロアレイ IgE, IgG 4 シグナル分布

プチドプローブの結合パターンを解析することで，陽性検体と偽陽性検体，耐性獲得検体を判別できる可能性が示唆された。また，フォローアップ検体においても，アレルギーを克服（耐性獲得）する過程においてIgEおよびIgG4のスポット位置が変化することが示唆され，IgE結合性がみられたペプチドプローブにおいてIgG4結合性が上昇する傾向もみられた。図6は，1名のアレルギー陽性検体が陰性化していく際の解析データであるが，陰性化に従いIgEおよびIgG4シグナルがペプチドレベルで減少していく様子が観察された。以上のことから，ペプチドアレイを用いた解析を経時的に実施することにより，アレルギー病態を把握できる可能性が示唆された。

次に，ペプチドマイクロアレイを用いて自然寛解群および持続性アレルギー群の臨床検体を用いた解析を行った。各ペプチドの蛍光強度を標準化しヒートマップを作成することでエピトープパターンを比較したところ，全患者群に共通して結合されるエピトープ，自然寛解群に特徴的なエピトープ，持続性群に特徴的なエピトープが存在することが示唆された。そこで，これらのペプチドを用いて各ペプチド群の蛍光シグナル平均値の比を指標として解析を行った。アレルギー発症時の血清を用いて解析したところ，アレルギー症状の経過を学習用データで89%，評価用データ85%の正答率で判別できた。さらに，アレルギーの根治療法として近年注目されている急速経口免疫療法を実施した患者群においてペプチドアレイ解析を実施したところ，非寛解群に特徴的なペプチドエピトープが存在することが示唆された。これらのペプチドを用いて急速経口免疫療法の開始前の血清において治療予測を行ったところ，学習用データでは82%，評価用データで

A)

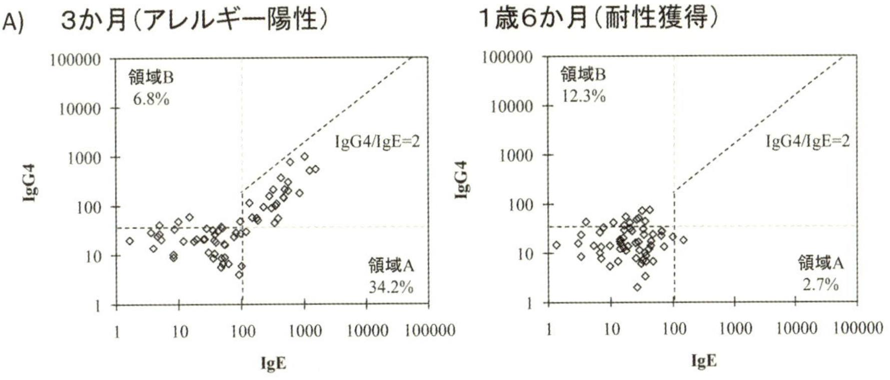


B)　**耐性獲得までの領域A, Bにおけるペプチド数の変化**

| 年齢 | グループ | 領域A（当該ペプチド数） | 領域B（当該ペプチド数） |
|---|---|---|---|
| 3ヵ月 | 牛乳アレルギー | 25 | 5 |
| 5ヵ月 | 牛乳アレルギー | 18 | 1 |
| 9ヵ月 | 牛乳アレルギー | 13 | 0 |
| 1歳6ヵ月 | 牛乳耐性獲得 | 2 | 9 |

図6　アレルギー陽性検体が耐性を獲得する際のペプチドマイクロアレイIgE, IgG 4シグナル分布例

は77％の正答率で判別できた。以上のことから，ペプチドアレイを用いた解析法は，アレルギー発症時におけるアレルギー経過予測および経口免疫療法の開始時における治療予測において有用であることが示唆された。

本稿では，ペプチドレベルのIgE抗体エピトープ解析に基づいたアレルギー検査法の開発に向けたペプチドマイクロアレイの作製について解説した。現行のタンパク質レベルでの抗原特異的IgE抗体検査に加えて，ペプチドアレイを用いた詳細なエピトープ解析を行うことで患者群の判別や症状の経過予測が可能となり，急速経口免疫療法など新たな治療法の支援技術となることが示唆された。ペプチドアレイは，各患者の抗体エピトープ解析が可能であることから，今後，多くのアレルギー患者の解析を行うことにより，アレルギー発症や寛解機序の解明に寄与するものと期待される。

## 文　献


1） 海老澤元宏，食物アレルギーの診療の手引き2014，厚生労働科学研究費補助金　難治性疾患等克服研究事業（2014）
2） H. A. Sampson, *J. Allergy Clin. Immunol.*, **107**, 891（2001）
3） T. Komata *et al.*, *J. Allergy Clin. Immunol.*, **119**, 1272（2007）
4） T. Komata *et al.*, *Allergol. Int.*, **58**, 599（2009）
5） H. Metzger, *J. Immunol.*, **149**, 1477（1992）
6） S. C. Garman *et al.*, *Nature*, **406**, 259（1999）
7） L. H. Christensen *et al.*, *J. Allergy Clin. Immunol.*, **122**, 298（2008）
8） Allergen Database for Food Safety, http://allergen.nihs.go.jp/ADFS/regist.do
9） H. Sugiura *et al.*, *Biochem. Eng. J.*, **87**, 8（2014）
10） S. Gaseitsiwe *et al.*, *PLoS One*, **3**, e3840（2008）
11） D. Gallerano *et al.*, *Lab. Chip*, **15**, 1574（2015）
12） N. Matsumoto *et al.*, *J. Biosci. Bioeng.*, **107**, 324（2009）
13） V. Tapia *et al.*, *Anal. Biochem.*, **363**, 108（2007）
14） W. G. Shreffler *et al.*, *J. Allergy Clin. Immunol.*, **116**, 893（2005）
15） N. Matsumoto *et al.*, *Peptides*, **30**, 1840（2009）

# 第3章　糖鎖・レクチンチップ

## 1　糖鎖・レクチンアレイ概説と開発動向

平林　淳[*1]，内山　昇[*2]

### 1.1　はじめに

糖鎖は核酸（DNA, RNA）やタンパク質につぐ第3の生命鎖と言われるが，核酸やタンパク質にはない多くの特徴を持つ（表1）。中でも，結合様式が多様で，かつ分岐構造を有する点は，糖鎖の解析を行う上だけでなく，その制御や理解を大きく妨げている要因である。事実，糖鎖の構造は著しく多様であり，かつ不均一である。糖鎖の存在形態も多様で，例えば，細胞膜上では糖タンパク質（受容体など）や糖脂質の様な水に不溶な形で存在するが，細胞外へと分泌される場合には（血液，胆汁，唾液など），水溶性の糖タンパク質として存在する。哺乳類のミルクなどでは，糖脂質で見られる糖鎖部分のみが遊離状態で存在する。糖鎖の理解が難しい原因は構造の複雑さだけではない。タンパク質と異なり，遺伝情報から糖鎖構造を予測することができない。このため，糖鎖の解析はタンパク質に比べると困難を伴うことが多く，糖鎖の存在をあえて無視したような研究も少なくない。昨今，糖鎖構造解析へのアプローチとして質量分析装置を用いた様々な手法も開発されている。しかし，先端技術の粋をつくしてもなお糖タンパク質糖鎖の解析は容易ではない。従来，糖鎖の解析には糖タンパク質等から切り出した糖鎖を2-アミノピリジン等で蛍光標識し，高性能液体クロマトグラフィー（HPLC）で分離，同定，定量を行う方法が行われてきた。さらに，これに選択的な特異性を有するグリコシダーゼを作用させることで，複雑な糖鎖構造を同定することも可能である。このように酵素を用いた解析法は質量分析や他の相互作用解析法（表面プラズモン共鳴法やキャピラリー電気泳動法等）との併用にしばしば有用である。しかし，これらは，いずれの場合も糖鎖をタンパク質から遊離する必要があり，得られた糖鎖を

表1　生命三鎖の特徴

| 生命鎖 | 核酸 | タンパク質 | 糖鎖 |
|---|---|---|---|
| 単位分子（数） | ヌクレオチド（5） | アミノ酸（20） | アルドース（～10） |
| 結合様式（数） | ホスホジエステル結合（1） | 酸アミド結合（1） | グリコシド結合（8） |
| 分岐の有無 | 無 | 無 | 有 |
| 存在形態 | 遺伝子，r/t/mRNA | 核，細胞質，膜，分泌 | 遊離，ないし複合体，膜，分泌 |
| 遺伝子との対応 | 基本的に1：1（RNA） | 基本的に1：1 | 多遺伝子：多糖鎖 |

＊1　Jun Hirabayashi　国立研究開発法人産業技術総合研究所　創薬基盤研究部門
首席研究員

＊2　Noboru Uchiyama　㈱レクザム　香川工場　第1開発部

**表2　現在市販されているレクチンアレイとその特徴（2015年5月現在）**

| メーカー名 | 商品名 | 製品形態 | 固定化されたレクチン種類数 | 検出方式 |
|---|---|---|---|---|
| 日本<br>グライコテクニカ社 | LecChip™Ver.1.0 | <br>スライドガラス基板<br>+7ウェルバッチ式反応槽 | 45 | エバネッセント<br>蛍光検出方式 |
| 米国・シアトル<br>Plexera Bioscience社 | Lectin Array Chip Kit | 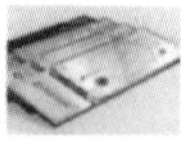<br>金蒸着膜コートスライド<br>+1ウェルフローセル | 41 | SPR方式 |
| 米国・ジョージア<br>Raybiotech社 | Lectin Array40 | 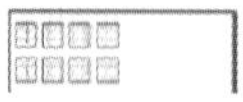<br>スライドガラス基板<br>+8ウェルバッチ式反応槽 | 40 | 共焦点<br>蛍光検出方式 |
| ドイツ・ハンブルグ<br>GALAB社 | GlycoImage® Lectin Array Kit | 96 well,<br>384 wellプレート | 11 | ELISA法 |

**表3　現在市販されている糖鎖アレイの種類とその特徴（2015年5月現在）**

| メーカー名 | 商品名 | 製品形態 | 固定化された糖鎖種類数 | 検出方式 |
|---|---|---|---|---|
| 米国・ジョージア<br>Raybiotech.inc | Glycan Array 100 | スライドガラス基板 | 100 | 共焦点<br>蛍光検出方式 |
| 日本<br>住友ベークライト | 糖鎖固定化アレイ<br>糖脂質糖鎖固定化アレイ | 樹脂製スライド基板 | 28<br>24 | 共焦点<br>蛍光検出方式 |
| MoBiTec GmbH<br>住友ベークライトのチップをEUで販売 | Glycan Array I<br>Glycan Array II |  | 28<br>24 | 共焦点<br>蛍光検出方式 |

蛍光標識後に分離，解析するため時間と労力がかかり，その手法に精通した専門家でないと解析が困難なケースが多い。また，血清や細胞抽出物を直接扱うことは，質量分析装置を用いた解析には一般に不向きである。

これらの従来法の難点を克服する技術として導入されたのが，アレイによる直接解析法である[1]。なかでも，糖鎖の構造プロファイルの取得と，複数試料間での比較を迅速，簡便に行うことができる方法として注目されているのがレクチンアレイである。一方，糖結合タンパク質（レクチンや一部の抗体）の特異性や結合力評価を行うのに用いられる方法として糖鎖アレイがある。レクチンアレイ，糖鎖チップ等様々な呼び方があるが，ここでは統一のためレクチンアレイ，糖鎖アレイと呼ぶ。本稿では一般ユーザーが用いることを想定し，市販のレクチンアレイ，糖鎖アレイについて中心に述べることにする。2015年5月現在，販売されているレクチンアレイ，糖鎖アレイをそれぞれ表2，表3にまとめた。

### 1.2　バイオ医薬品開発と糖鎖品質管理

レクチンアレイ，糖鎖アレイを説明する前に，現在開発が盛んに行われているバイオ医薬品を取り巻く状況に少し触れておきたい。バイオ医薬品はそのほとんどが分泌タンパク質である[2]。換言すれば，これらの多くには「構造不均一で多様な糖鎖」が付加しているという問題が潜んでいる。

タンパク質の分子量が5万程度を超えればほぼアスパラギン結合型糖鎖の付加配列（Asn-X-Ser/Thr，ただしXはProを除く）が出現すると試算され[注1]，実際アルブミンを除くほとんどの分泌タンパク質には糖鎖が付加している。糖鎖付加の意義には未解明なことも多いが，例えばタンパク質の水溶性やプロテアーゼ抵抗性の改善，組織標的性や抗体のADCC活性の制御等は広く受け入れられている。

このタンパク質に付加する糖鎖構造は細胞の起源（生物種や組織）によって異なる他，細胞の状態（発生段階や分化度，悪性度など）によっても劇的に変化することが知られる（図1）。このことから，たとえタンパク質部分の構造がまったく同一でも，薬効の大きく異なる製品が生じうる可能性がある。また，付加糖鎖部分の構造多様性を狭めたり，末端構造等を改変することで，従来品より効能や安定性の向上した優れたバイオ医薬品（バイオベター）を開発できるかもしれ

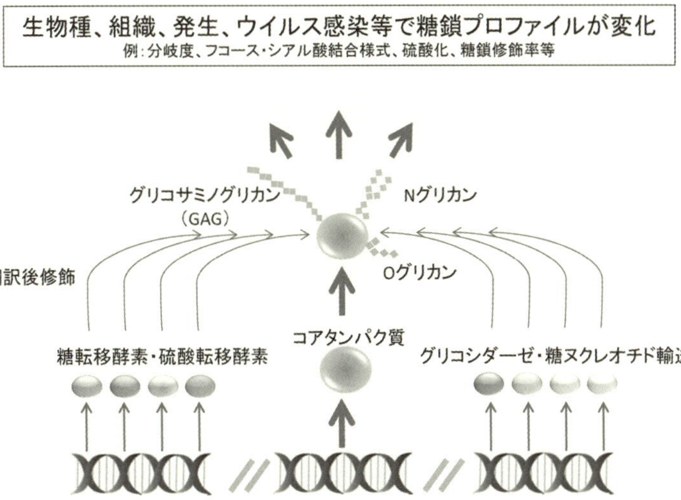


図1　糖鎖生合成のイメージ図
細胞の種類，状態が変わると糖鎖構造は一般に大きく変化する
（平林，舘野「化学と生物」(2014年)[4]を基本に作成）。

注1）アミノ酸平均残基分子量を108とすると，分子量3万，および6万のタンパク質にはそれぞれ92，185のトリプレット（3アミノ酸の連続配列）が存在することになる。このトリプレットすべてにコンセンサス配列が出現しない確率は，$(1-1/20\times19/20\times2/20)^{92}=0.645$，および$(1-1/20\times19/20\times2/20)^{185}=0.414$。読み枠は全部で3つあるので，3つすべてにコンセンサス配列が出ない確率は，それぞれ$0.645^3=0.268$，$0.414^3=0.071$となる。

ない[3]。こうしたバイオ医薬品の糖鎖解析の場面においては，質量分析やHPLC等の従来法では開発スピードを保つことは難しいことから，より迅速性と網羅性に優れた糖鎖プロファイリング手法の開発が望まれている。

さらに，今後は再生医療に代表されるような，細胞治療法による次世代バイオ医薬品の開発にも期待がかかる。細胞の種類ばかりでなく培養条件，分化・未分化段階の程度差によっても細胞表層の糖鎖構造は変化するだろう。また，細胞を加工することによって本来ヒト細胞が生成しない様な異常構造が出現する可能性もある。このような次世代バイオ医薬（細胞治療薬）の製造工程における品質管理は大変重要であり，かつ相当な手間暇を要することが予想される。この点からも，糖鎖を着眼点とした細胞品質管理は今後ますます重要になってこよう[5]。糖タンパク質医薬品の開発には極めて多くの要素技術が必要であるが，糖鎖関連技術については別書籍にまとめられている[6]。さて，なぜ，バイオ医薬品の開発，品質管理に糖鎖が深くかかわってくるのか。その問いに対する答えは「そもそもバイオ医薬品のほとんどは糖鎖修飾の施された分泌タンパク質である」という事実に秘められている（後述）。また，「すべての細胞表面は多様な複雑な糖鎖に覆われている」ということも事実である。よって，再生医療のみならず広く細胞治療に関わる細胞医薬は，糖鎖による品質管理が不可欠となる。そこで，これを迅速簡便に解析する新たな手段としてレクチンアレイが注目され始めている[7,8]。一方，糖鎖構造の詳細な解析，定量比較はバイオ医薬品を薬事申請する際に不可欠なデータとなるが，このためには一般にHPLCや質量分析を用いた手法が用いられる[1]。レクチンアレイは概して定量性や厳密性に欠けるが，迅速，簡便に，かつ高感度で複数，あるいは多数の検体を同時に比較解析する目的には特に適しており，これは従来技術にはなかった利点である[8]。

### 1.3　タンパク質の糖鎖修飾と分泌

糖鎖はグルコース（Glc）やマンノース（Man）などの単糖類（一般にアルドヘキソース），さらにその誘導体である*N*-アセチルグルコサミン（GlcNAc）やグルクロン酸（GlcA）がグリコシド結合によって脱水縮合した重合体である[9]。一般に，糖鎖はグリコシド結合からなり，その一つ一つの形成が特異的な糖転移酵素によって賄われる。このため，遺伝子によってほぼ一義的にその全体構造が定まるタンパク質と異なり（「一対一」の関係），多くの糖鎖構造が多くの転移酵素の共同作業の結果生成する（「多対多」）。糖転移酵素は真核生物では細胞内小器官である小胞体（endoplasmic reticulum）とゴルジ体（Golgi apparatus）に存在する。ヒトでは約200の糖転移酵素が同定されており，それぞれの酵素が基質受容体（acceptor）に糖ヌクレオチドドナー（sugar nucleotide donor）から一残基の単糖を転移する（下式）。図2に真核生物における*N*結合型糖鎖（*N*-グリカン，N配糖体とも）の生合成スキームを示す。

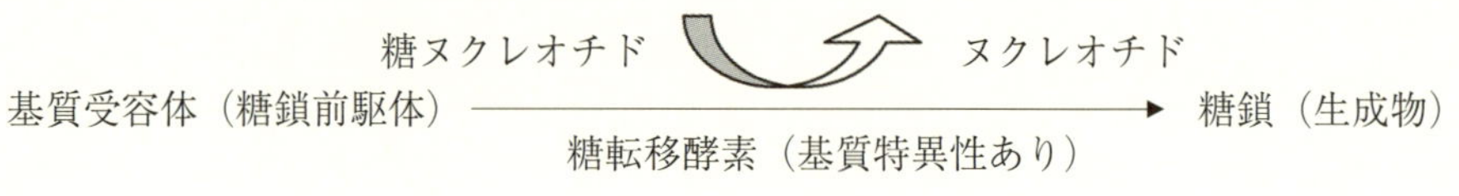

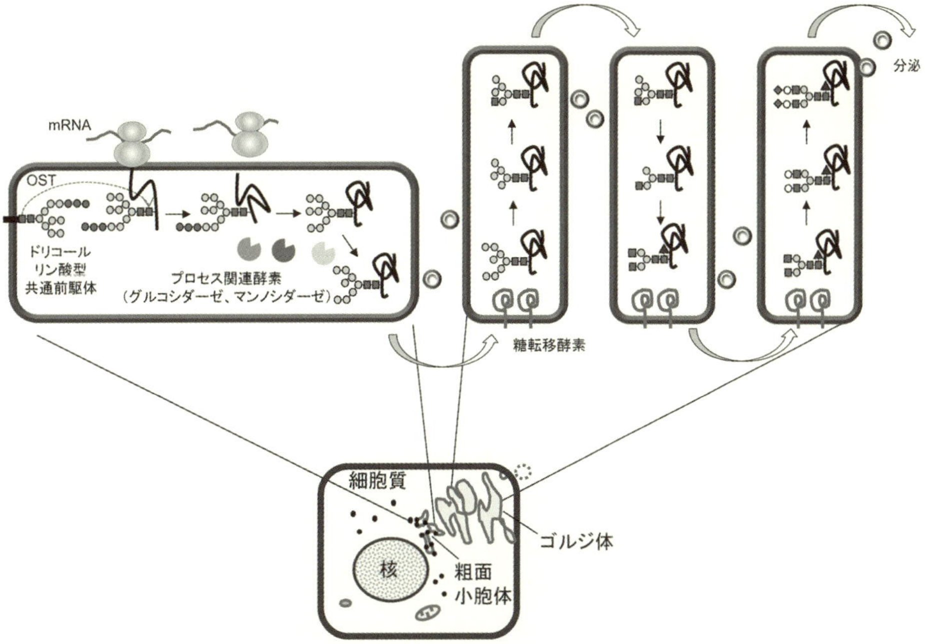


**図2　真核生物におけるN結合型糖鎖の生合成スキーム**

糖タンパク質の糖鎖修飾は主として小胞体（endoplasmic reticulum），およびゴルジ体（Golgi apparatus）のルーメン側に存在する一連のグリコシダーゼ，糖転移酵素，硫酸転移酵素等によって賄われる。

*N*-グリカンの場合，真核生物間において以下の様に，多くの進化的共通点が認められている[10)]。いずれの場合も，①$Glc_3Man_9GlcNAc_2$-P-P-ドリコールという共通前駆体から糖鎖の生合成が出発する。②上記前駆体のタンパク質への転移はオリゴ糖鎖転移酵素（oligosaccharide transferase）が触媒し，タンパク質側へは共通配列であるAsn-X-Ser/Thr（ただし，XはProではない，また稀にCysがSer/Thrに代わる）のAsn側鎖に共有結合で糖鎖が転移される。③本前駆構造は「プロセシング」という刈り込みを受け，非還元末端側の$Glc_3$残基とマンノース残基のほとんどが除かれる。一方，プロセシング以降は各生物で異なった転移や修飾が展開し，このため，糖鎖が原因となる異種抗原が生成することがある。図3に*N*-グリカン生合成の共通経路（太い矢印）と，そこから各種生物で固有の進化を遂げた糖鎖構造（ヒトにとっては異種抗原）を示す。バイオ医薬品の開発にとってこの異種抗原の混入は大きな問題となることから，ヒト以外由来の細胞を宿主として糖タンパク質を発現する場合，異種抗原発現の有無を迅速，鋭敏に検出する必要がある。例えば，現在バイオ医薬品の開発で最もよく用いられるCHO細胞（チャイニーズハムスター）にも本来，ヒトには存在しない$\alpha$Gal抗原という糖鎖構造を合成する可能性がある。幸い，CHO細胞では本抗原はほとんど生産されないことが示されているが，$\alpha$Gal抗原は超急性拒絶反応を起こす大変危険な異種抗原であることから，その分析には細心の注意が必要である。もし，レクチンアレイの中にMOA（*Marasmius oreades* agglutinin）というシバフタケ由来のレクチンがあれば，

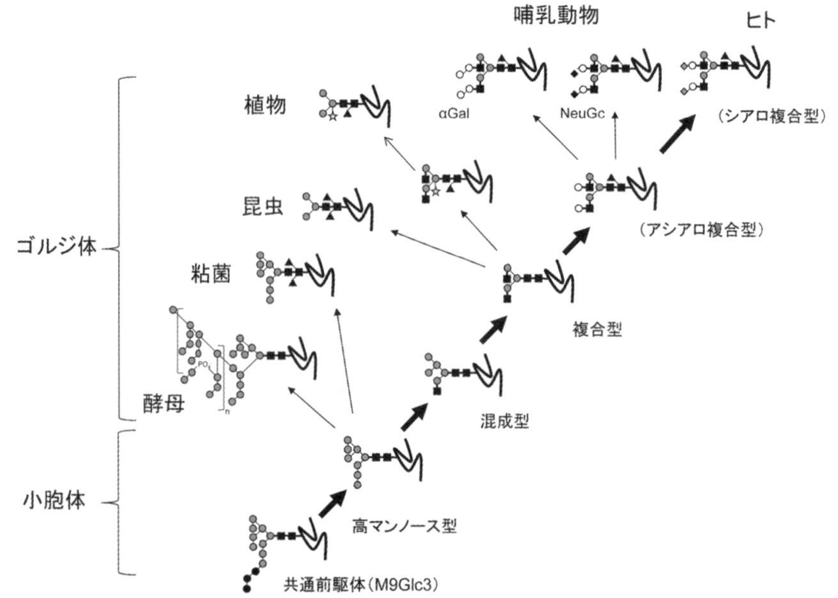


図3　真核生物に共通した*N*-グリカンの生合成経路（太い矢印）と各生物で特殊化した分岐経路（細い矢印）

分岐して作られる糖鎖構造はヒトにはないため（異種抗原）免疫原性を持つ可能性がある。すべての異種抗原について詳細が調べられているわけではないが，一部の哺乳動物が発現するαGalエピトープは，超急性拒絶反応を引き起こすため，動物臓器移植やバイオ医薬品開発においてしばしば大きな問題となる。

これを検出することが可能である[11]。

### 1.4　レクチン開発と抗糖鎖抗体

レクチンアレイは異なるサンプル間の糖鎖の構造プロファイルを比較解析する手法であるが，それと補完的な関係にあるのが糖鎖アレイである。糖鎖アレイは化学合成，天然物からの調製，さらにそれらから派生した様々な糖鎖（あるいは糖鎖複合体）をスライドガラスなどの基盤に固定化したもので，それに対し親和性を有すると考えられるレクチンや抗糖鎖抗体を作用させることで，糖結合活性の有無や，その特異性を明らかにする目的で広く用いられている[12,13]。糖鎖のガラス基板への固定化には一般的に糖鎖を直接固定化する方法（直接固定化法）と，糖鎖をあらかじめタンパク質やポリアクリルアミド（PAA）のような高分子担体に結合させた糖鎖複合体として固定化する方法に分けられる。糖鎖アレイとして最も知名度が高く世界中で使われているのは米国のCGF（Consortium for Functional Glycomics）が配布しているCFG型糖鎖アレイである（本書Ⅱ編第3章中北らの項参照）。これは高濃度の糖鎖誘導体溶液をガラス基板に直接接触させ，化学的に固定したものである。表2の市販アレイもすべてCFG型のアレイである。

これに対して，糖鎖複合体アレイ（glycoconjugate microarray）は，固定する糖鎖側で糖鎖構造が密なクラスターを作れるよう，予め複合体の状態でスライドガラスに固定化したものである[14)]。例えば，中北らは蛍光標識体として広く用いられているピリジルアミノ化糖鎖を化学処理後，アルブミン等の担体タンパク質に結合させネオグライコプロテインとした上で，これをスライドガラス上にアレイ化する方法を開発している。彼らは，その応用例としてシアル酸含有糖鎖に対するインフルエンザウイルスの結合特性を極めて高感度に検出できると報告している[15)]。但しこのアレイは中北らも述べているように，多種類のネオグライコプロテインを調製することに労力を要するため，現時点では個別の基礎研究に用途が限られている。

一方，舘野らの糖鎖複合体アレイは，糖鎖構造既知の糖タンパク質やそれらの糖鎖末端加工品（シアル酸・ガラクトース残基を順次除去したもの），また米国グライコテック社（http://www.glycotech.com）より販売されているポリアクリルアミドポリマー上に数残基の合成糖鎖を化学結合させた糖鎖PAAポリマーなど，計96種の糖鎖複合体を予めガラススライド上に固定しており，レクチン探索や抗糖鎖抗体等の糖結合スクリーニングでの有能性が示されている（2015年６月時点で64の被引用件数）[14)]。

この中北・舘野らの糖鎖アレイは後述のエバネッセント波励起蛍光法と組み合わせることで蛍光標識レクチンや抗糖鎖抗体の結合を鋭敏に検出している点を強調しておく。

### 1.5　エバネッセント波励起蛍光検出法

一般にレクチンと糖鎖間の結合力は弱い（解離定数として$10^{-6}$ M程度）。この性質はアレイによるレクチン–糖鎖間の相互作用解析を再現性良く行う上で問題となってきた。従来の一般的なアレイ解析では，蛍光検出前に基板を何度も念入りに洗浄後，スライドガラスを乾燥させてから共焦点レーザー蛍光スキャナーにセットする必要がある。このため，この複数回の洗浄によってレクチンと糖鎖の結合が外れ，洗い流されてしまうことがある点には注意が必要である。これら共焦点レーザー蛍光スキャナーは一般的に普及しており，既に導入している施設が多い。様々なチップフォーマットに対応できるという利点があり，代表的なメーカーとして，特にモレキュラーデバイス社や，パーキンエルマー社が有名である。

一方，プローブ添加後の洗浄操作を必要としない「液層状態での蛍光観察」が可能なエバネッセント波励起蛍光法（図４）もアレイ解析に使用されている。本手法を用いれば，レクチン–糖鎖間の弱い結合を洗い流してしまうリスクを回避できるだけでなく，より簡便な操作で再現性の高い相互作用観察が可能となる[8)]。レクチンアレイ解析用のエバネッセント蛍光スキャナーは2006年，㈱モリテックスから中型（約60 kg，多波長対応）のフルスペック機「GlycoStation™ Reader」が上市され，現在では㈱グライコテクニカ社が事業継承している。販売以来，本装置を用いた解析例が既に約50の学術論文に掲載されている（グライコテクニカ社ホームページに掲載：http://www.glycotechnica.com/gsr-application.html）。中でも，糖鎖に着目した病態変化の解析はもっとも使用例が多く，がんなどの病気である特定のタンパク質の糖鎖構造が変化すると，有望なバ

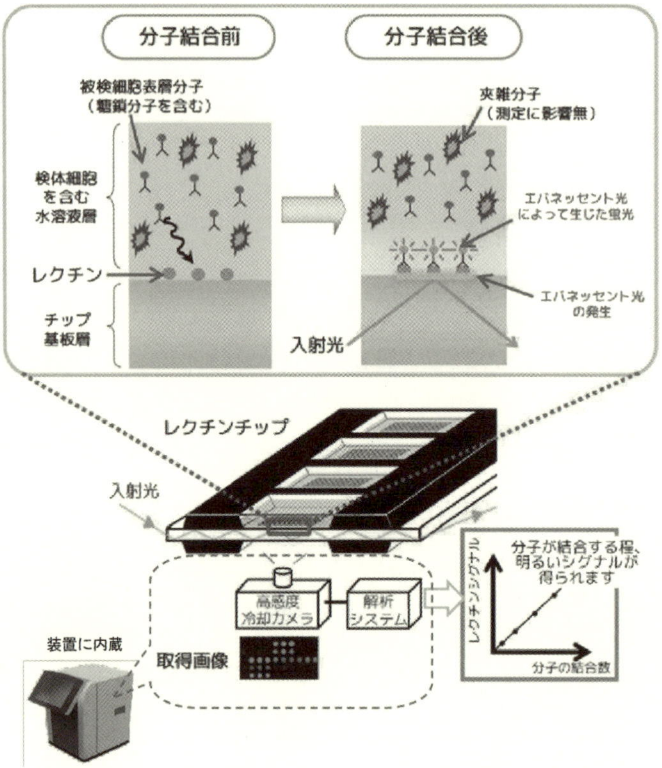


図４　アレイ解析で用いられるエバネッセント波励起検出法の原理

イオマーカーになることが実証されている[16,17]。また，舘野の項で書かれているように，将来の再生医療における応用に期待のかかる人工多能性幹（iPS）細胞の品質評価でも注目すべき結果が得られている[11]。

最近，米国食品薬品規制局（FDA）がGlycoStation™ Readerを導入し，各種糖タンパク質性バイオ医薬品の糖鎖簡易プロファイリングに対する有効性に言及している（2015年３月に開催されたCambridge Healthtech Institute主催バイオ医薬品分析法に関するセミナー：http://www.biotherapeuticsanalyticalsummit.com/）。

さらに，近年㈱レクザムから機能を絞った単波長仕様の小型普及版の装置の販売が開始された。この装置は必要機能に絞って使い易さを追及し，従来手間が掛かっていたデータ解析作業の自動化に注力しており，ユーザーにとって高いコストパフォーマンスが魅力となろう。装置重量も12 kgと軽量であるため携帯性に優れ，ウイルスや微生物などを対象としたクリーンベンチ内での使用にも適している。

## 文　　献


1) C. R. Bertozzi & R. Sasisekharan, Essentials of Glycobiology, p.679, Cold Spring Harbor Laboratory Press (2009)
2) 早川堯夫，バイオ医薬品の主流を占める糖タンパク質，「バイオ医薬品開発における糖鎖技術」監修：早川堯夫，掛樋一晃，平林淳，p.1，シーエムシー出版 (2011)
3) 平林淳，バイオ医薬品開発における糖鎖技術，「バイオ医薬品製造の効率化と生産基材の開発」監修：山口照英，p.19，シーエムシー出版 (2012)
4) 平林淳，舘野浩章，化学と生物，**52**，40 (2014)
5) J. Hirabayashi *et al.*, *Adv. Healthc. Mater.*, doi:10.1002/adhm.201400837 (2015)
6) 早川堯夫，掛樋一晃，平林淳監修，バイオ医薬品開発における糖鎖技術，シーエムシー出版 (2011)
7) G. Gupta *et al.*, *OMICS*, **14**, 419 (2010)
8) J. Hirabayashi *et al.*, *Chem. Soc. Rev.*, **42**, 4443 (2013)
9) 平林淳，糖鎖のはなし，日刊工業新聞 (2008)
10) P. Stanley *et al.*, "N-glycans" in Essentials of Glycobiology, p.679, Cold Spring Harbor Laboratory Press (2009)
11) H. Tateno *et al.*, *J. Biol. Chem.*, **286**, 20345 (2011)
12) C. D. Rillahan & J. C. Paulson, *Annu. Rev. Biochem.*, **80**, 797 (2011)
13) S. Park *et al.*, *Chem. Soc. Rev.*, **42**, 4310 (2013)
14) H. Tateno *et al.*, *J. Glycobiol.*, **18**, 789 (2008)
15) S. Nakakita & J. Hirabayashi, *Methods Mol. Biol.*, in press (2015)
16) A. Matsuda *et al.*, *Hepatology*, **52**, 174 (2010)
17) H. Kaji *et al.*, *J. Proteome Res.*, **12**, 2630 (2013)

## 2　機能性糖鎖プローブのウイルス検出への応用

尾形　慎[*1]，朴　龍洙[*2]

### 2.1　はじめに

糖鎖は，細胞内外の分子認識や分子間情報伝達において重要な働きを果たしているため近年大きな注目を集めている。感染症に関わるウイルスと宿主細胞との相互作用にも糖鎖が深く関与している。そこで，ウイルス感染に関与する糖鎖を人工合成できれば，インフルエンザウイルスのような病原性ウイルスを迅速かつ特異的に検出可能な生物認識素子材料の開発が可能である。しかしながら，一般的に糖鎖は，核酸やタンパク質のような鎖状高分子とは異なりその構造が複雑かつ多様性に富んでいるため人工合成が非常に困難で合成コストも高額である。近年筆者らは，一般的な糖鎖合成法である有機化学的手法とカイコで発現した組換え糖転移酵素群を利用した酵素合成法とを組み合わせた化学酵素合成法により，ウイルス感染に関与する構造が複雑な糖鎖を簡便かつ大量に調整することに成功している[1)]。本稿では，カイコを利用した各種組換え糖転移酵素の生産並びに，それら酵素を利用した機能性糖鎖プローブの合成について紹介する。さらに，応用例として人獣共通感染症の一つで公衆衛生上最も重要なインフルエンザウイルスの検出を例に挙げて紹介する。

### 2.2　カイコ発現系を利用した糖転移酵素の生産

高等生物由来のタンパク質は，糖鎖などの翻訳後修飾が必須である場合が多く，翻訳後修飾が不完全な大腸菌で発現したタンパク質は生物活性がない場合が多い。一方，昆虫細胞や幼虫個体を用いた発現系は動物細胞のタンパク質と類似構造をとるため，真核細胞由来のタンパク質発現に広く用いられている。本研究室では，これまでに大腸菌とカイコのシャトルベクターである *Bombyx mori* nucleopolyhedrovirus（BmNPV）バクミドの開発[2)]に成功し，カイコを利用した組換えタンパク質の生産に応用している。このカイコ-BmNPV遺伝子発現系は，大腸菌で作製したバクミドDNAをカイコ幼虫に直接接種することで遺伝子導入が可能である。これにより生理活性を有する組換えタンパク質を簡便かつ迅速に大量生産することができる。

病原性ウイルスが細胞に接着・感染する際に特異的に認識するレセプター分子の合成酵素いわゆる糖転移酵素を，カイコ-BmNPVバクミド発現系を用いて発現し，酵素ライブラリーの構築を試みた。その一例として，ヒト型インフルエンザウイルスが認識するレセプター分子の合成に必須な鍵酵素“α2,6-シアリルトランスフェラーゼ（ST6GalⅠ）”の発現について紹介する。初めに，ラット肝臓cDNAを鋳型としたpolymerase chain reaction（PCR）により，膜貫通領域を除去したST6GalⅠ遺伝子を増幅し，カイコ由来bombyxin分泌シグナル配列，精製用タグ配列を含む融

---

＊1　Makoto Ogata　福島工業高等専門学校　物質工学科　准教授
＊2　Park Enoch Y.　静岡大学　グリーン科学技術研究所　グリーンケミストリー研究部門　所長／教授

合遺伝子を構築した。この融合遺伝子を挿入し組換えBmNPVバクミドを作製後，5齢のカイコ幼虫に注射した。これを25～27℃で約一週間飼育し，経時的に体液の採取を行った。得られた体液を活性測定に供した結果，組換えBmNPVバクミドを注射後，約100時間後の体液中に目的の糖転移酵素活性が確認され，160時間付近で最大酵素活性濃度を示した（図1）。興味深いことに，組換えST6GalⅠに導入した精製用タグ配列の種類によっても酵素の発現量に違いがみられ，Hisタグ，StrepタグおよびFLAGタグの中でFLAGタグを用いた際に体液中における最も高い酵素活性濃度（組換えバクミド注射後6.5日目 2.0U/mL）が得られた（図1）。この組換えST6GalⅠを含むカイコ体液は，硫安分画とアフィニティーカラムクロマトグラフィーの二段階の精製工程で，カイコ幼虫体液4.5mLから2.2mgの精製タンパク質（酵素活性回収率64%）を得ることができた[3]。この結果は，カイコ幼虫一頭あたり200μg程度の精製組換えタンパク質の発現が可能であることを示している。さらに近年，BmNPVバクミドのプロモーター配列を改変することにより，組換えST6GalⅠの発現量を約2倍向上させることにも成功している[4]。これまでほ乳類由来のST6GalⅠは非常に高価で，大量に入手および調整することが困難であった。今回の研究で，カイコ幼虫を利用したBmNPVバクミドシステムが生物活性を有した状態での組換えST6GalⅠの発現系として有用であることが実証された。

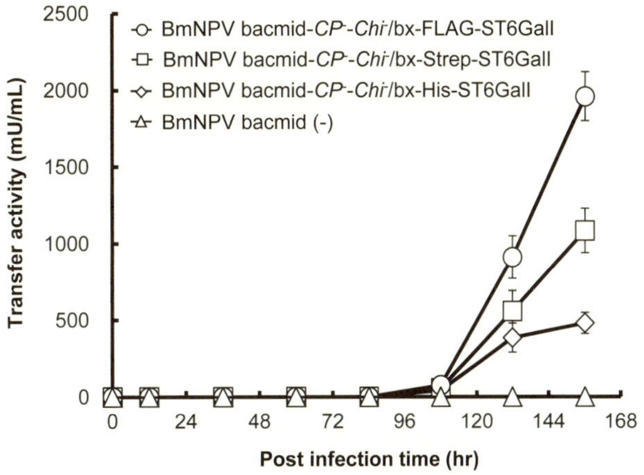


**図1　カイコの体液に発現したST6GalⅠの糖転移活性の経時変化**
ST6GalⅠはN末端にFLAG（○），Strep（□），His（◇）タグを融合して発現を行った。△はMock体液の糖転移活性を示す。

BmNPVバクミドシステムを利用した組換え糖転移酵素発現技術は，ST6GalⅠのみならず，多くの真核生物由来糖転移酵素に対しても適用可能であり，現在までにST6GalⅠを含む計5種類{ST6GalⅠ，β1,4-ガラクトシルトランスフェラーゼ（β1,4-GalTⅠ），β1,3-*N*-アセチルグルコサミニルトランスフェラーゼ（β3GnT-Ⅱ），α1,3-フコシルトランスフェラーゼ（FUT6），α2,3-シアリルトランスフェラーゼ（ST3GalⅢ）}の発現に成功している。これにより，ウイルス感染に関与する様々な糖鎖を簡便かつ大量に調整することが可能となった。

### 2.3　化学酵素合成法によるウイルス結合性糖鎖プローブの合成

糖鎖と糖結合性タンパク質（レクチン）との相互作用は，様々な生物学的プロセスにおいて重要な役割を担っている。一般的に，ウイルスが宿主細胞へ接着および感染する際にもこの糖鎖-レクチン間相互作用が関与している。インフルエンザウイルスの場合，ウイルス表面にスパイク上に突き出たヘマグルチニン（HA）と呼ばれるレクチンが，宿主細胞表面上の糖鎖を特異的に認識，結合することで感染に至る（図２）。また，この感染に関与する糖鎖構造は宿主によっても違いがあり，トリ型インフルエンザウイルスとヒト型インフルエンザウイルスとでは，非還元末端のシアル酸の結合様式のみならず，その内部糖鎖構造までも大きく異なっている[1]。

本研究では，前述のカイコ幼虫系や従来の昆虫細胞系，大腸菌系などの組換えタンパク質発現技術を用いて調整した各種糖転移酵素を利用することで，ウイルスに対して結合親和性を有した機能性糖鎖プローブの作製を行った（図３）。具体的には，トリ型インフルエンザウイルスやヒト型インフルエンザウイルス，デングウイルス，ヒトパラインフルエンザウイルスなどを対象として各種配糖体Neu5Acα2,3Galβ1,4Glc/GlcNAcβ1-R（図３-A），Neu5Acα2,6(Galβ1,4GlcNAc)$_n$β1-R（図3-B），Galβ1,4GlcNAcβ1,3Galβ1,4Glcβ1-R（図３-C），Neu5Acα2,6Galβ1,4(6-sulfo)GlcNAcβ1-R（図３-F）を合成した[5~7]。一例として，ヒト型インフルエンザウイルスに結合能を有するシアロ７糖配糖体の合成を示す。受容体基質である5-trifluoroacetamidopentyl-β-LacNAcに対して，２種類の糖転移酵素（β3GnT-ⅡおよびΒ1,4-GalTⅠ）とそれらに対応する糖供与体基質（UDP-GlcNAcおよびUDP-Gal）とをそれぞれ繰り返し反応させることで，保護脱保護工程を経ることなくLacNAcユニットが３回繰り返した5-trifluoroacetamidopentyl-β-(LacNAc)$_3$をワンポットで酵素合成した。最後に，組換えST6GalⅠを用いて非還元末端選択的なα2,6-シアリル化を行うことで，シアロ７糖配糖体を簡便かつ高収率で得ることに成功した。当然のことながら本合成法は，ウイルス感染に関与する糖鎖に限らず，種々の生理活性糖鎖の合成にも利用することができる。具体的には，病原性大腸菌が産生するベロ毒素が細胞に接着および侵入する際に認識するグロボ３糖｛Galα1,4Galβ1,4Glcβ1-R（図３-E)｝やガン転移に関与するE-セレクチンのレセプター分子であるシアリルルイスX｛Neu5Acα2,3Galβ1,4(Fucα1,3)GlcNAcβ1-R（図３-D)｝，細胞接着に関与するルイスX｛Galβ1,4(Fucα1,3)GlcNAcβ1-R｝などの大量合成にも成功

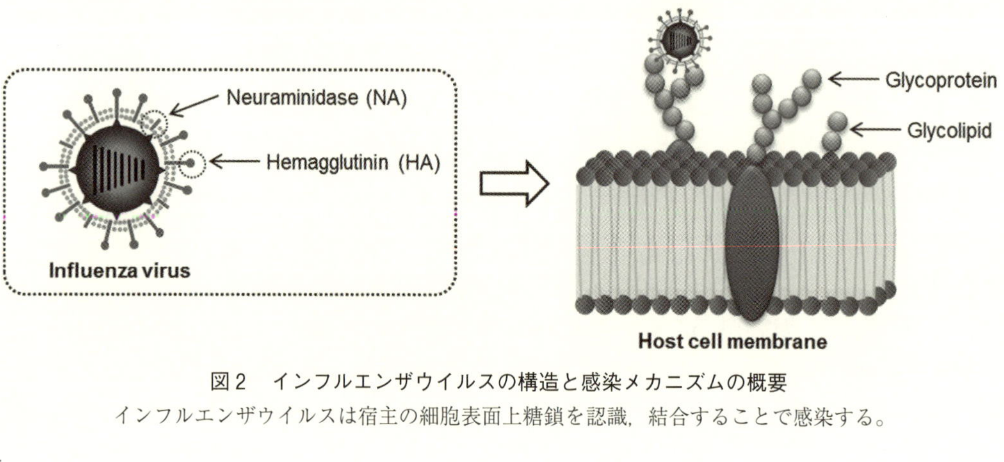


**図２　インフルエンザウイルスの構造と感染メカニズムの概要**

インフルエンザウイルスは宿主の細胞表面上糖鎖を認識，結合することで感染する。

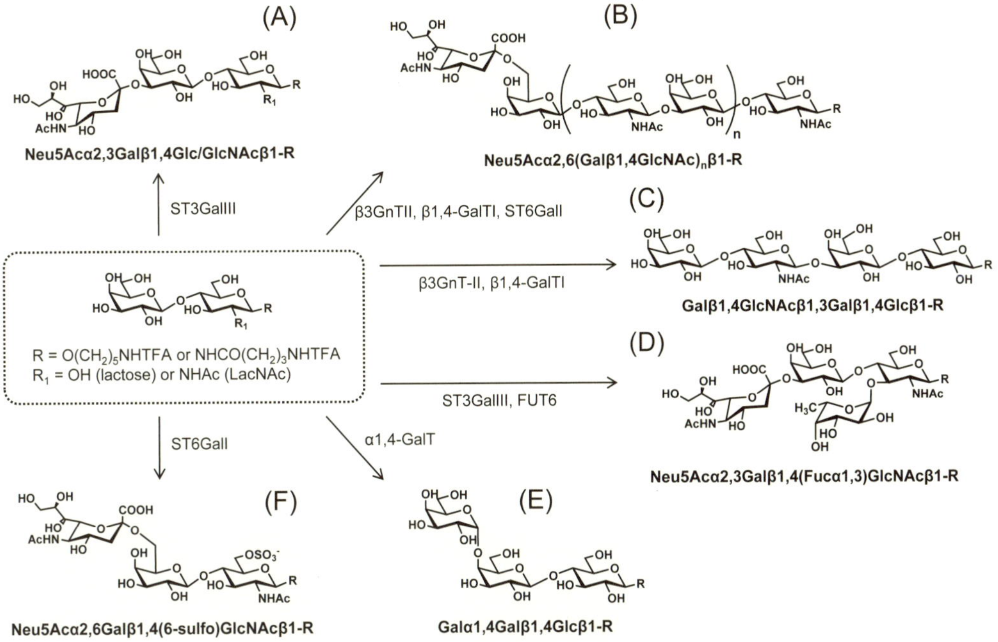


図３　組換え糖転移酵素を用いた機能性糖鎖プローブの網羅的合成
(A)Neu5Acα2,3Galβ1,4Glc/GlcNAcβ1-R，(B)Neu5Acα2,6(Galβ1,4GlcNAc)$_n$β1-R，(C)Galβ1,4GlcNAcβ1,3Galβ1,4Glcβ1-R，(D)Neu5Acα2,3Galβ1,4(Fucα1,3)GlcNAcβ1-R，(E)Galα1,4Galβ1,4Glcβ1-R，(F)Neu5Acα2,6Galβ1,4(6-sulfo)GlcNAcβ1-R

している。これら機能性糖鎖プローブは，簡便な脱保護工程を経るだけでアグリコン部末端をアミノ基に変換することが可能であり，この官能基を利用して高分子やナノ粒子など様々な基盤上に任意の糖鎖を集積化することができる。

## 2.4　機能性糖鎖プローブのクラスタリング（糖鎖クラスター材料の合成）

糖鎖生物学の分野では，糖鎖とレクチンとの１：１の結合親和性は比較的弱いにもかかわらず，細胞表層で集合体構造となることで親和性が飛躍的に増大する糖鎖クラスター効果が一般によく知られている。本概念は，糖鎖医薬や抗ウイルス剤，診断薬などの開発においても重要な設計指針となっている。インフルエンザウイルスの場合も，ウイルス膜上に多数存在するHAと受容体との相互作用を阻害する低分子型阻害剤をつくることは困難で，多数のHA多価結合部位とクラスター相互作用しうるほどの大きなオリゴマー分子が適していると考えられている。これまでに，多くの研究者によってポリアクリルアミドやポリスチレン，デンドリマー分子など様々な高分子骨格に糖鎖を多価に導入したウイルス阻害剤の報告がなされている[8~11]。近年筆者らは，納豆菌が産生する天然高分子γ-ポリグルタミン酸（γ-PGA）に着目し，本素材を高分子骨格に用いて新

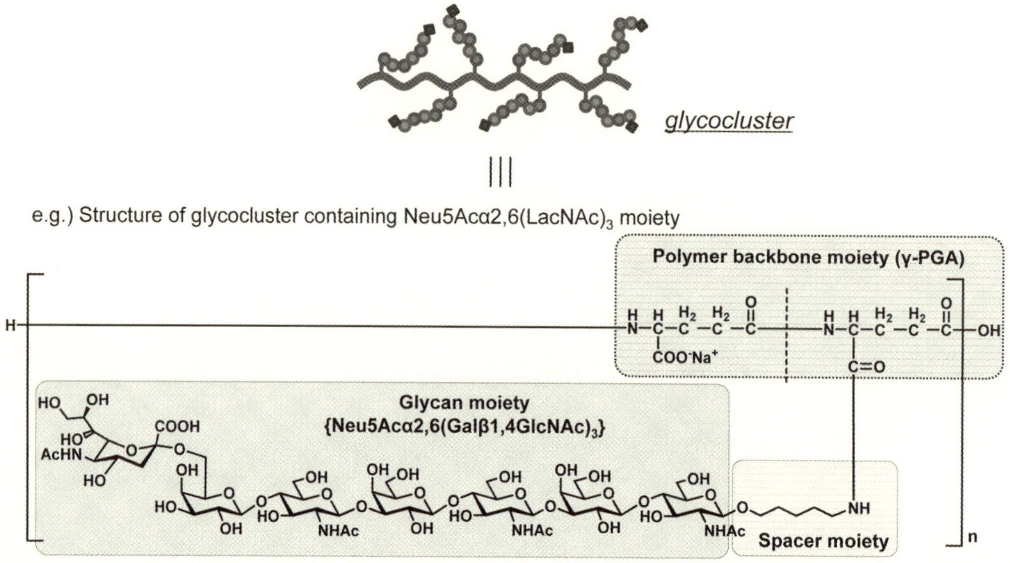


図4　ボトムアップ方式に基づく糖鎖クラスター材料のモジュール合成

規糖鎖クラスター材料の開発を行った[5]。従来のポリマー骨格は細胞毒性などの問題を抱えているものも多かったが，γ-PGAは薬物キャリアー[12]としても研究されている材料であるため，この点において安全性の高い高分子骨格であると考えられる。具体的には，γ-PGAに多数存在するカルボキシ基と合成した糖鎖プローブのアグリコン部末端アミノ基とを縮合反応することで，ウイルス結合性糖鎖を多価に導入した糖鎖クラスター材料（人工糖鎖ポリペプチド）を作製した（図4）。本合成反応は，反応組成を変更することで糖鎖の導入率などを簡単に調節することができる。また本糖鎖クラスターの合成には，その構造をウイルス結合性糖鎖部とスペーサー部，高分子骨格部の各モジュールに三分割することで，自在に構造制御を可能とするボトムアップ方式を採用している（図4）[5]。これにより，標的ウイルスに対して結合親和性を飛躍的に高めた糖鎖クラスター材料を機能設計することが可能となる。

### 2.5　糖鎖クラスター材料のインフルエンザウイルス検出への利用

筆者らはこれまでに，グライコモジュール法により機能設計された本糖鎖クラスター材料が，トリ型およびヒト型インフルエンザウイルスに対する強力な感染阻害剤となりうることを実験的に実証した[1]。例えば，イヌの腎臓細胞を用いたウイルス感染阻害試験（focus-forming assay）において，シアロ3糖（Neu5Acα2,3Galβ1,4GlcNAc）含有糖鎖ポリペプチドはトリ型インフルエンザウイルス｛A/Duck/HongKong/313/4/78（H5N3型)｝に対して，10 nmol/Lという50%感染阻害濃度を示した。さらに，シアロ7糖｛Neu5Acα2,6(Galβ1,4GlcNAc)$_3$｝含有糖鎖ポリペプチドはヒト型インフルエンザウイルス｛A/WSN/33（H1N1型)｝に対して，60 fmol/Lという非常に強力な阻害活性を示した。本糖鎖クラスター材料のウイルス感染阻害効果は，他のトリ型およびヒト型インフルエンザウイルスに対しても同様で，世界でも類を見ないほど強力かつ構造選択的な感染阻害剤である。また，シアロ7糖含有糖鎖ポリペプチドの感染阻害効果は，マウスを用いた*in vivo*試験においても実証されており，致死的なヒト型インフルエンザウイルス｛A/WSN/33（H1N1型）｝感染からの防御増強効果を確認している[1]。これら糖鎖クラスター材料のウイルスに対する強力な結合親和性や結合特異性を活かすことで，本材料を感染阻害剤のみならずウイルス検出にも応用することができる。

本糖鎖クラスター材料は，親水性の糖鎖部と疎水性の$\gamma$-PGA由来主鎖部からなる糖鎖ポリペプチドで，分子全体が両親媒性分子の特徴を有している。そのため，ポリスチレンプレートのような疎水性基盤上に容易に固定化することができる。また，ユニバーサルプレートを用いた場合は，糖鎖クラスター水溶液を添加後，1分間程度の紫外線照射を行うことで糖鎖高分子をプレート上に固定化することができる。これら糖鎖固定化プレートをウシ血清アルブミンなどでブロッキングしたのち，検体を添加・洗浄後，一次抗体・二次抗体を処理し最後に発色基質溶液を添加後，吸光度測定を行うことでELISA法の原理に基づくウイルス診断技術の開発が可能となった（図5）[5]。このウイルス評価系は，インフルエンザウイルスの検出や糖認識特異性の解析を簡便かつ高感度に行える方法として現在までに多くの研究者に利用されている[13~15]。また最近，本ELISA法とリアルタイムPCR法とを組み合わせることで，実際の鳥の臨床サンプルから直接ウイルスの糖鎖認識特異性を4時間以内で判別する方法を確立した[16]。近年，高病原性のH5N1型トリインフルエンザウイルスがアジアを中心に家畜で流行し，それに伴いヒトへの感染が年々増加している。今後このような感染を繰り返すことでウイルスの糖結合特異性に変異が起こり，パンデミック（世界的大流行）を起こしうる新型ウイルスの出現が危惧されている。本ウイルス判別法は，これら監視が必要なインフルエンザウイルスの変異を簡便にモニタリングする分析技術としても利用することができる。

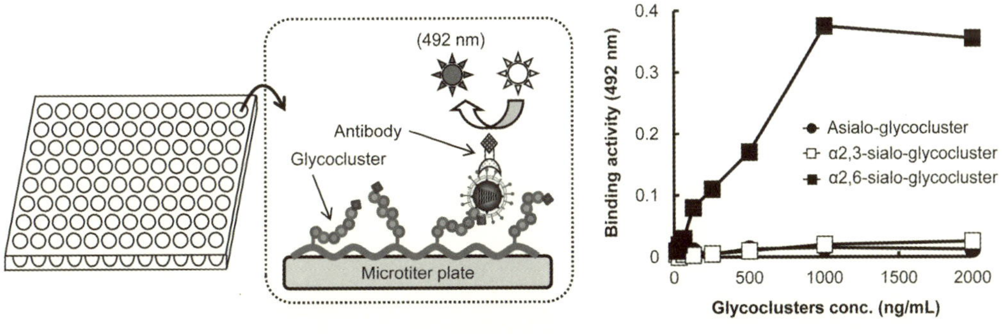


図5　ELISA法の原理に基づくウイルス検出法の概要と糖鎖固定化プレートを用いたヒト型インフルエンザウイルス｛A/Memphis/1/71（H3N2型）｝結合試験の結果

### 2.6 おわりに

今回筆者らは，ウイルス感染に関与する糖鎖を化学酵素合成法で簡便かつ大量に合成することに成功した。得られた機能性糖鎖プローブは，構造制御が自在なボトムアップ方式に基づくグライコモジュール法を活用することで糖鎖クラスター材料の開発に利用することができた。これによって標的ウイルスに対して結合親和性を飛躍的に向上させた糖鎖クラスター材料は，ウイルスの感染防止や流行を監視する汎用性の高い新規バイオマテリアルとして今後の応用展開が期待される。

**謝辞**

本研究を行うにあたりご指導および有益なご助言を頂きました，静岡大学碓氷泰市教授，村田健臣准教授，静岡県立大学鈴木隆教授，高橋忠伸講師，会津大学短期大学部左一八教授にこの場を借りて深く感謝いたします。また，本研究は多くの共同研究者の献身的な実験成果であり，ここに感謝の意を表します。

## 文　　献

1) M. Ogata *et al., Bioconjugate Chem.*, **20**, 538 (2009)
2) T. Motohashi *et al., Biochem. Biophys. Res. Commun.*, **326**, 564 (2005)
3) M. Ogata *et al., BMC Biotechnol.*, **9**, 1 (2009)
4) T. Kato *et al., J. Biosci. Bioeng.*, **113**, 694 (2012)
5) M. Ogata *et al., Bioorg. Med. Chem.*, **15**, 1383 (2007)
6) M. Ogata *et al., Biomacromolecules*, **10**, 1894 (2009)
7) M. Ogata *et al., J. Appl. Glycosci.*, **61**, 1 (2014)
8) G. B. Sigal *et al., J. Am. Chem. Soc.*, **118**, 3789 (1996)
9) A. Spaltenstein *et al., J. Am. Chem. Soc.*, **113**, 686 (1991)
10) A. Tsuchida *et al., Glycoconj. J.*, **15**, 1047 (1998)
11) J. D. Reuter *et al., Bioconjugate Chem.*, **10**, 271 (1999)
12) X. Wang *et al., J. Med. Virol.*, **80**, 11 (2008)
13) S. Yamada *et al., Nature*, **444**, 378 (2006)
14) K. I. P. J. Hidari *et al., Glycobiology*, **18**, 779 (2008)
15) J. Dong *et al., J. Virol. Methods*, **194**, 271 (2013)
16) T. Takahashi *et al., PLoS ONE*, **8**, e78125 (2013)

## 3　糖鎖アレイの基盤技術と応用展開

片山貴博[*1]，福島雅夫[*2]，高田　渉[*3]，五十嵐幸太[*4]

### 3.1　はじめに

ポストゲノム時代に入り，生命現象を分子間相互作用や反応で記述しようとする分子生物学やケミカルバイオロジーの発展に伴って，分子レベルでの生命の理解が急速に進みつつある。このような中で，生命現象に関わる種々の分子群の存在量や相互作用などを総体として評価しようとするオミクス研究が注目されている。初期のゲノミクスに続き，生命機能発現の主体であるタンパク質を扱うプロテオミクス，代謝物解析から生命現象を理解しようとするメタボロミクスなど種々のオミクス研究が進んでいる。しかしながら，プロテオミクスやメタボロミクスは，ゲノミクスとは異なり，タンパク質の発現量の変化のみではなく，それらが多岐にわたる翻訳後修飾を受けることでその機能が変化する。また，これらの翻訳後修飾は解析が困難であり，サンプルの調達から評価に至るまで多くの問題を抱えている。これらの翻訳後修飾の中でも最も普遍的かつ一般的なものの一つが糖鎖修飾である。ヒトに存在するタンパク質のうち，実に50％以上が糖鎖が付加した糖タンパク質として存在しており，糖鎖修飾はリン酸化やアシル化などと並ぶ基本的かつ重要な生合成プロセスの一つであると言える。さらに糖鎖は，タンパク質のみでなく細胞膜を構成する脂質分子にも引き起こされ，総体として多くの生命機能に極めて重要な役割を演じている。例えば，細胞間の識別やウイルス感染，インターフェロンやある種のホルモン分子，種々の毒素の受容体，免疫細胞の疾患細胞の認識などに重要である[1)]。インフルエンザウイルスの感染では，ウイルス表面のヘマグルチニンという糖タンパク質が，細胞表面のシアル酸を含む糖鎖を識別することで開始される。また，がんを始めとする多くの疾患細胞では，その表面糖鎖の構造が変化し，これらが重要なマーカーとなる可能性が指摘されている。したがって，細胞表面やウイルス表面などの糖鎖を解析することは，疾患の診断や有効な薬物の探索などに非常に重要である。そこで近年，グライコームなどの概念が提唱されている。しかしながら，それら糖鎖の解析は，その構造の複雑さのために最も難易度の高い対象となっている。ヒトに存在する単糖（糖鎖の構成単位）は９種類であるが，修飾された誘導体や異性体が多数存在する。これらの単糖は，多くのヒドロキシル基を持ち，理論的にはこれらをすべて他の単糖との結合に使うことができる。そのため，単糖の配列や結合位置，結合様式，鎖長，分岐様式の違いによって形成される糖鎖構造のバラエティはDNAやタンパク質と比較すると遥かに膨大である（それぞれの構成単位を３つ組み合わせた場合で比較すると，単純計算で，核酸では64通り，アミノ酸では8,000通りに対して糖鎖では119,376通りにもなる）。

---

＊1　Takahiro Katayama　住友ベークライト㈱　S-バイオ事業部　研究部
＊2　Masao Fukushima　住友ベークライト㈱　S-バイオ事業部　診断薬開発部
＊3　Wataru Takada　住友ベークライト㈱　S-バイオ事業部
＊4　Kota Igarashi　住友ベークライト㈱　S-バイオ事業部

前述のオミクス研究において，研究の進展を可能にしたものは，それらを支える基盤技術としての種々の分析手法である。中でも，極少量のサンプルで多種類の成分の評価を短時間で可能にするマイクロアレイ技術は，最も重要であろう。DNAアレイは遺伝子の発現差解析に基盤技術として貢献しており，プロテインアレイや抗体アレイなども一部商品化されながら実用化が進みつつある。一方で糖鎖アレイの場合，他のマイクロアレイ技術とは異なる問題を有している。後述するように，糖鎖には普遍的に利用できる反応性の高い官能基が存在せず，利用できる固定化技術が限定されている。さらに，DNAとは異なり，糖鎖は量的にも増幅不可能であるため，サンプルの調達も困難である。このような中で，近年，米国糖鎖コンソーシアム[2]において開発されたprinted glycan arrayをはじめとして，複数のグループが異なる手法で糖鎖アレイの開発に取り組んでいる[3~10]。また，糖鎖そのものだけではなく，タンパク質や脂質に糖鎖が結合した複合糖質と様々な疾患との関連についても重要視されてきており，糖鎖アレイおよび複合糖質アレイを用いた機能解析研究は今後ますます盛んになることが予想される。

最近，我々はこれまでの糖鎖アレイとは異なるアプローチによって独自の糖鎖アレイを開発した。これは住友ベークライト社が保有するプラスチックの製造-加工-表面処理技術と北海道大学にて開発されたグライコブロッティング（glycoblotting）法を組み合わせた新規のアレイであり，これまで問題が残されていた糖鎖の固定化が簡便で，高感度な検出が可能であることが特徴である。グライコブロッティング法は，本来，生体試料に由来する糖鎖を網羅的かつ定量的に高速プロファイルするための方法論として開発されたものである[11,12]が，これを応用して目的と合致した糖鎖をエンリッチできる技術としている。本稿では，この新規な糖鎖アレイについて，基板の開発経緯とその基板を用いた糖鎖アレイの実験例について紹介する[13]。

### 3.2　独自の糖鎖固定化法としてのグライコブロッティング法の利用

一般に，マイクロアレイ技術は，極微量な試料である化合物ライブラリに対する多くの成分の存在量や相互作用解析を迅速かつ簡便に行えるという点で優れた方法であり，DNAアレイを始めとしてプロテインアレイや低分子化合物アレイなどを用いた解析例がこれまでに多数報告されている[14,15]。糖鎖アレイにおいても，多種多様な糖鎖試料を一つのプラットフォーム上に集約し，網羅的に同時解析できる点は大きな魅力である。これらのマイクロアレイ技術の開発には，まず，多種類の対象物を同一条件でいかに安定かつ性質を変化させずに基板上に固定化するかが重要となる。タンパク質やDNAなどの生体分子の固定化の場合には，アミノ基やチオール基といった反応性の高い官能基が用いられる場合が多い。しかし，糖鎖はそれらの官能基に比べると反応性の劣るヒドロキシル基に富んだ構造であり，ある特定のヒドロキシル基のみを選択的に固定化に利用することは困難である。これまでに報告されている糖鎖アレイの多くは，DNAアレイやペプチドアレイなどの先行するマイクロアレイで用いられた方法と同様に，糖鎖還元末端にアミノ基やチオール基などを持つリンカーを導入して，活性化したガラススライド表面に糖鎖を固定化する方法論を取っている[16~19]。しかしながら，この方法では全ての糖鎖にリンカーを導入する必要があるため，多種類の糖鎖を固定化する場合には膨大な手間とコストがかかり，固定化用の糖鎖ライブラリを確保すること自体が困難となる。そこで我々は，前述したグライコブロッティング法を利用することで，糖鎖を効率良く精製しながら試料を調達するとともに，糖鎖還元末端のアルデヒド基と等価のヘミアセタール基を捕捉することで簡便かつ効率的に糖鎖を固定化する方法を開発した。本方法によって，還元末端を有する糖鎖を含んだ溶液を，アミノオキシ基を導入した基板上に接触させた後，加熱するだけで糖鎖を固定化する事が可能となり，全ての糖鎖にリンカーを導入する手間から解放される。

### 3.3　アレイ基板の表面処理

我々は，北海道大学が開発したこのグライコブロッティング法を応用し，簡便に糖鎖を固定化することができる糖鎖アレイ用プラスチック基板を開発した。プラスチック基板の表面には特殊な表面処理が施されており，糖鎖の還元末端に存在するアルデヒド基と特異的に反応するアミノオキシ基が表面に提示されている。したがって，還元末端を有する糖鎖を含んだ溶液をプラスチック基板表面に接触させ，加熱するだけで簡単に糖鎖を固定することが可能となる。そのため，糖鎖を固定化するために機能性リンカーを導入するという煩雑な作業を行うことなしに，様々な構造の遊離糖鎖を一度に固定化することが可能となった（図1-A）。

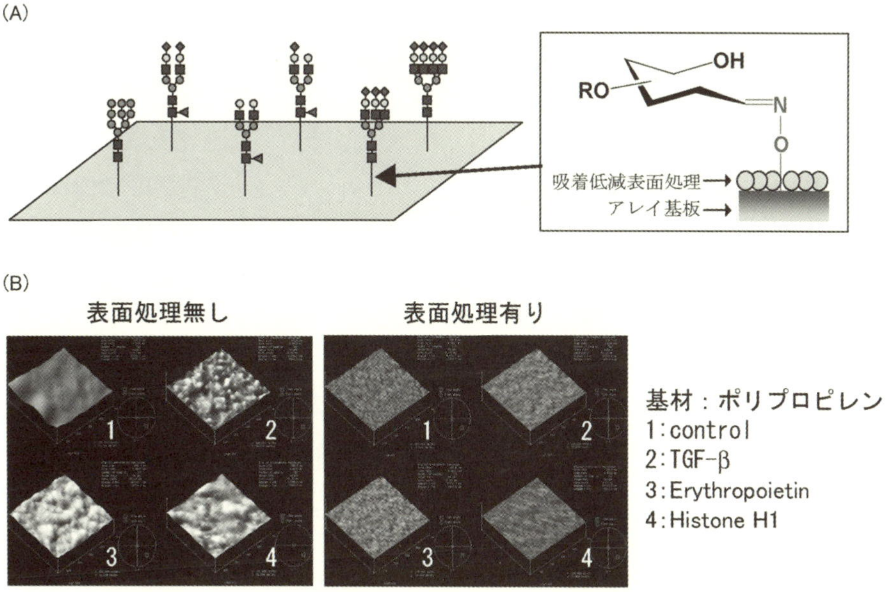


**図1　グライコブロッティング法に基づく糖鎖マイクロアレイ**
(A)糖鎖アレイの模式図。糖鎖還元末端のヘミアセタール基と基板表面に提示したアミノオキシ基が化学選択的に反応して糖鎖が固定化される。
(B)タンパク質を非特異吸着させたポリプロピレン基板表面のAFM画像。特殊な表面処理によりタンパク質の非特異吸着が効果的に抑制されている。

マイクロアレイ技術を用いる際に重要なもう一つの因子は，その他の生体成分による基板表面の非特異吸着の除去である。相互作用の解析などを目的としてマイクロアレイ技術を用いる場合，試料の量，および基板上に固定化されたリガンドの量は極めて微量であり，分析対象物が基材へ非特異吸着を起こすと，バックグラウンドノイズの発生によって検出感度の低下を招くことになる。そのため，通常はブロッキング剤（例えば，ウシ血清アルブミンやスキムミルク）を用いたブロッキング操作を行って非特異吸着を抑制するのが一般的であるが，十分な効果が得られなかったりするためにブロッキング剤の検討が必須である。しかし，非特異吸着は用いる試料の成分によってもその性質は様々であり，ブロッキング剤の選定や最適化は困難である。この問題は，糖鎖アレイに限らずあらゆるマイクロアレイ技術の実用化の上で極めて重要な因子である。我々の基板の表面処理技術におけるもう一つの特徴は，タンパク質に代表される生体分子の非特異的な吸着を高効率に抑制できる効果を持つことである（図1-B)。すなわち，本表面処理では，一般的なブロッキング剤でブロッキングされた表面よりも遥かに優れた非特異吸着抑制能を有し，ブロッキング操作を行うことなく，高いS/N比で糖鎖を介した相互作用を検出することが可能となる。通常，糖鎖とタンパク質との相互作用は抗原抗体反応などの相互作用に比べると遥かに弱く，バックグラウンドノイズの発生を抑えることは，糖鎖を介した相互作用解析においては特に重要である。

また，プラスチックをベースとして加工しているため，様々な形状へ応用が可能である。例えば，スライドガラス形状やマイクロプレート，微細流路を有するマイクロフルイディクス基板など，測定ニーズに適したフォーマットとして提供することが可能である。

### 3.4 糖鎖アレイによる評価例

実際にこのプラスチック基板上に糖鎖を固定化し，市販レクチンとの特異的反応性が実現できている。この例では，0.1 mg/mLの濃度に調製された8種類の*N*-結合型糖鎖を，マイクロアレイ作製用のピンスポッターを用いてスライド上にスポットして糖鎖を固定化している。余剰のアミノオキシ基は，糖鎖固定化後に酸無水物でキャップしている。使用したレクチンは4種類で全てビオチン化されており，ConAレクチン（concanavalin A）はハイマンノース型と二分岐型糖鎖，ECAレクチン（erythrina cristagalli agglutinin）は末端に*N*-アセチルラクトサミンを有する糖鎖，SNAレクチン（sambucus nigra agglutinin）は$\alpha$2-6結合したシアル酸を有する糖鎖，AALレクチン（aleuria aurantia agglutinin）はフコースを有する糖鎖とそれぞれ反応することが知られている。糖鎖を固定化したスライドに10 $\mu$g/mLに調製された各レクチンを反応させた後，Cy3標識されたStreptavidin（GEヘルスケア製）でレクチンを蛍光標識して，マイクロアレイ用スキャナー（PerkinElmer製 ScanArray Lite）を用いて検出した。

図2に各スライドのスキャン画像を示した。それぞれのレクチンが明確に反応特異性を示しており，我々が開発した基板上において，糖鎖と糖鎖結合性タンパク質の反応性スクリーニングが十分可能であることが実証された。この実験では，通常ELISAなどで用いられる濃度よりも遥に

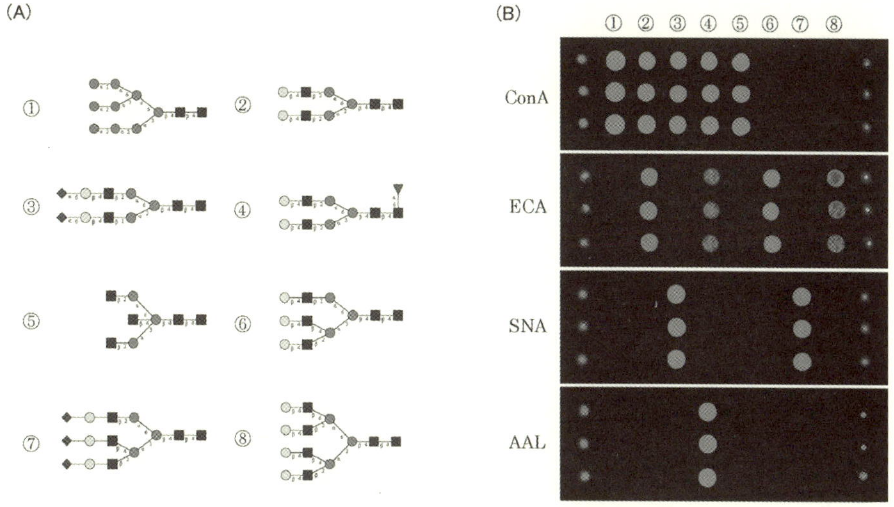


**図2　N-結合型糖鎖アレイとレクチンの反応**
(A)スライドに固定化した8種類のN-結合型糖鎖，(B)4種類のレクチンを反応させた後にマイクロアレイ用スキャナーで蛍光検出した画像。

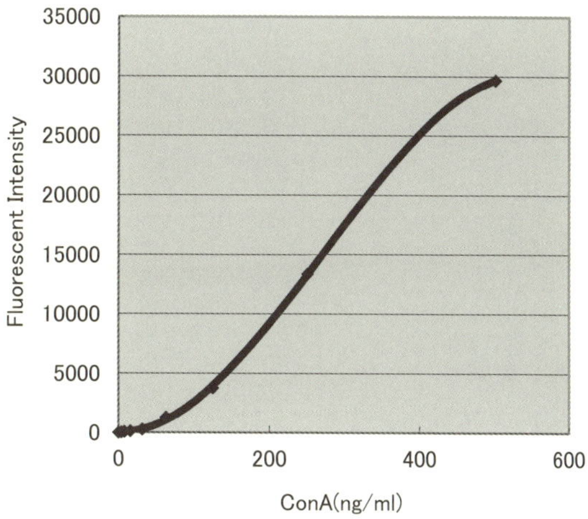


**図3　N-結合型糖鎖アレイによるConAレクチンの検出例**
非還元末端にマンノースを有する糖鎖に対してConAレクチンの結合量が濃度依存的に増加した。

高い濃度でレクチンを反応させているが，非特異吸着を抑制する表面処理の効果によりブロッキング操作なしでも低いバックグラウンドノイズを実現可能であった。また，ECAレクチンを反応させたスライドのスキャン画像から，一般的に他のグリコシド結合よりも分解し易いシアル酸を含む糖鎖も，ほとんど分解せずに固定化されて機能していることが示唆された（シアル酸が分解すると末端構造がN-アセチルラクトサミンになる為にECAレクチンとの反応性が増大する），本固定化法の優位性が実証できた。

次に，マンノース型糖鎖とConAレクチンとの結合について，その濃度依存性を確認した。N-結合型糖鎖の還元末端側に存在するコアの5糖構造を有する糖鎖をスライド上に固定化し，ConAレクチンの希釈系列を作製して，それぞれの溶液をスライドに反応した。前述した手順で，レクチンを蛍光標識した後にマイクロアレイ用スキャナーでCy3の蛍光シグナルを検出したデータを図3に示した。ConAレクチンの濃度に応じた蛍光シグナルの増減が検出されており，一定の濃

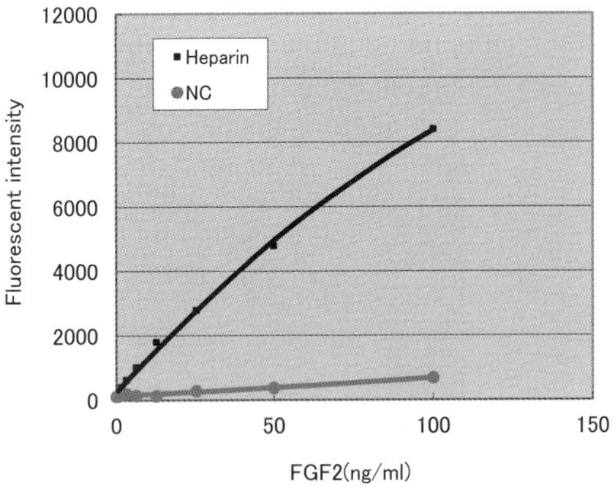


**図4　ヘパリン固定化アレイによるFGF2の検出**
固定化したヘパリンに対するFGF2の結合量がFGF2の濃度依存的に増加した。

度範囲内では検量線を用いた定量も可能であった。

*N*-結合型糖鎖だけでなく，グリコサミノグリカンを固定化してアレイを作製することも可能である。グリコサミノグリカンは動物の結合組織を中心にあらゆる組織に普遍的に存在する（植物には存在しない），通常枝分かれが見られない長鎖の多糖である。グリコサミノグリカンの構造には，分子量や硫酸化の位置や度合いなど，極めて複雑な多様性があり，この多様性によって細胞増殖，細胞分化，癌転移，ウイルス感染，神経の再生や幹細胞の分化など，様々な生物学的活性を発揮している。したがって，グリコサミノグリカンと特定タンパク質との相互作用を解析することは，分子生物学的に非常に重要である。このような多糖類の機能解析においてもマイクロアレイは有効なツールとして利用することができる。我々は分子量10 kD程度のヘパリンを基板上に固定化し，FGF2（Fibroblast growth factor-2）との相互作用をアレイ上で検出した。ヘパリンを固定化したアレイに，FGF2, Mouse Anti-FGF2, Cy3標識Anti-Mouse IgGを順に反応させ，マイクロアレイ用スキャナーで，同様にCy3の蛍光を用いて評価したところ，固定化されたヘパリンとFGF2との結合が濃度依存的な蛍光シグナルとして検出された（図4）。このように，分子量10 kDと比較的大きなグリコサミノグリカンであっても容易に基板へ固定化して評価することができる[20]。

### 3.5　展望

本稿にて紹介したように，我々が開発した糖鎖アレイ用基板を使用することで，糖鎖1つ1つに機能性リンカーを導入するという作業なしに簡便かつ効率的に糖鎖の固定化が可能となる。さらに，基板に施した非特異吸着を高効率に抑制する表面処理技術によって，特別なブロッキング操作なしに糖鎖結合性タンパク質との網羅的な相互作用を容易に解析することができる。また，固体基板としてプラスチックを用いているため，マイクロアレイ以外にもマイクロプレートやマイクロフルイディクス基板など，幅広い用途に応じた様々なアッセイ法を選択できる。

一方で，糖鎖アレイの最大の課題は糖鎖ライブラリの確保にある。糖鎖の合成技術は日々進歩しているが，糖鎖の多種多様な結合様式や結合位置を完全に制御することは難しい。糖転移酵素を用いた合成も，小規模での合成は達成できるが，産業ベースで利用できる段階には至っていない。我々は，グライコブロッティング技術を用いて開発された糖鎖捕捉ビーズBlotGlyco™[17,18]を利用した糖鎖回収技術を有しており，安価に入手可能な糖タンパク質や生体材料から純度の高い糖鎖を回収する方法論の検討に取り組んでいる。また，生体内では糖鎖はタンパク質や脂質に結合して，糖タンパク質や糖脂質としてその機能を発揮しているケースが多い。これまでに我々は，*N*型糖鎖や*O*型糖鎖，グリコサミノグリカンなど，種々の糖鎖を固定化した糖鎖アレイやガングリオシドやグロボシドを固定化した糖脂質糖鎖アレイを開発した。現在は，肺がんをはじめ膵がん，大腸がんなどに高発現していることが報告されているMUC1やMUC4ムチン[21)]の糖ペプチドを固定化する糖ペプチドアレイの開発に取り組んでいる。このような我々の複合糖質研究用ツールの利用によって，糖鎖研究の更なる発展に寄与し，がんや感染症を始めとする疾患に対しての治療薬や診断法の開発が促進されることを期待する。

## 文　　献


1) M. E. Tayler & K. Drickamer, *Introduction to Glycobiology*, Oxford University Press (2003)：西村紳一郎，門出健次監訳，糖鎖生物学入門，化学同人（2005）
2) http://www.functionalglycomics.org/static/index.shtml
3) J. C. Paulson *et al.*, *Nat. Chem. Biol.*, **2**, 238 (2007)
4) T. Feizi, *et al.*, *Curr. Opin. Struct. Biol.*, **13**, 637 (2003)
5) I. Shin, *et al.*, *Chem. Eur. J.*, **11**, 2894 (2005)
6) A. S. Culf *et al.*, *Omics*, **10**, 289 (2006)
7) P.-H. Liang *et al.*, *Curr. Opin. Chem. Biol.*, **12**, 86 (2008)
8) T. Horlacher *et al.*, *Chem. Soc. Rev.*, **7**, 1414 (2008)
9) N. Laurent *et al.*, *Chem. Commun.*, 4400 (2008)
10) N. V. Bovin & M. E. Huflejt, *Trends. Glycosci. Glycotechnol.*, **20**, 245 (2008)
11) J. R. Falsey *et al.*, *Bioconjugate Chem.*, **12**, 346 (2001)
12) S. Park, *et al.*, *Chem. Commun.*, 4389 (2008)
13) K. Igarashi, *et al.*, バイオインダストリー，**26**(7)，63 (2009)
14) A. Lohse, *et al.*, *Angew. Chem. Int. Ed.*, **45**, 4167 (2006)
15) K. Niikura *et al.*, *Chem. Eur. J.*, **11**, 3825 (2005)
16) S.-I. Nishimura *et al.*, *Angew. Chem. Int. Ed.*, **44**, 91 (2005)
17) H. Shimaoka *et al.*, *Chem. Eur. J.*, **13**, 1664 (2007)
18) J. Furukawa *et al.*, *Anal. Chem.*, **80**, 1094 (2008)
19) Y. Miura *et al.*, *Mol. Cell. Proteomics*, **7**, 370 (2008)
20) W. Takada *et al.*, *Anal. Biochem.*, **435**, 123 (2013)
21) H. Jun *et al.*, 滋賀医大誌，**16**, 17 (2001)

## 4　高密度レクチンマイクロアレイを用いた細胞評価技術開発ストラテジーの構築

舘野浩章*

### 4.1　はじめに

レクチンマイクロアレイは極微量の生体試料中の糖タンパク質群の糖鎖プロファイルを迅速かつ簡便に解析することができる先端糖鎖解析技術である。細胞や組織の抽出液，血清，体液などのヒト由来の各種生体試料に加え，真菌，バクテリア，ウイルス等，様々な生物由来試料の解析が可能である。最近では，組換えレクチンを搭載した高密度レクチンマイクロアレイが開発され

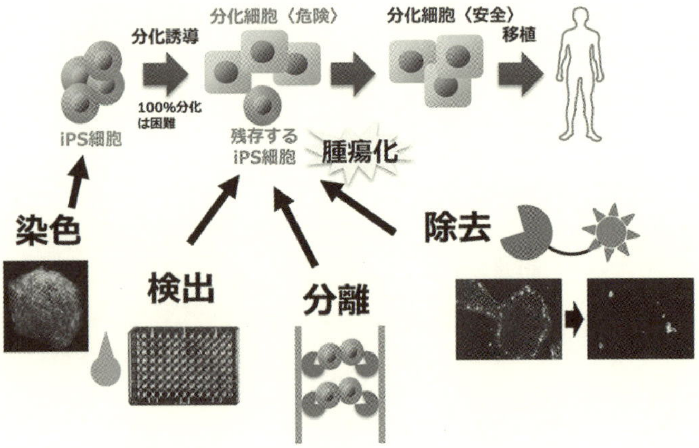


図1　ヒトiPS/ES細胞品質管理技術の開発

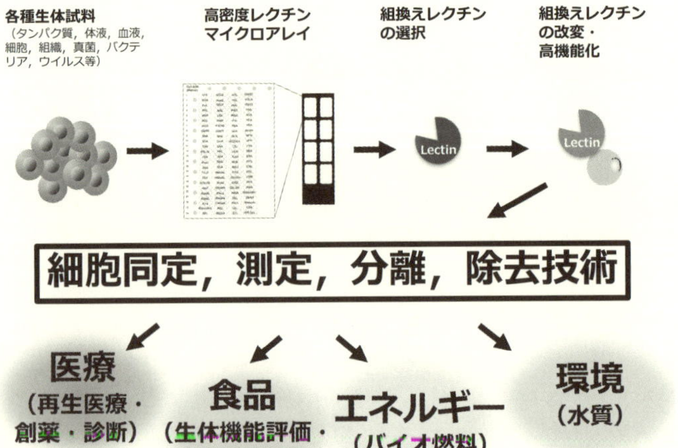


図2　高密度レクチンアレイは各種バイオ関連産業の課題解決に貢献

＊ Hiroaki Tateno　国立研究開発法人産業技術総合研究所　創薬基盤研究部門　主任研究員

たことで，糖鎖プロファイリングから細胞の同定・検出・分離・除去を行う一連の技術開発が一気通貫で実現可能となった。ここでは高密度レクチンマイクロアレイを用いて各種ヒトiPS/ES細胞の網羅的糖鎖プロファイリングを行うことで，ヒトiPS/ES細胞を再生医療に応用する際の課題解決に直結する一連の技術開発について概説する（図1）。本ストラテジーはヒトiPS/ES細胞に限定されるものではなく，あらゆる生物，細胞種に適用することができることから，医療，食品，エネルギー，環境などバイオ関連産業の様々な課題解決に貢献することができると考えている（図2）。

### 4.2　再生医療の課題

再生医療とは，損傷を受けた生体機能を幹細胞などを用いて復元させる医療であり，対症療法しかない疾病に対しても根本的な修復と再生が可能である。ヒト人工多能性幹（iPS）細胞やヒト胚性幹（ES）細胞は，自分と同じ性質の細胞を無限に増やせる能力と，色々な細胞に分化できる能力を有することから，再生医療のための細胞源として大きな期待が寄せられている。ヒトiPS/ES細胞を用いた移植までの流れを図3に示す。①まずヒトiPS/ES細胞を必要な数まで増やす。②次に目的の細胞に分化させる。③そして，目的の細胞を集めるとともに，いらない細胞を除く。④最後に，集めた目的の細胞を患者に移植する。2014年9月，滲出型加齢黄斑変性の治療を目的としてヒトiPS細胞から作製した網膜色素上皮細胞の移植が世界で初めて実施されるなど，ヒトiPS細胞の臨床応用は急速に進んでいる。しかし，ヒトiPS/ES細胞を用いた再生医療には課題もあり，ヒトiPS/ES細胞や由来する移植用細胞の品質管理が難しいことや，ヒトiPS/ES細胞が腫瘍化することなどが挙げられる。例えばヒトiPS/ES細胞を培養していると，培養条件や手技を間違えると，何時の間にか悪い品質のヒトiPS/ES細胞，すなわち違う細胞に変化してしまった細胞が出現してしまう。培養している細胞が本当に多能性を維持したヒトiPS/ES細胞であるかどうかは，培養している細胞のかたちを観察して培養者の目や経験で判断していた。しかしこれでは培養者毎に判断が異なってしまい，同じ品質の細胞を供給することができない。そのため，ヒトiPS/ES細胞の品質の指標となる共通の物差しが求められていた。一方後者に関しては，例えばヒトiPS/ES細胞をマウスの脳に移植した場合，神経細胞だけでなく，マウスの脳に存在すべきではない奇形腫（テラトーマ）が形成されてしまう。そのため，ヒトiPS/ES細胞から移植用細胞を作製して再生医療に用

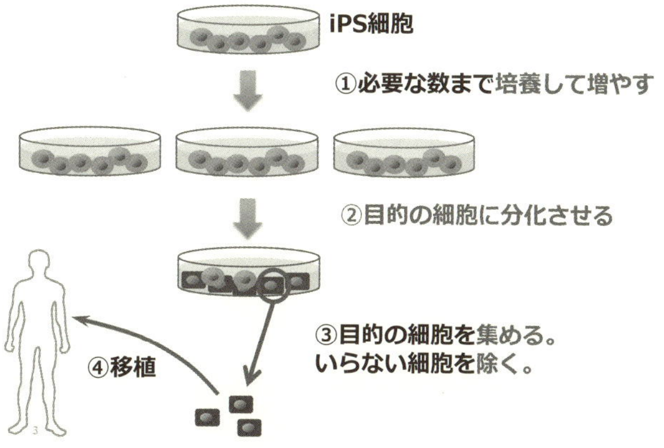


図3　ヒトiPS細胞を移植するまでの流れ

いる場合，ヒトiPS/ES細胞の品質を管理する技術や，移植用細胞に残存するヒトiPS/ES細胞を検出・除去する技術の開発が求められていた。これらの技術を開発するために，筆者らはレクチンマイクロアレイを活用して，ヒトiPS/ES細胞の目印（マーカー）を探して，見分ける道具（プローブ）の開発を行った。

## 4.3　高密度レクチンマイクロアレイの開発

従来のレクチンマイクロアレイには40種程度の天然物（植物や真菌類）由来のレクチンが固定化されていた[1)]。しかし天然物由来のレクチンは安定供給やロット間差，その後の高機能化などの面で課題があり，たとえヒトiPS/ES細胞を見分けることができる良いレクチンが見つかったとしても，その後の実用化や産業化への展開は難しいだろうと予想された。そこで筆者は世界に先駆けてレクチンのリコンビナントシフトを実施した。大腸菌で安定，かつ大量に生産できることという条件で開発を進め，最終的には約40種類のリコンビナントレクチンの大量発現系を構築した[2)]。これらリコンビナントレクチンの一部は既に和光純薬工業㈱から上市されている。そして，38種類のリコンビナントレクチンを含む計96種類のレクチンを固定化することにより，高密度レクチンマイクロアレイを開発した[2)]（図４）。

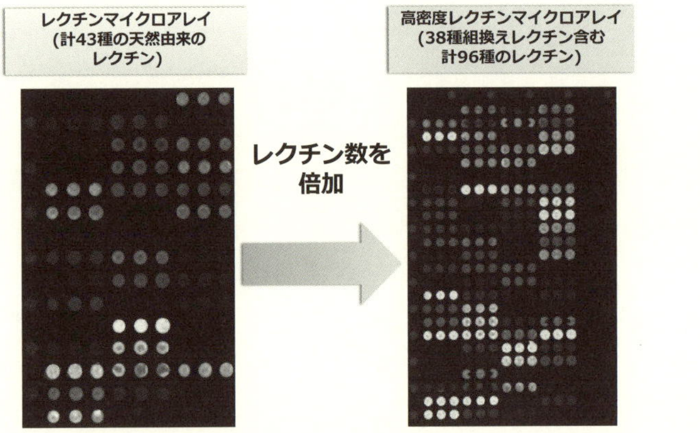

図４　高密度レクチンアレイの開発

## 4.4　高密度レクチンマイクロアレイによるヒトiPS/ES細胞の網羅的糖鎖プロファイリング

国立成育医療研究センターの協力を得て各種体細胞（胎盤動脈内皮，子宮内膜，羊膜，胎児肺）に山中４因子（Oct-3/4, Sox2, Klf4, c-Myc）を導入して，異なる継代数のヒトiPS細胞計114種類を調製した。これら細胞から糖タンパク質を含む画分を抽出，Cy3で蛍光標識化後，高密度レクチンマイクロアレイに反応させた。対象として，ヒトES細胞（９種），iPS細胞作製の元となった親細胞（体細胞，11種），iPS細胞の維持に用いられるマウス胎児由来繊維芽細胞（１種），ES細胞（９種）を解析した。測定はエバネッセント波励起蛍光型スキャナーで行った。得られた蛍光強度をノーマライズした後に，クラスター解析した。その結果，未分化なヒトiPS/ES細胞と，分化した体細胞の大きく２つのクラスターに分類されることがわかった[2)]（図５）。すなわち体細胞に初期化遺伝子を導入して多能性を誘導すると，細胞表面糖鎖もヒトES細胞と類似の構造に変化することがわかった。次に，分化した体細胞から未分化なヒトiPS細胞に初期化される過程でどのような細胞表面糖鎖の変化（グライコームシフト）が起こるかを，レクチンの反応性から予測したところ，下記４つの特徴を抽出することができた（図６）。

⑴　シアル酸結合様式：α2-3型からα2-6型にシフト

⑵　フコース結合様式：α1-6型（還元末端）からα1-2型（非還元末端）にシフト

⑶　ラクトサミン結合様式：β1-4型（２型）からβ1-3型（１型）にシフト

⑷　*N*型糖鎖：高分岐型から低分岐型にシフト

上記の結果は，関連する糖転移酵素遺伝子の発現プロファイルからも裏付けることができた。すなわちヒトiPS/ES細胞では，体細胞と比較して，*ST6Gal1/2*, *FUT1/2*, *B3GalT5*の発現が増加する一方で，*MGAT5*遺伝子の発現が減少していることがわかった。さらに，ヒトiPS細胞201B7株，およびそのもとの体細胞であるヒト皮膚線維芽細胞の糖鎖構造をグリコシダーゼ支援・質量分析／液体クロマトグラフィー法で比較定量解析した[3]。その結果，皮膚線維芽細胞で計27種（*N*型：20種，*O*型：７種），201B7細胞株で計47種（*N*型：37種，*O*型：10種）の糖鎖構造を決定した。ヒト皮膚線維芽細胞と，誘導した201B7細胞では糖鎖構造が劇的に異なっており，高密度レクチンマイクロアレイで観察された「グライコームシフト」が事実であることが証明できた。しかし，はじめから質量分析／液体クロマトグラフィー法を用いて，限られた細胞種で比較解析したのでは，体細胞からヒトiPS細胞を

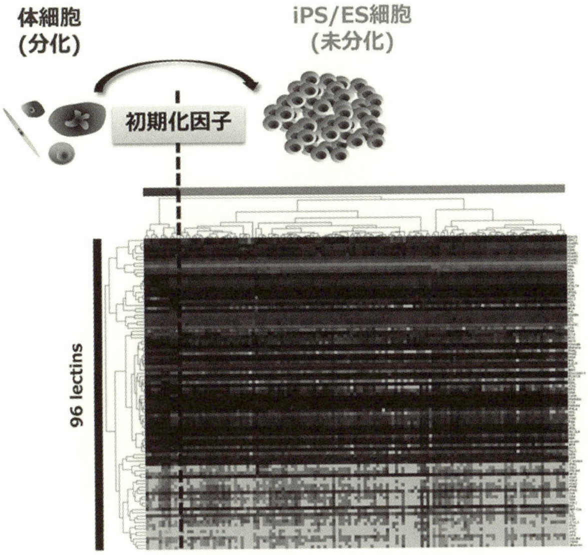


図５　分化した体細胞と未分化なiPS/ES細胞で異なる糖鎖プロファイルを示す

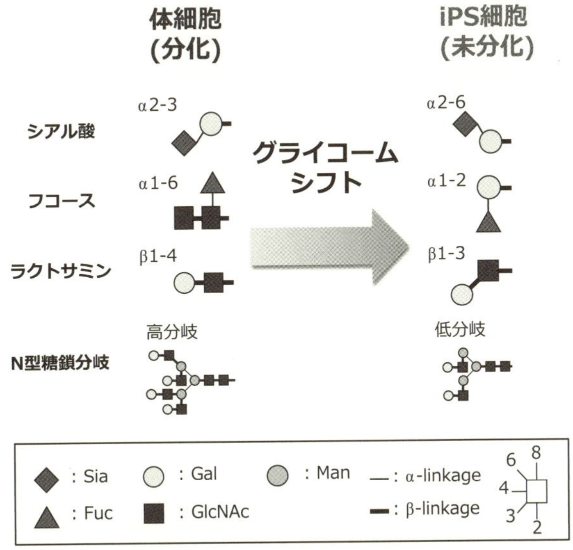


図６　分化した体細胞から未分化なiPS細胞に初期化される過程におけるグライコームシフト

誘導する過程で観察されるグライコームシフトの特徴を明らかにすることは難しかっただろう。やはり高密度レクチンマイクロアレイを用いた網羅解析でグライコームシフトの特徴を抽出できたことは，その後の解析の道標となったことは間違いない。また解析にかかった時間も特筆すべき点である。熟練した研究者が質量分析／液体クロマトグラフィー法を用いて２種類の細胞の解析を行っても，解析に半年以上の時間を要した。一方，高密度レクチンマイクロアレイを用いると，２週間程度で100種以上の細胞を解析することができた。レクチンマイクロアレイでは糖鎖構造を正確に決定することはできないが，簡便かつ迅速にサンプル間の糖鎖構造の違いを抽出することができることが一つの大きな利点といえる。

### 4.5　ヒトiPS/ES細胞特異的レクチンrBC2LCNの発見

さらに今回，高密度レクチンマイクロアレイで解析に臨んだことで素晴らしい副産物が得られた。新規ヒトiPS/ES細胞特異的レクチンの発見である。高密度レクチンアレイに新たに搭載した38種の組換えレクチンのうち，グラム陰性菌*Burkholderia cenocepacia*が産生するレクチンBC2LCの*N*末端ドメイン（rBC2LCN）は全てのヒトiPS/ES細胞と反応する一方，ヒトiPS細胞作製の元となった親細胞（体細胞）とは全く反応しなかった。したがって，ヒトiPS/ES細胞の新たな検出プローブとなることが示された[2]（図７）。rBC2LCNの糖鎖結合特異性を糖鎖アレイ，およびフロンタル・アフィニティークロマトグラフィー（FAC）で解析したところ，上記のヒトiPS/ES細胞の２つの特徴である$\alpha$1-2フコースと１型ラクトサミン構造を有するFuc$\alpha$1-2Gal$\beta$1-3GlcNAc/GalNAcに結合特異性を示すことがわかった[2]。質量分析／液体クロマトグラフィー法で同定した糖鎖のうち，この糖鎖エピトープを有しているのはHタイプ３を含む*O*型糖鎖（Fuc$\alpha$1-2Gal$\beta$1-3(Gal$\beta$1-4GlcNAc$\beta$1-6)GalNAc）１種類のみであった[4]。FACで定量解析したところ，rBC2LCNはこの糖鎖に結合親和性を有することがわかった（$Ka = 2.5 \times 10^4 M^{-1}$）。すなわちこの糖鎖構造は未分化マーカーであるということを示している。さらに，ヒトiPS/ES細胞上に発現するrBC2LCNが認識する糖タンパク質リガンドの探索を行った[4]。分化したヒト体細胞と未分化なヒトiPS/ES細胞の抽出液を電気泳動してrBC2LCNでブロットした結果，ヒト体細胞は全く反応しなかったのに対して，ヒトiPS/ES細胞はいずれも240 kDa以上の高分子量域が選択的に染色された。免疫沈降とウエスタンブロット解析の結果，このタンパク質はポドカリキシンという１型膜タンパク質であることがわかった（図８）。ポドカリキシンはもともと腎臓の糸球体足細胞で同定され，足細胞の形

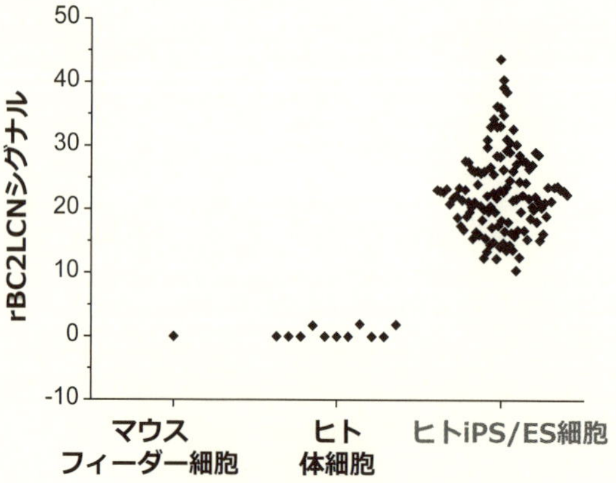


図７　ヒトiPS/ES細胞特異的レクチンrBC2LCNの発見

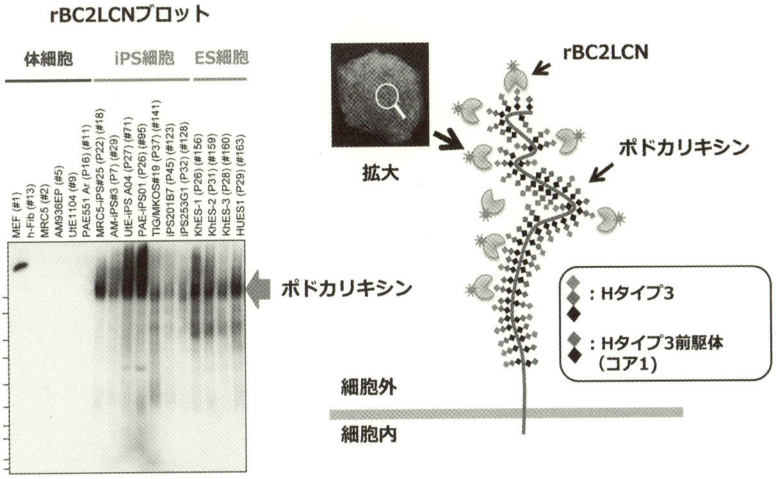


図8　ポドカリキシンはrBC2LCNの糖タンパク質リガンドである

態形成に重要であることが明らかにされていた。その後の遺伝子発現解析により，ヒトiPS/ES細胞に発現する主要な膜タンパク質であることが報告されたが，その機能は未知であった。ポドカリキシンは528アミノ酸残基からなり，5個の*N*型糖鎖付加部位，3個のグリコサミノグリカン付加部位，100個以上のムチン様*O*型糖鎖付加部位を有する。このタンパク質のアミノ酸配列の計算分子量は55 kDaであるが，見かけの分子量は240 kDa以上を示す巨大分子である。rBC2LCNのポドカリキシンへの反応性は*N*型糖鎖をペプチドから切り出す*N*-グリカナーゼ処理では減少しなかったのに対し，*O*型糖鎖を切り出すアルカリ消化処理では反応性が大きく減少した。以上の結果から，Hタイプ3陽性ポドカリキシンはrBC2LCNの主要な糖タンパク質リガンドであるといえ，未分化性における機能に興味が持たれる。

### 4.6　ヒトiPS/ES細胞を生きたまま染色するプローブへの応用

高密度レクチンマイクロアレイ解析による解析の結果，rBC2LCNのヒトiPS/ES細胞への「特異性」は大変高かったものの，「シグナル強度」は決して高いものではなかった。また一般にレクチンの親和性は抗体と比べて低いと考えられており，そのため細胞染色のためのプローブとしては適さない可能性もあった。こうした中，蛍光標識したrBC2LCNを用いて，ホルマリン固定したヒトiPS/ES細胞の染色を行ったところ，ヒトiPS/ES細胞を大変強く，かつ鮮明に染色できることがわかった[5)]。一方，rBC2LCNはレチノイン酸で完全に分化させたヒトiPS/ES細胞には全く反応性を示さなかった。面白いことに，rBC2LCNは培養液に添加するだけで，ヒトiPS/ES細胞を生きたまま染色できることがわかった（図8）。これはrBC2LCNのヒトiPS/ES細胞への結合を阻害する分子が培地成分に含まれていないこと，rBC2LCNのヒトiPS/ES細胞に対する「親和性」と「特異性」の双方が高いことなどが理由として考えられる。ヒトiPS細胞に対する親和性をフローサイトメトリーで計算したところ，結合定数は$Ka = 5 \times 10^8 M^{-1}$（$Kd = 2 \times 10^9 M$）であり，抗体と同程度の高い親和性を示すことがわかった。また，rBC2LCNはたとえ100 μg/mLという高濃度であっても，ヒトiPS/ES細胞の遺伝子発現に全く影響を与えず，毒性を示さないことがわかった。rBC2LCNの非標識体，および各種蛍光標識体は，ヒトiPS/ES細胞を生きたまま（未固定）染色するための新しい試薬として和光純薬工業㈱から上市された。その後複数のユーザーから，rBC2LCNによる染色を剥がすことができないかという要望があった。rBC2LCNはフコースを含む3糖構造に結合特異性を示すレクチンであることから，糖を添加することで染色を剥がすことができるストリップ溶液を製品化した。このように簡単な糖で一度結合したレクチンを剥がすことができることも，抗体にはない，レクチンの大きな利点であると言える。もちろんrBC2LCNはフローサイトメーターに適用可能であり，細胞分離にも応用することができる。

rBC2LCNは従来用いられていたSSEA-3/4，Tra1-60/81と同様，糖鎖を標的構造とする表面マーカープローブである。しかし大変重要な点は，本レクチンは大腸菌で量産かつ安定的に供給可能な低分子タンパク質（分子量16 kDa）であるということである。天然物由来のレクチンだとしたら，例え安価でも，安定供給や品質の面で課題が残ったばかりか，この後に述べる各種技術開発への発展は難しかっただろう。一方，抗体は哺乳細胞で生産する必要があることから，生産コストが高いという課題がある。rBC2LCNは安価かつ安定供給可能なヒトiPS/ES細胞用染色試薬として，今後の益々の活用が期待される。

## 4.7　rBC2LCNを用いた非侵襲的ヒトiPS/ES細胞測定法（GlycoStem法）の開発

移植用細胞に残存するヒトiPS/ES細胞が腫瘍化を引き起こす可能性があることを冒頭で述べた。もちろん，分化誘導の効率が100%であれば残存ヒトiPS/ESはゼロとなるが，そのようなことは現実的には難しく，ある一定数のヒトiPS/ES細胞が混在してしまう。すなわち，移植する細胞数が多ければ残存ヒトiPS/ES細胞の危険性は高まる。例えば，心筋梗塞の治療に用いる心筋細胞移植では$10^9$個もの心筋細胞が必要とされる。こうした中，rBC2LCNが認識するHタイプ3陽性ポドカリキシンが様々なヒトiPS/ES細胞の培養上清に分泌されることを見いだした[6]。一方，ポドカリキシンは腎臓などの組織にも存在するが，ヒトiPS/ES細胞に特徴的な糖鎖エピトープであるHタイプ3で修飾されたポドカリキシンは調べた限り通常の体細胞からは分泌されていない。すなわち，培養液中のHタイプ3陽性ポドカリキシンを調べることで，細胞自体を使わずにヒトiPS/ES細胞を検出できる。通常，タンパク質は特有のアミノ酸配列を認識する抗体を用いて検出することが多いが，ポドカリキシンは多量の*O*型糖鎖で覆われているために，抗体を用いることはできなかった。そこで，Hタイプ3陽性ポドカリキシンに多く存在する特徴的な糖鎖構造に着目し，Hタイプ3を認識するrBC2LCNと，Hタイプ3の前駆体構造を認識するrABAを用いた「レクチン・レクチンサンドイッチ法」で定量測定する方法を開発した（図9）。今回開発した検出システムのポイントは，第一にrBC2LCNを判別試薬として用いてヒトiPS/ES細胞から分泌されるHタイプ3陽性ポドカリキシンだけを選択的に反応容器に吸着させること，そして，第二に1分子

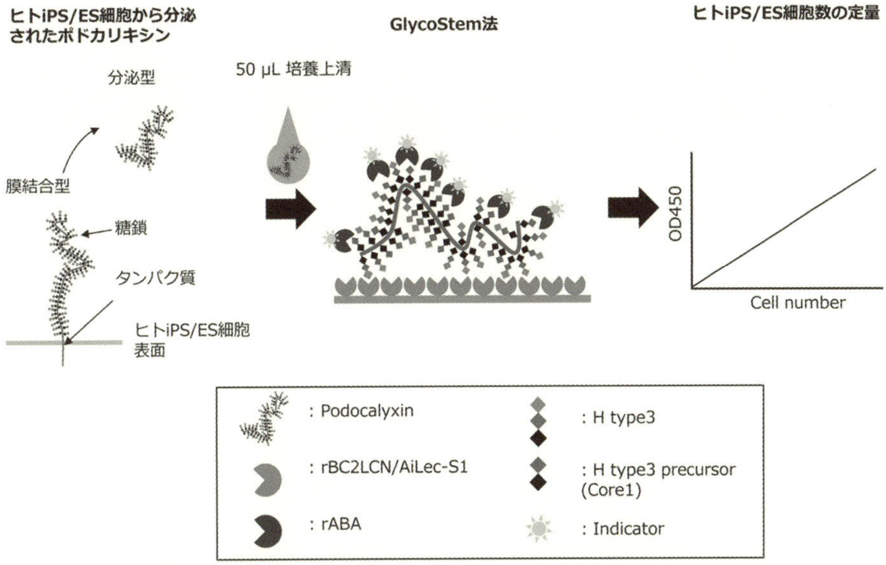


図９　培養液を用いたヒトiPS/ES細胞定量測定法の開発

のHタイプ３陽性ポドカリキシン上に100個以上あると予測される構造の*O*型糖鎖を認識するrABAを検出試薬とすることで，１分子のHタイプ３陽性ポドカリキシンに多くの酵素を付着させることにより高感度検出を実現したことである。すなわち２種類のレクチンを用いることで，選択性と高感度を両立させている。今回開発した検出システムを用いると，多数の検体を迅速（３時間以下）に検査できる。またその後本技術の最適化を図ることで，現在では0.01％程度のヒトiPS/ES細胞でも検出が可能となった。移植用細胞中のヒトiPS/ES細胞の混入率を非侵襲的，かつ高感度に測定できるため，ヒトiPS/ES細胞を用いた再生医療の安全性評価法として期待できる。

### 4.8　薬剤融合型rBC2LCNを用いたヒトiPS/ES細胞の除去技術の開発

rBC2LCNがヒトiPS/ES細胞に特異的に結合することは上述したとおりである。その後面白いことに，rBC2LCNがヒトiPS/ES細胞表面に結合した後に，細胞内に取り込まれるという現象を見出し，rBC2LCNをヒトiPS/ES細胞に細胞死を誘導する爆弾（薬剤）を送達するための運搬車として活用することを考案した。そこで，rBC2LCNのC末端側に緑膿菌由来毒素の触媒ドメイン23 kDaを融合させたrBC2LCN-PE23を開発した[7)]。緑膿菌由来毒素は細胞内に取り込まれると真核生物のペプチド鎖伸張因子eEF2をADPリボシル化することによりタンパク質合成を阻害して，細胞死を引き起こすタンパク質性の毒素であり，抗体医薬などにも応用されている。rBC2LCN-PE23を培養液に添加すると，24時間後にはヒトiPS/ES細胞をほぼ全て除去することができた。一方，レチノイン酸で分化させたヒトiPS/ES細胞，脂肪由来間葉系幹細胞，皮膚繊維芽細胞の増殖や生存には全く影響を与えなかった（図10）。rBC2LCN-PE23は，細胞をあらかじめ分離すると

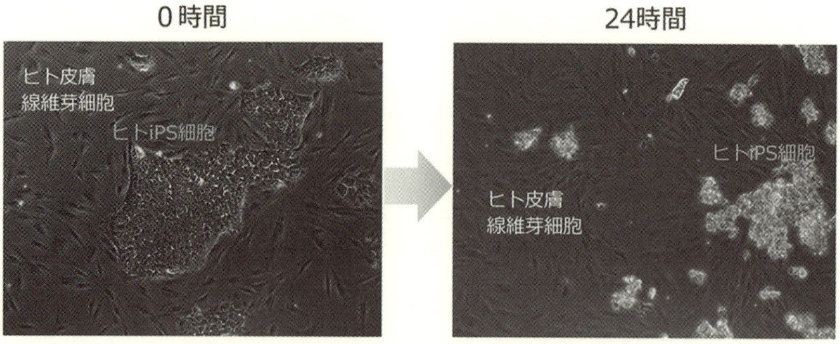


図10　rBC 2 LCN-PE23によるヒトiPS/ES細胞の殺傷除去

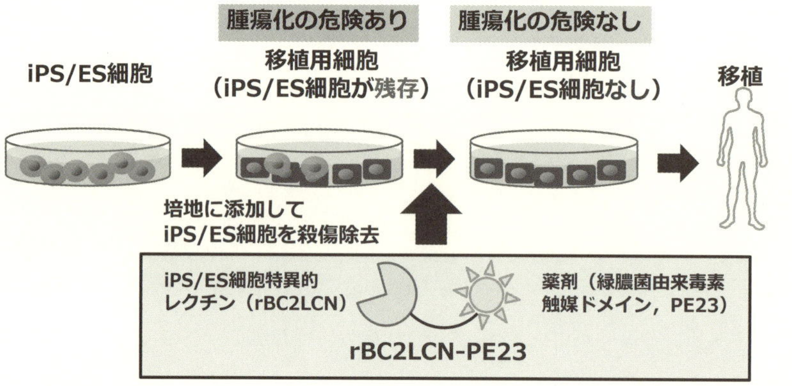


図11　rBC 2 LCN-PE23によるヒトiPS/ES細胞の腫瘍化リスクを低減させることが可能に

いった前処理も必要なく，細胞培養液に添加するだけで，培養している分化した細胞に影響を与えずに，ヒトiPS/ES細胞だけを選択的に除去でき，大量の細胞や細胞シートなどへの適用も可能である。再生医療に用いる移植用細胞の製造や，創薬スクリーニングのための細胞調製など，様々な用途への応用が期待される（図11）。

### 4.9　まとめ

ここでは高密度レクチンマイクロアレイを用いてヒトiPS/ES細胞糖鎖を網羅解析した結果見出したヒトiPS/ES細胞特異的レクチンrBC2LCNを用いて，ヒトiPS/ES細胞を測定，分離，除去するための各種技術の開発について概説した。現在，これら技術を用いてヒトiPS/ES細胞を用いた再生医療の実現化に向けての検討を進めている。重要な点は，高密度レクチンマイクロアレイには組換えレクチンが搭載されているために，糖鎖解析のみならず，その後の実用化技術への展開が可能であるということである。例えば本ストラテジーをがん細胞に適用することで，診断薬，治療ターゲットの同定，治療薬の開発へと展開できると期待できる。また医療分野に限定されず，食品，エネルギー，環境などバイオ関連産業の様々な課題解決に貢献することができると考えている。事実，現在はここで記載したストラテジーを活用して，国立研究開発法人日本医療研究開発機構（AMED）「再生医療の産業化に向けた細胞製造・加工システムの開発／ヒト多能性幹細胞由来の再生医療製品製造システムの開発（心筋・神経・網膜色素上皮・肝細胞），ヒト間葉系幹細胞由来の再生医療製品製造システムの開発」において，間葉系幹細胞の品質評価技術の開発を進めている。また，つくば国際戦略総合特区の枠組みにおいて，がん幹細胞に対する医薬品開発を進めている。また，戦略的イノベーション創造プログラム（SIP）では，生体恒常性を評価する技術を開発し，新たな食品を開発することを目的として研究を推進している。糖鎖，レクチンの実用化はまだ緒に就いたばかりである。これらプロジェクトを通して，様々なバイオ分野への産業応用が期待される。

**謝辞**

本書籍に記載した研究成果は，平林淳博士，小沼泰子博士，伊藤弓弦博士，浅島誠博士（以上，国立研究開発法人 産業技術総合研究所），福田雅和博士，藁科雅岐博士，本多進博士（以上，和光純薬工業㈱），梅澤明弘博士，阿久津英憲博士（以上，国立成育医療研究センター），豊田雅士博士（以上，地方独立行政法人東京都健康長寿医療センター）と共同で行ったものです。深く御礼申し上げます。

また，本研究は，国立研究開発法人 新エネルギー・産業技術総合開発機構「iPS細胞等幹細胞産業応用促進基盤技術開発／iPS細胞等幹細胞の選別・評価・製造技術等の開発」，JSPS科研費若手研究（A）25712039，公益財団法人第一三共生命科学研究振興財団研究助成，総合科学技術・イノベーション会議のSIP（戦略的イノベーション創造プログラム）「次世代農林水産業創造技術」（管理法人：農研機構 生物系特定産業技術研究支援センター，略称「生研センター」）のご支援により実施いたしました。ここに御礼申し上げます。

## 文　　献

1) J. Hirabayashi *et al.*, *Chem. Soc. Rev.*, **42**(10), 4443 (2013)
2) H. Tateno *et al.*, *J. Biol. Chem.*, **286**(23), 20345 (2011)
3) K. Hasehira *et al.*, *Mol. Cell Proteomics*, **11**(12), 1913 (2012)
4) H. Tateno *et al.*, *Stem Cells Transl. Med.*, **2**(4), 265 (2013)
5) Y. Onuma *et al.*, *Biochem. Biophys. Res. Commun.*, **431**(3), 524 (2013)
6) H. Tateno *et al.*, *Sci. Rep.*, **4**, 4069 (2014)
7) H. Tateno *et al.*, *Stem Cell Rep.*, (in press) 2015

## 5　糖鎖複合体マイクロアレイの応用展開

中北愼一[*1]，平林　淳[*2]

### 5.1　はじめに

細胞の表面は糖鎖と呼ばれる単糖が数個から数十個結合した物質で覆われており，細胞接着や細胞認識において種々の役割を担っている[1~5)]。インフルエンザに代表されるウイルスは，この細胞表面に存在する糖鎖を認識し，接着することで感染の第一段階（エントリー）が成立する[6,7)]。ウイルス感染は時に死に至る重篤な症状に陥る原因となりえることから，ウイルスがどのような糖鎖を認識し，接着するのかが分かれば，感染時の認識プロセスや認識特異性など診断や予防，治療に有用な情報を得ることができると考えられる。現在ウイルスの検出に利用されている特異抗体[8)]やPCR[9)]では，ウイルスの変異によって検出が難しくなることがありえる。その様な問題点を鑑みた場合，糖鎖アレイを使ったウイルスの新たな検出法は，今後のウイルス対策に非常に有効であると考えられる。本稿では，糖鎖をガラス基板に直接結合させたタイプ（直接固定型糖鎖アレイ）とポリアクリルアミドやタンパク質上に糖鎖を結合させたものをガラス基板上に固定したタイプ（Neoglycoconjugate型糖鎖アレイ）を比較する。

### 5.2　直接固定型糖鎖アレイ（CFG型アレイ）

糖鎖を直接，またはスペーサーを介して基板に固定した糖鎖アレイのことで，アメリカのConsortium Functional Glycomics（CFG）がこのタイプの糖鎖アレイを作製，供給している[10)]。市販品では，住友ベークライト社（糖鎖固定化アレイ），Ray Biotech社（GA Glycan-100）などから販売されている。CFGのアレイには609種類の糖鎖が固定されているが[11)]，市販品では住友ベークライト社の53種類[12)]，Ray Biotech社の100種類[13)]にとどまる。その理由として，糖鎖アレイの材料である糖鎖を簡便に多種類調製することが非常に困難であることが理由であると考えられる。

#### 5.2.1　糖鎖の調製

アレイ用の糖鎖は有機合成的手法によって調製されるのが一般であるが[14~16)]，天然から大量かつ簡便に得られるもの[17~19)]も糖鎖アレイに用いられる。有機化学的手法では，還元末端側に最初からアミノ基を有するように合成していくので，精製後に変換等の必要がない。また精製方法も確立しており，比較的簡便に単一構造の糖鎖を得ることができる[20)]。

#### 5.2.2　糖鎖アレイの作製

糖鎖を基板上に固定するため，糖鎖側にはあらかじめアミノ基を持つ誘導体として設計され，

---

＊1　Shin-ichi Nakakita　香川大学　総合生命科学研究センター　糖鎖機能解析研究部門
准教授

＊2　Jun Hirabayashi　香川大学　総合生命科学研究センター　糖鎖機能解析研究部門
客員教授；国立研究開発法人産業技術総合研究所　創薬基盤研究部門
首席研究員

基板上にあるエポキシ基などと反応させることによって糖鎖を固定化する[21,22]。その際，糖鎖誘導体を基板上にスポットするために専用のアレイヤーが用いられる。合成等で得られた糖鎖は，物性的にも粘度的にもその性質は大きく変わらず，このため，スポットする条件をある程度定めると，一定条件で安定してスポットすることができる。ただ，糖鎖の固定化には一般に高濃度の糖鎖が必要で，たとえば，CFG型アレイの場合，1スポットに0.1～1mMの糖鎖を用いている。

### 5.2.3　CFG型アレイを使ったウイルスの検出

CFGの糖鎖アレイはこれまで多くのウイルス研究者，特にインフルエンザ研究者に利用され[23~27]，測定に関するプロトコルもすでに作成されている[28]。インフルエンザウイルスの場合，シアル酸の結合様式によって感染特異性が大きく変わることが知られている。α2-3結合したシアル酸を認識するタイプのウイルスがトリ型，α2-6結合したシアル酸を認識するウイルスがヒト型である（図1）。糖鎖アレイを利用してウイルスの検出をする際の手順について，図2にまとめた。ウイルスをβ-プロピオラクトン等で不活化し，その後ウイルスの血球凝集活性（hemagglutination unit：HAU）を測定する。ウイルスの力価が$2^5=32$ HAU以上であることを確認した後に，測定する濃度にウイルスを希釈し，アレイ上で1時間ほど反応させる。未反応のウイルスを洗浄した後，1次抗体，2次抗体と反応させる。未反応の抗体を洗浄し，十分に乾かした後に蛍光スキャナーを使って蛍光強度を測定する。CFG型アレイは多種類の糖鎖を使って特異性解析を行うことができるため，有用なデータを得る可能性が高い。しかしながら，CFG型アレイは感度の点で大きな問題点がある。公称では必要なウイルス量が$2^5$ HAU以上とあるが，$2^8$や$2^9$ HAUで測定している場合もある[29~32]。通常，インフルエンザウイルスを調製する場合，培養細胞にウイルスを感染させ，ウイルスが増えたところで回収を行う。次に遠心分離を行って培養液や培養細胞の断片等を除去することでウイルスの濃縮を行うが，これで得ることができるウイルスは$2^4$ HAU程度である。このため，$2^8$～$2^9$ HAUといった高力価のウイルスを得ようとすると，超遠心機を使ってウイルスの精製を行わなければならない。また，ウイルスが培養によってうまく増殖すればよ

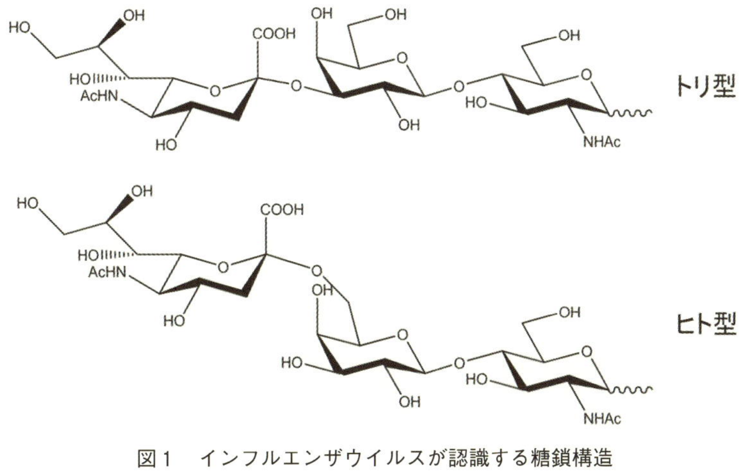


図1　インフルエンザウイルスが認識する糖鎖構造

希釈したウイルス溶液
↓ 糖鎖アレイスライドの上にウイルス溶液（50 μL）を乗せる
↓ 湿潤箱にスライドを入れ，1時間静置する
↓ Tween 20入りPBSで洗浄する
↓ PBSで洗浄する
↓ 抗ウイルス抗体（50 μL）を乗せる
↓ 湿潤箱にスライドを入れ，30分静置する
↓ Tween 20入りPBSで洗浄する
↓ PBSで洗浄する
↓ ビオチン化抗IgG抗体（50 μL）を乗せる
↓ 湿潤箱にスライドを入れ，30分静置する
↓ Tween 20入りPBSで洗浄する
↓ PBSで洗浄する
↓ ストレプトアビジン-Alexa Fluor 488（50 μL）を乗せる
↓ 湿潤箱にスライドを入れ，30分静置する
↓ Tween 20入りPBSで洗浄する
↓ PBSで洗浄する
↓ 脱イオン水で洗浄する
↓ 窒素ガス等でスライドを乾燥させる
↓ 蛍光スキャンを行う

**図2　CFG型糖鎖アレイを使ったインフルエンザウイルス結合活性の測定手順**

いが，効率よく増殖しなければ培養量を増やすなどの手間が必要となる。この点がCFG型アレイの今後の改良点であると考えられる。

### 5.3　Neoglycoconjugate型糖鎖アレイ（NGC型アレイ）

NGC型アレイとは，有機合成や生体資材から精製した糖鎖を，高分子ポリマーのポリアクリルアミド（PAA）やウシ血清アルブミン（BSA）のような適当なタンパク質に導入し，これを基板上に固定することで作製された糖鎖アレイのことである。単糖や2–3糖が結合したポリアクリルアミドがすでに市販されており，これを固定化して糖鎖アレイとして利用した例が舘野らによって報告されており，感度や操作性での有用性が示されている[33]。しかし，本法がウイルスの検出に利用された例はまだない。ここでは，筆者らが実際に作製しているNGC型アレイの調製法，およびウイルス測定に使用した例について記述する。

#### 5.3.1　NGCの調製法

筆者らのグループでは，糖鎖はニワトリの鶏卵のような生体資材から調製している。その理由として，①実際に生体内でウイルスのリガンドとなる糖鎖は，生体内で発現している複雑な構造を持つ糖鎖であること，②それらの糖鎖を有機合成である程度の量を得ることが非常に難しいこと，③筆者らのグループでは，これまでに鳥類の卵や，動物の血清などに発現する糖鎖の構造解析および定量を行っており[34~36]，どの生体資材に，どの様な糖鎖がどの程度含まれているか，またどれくらいの作業でそれらの糖鎖を入手可能かの情報をすでに入手している，などがあげられる。

まず必要な糖鎖が発現している生体資材を選択し，それをヒドラジン１水和物と反応（100℃，10時間）させることで糖タンパク質から糖鎖を切り出す[37]。通常，糖鎖の切り出しには無水ヒドラジンを用いるが，無水ヒドラジンは爆発性がある上，高価なため，糖鎖を大量の生体資材から切り出すには不向きである。そこで，爆発性がほとんどなく安価なヒドラジン１水和物を使って，糖鎖の切り出しを行う。実際にこの反応を使って，シアル酸が２残基α2-6結合した２本鎖型複合糖鎖（DiSia2-6BI）0.5 mg（240 nmol）をニワトリ卵黄乾燥物0.6 gから調製することに成功している[37]。反応終了後，減圧留去することでヒドラジン１水和物を除去する。次に，この反応で脱離した*N*-アセチル基を再生-脱塩し，糖鎖の還元末端にあるアルデヒド基に2-アミノピリジンを導入することで蛍光標識された糖鎖を得る[38,39]。過剰試薬を有機溶媒抽出，ゲル濾過を使って除去し，得られたピリジルアミノ化糖鎖（PA糖鎖）を陰イオン交換HPLCで，シアル酸が結合している数によって分離を行う。さらに，分離条件の異なる２種類の逆相HPLCを用いてPA糖鎖を精製する。この方法でほとんどの糖鎖を単一構造として得ることができる[34]。しかし，得られたPA糖鎖の還元末端はPA基が存在するので，そのままではBSAのようなタンパク質に導入することができない。そこで，PA基の除去を行うために接触還元を行う。数100 nmolの精製したPA糖鎖を0.1%，２mL酢酸溶液に溶き，10 mgのパラジウムブラックを加え，常温，常圧化で水素ガスを使って接触還元を行う。溶液中の蛍光が消えたら，反応を止め，0.22 μmのフィルターを使ってパラジウムブラックを完全除去し，遠心濃縮後，HW-40Fによるゲル濾過を行って，1-アミノ-1-デオキシ誘導体の画分を得る[40]。これまでの反応式を図３にまとめた。ニワトリ卵から３種類の糖鎖を精製し，1-アミノ-1-デオキシ誘導体を得るまでに要す時間は，約１ヵ月である。

こうして得た1-アミノ-1-デオキシ誘導体にN-(*m*-マレイミドベンゾイルオキシ）スクシンイミド（MBS）と呼ばれる二価性架橋試薬と反応させる。MSBはアミノ基とチオール基に反応する架橋剤であり，リガンド-レセプター複合体などを繋ぐ試薬として広く利用されている。中性条件下，30℃で反応後，過剰試薬を除去し，変性還元状態にしたBSAと室温で混合することにより，NGCを調製する。タンパク質変性剤や還元剤などの試薬を除去するために低温で透析を行い，２mg/mLの溶液になるように限外濾過濃縮を行う。ここまでの反応式を図４に示した。NGCの調製には約１週間かかるが，一度に数種類のNGCを調製することが可能である。作製したNGCを加水分解し，糖の組成分析を行うことで１分子のBSAに糖鎖が何分子導入できたかを測定することができる。DiSia2-6BIを使った場合，BSA１分子に糖鎖が10分子導入できた実績があり，再

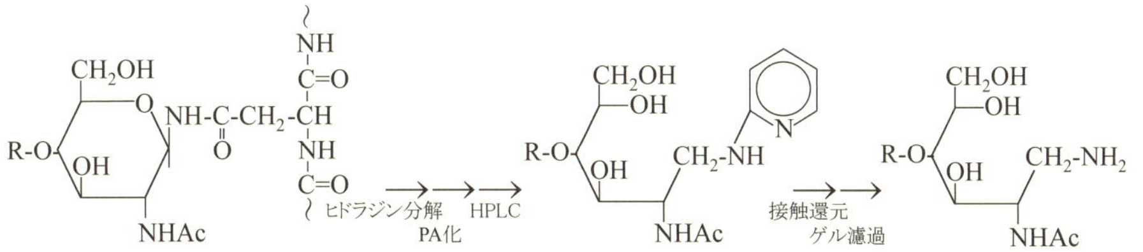


**図３　生体資材からのPA糖鎖の調製およびPA糖鎖から1-アミノ-1-デオキシ誘導体への変換法**
RはN-配糖体糖鎖の非還元末端構造を示す。

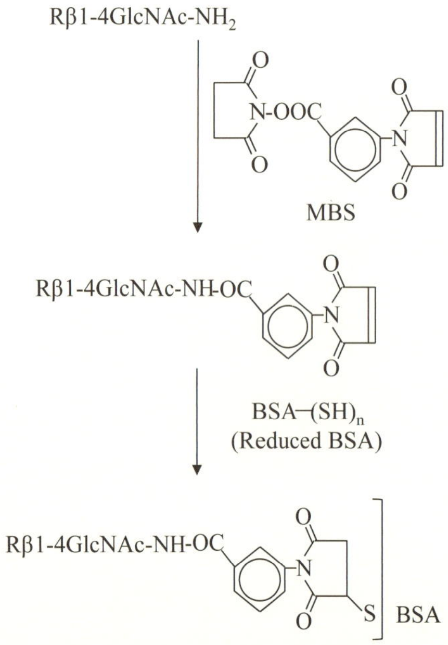


**図4　1－アミノ－1－デオキシ誘導体とBSAの縮合反応**

Rは N-配糖体糖鎖の非還元末端構造を示す。

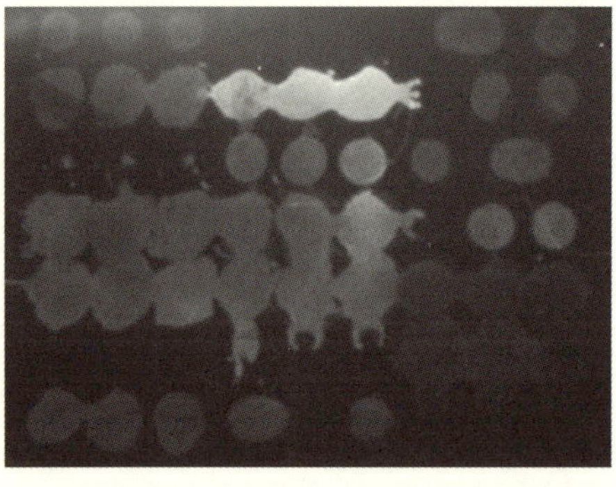

**図5　調製したNGC型糖鎖のアレイ化条件の失敗例**

現性もあった。

### 5.3.2　NGC型アレイの作製

作製したNGCをガラススライドにアレイ化する場合，アレイヤー（あるいはスポッター）と呼ばれる装置を使う。これを用いることでスライド上の指定の座標に微量の溶液を乗せることができ，高性能な装置では1cm四方に300個以上のスポットを打つことができる[41]。糖鎖アレイ作製用のアレイヤーとしては，DNAアレイやタンパク質アレイで利用しているものと同じものが利用可能である。しかし，NGC糖鎖，特にBSAなどのタンパク質に糖鎖を導入したものでは，糖鎖の構造，導入した糖鎖の量によって物性や粘度が変化するため，一般にスポットの条件設定が難しくなる。実際に設定がうまくいかなかった例を図5に示す。スポット形状が安定していないことが観察される。このことから，筆者らが作製するNGC糖鎖アレイの場合にはスポット条件の十分な検討が必要である点は留意されたい。

### 5.3.3　NGC型アレイを使ったウイルスの検出

作製したNGC型アレイを使ってインフルエンザウイルスの検出を行った。手順を図6に示す。NGC型アレイで用いられた蛍光検出にはエバネッセントスキャナーと呼ばれる蛍光スキャナーを用いた。このスキャナーはエバネッセント光（光をある角度で入射させたときにガラス表面全体に発生する近接場光）と呼ばれる励起光を発生させることができる蛍光スキャナーである。このスキャナーを用いると，糖鎖と結合しているウイルスに結合した蛍光基が強く光る，つまり未反応のウイルスや1次抗体，2次抗体を除去する手順を必要としないうえ，洗浄作業で脱離してしまうような弱い結合力しかない相互作用であっても検出が可能となる[42]。実験結果の例を図7に示す。用いたウイルスは2009 Narita株を用いた。このウイルスはH1N1と呼ばれるタイプのウイルスであり，Sia$\alpha$2-6Galの構造を強く認識し，Sia$\alpha$2-3Galにはほとんど反応しないという特異性を持つ[43]。ウイルス濃度は$2^1$ HAUのものを用いた。報告通りSia$\alpha$2-6Galの構造を強く認識し，Sia$\alpha$2-3Galにはほとんど反応しないという結果を得た。スポッ

希釈したウイルス溶液
↓ 糖鎖アレイスライドの上にウイルス溶液（80 μL）を乗せる
↓ 湿潤箱にスライドを入れ，１時間静置する
↓ 抗ウイルス抗体（80 μL）を乗せる
↓ 湿潤箱にスライドを入れ，１時間静置する
↓ Cy3化抗IgG抗体（80 μL）を乗せる
↓ 湿潤箱にスライドを入れ，１時間静置する
↓ エバネッセントスキャナーで測定する

**図６　NGC型アレイを使ったインフルエンザウイルス結合活性の測定手順**

トしたNGCの量が多いほど強く反応しており，スポット量が0.1 mg/mL以下の部分でリガンドに対する濃度依存性が若干見られた。現在のところ $2^0$ HAU程度までは，十分にこの方法で検出可能であり，さらに厳密な条件検討を行えば，さらなる高感度化も可能と思われる。我々は，この糖鎖アレイを使って，EV48と呼ばれるウイルスの特異性も解明しており[44]，これらの結果から，NGC型アレイが多様なウイルスの検出に十分利用可能なものであると考えられる。

### 5.4　おわりに

糖鎖アレイに関して，CFG型とNGC型の２種類についてウイルス測定という観点で述べた。CFG型では，糖鎖を有機合成で得ることから，精製が比較的簡便であり，初期の段階からアミノ基を導入することを念頭にデザインができるという利点から豊富な種類の糖鎖を調製している。またこれらの糖鎖は，アレイ化する際も粘度や物

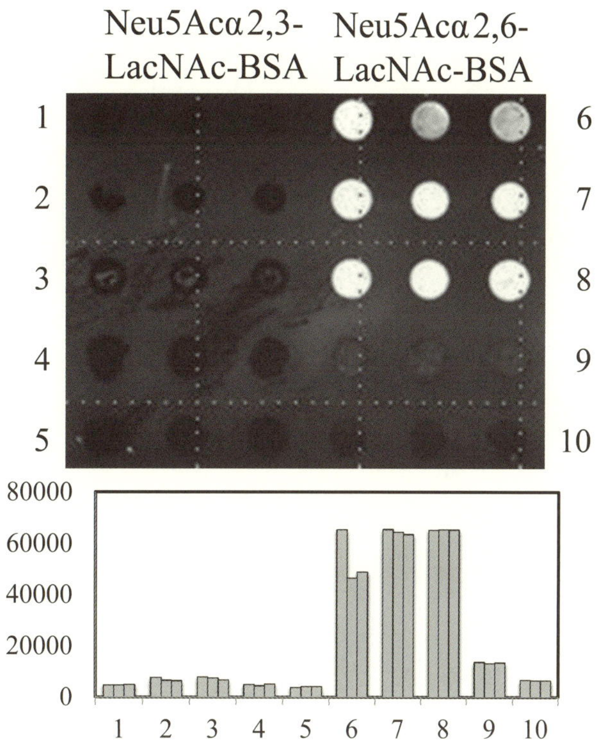


**図７　NGC型アレイを使ったインフルエンザウイルス結合活性の測定**

上図：蛍光を測定した際の反応槽における画像。向かって左はNeu5Acα2-3LacNAcを持つNGC，右はNeu5Acα2-6LacNAcを持つNGC。数字はスポット位置を示す。スポット時のNGCの濃度は以下の通り。1, 6：1 mg/mL，2, 7：0.3 mg/mL，3, 8：0.1 mg/mL，4, 9：0.03 mg/mL，5, 10：0.01 mg/mL。
下図：上図の結果を棒グラフで表したもの。縦軸は蛍光強度，横軸はスポット位置の番号を示す。

性がそれぞれで大きく変わることがないので，一定の条件でスポットすることが可能と考えられる。このことは，レクチンやウイルスなどの基質特異性の一括解析，それぞれの糖鎖に対する親和性の比較など，種々の研究におけるツールとしての長所をもつ。一方，検出感度の点で，この型の糖鎖アレイは難点がある。実際，ELISAを使ったインフルエンザウイルスの量は$2^4$ HAU程度であるが，CFG型アレイでは，$2^5$ HAUが下限である場合が多い。ウイルスの濃縮は，手間と時間がかかるうえ，大量培養した際に特異性が変化する可能性もある。このことから高感度化がCFG型アレイの今後の改良点となる。これに対しNGC型の場合，糖鎖の調製という部分で大きな労力が必要であり，かつアレイ化する際もスポット条件の設定等で，糖鎖アレイを作製するまでの煩雑さが大きな問題点である。また，CFG型では600種類のレパートリーを持つのに対し，NGC型では100種以上の糖鎖を揃えるのは困難である（筆者らのラボでは21種類）。この点は，今後徐々に増やしていくことで対応していく他ない。一方，ウイルス検出感度に関しては，すでに$2^0$ HAU程度までのウイルス検出を達成しており，反応条件の検討，種々の増感剤の利用等により，検出感度のさらなる高感度化も十分に期待できるだろう。

糖鎖アレイは，今後いろいろな研究のツールとして利用可能である。特に，今まで糖鎖認識の観点から研究が進んでいなかった各種ウイルスの検出と特異性解析には，絶大なパフォーマンスを示すことが期待される。そこには，ある程度的を絞った糖鎖構造（インフルエンザウイルスであればシアル酸の種類や結合位置など）を取りそろえることが重要になろう。ウイルスは変異によって特異性を変化させることがある（例えばトリ型からヒト型への変異）。その際に，これらの変異を高感度かつ迅速に検出できれば，ウイルス監視のための強力なツールとなりえると思われる。

## 文　　献


1） J. Etulain *et al.*, *Glycobiology*, **24**, 1252 (2014)
2） D. Compagno *et al.*, *Curr. Mol. Med.*, **14**, 630 (2014)
3） J. Gu *et al.*, *Glycoconj. J.*, **29**, 599 (2012)
4） J. Ma *et al.*, *Glycobiology*, **23**, 1047 (2013)
5） E. Ficko-Blean *et al.*, *Curr. Opin. Struct. Biol.*, **22**, 570 (2012)
6） J. E. Stencel-Baerenwald *et al.*, *Nat. Rev. Microbiol.*, **12**, 739 (2014)
7） K. Viswanathan *et al.*, *Glycoconj. J.*, **27**, 561 (2010)
8） インフルエンザ診断マニュアル（第２版）国立感染研究所，www.nih.go.jp/niid/images/lab-manual/influenza_2003.pdf
9） 鳥インフルエンザA（H7N9）ウイルス検出マニュアル（第２版）国立感染症研究所，www.nih.go.jp/niid/images/flu/.../h7n9_manual_v2.pdf

10) CFG RESOURCES GLYCAN ARRAY SCREENING, http://www.functionalglycomics.org/static/consortium/resources/resourcecoreh.shtml
11) CFG RESOURCES GLYCAN ARRAY SCREENING, http://www.functionalglycomics.org/static/consortium/resources/resourcecoreh8.shtml
12) https://www.sumibe.co.jp/ww-attaches/934.pdf
13) http://www.raybiotech.com/files/Tech-Support/Glycan-100-Chart.pdf
14) Y. Kajihara *et al., Curr. Med. Chem.*, **12**, 527 (2005)
15) A. K. Adak *et al., Curr. Opin. Chem. Biol.*, **17**, 1030 (2013)
16) C. H. Wu *et al., Org. Biomol. Chem.*, **12**, 5558 (2014)
17) M. Maeda *et al., Biosci. Biotechnol. Biochem.*, **78**, 276 (2014)
18) M. Maeda *et al., Biosci. Biotechnol. Biochem.*, **77**, 1269 (2013)
19) R. W. Veh *et al., J. Chromatogr.*, **212**, 313 (1981)
20) http://www.functionalglycomics.org/glycomics/coreD/jsp/searchResultsD.jsp?searchType=4&searchResultsType=list&cProdId=%&criteria0=is&carbClassification=TETRASACCHARIDES%20AND%20HIGHER&criteria6=is&sideMenu=no
21) J. Heimburg-Molinaro *et al., Curr. Protoc. Protein Sci.*, Chapter 12: Unit12.10., John Wiley & Sons Inc (2011)
22) X. Song *et al., Curr. Protoc. Chem. Biol.*, **3**, 53 (2011)
23) J. Stevens *et al., Nat. Rev. Microbiol.*, **4**, 857 (2006)
24) R. Xu *et al., Science*, **342**, 1230 (2013)
25) T. Walther T *et al., PLoS Pathog.*, **9**, e1003223 (2013)
26) N. Jia *et al., J. Biol. Chem.*, **289**, 28489 (2014)
27) A. K. Sauer *et al., PLoS One*, **21**, e89529 (2014)
28) S. Gulati *et al., Cancer Biomark.*, **14**, 43 (2014)
29) J. Stevens *et al., J. Mol. Biol.*, **381**, 1382 (2008)
30) R. P. de Vries *et al., J. Virol.*, **88**, 768 (2014)
31) http://www.functionalglycomics.org/glycomics/publicdata/primaryscreen.jsp
32) http://www.functionalglycomics.org/glycomics/publicdata/selectedScreens.jsp
33) H. Tateno *et al., Glycobiology*, **18**, 789 (2008)
34) W. Sumiyoshi *et al., Biosci. Biotechnol. Biochem.*, **73**, 543 (2009)
35) W. Sumiyoshi *et al., Biosci. Biotechnol. Biochem.*, **74**, 606 (2010)
36) W. Sumiyoshi *et al., Glycobiology*, **22**, 1031 (2012)
37) S. Nakakita, *Biochem. Biophys. Res. Commun.*, **362**, 639 (2007)
38) S. Hase *et al., Biochem. Biophys. Res. Commun.*, **85**, 257 (1978)
39) S. Natsuka *et al., Methods Mol. Biol.*, **76**, 101 (1998)
40) S. Hase *et al., J. Biochem.*, **112**, 266 (1992)
41) J. Hirabayashi *et al., Chem. Soc. Rev.*, **42**, 4443 (2013)
42) H. Tateno, *Methods Mol. Biol.*, **1200**, 353 (2014)
43) R. A. Childs *et al., Nat. Biotechnol.*, **27**, 797 (2009)
44) T. Imamura *et al., J. Virol.*, **88**, 2374 (2014)

# 第4章　細胞チップ，組織チップ

## 1　細胞チップ・組織チップ概説と動向

細川和生*

### 1.1　はじめに

本章の主題となっている細胞チップ・組織チップは，他の種類のバイオチップ（DNAチップ・タンパク質チップ等）と比べていくつかの点でかなり趣を異にしている。まず扱う対象物が細胞や組織であり，これらはDNA，タンパク質，糖鎖といった分子のレベルよりもはるかに複雑・高度である。またその種類もバクテリアから真核細胞，組織，はては多細胞生物個体レベルまで，非常な多様性を持っている。それに伴ってチップの目的も多様であり，DNAチップやタンパク質チップではもっぱら試料の分析を目的としているのに対し，細胞チップ・組織チップでは分析以外にも基礎生物学，創薬，細胞材料創製など様々な目的のものが報告されている。研究の完成度も，既に商業化しているチップ型セルソーターから，まだ基礎研究段階にある生体模倣デバイスまで幅が広い。本稿では，まずこうした多様な細胞チップ・組織チップを，扱う対象と応用の二つの側面から分類を試み，解説を加えた後，それらに共通したチップの特長を抽出し，最後にそれらに用いられている技術と課題について述べる。

### 1.2　細胞チップ・組織チップの分類

これまで報告されている細胞チップ・組織チップの対象物は，ごく少数の例外[1)]を除いて真核生物であり，中でもヒトやマウスといった哺乳類の細胞を扱っているものが多い。これは現在の生命科学における研究人口を反映しているものと思われる。中でも株化された培養細胞は扱いやすく，これまで蓄積された生物学的知識との照合もしやすいため，研究例が多い。一方で臨床応用を目指した細胞チップとして，血中循環がん細胞（circulating tumor cell：CTC）の捕捉・回収を行うものもかなりの報告例があり，一つの技術分野をなしている[2,3)]。

細胞より高次の，組織以上のレベルにおいてもやはり平行した二つの潮流がある。一つは細胞を3次元的に培養することで，人工的な疑似組織（さらには器官）とも言える構造を作ろうとする試み，すなわちorgan on a chipであり，さらにそれらを流路で結合することで，個体レベルの現象を再現しようとするhuman on a chipという概念まで現れている[4)]。この周辺の事情はさながら「… on a chip」を使った命名競争の様相を呈している。これらのチップは将来的にはヒトの病因解明や創薬スクリーニングなどに役立つことが期待されているが，現在はまだ予備的な基礎研究の段階と言える。もう一つの組織チップの潮流は，直接的な臨床応用を目指したもので，

---

* Kazuo Hosokawa　国立研究開発法人理化学研究所　前田バイオ工学研究室　専任研究員

例えばがん患者の組織切片を迅速かつ鮮明に免疫染色するチップ[5]などが報告されている。

生物個体を扱ったチップとしては，最初に取り上げたバクテリア[1]の他に酵母[6]，ミドリムシ[7]などの報告例があり，これら単細胞生物チップは主にバイオセンサーなどへの応用が想定されている。多細胞生物ではショウジョウバエの胚を扱った研究[8]や，近年では線虫（*C. elegans*）を扱ったチップ[9]が多く報告されており，animal on a chipと呼ぶ人もいる。

以上が研究対象から見た細胞チップ・組織チップの分類である。次に応用という側面からの分類を考えてみたい。まず細胞を選別することを目的とした一群の応用があり，かなりの細胞チップ研究が含まれる。もともとこの目的にはFACS（fluorescence activated cell sorting/sorter）という汎用性の高い技術が普及しているが，FACS装置は大型・高価であり，その調整にも熟練と時間を要するといった問題点がある。こうした問題点を改善するためにチップ技術の活用が図られ[10]，商品化もなされている[11]。その他に，蛍光標識を用いない細胞選別として，人工授精のための精子選別があり，この分野は不妊治療や畜産，希少動物繁殖などの幅広い需要があるため，チップの応用が盛んに研究されている[12]。他には，先に挙げたCTCの捕捉・回収も細胞選別の一種と考えることができる。その手段としては，CTC表面に提示された抗原に特異的な抗体をチップの流路壁面に固定化し，そこで血中のCTCを捕捉する方式が主流である。

次に，細胞を薬剤などで刺激し，その応答を観察することも細胞チップの主要な応用の一つであり，典型例としては創薬のための候補化合物スクリーニングが挙げられる[13]。近年，分子生物学の知識が急速に蓄積されるなかで，創薬研究においては，分子レベルの実験と動物実験の間を橋渡しするものとして，細胞を用いたアッセイの重要性が増している。動物実験はコストが高く，倫理面からの批判もあるので，薬物候補が多い段階では，なるべく細胞を用いたアッセイから多くの情報を得ることにより，動物実験の量を最小化したいという需要が高まっている。細胞チップは，アッセイで使用する薬物候補化合物の量を最小化し，かつスループットを上げる手段として期待されている。また，チップを用いることにより，細胞を従来の培養環境よりも生体内に近い環境に置くことができるとする考え方があり，それがorgan on a chipという発想の出発点になっていることは前述した通りで[4]，創薬研究への応用も期待されている。

細胞チップの第三の応用分野としては，最近急速に注目を集めている一細胞レベルの生物学研究がある。無論広い意味ではFACSやマイクロインジェクションなども一細胞を対象とした技術と言えるが，FACSでは高スループットを達成するために，観測の細かさを犠牲にしており，逆にマイクロインジェクションなどは，細かい観測・操作を実現する反面，多くの細胞を高速に処理することは想定していない。最近の一細胞生物学が目指している一つの方向性は，観測・操作の細かさとスループットの高さを両立させることであり，その手段として微細加工，イメージング，データ処理技術等の融合が進んでいる。その中でバイオチップは，細胞と同程度の大きさを持った構造体を活用できることに特色があり，ここでは特に典型的な例として「細胞を1個ずつ，素早く，規則正しく並べる」細胞チップを紹介する。この種の細胞チップで最も多く採用されている手法は，マイクロ流路中に細胞と同じサイズのポケット型の構造を多数並べて，そこに細胞を1個ずつ，流体力を使ってトラップしていく方法で，平面的に並べる方法[14]と流路に沿って1次元的に並べる方法[15]がある。前者の拡張として1対1の細胞ペアをトラップする方法も報告されている[16,17]。これらの例ではそれぞれの細胞ペアをトラップ後に融合させることで，新たな細胞材料，具体的には初期化された細胞などを創製することを目論んでいる。トラップの駆動力には流体力だけではなく誘電泳動力を用いることもできる[18]。

細胞チップ・組織チップの目的として最後に紹介したいのが，生体模倣（biomimetic, bio-inspired）というキーワードである。これは読んで字のごとくチップ上に生体の環境・機能（のある側面）を模倣・再現しようとする目論見であるが，さらにまたいくつかの目的に枝分かれする。一つは前述した，病因解明や創薬を最終目的とするorgan on a chipであり，その中間的な目標はチップ内になるべく生体に近い環境を再現することである。その他には細胞・組織の持つ機能を人工デバイスに活用しようとする考え方があり，心筋細胞を用いたマイクロポンプなどが報告されている[19]。

## 1.3　細胞チップ・組織チップの特長

上記のような応用に，なぜ細胞チップや組織チップが有効なのか，その理由もまた様々であるが，ある程度共通した要素もある。ここではそうしたチップ特有の利点をいくつか取り上げて解説する。まず最も分かり易いのが，装置の小型化とそれに伴う低コスト化である。この利点を活かしている代表的な例がオンチップセルソーター[11]であり，装置全体が通常のクリーンベンチに収納できることを一つのセールスポイントにしている。装置の小型化は使用する試薬量の節減にもつながり，オンチップセルソーターの場合は必要なサンプル液・シース液は1～3 mLと少量である。

細胞チップ・組織チップの特長として，操作・解析を並列化できることが挙げられる。例えば創薬スクリーニングのための細胞チップでは，平行した流路を用いて6種類の細胞を培養しておき，次にそれらに直交する流路から10種類の試薬を細胞に供給して，合計60もの細胞毒性試験を同時に行うチップ[20]や，チップ上で試薬の段階希釈を自動的に行いながら，12種類の試薬濃度で同時に細胞毒性試験を行うチップ[21]などが報告されている。一細胞ごとの配置を行うチップ[14~18]では並列処理が当然の前提となっており，中でも細胞を1：1で融合させるチップ[16]では1,000以上の細胞ペアを同時に融合させることができる。

細胞チップ・組織チップの中には，小型化に伴う比表面積の増加という効果を活用しているものがある。この効果は，表面積が寸法の二乗，体積が寸法の三乗に比例するという単純なスケール則に基づいている。比表面積，すなわち（表面積）/（体積）の比は，形が相似ならば寸法に反比例するので，小型化に伴い増加する。細胞チップの場合，この効果は細胞が構造物の表面に接近・衝突する機会が増えるという形で現れ，これを直接的に利用しているのが前述したCTC捕捉チップ[2,3]である。CTCは非常にまれな細胞であり，血液10 mLに数個から数十個しか含まれていない。赤血球と比べて実に10億分の1以下の個数である。この希少なCTCを逃さず捕捉するため，チップの持つ高い比表面積を活用して，CTCがチップ壁面に固定化された抗体にアクセスする確率を上げているのである。

比表面積の増加は，表面に接着した細胞を取り巻く環境（物質組成や温度など）が制御しやすくなるという副次的な効果をもたらす。通常の実験に使われるスケールでは，表面の細胞からそれに接する溶液の中心部まで少なくともミリメートルオーダーの距離があり，その間の物質組成や温度は一般には一様でない。表面に接着した細胞のまわりでは，拡散や対流によって複雑な物質輸送，熱輸送が行われ，その細かい制御は困難なため，実験する上で大きな不確定要素となっている。それに対してマイクロ流路を使って細胞に溶液を供給する場合，溶液の厚みは通常数十μmであるため，そこでの物質組成，温度は極めて短時間の間に一様となる。一例としてタンパク質の拡散を考える。水溶液中のタンパク質の拡散係数の典型的な値は$D \sim 100\ \mu m^2/s$のオーダーにあり，これは$L \sim 1\ mm$の距離を拡散で移動するのに要する平均時間が$t \sim L^2/D \sim 10^4\ s$，すなわち数時間程度であることを意味する。マイクロ流路を用いてこの$L$を100分の1に縮めれば$t$は$(1/100)^2$倍，すなわち1s程度となり，これは通常の細胞実験ではほとんど無視できる時間である。ただし，この議論では流路内の濃度が均一になるまでの時間を問題にしているに過ぎず，これを狙った濃度に等しくするためには，細胞が接着している壁面まで，素早く連続的に溶液を送達できることが前提となる。この技術課題を解決し，溶液環境の素早い制御を達成した典型例が，前述した免疫組織染色チップ[5)]である。このチップでは，腫瘍検体に含まれるがん細胞の表面に提示されたマーカー抗原（HER2）に5分で十分な量の抗体を結合させることができ，これは従来の10分の1程度の時間である。この反応を短時間で行うことには副次的な利点があり，それは抗体が細胞内部まで浸透する時間がないため，非特異的な結合が減って鮮明な画像が得られ，結果としてより正確な診断が可能となることである。

細胞チップ・組織チップの特長として，生体内に近い環境を再現できるということもよく言われる[4)]。しかし当然のことながら，チップを使えば直ちに生体環境が再現できるということではなく，発表されてきたorgan on a chipにはそれぞれ固有の工夫がなされており，チップ技術（微細加工）の位置づけとしては，工夫の選択肢を広げる役割があることは確かであるが，それが決定的な要素かどうかは今のところそれほど明らかではない。この種のチップの典型例が，肺胞と血管の境界にある膜を模したチップ[22)]である。このチップでは素材のポリジメチルシクロキサン（PDMS）が持つ柔軟性を活用して，呼吸動作に似た機械的な刺激を細胞に与えることができる。

### 1.4　細胞チップ・組織チップで用いられる技術と課題

本書ではバイオチップを大きくマイクロアレイ型とマイクロ流体型に分けているが，細胞チップ・組織チップに限って言えばほぼ全てがマイクロ流体型で，マイクロアレイ型は皆無である。材料には，少なくとも試作研究段階では多くの場合PDMSが用いられる。PDMSはシリコーンゴムの一種であり，その最大の特長は多品種少量の微細加工が容易なことである。未硬化のPDMSは小ロットで販売されており，微細加工した鋳型に未硬化のPDMSを流し込めば，数時間の加熱によって硬化し，流路（の片面）が完成する。PDMSの表面には粘着性があり，別のPDMS，ガラス，ポリスチレンなどの平面に貼りつけるだけで簡単に接合ができる。従って鋳型（繰り返し使用可能）の微細加工さえできれば，後の工程は特別な設備を必要としないため，PDMSはこの分野の研究人口の増加に大いに貢献した材料である。またPDMSは透明で自家蛍光も少ないため観察・検出にも有利であり，さらに前述したようにPDMSの柔軟性を積極的に活用した例もある[22)]。

しかしながらPDMSは素材自体が高価であり，硬化時間もポリスチレンなど一般的なプラスチック材料よりは長いため，決して大量生産に適した材料とは言えない。事実，市販されているオンチップセルソーター[11)]はアクリル樹脂製である。さらに大きな問題は，PDMSが細胞に与える影響に未知な点が多いことである[23)]。従来の細胞培養で用いられるディッシュ，フラスコはほとんどの場合ポリスチレン製であり，その表面にはしばしば最適化された化学修飾やコーティングが施されている。これがPDMSに代われば細胞の挙動に変化が出るのはむしろ当然である。ポリスチレン基板にPDMSを接合すれば，ポリスチレン側を細胞接着面として使用することで，従来の条件に近づけることができ[17,24)]，あるいは，PDMSをコラーゲン等の細胞外マトリックスでコートすれば，その上で細胞を培養してもPDMSと直接接触することは避けられる[22)]。しかしこれらの対策をしても，PDMS表面が細胞の近く（マイクロ流路の寸法は数十μm）にあるだけで，その影響は避けられないと考えられている。原因の一つはPDMSの分子構造が粗いことであり，そのため表面を通してサイトカインやホルモン分子等の吸収が起こり，また逆に架橋されていないPDMS短鎖が内部から少しずつ漏れ出してくるなど，細胞周囲の環境に微妙な変化を与えることが知られている[25)]。こうした不確定要素を排除して，安定した実験系を構築するためには，ポリスチレンでチップ全体を作製することが最善と考えられるが，ポリスチレンの微細加工は研究者レベルでは容易ではなく，今後の大きな課題と言える。

最後に，多くの細胞チップ・組織チップに共通する技術として，細胞培養を取り上げる。細胞培養は細胞生物学の実験において基盤的な技術であるが，これをチップ上で行うことは必ずしも簡単ではない。マイクロ流路内の細胞培養では，多くの場合培養液の「かん流」(perfusion) 操作が必要で，これを怠ると，細胞の周囲にある培養液が栄養・酸素不足，老廃物過剰に陥り，良好な培養条件が維持できないことがある。なぜなら，前述した比表面積の増大効果は，裏を返せば表面積に対する体積の減少を意味するので，表面に接着した細胞から見れば，細胞１個に割り当てられた培養液が通常の条件より少ないのである。したがって，常に新鮮な培養液をマイクロ流路内に流し続ける必要があるが，あまり流速が高いと，細胞がせん断応力を受けることにより形質が変化したり，著しい場合は表面から剥離してしまう[26)]。つまりマイクロ流路内での細胞培養には，培養液をおだやかに，長時間かん流する必要があるが，その方法は各研究者により独自の工夫がなされているのが現状で，未だ確立しているとは言えない。筆者らの研究グループでは最近，外部装置を全く使わずに，重力だけで培養液のかん流を行う方法を報告した[24)]。この方法は流速の制御性に劣るためか，これまであまり注目されることがなかったが，よく検討してみると，流速を厳密に制御しなくても，十分に有意義な実験は数多くあることが分かってきた。そうした場合にはこの重力かん流法が持つ単純さは大きな魅力になると考えられる。

### 1.5　おわりに

本稿の冒頭で，細胞チップ・組織チップと他の種類のチップ（DNAチップ・タンパク質など）との違いについて論じ，チップの対象や目的の多様性が違うということを強調した。実はもう一つ大きな違いがあり，それは技術の成熟度である。DNAチップ・タンパク質チップなどが黎明期，展開期を経て既に普及期に入っているのに対し，細胞チップ・タンパク質チップはごく一部を除いて，はるかに手前の発展段階にあり，筆者の主観で言えば黎明期から展開期の中間ぐらいである。それだけに今後どのようなものが出てくるのかが楽しみである。21世紀はバイオの世紀となることが予想される。実際ここ数年のノーベル賞を見ても，2012年のiPS細胞を始めとして，ほぼ毎年のように細胞生物学関連の成果が取り上げられてきた。その中には細胞生物学の方法論，例えば2008年の緑色蛍光タンパク質や2014年の超高解像度蛍光顕微鏡なども授賞対象となっており（面白いことにこの二つは「化学賞」である），方法論の研究が分野全体のけん引力になっていることがよく見て取れる。今後細胞チップ・組織チップの中から，そうした生物学や医学の変革につながる新しい方法論が誕生してくることを期待したい。

## 文　　献


1）H. Tani *et al.*, *Anal. Chem.*, **76**, 6693（2004）
2）S. Nagrath *et al.*, *Nature*, **450**, 1235（2007）
3）J. Chen *et al.*, *Lab Chip*, **12**, 1753（2012）
4）D. Huh *et al.*, *Trends Cell Biol.*, **21**, 745（2011）
5）A. T. Ciftlik *et al.*, *Proc. Natl. Sci. USA*, **110**, 5363（2013）
6）A. Groisman *et al.*, *Nat. Methods*, **2**, 685（2005）
7）K. Ozasa *et al.*, *Lab Chip*, **13**, 4033（2013）
8）E. M. Lucchetta *et al.*, *Nature*, **434**, 1134（2004）
9）A. Ben-Yakar *et al.*, *Curr. Opin. Neurobiol.*, **19**, 561（2009）
10）C. W. Shields IV *et al.*, *Lab Chip*, **15**, 1230（2015）
11）オンチップ・バイオテクノロジーズ，http://www.on-chip.co.jp/
12）S. M. Knowlton *et al.*, *Trends Biotechnol.*, **33**, 221（2015）
13）M.-H. Wu *et al.*, *Lab Chip*, **10**, 939（2010）
14）D. D. Carlo *et al.*, *Anal. Chem.* **78**, 4925（2006）
15）W. H. Tan *et al.*, *Proc. Natl. Sci. USA*, **104**, 1146（2007）
16）A. M. Skelley *et al.*, *Nat. Methods*, **6**, 147（2009）

17) K.-I. Wada *et al.*, *Biotech. Bioeng.*, **111**, 1464 (2014)
18) Y. Kimura *et al.*, *Electrophoresis*, **32**, 2496 (2011)
19) Y. Tanaka *et al.*, *Lab Chip*, **6**, 230 (2006)
20) Z. Wang *et al.*, *Lab Chip*, **7**, 740 (2007)
21) S. Sugiura *et al.*, *Anal. Chem.*, **82**, 8278 (2010)
22) D. Huh *et al.*, *Science*, **328**, 662 (2010)
23) E. Berthier *et al.*, *Lab Chip*, **12**, 1224 (2012)
24) E. Kondo *et al.*, *J. Biosci. Bioeng.*, **118**, 356 (2014)
25) K. J. Regehr *et al.*, *Lab Chip*, **9**, 2132 (2009)
26) N. Korin *et al.*, *Lab Chip*, **7**, 611 (2007)

## 2　単一細胞を捕獲するマイクロウェルアレイ・チップ

岸　裕幸[*1]，小澤龍彦[*2]，小幡　勤[*3]，村口　篤[*4]

### 2.1　はじめに

Bリンパ球はからだの中を循環し，ウイルスや細菌などの病原微生物に対する抗体を産生することで，それらをからだの中から排除する重要な役割を担っている。Bリンパ球は，病原微生物等を特異的に認識する抗体を，受容体として細胞表面に発現している。1個のBリンパ球は1種類の抗体を発現しており，人のからだは，$10^{11}$種類以上の抗体を作ることができる。これらのほぼ無限のBリンパ球の中から，特定のウイルス等に特異的な抗体を産生するBリンパ球を見つけることができれば，その抗体の遺伝子を取得し，*in vitro*においてリコンビナント抗体を大量に生産することで，抗体医薬や抗体診断薬として応用することが可能になる。従来は，マウスのBリンパ球と抗体分泌細胞のがん細胞であるミエローマ細胞とを融合することにより，融合細胞であるハイブリドーマを作製し，これらの中から抗原特異的抗体を産生するクローンを選択することで，その細胞が産生する抗体をモノクローナル抗体として，様々なことに利用していた。しかし，ハイブリドーマはマウスのリンパ球では効率よく作製することができるが，マウス以外のリンパ球を用いて，ハイブリドーマを効率的・安定に作製することは困難であった。近年，モノクローナル抗体の医薬としての価値が認識され，人に投与するために，副作用のないヒト由来の抗原特異的モノクローナル抗体を作製する技術の確立が，待望されるようになってきた。そのような機運の中で，筆者らは，1個の生きたBリンパ球を格納できるマイクロウェルを4万5千～23万個程度配置したチップを開発した。それを用いて，ウイルス等に特異的な抗体を産生するBリンパ球を，単一細胞レベルで解析・検出し，検出したBリンパ球より抗原特異的抗体を効率よく取得・生産するシステムを開発し，様々な抗体の開発に応用している。

### 2.2　マイクロウェルアレイ・チップの開発

当時北陸先端科学技術大学院大学におられた民谷（現大阪大学）教授より，マイクロウェルアレイ・チップを紹介していただき，免疫の分野で利用できないかとのご相談をいただいた。これに対し，私たちは，生きたリンパ球を単一細胞レベルで網羅的に解析することで新しい知見が得られるのではないかという提案をさせていただき，面白いことができるかも知れないということで，平成13年より共同研究がスタートした。リンパ球は，1個1個の細胞が異なる抗原に対する抗原受容体を発現しており，リンパ球としての見かけは同じだが，性状は1個1個異なる。このようなリンパ球の抗原に対する反応を，マイクロウェルアレイ・チップを用いて単一細胞レベル

---

＊1　Hiroyuki Kishi　富山大学　大学院医学薬学研究部（医学）免疫学　准教授
＊2　Tatsuhiko Ozawa　富山大学　大学院医学薬学研究部（医学）免疫学　助教
＊3　Tsutomu Obata　富山県工業技術センター　中央研究所　加工技術課　副主幹研究員
＊4　Atsushi Muraguchi　富山大学　大学院医学薬学研究部（医学）免疫学　教授

で解析しよう，ということでプロジェクトがスタートした。リンパ球には，Tリンパ球とBリンパ球の２種類があり，Tリンパ球は，抗原提示細胞上の主要組織適合抗原（MHC）分子に提示された抗原ペプチドを抗原受容体で認識する。それに対し，Bリンパ球は，病原微生物等の上の抗原を，細胞表面上の抗体を用いて，直接認識する。すなわち，Tリンパ球の抗原に対する反応を解析するためには，抗原提示細胞という別の細胞との相互作用が必要である。一方，Bリンパ球の場合は，抗原のみ必要で他の細胞を必要としない。ということで，まずは，より単純な，Bリンパ球の抗原に対する反応を，解析することにした。スタート当初は，生きたBリンパ球のウイルスなどの抗原に対する反応を，抗原により活性化されたBリンパ球の細胞内$Ca^{2+}$濃度が一過性に変化することを指標に，マイクロウェルアレイ・チップを使って解析し，抗原特異的Bリンパ球を同定することを目標に，システムの開発を進めた。

まず，どのようにBリンパ球を１個ずつウェルに配置するかだが，当時，ウェルがチップの表面から裏にかけて貫通していて，吸引により細胞を１個ずつウェルに配置するようなチップはすでに開発されていた。これに対し，筆者らはウェルが貫通していない，底面がふさがっている形のマイクロウェルアレイ・チップを開発することにした。Bリンパ球は，直径が７～８$\mu$m程度の球形の細胞であり，チップ上に細胞の懸濁液を載せ，短時間静置して細胞がウェルに入るのを待ち，ウェルに入らなかった細胞を洗い去る形で，細胞を１個１個ウェルに配置することにした。

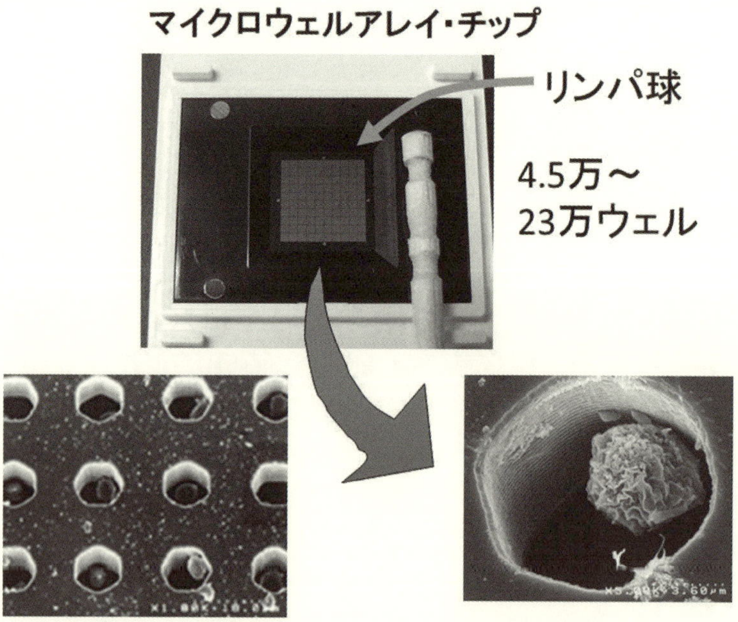


**図１　マイクロウェルアレイ・チップの外観と電子顕微鏡像**
上：マイクロウェルアレイ・チップの外観。黒い窓の中にチップが置かれている（比較のために爪楊枝の頭の部分を横に並べた）。図のチップは62,500ウェルが配置されている。下：電子顕微鏡像。左：ウェルの配置。右：一つのウェルにリンパ球が入っている像（固定のため細胞が縮小している）。

富山県工業技術センターはMEMS（微小電気機械システム，micro electro mechanical systems）技術を用いた微細加工を得意としており，富山県工業技術センターの協力を得て，チップ表面に数万個以上形成されたマイクロウェルに，Bリンパ球を一個ずつ配置できるチップを開発した。いろいろ試行錯誤した結果，直径は細胞のサイズより少し大きく，深さはその1.5倍くらいがちょうどよいことがわかり，まず，直径10 μm，深さ15 μmのウェルを，シリコン製の基板にドライエッチング技術で彫り込むという形でマイクロウェルアレイ・チップを作製した。最終的には，8割から9割のウェルに細胞が1個ずつ導入されるチップを作製することができた（図1）。筆者らは，単一細胞レベルでウイルスなどの抗原に特異的なBリンパ球をマイクロウェルアレイ・チップにて検出した後，細胞をウェルから回収し，その細胞が発現している抗体遺伝子を取得してリコンビナント抗体を産生させることを最終的な目標にしていた。そこで，開発当初から，マイクロキャピラリーを用いて細胞を回収すること（図2）を試みていたが，初めのころに開発していたマイクロウェルアレイ・チップは，ウェルから細胞を回収することが困難であることがわかった。当初はなぜ細胞がウェルから回収できないかがわからなかった。最終的にわかったことは，ドライエッチング技術を用いてマイクロウェルを彫り込む際に，ウェルの側壁に段々形状（スカロップ）が形成され，そのギザギザの部分にBリンパ球がひっかかって，細胞がウェルから回収しにくいことがわかった。そこで，ウェルを彫り込む技術を改良し，滑らかな側壁を持つウェルが作製できるようにした結果，狙ったウェルの細胞をほぼ回収できるチップができあがった。

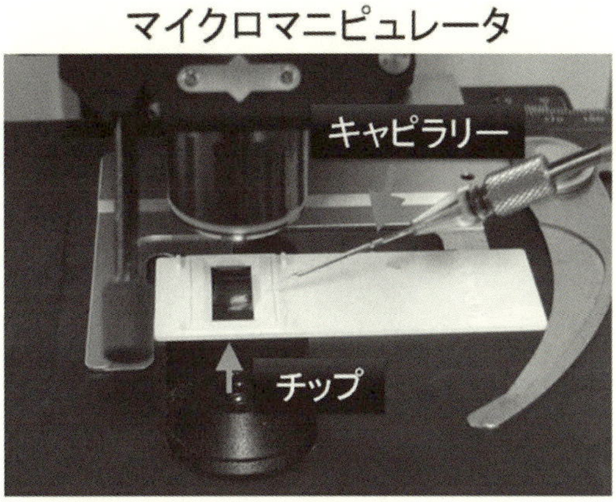


**図2　細胞の回収**
抗体分泌細胞が見つかった時，マイクロキャピラリーにて目的の細胞を回収する（文献5）より改変）。

### 2.3　マイクロウェルアレイ・チップを用いた細胞内$Ca^{2+}$濃度変化の検出

次に問題になったのは，どのようにして1個1個のBリンパ球の細胞内$Ca^{2+}$濃度の変化を解析するかである。検出の方法としては，細胞内$Ca^{2+}$濃度が上昇すると蛍光を発するFluo-4などの蛍光試薬を使う，ということになった。蛍光の検出は，当時，民谷研究室が日立ソフトのDNAチップ読み取り用スキャナーを改良して使っていたことから，筆者らも同機を基本に読み取り装置の開発を日立ソフトの協力の下スタートさせた。ここで問題になったのは，読み取りのスピードと解像度の問題である。DNAチップのスポットは直径が100 μmほどであったが，細胞はその10分の1以下の大きさで，読み取りの解像度を上げなければ，1個1個の細胞の蛍光シグナルを正確に読み取ることができなかった。また，細胞内$Ca^{2+}$濃度は一過性に上昇するのだが，数分経つと元のレベルに下がってしまう。細胞内$Ca^{2+}$濃度が上昇している間に，23万個すべてのリンパ球の蛍光を読み取る必要があった。解析ソフトの開発も含め，日立ソフトには多大な協力をしていただき，なんとか細胞１個１個のリンパ球内の$Ca^{2+}$濃度を，約23万個分解析できる装置を開発していただいた。図３に示すように，Fluo-4を導入したＢリンパ球をチップ上に配置し，まず，刺激前の各細胞の蛍光を測定する。次に，チップ上で，抗原を使ってＢリンパ球を刺激し，活性化され細胞内の$Ca^{2+}$濃度が上昇するかを，各細胞のFluo-4の蛍光を測定することにより解析する。図３はＢリンパ球の細胞表面の抗体を架橋する抗IgG抗体を使ってＢリンパ球を刺激しており，解析ソフトを使って解析すると，刺激前に比べて刺激後にFluo-4の蛍光が上昇する細胞が検出される[1)]。開発されたチップと解析装置を使って，実際にウイルスなどの抗原に特異的なＢリンパ球を検出し，その細胞から抗原特異的抗体を取得できるか検証した。Ｂ型肝炎ウイルスワクチン（HBs抗原）を接種したボランティアの末梢血リンパ球を用い，マイクロウェルアレイ・チップ上でHBs抗原を用いてＢリンパ球を刺激し，１個１個のリンパ球の細胞内$Ca^{2+}$濃度の変化を，蛍光スキャナーを用いて解析し，細胞内$Ca^{2+}$濃度が一過性に上昇した細胞をチップから回収した。回収したリンパ球から抗体cDNAをRT-PCR法にて増幅し，それを発現ベクターに組み込み，リコンビナント抗体を産生させ，ELISA法にてこれら抗体がHBs抗原に結合するかを検証した。この方法を

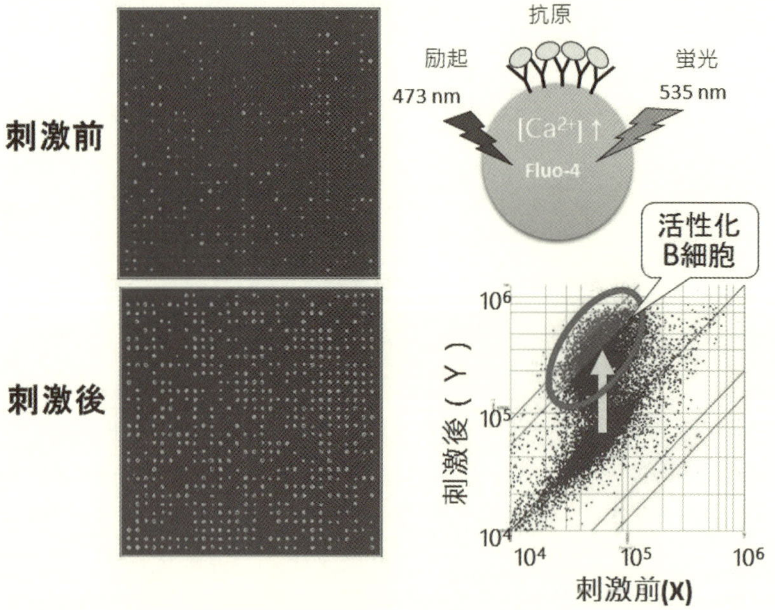


図３　Ｂリンパ球の細胞内$Ca^{2+}$の変動

Fluo-4を細胞質に導入したＢリンパ球をマイクロウェルアレイ・チップに配置し，細胞表面の抗体を抗Ig抗体で架橋し，刺激した。左：チップ上のＢリンパ球１個１個のFluo-4の蛍光。刺激前に比べて，刺激後の１個１個のリンパ球の蛍光が増加している。右：１個１個のリンパ球のFluo-4の蛍光を，スキャナーを用いて計測し，刺激前の蛍光強度と刺激後の蛍光強度を比較したもの。

用いて，３種類のHBs抗原特異的ヒト抗体を取得・作製することができた[2)]。これらの抗体がウイルス中和能をもっているかどうかは，ヒト肝細胞を移植したキメラマウスにＢ型肝炎ウイルスを感染させ，取得した抗体がウイルス感染を中和できるかで検証した。その結果，３種類のHBs抗原特異的ヒト抗体のうち，２種類はマウス内でのＢ型肝炎ウイルスの感染を中和することができた。このことより，マイクロウェルアレイ・チップを用いた，単一細胞レベルでの解析により，感染症等の治療に有効なヒトモノクローナル抗体を取得できる可能性が示された。

### 2.4　マイクロウェルアレイ・チップを用いた高効率な抗原特異的抗体産生細胞の検出（Immunospot array assay on a chip, ISAAC法）

マイクロウェルアレイ・チップを用い，抗原で活性化されるＢリンパ球を同定することで，抗原特異的抗体を取得できることはわかったが，効率的にはまだまだ改善の余地があった。いろいろ検討した結果，細胞内$Ca^{2+}$濃度は細胞表面の抗体からのシグナルだけでなく，その他の要因で自発的に発火し，このような細胞がバックグランドノイズとして検出されてしまい，実際に欲しい抗原特異的Ｂリンパ球の検出をじゃましていることがわかってきた。図４に示すように，抗原特異的抗体を細胞表面に発現しているＢリンパ球を，蛍光標識抗原を用いて，チップ上で検出することも試みたが[3)]，やはりバックグランドノイズが高く，効率を向上させることは難しかった。それでは，チップ上で抗原特異的抗体を分泌する細胞を検出したらどうだろうか，と少し発想を変え，その検出法の開発を始めた。まず，マイクロウェルアレイ・チップ内で分泌された抗体を検出するために，IgGを結合する抗IgG抗体をチップ表面に結合させることを試みた。様々なチップの表面処理を試み，最終的に確実に十分な量の抗体（タンパク質）をチップ表面に固着させることができるようになった。抗IgG抗体をチップ表面に固着させ，そのチップの各ウェルに，抗体を分泌する細胞を導入し２時間程度培養すると，分泌された抗体が拡散し，ウェル周囲の抗IgG抗体に結合する。結合した抗体が抗原に特異的か否かは，チップ上の抗体と蛍光標識した抗原が結合するかを確認することで検証した（図５，図６）。抗原特異的抗体は，分泌した細胞のウェルの周囲に，ドーナツ状のスポットとして検出されるため，筆者らはこの方法をImmunospot Array Assay on a Chip（ISAAC ）法と命名した[4,5)]。ISAAC法による検出は，非常にバックグ

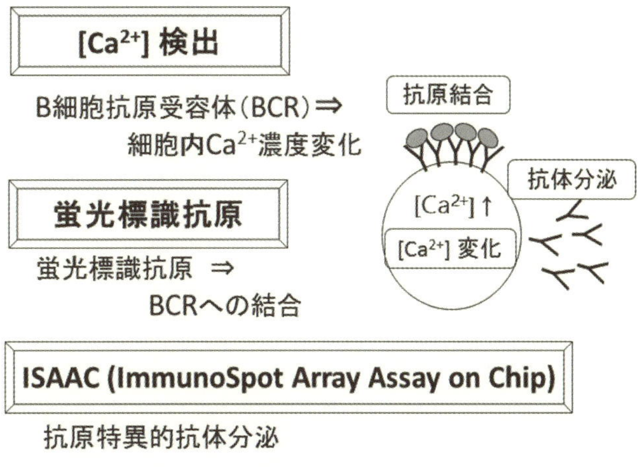


図４　抗原特異的Ｂリンパ球の検出

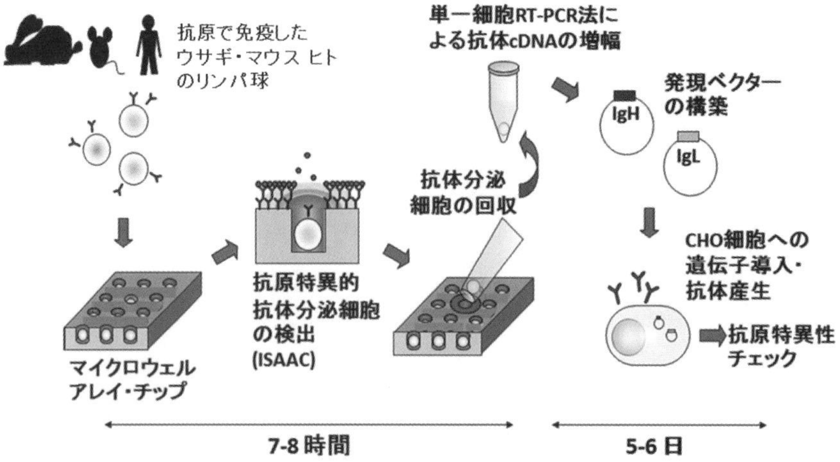


図5　ISAAC法の概要

マウスやヒトの抗体産生細胞を，あらかじめ抗IgG抗体をチップ表面に結合させておいたマイクロウェルアレイ・チップに播種する。分泌されたIgG抗体は，ウェル周囲の抗IgG抗体に結合する。それに，蛍光標識抗原を結合させることで，抗原特異的抗体産生細胞を検出する。検出した細胞をマイクロキャピラリーにて回収し，単一細胞RT-PCR法により抗体cDNAを増幅する。増幅したcDNAを発現ベクターに組み込み，CHO細胞に遺伝子導入し，抗体たんぱく質を産生させる。産生された抗体の抗原特異性をチェックする。チップ解析から抗原特異性のチェックまでを約1週間で行うことができる（文献4)より改変)。

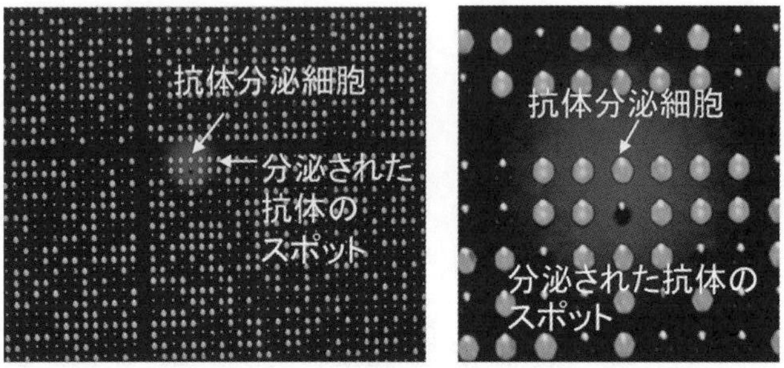


図6　ISAAC法のシグナル

左：小さい，白い丸いものがウェルに入った細胞である。中央付近の白い大きなスポットが，分泌された抗体のスポットを示している。右：左の図を拡大したもの。抗体分泌細胞と，分泌された抗体のスポットが観察される（文献4)より改変)。

ランドノイズが低いために，抗原特異的抗体産生細胞の検出効率を飛躍的に向上させることができた。抗IgG抗体の代わりに，非標識の抗原を直接チップに結合させ，分泌された抗原特異的抗体がウェル周囲の抗原に結合するかを検出することによっても，抗原特異的抗体産生細胞を検出することができる。最終的に，Bリンパ球を細胞チップに播種してから，抗体cDNAを取得し，その抗原特異性をチェックするまでを，約7日間でできるようになった。現在，この方法はフランスの抗体開発会社にライセンスアウトされ，抗原特異的ヒト抗体の開発に利用されている。

## 2.5　ウサギ抗体ISAAC法の開発

ISAAC法は原理的にはあらゆる動物種の抗体産生細胞の検出および抗体の作製に利用できる。

筆者らはこれまでに，ISAAC法を用いて，ヒトおよびマウスの抗体の作製を行ってきた。次に行ったのは，ウサギモノクローナル抗体を作製するためのウサギ抗体ISAAC法の開発である。ウサギは，マウス等では作製しにくい抗体の作製ができること，また，親和性が非常に高い抗体を産生することが知られている。ハイブリドーマ法を用いたウサギモノクローナル抗体の作製が行われていたが，安定性や効率の問題で，その作製が困難であった。筆者らはウサギIgG産生細胞を用いて，抗原特異的抗体産生細胞をISAAC法にて検出し，ウサギの抗原特異的モノクローナル抗体を作製する手法を確立した[6]。実際行ってみると，非常に特異性の高い，高親和性のウサギモノクローナル抗体が得られることがわかった。ウサギはヒトと違い，目的に合わせて抗原で免疫することが可能であるので，これまでマウスの系では作製が困難であった抗原に対するモノクローナル抗体を作製できるようになり，これも実際に応用が拡がっている。

## 2.6　おわりに

マイクロウェルアレイ・チップ技術は，工学系の研究者と生物系の研究者が協力することで，開発を進めることができた。プライマリーのリンパ球1個1個の動態を解析することにより，細胞集団では解析できなかったことが解析できるようになり，新たな抗原特異的モノクローナル抗体の作製が可能になった。リンパ球にはBリンパ球のほかに，Tリンパ球があり，これも抗原特異的免疫反応に重要な役割を果たしており，がん免疫の分野でその利用が進んでいる。筆者らは，マイクロウェルアレイ・チップの技術をTリンパ球にも応用し，現在，抗原特異的Tリンパ球を，チップを用いて単一細胞レベルで解析することで，検出する技術の開発を行っている。

**謝辞**

マイクロウェルアレイ・チップの開発は，とやま医薬バイオクラスターのプロジェクトのひとつとして行われたものであり，㈶富山県新世紀産業機構の方々には大変お世話になりました。また，チップの開発にあたっては，富山大学免疫学教室の研究員はもちろんのこと，北陸先端科学技術大学院大学の民谷栄一教授（現大阪大学教授），富山大学工学部の鈴木正康教授，磯部正治教授をはじめとするたくさんの研究者の方々，さらには，富山県工業技術センターの方々，富山県内外の企業の方々から甚大なるご指導・ご援助・お励ましをいただきました。ここに深謝いたします。マイクロウェルアレイ・チップによる抗原特異的抗体の取得法については，Valneva社に独占的にライセンスされています。

## 文　　献

1) S. Yamamura *et al.*, *Anal. Chem.*, **77**, 8050 (2005)
2) Y. Tokimitsu *et al.*, *Cytometry part A*, **71A**, 1003 (2007)
3) K. Tajiri *et al.*, *Cytometry part A*, **71A**, 961 (2007)
4) A. Jin *et al.*, *Nat. Med.*, **15**, 1088 (2009)
5) A. Jin *et al.*, *Nat. Protoc.*, **6**, 668 (2011)
6) T. Ozawa *et al.*, *PLoS One*, **7**, e52383 (2012)

## 3　細胞操作用バイオチップ

鷲津正夫[*1]，オケヨケネディ[*2]

### 3.1　誘電泳動

誘電泳動[1~3]とは，不平等電界下に置かれた中性粒子に誘導される電荷と電界との相互作用により，粒子が電界の強い方へ（あるいは弱い方へ）と駆動される現象であり，粒子の持つ電荷にクーロン力が働くことによって粒子が駆動される電気泳動とは異なる現象である。

図1は，電気泳動と誘電泳動の比較を模式的に表したものである。図1－aに示すように，電気泳動では，粒子の持つ電荷$q$とその場所での電界Eの相互作用により，F＝$q$Eなる力が働く。これに対し，誘電泳動では，外部電界により誘起された電荷と電界の相互作用により力が発生する。図1－cに示すように，尖った電極と平板電極が向き合った系を考えてみる。電気的に中性の誘電体粒子が電界中に置かれると，誘電分極が生じ，その結果として粒子両端に正負の電荷が現れる。粒子はもともと電気的に中性であると仮定しているので，これらの正負電荷は等量である。それぞれの電荷には，電気力$qE$が働くが，尖った方の電極に近い－の電荷の位置での電界の方が，平

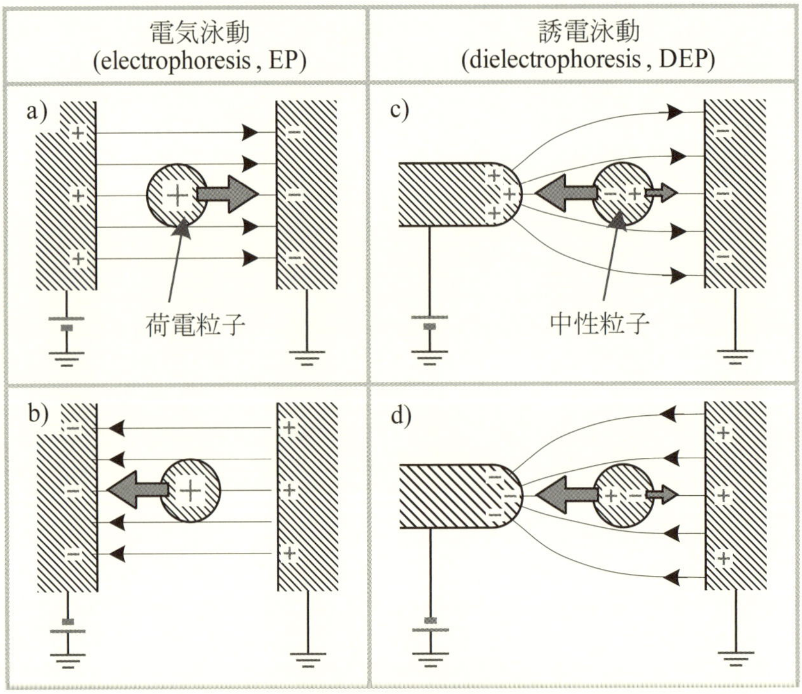


図1　電気泳動と誘電泳動

＊1　Masao Washizu　東京大学　工学系研究科　バイオエンジニアリング専攻　教授
＊2　Kennedy O. Okeyo　東京大学　工学系研究科　機械工学専攻　助教

板電極に近い＋の位置での電界より大きいため，左向きの力のほうが右向きの力より大きく，結果として，粒子は，電界の強い尖った電極の先端へと駆動される。

交流電圧を印加した場合には，次の半周期に電圧の極性が反転する。電気泳動においては，図１－bに示すように，力の向きも反転し，粒子はもときた道を戻ることになる。従って，交流電界下では，電気泳動では，粒子が振動するだけで正味の移動は生じないことになる。これに対し，誘電泳動では，誘電体の分極が交流の周期よりも十分早く生ずる場合には，図１－dに示すように，印加電界の極性の反転にともない誘導電荷の極性も反転するので，結果として，どちらの半周期においても力の向きは変わらない。すなわち，誘電泳動は，分極が印加交流に追随できる範囲においては，交流電界下でも，その実効値に等しい直流電界と同様の力を及ぼすことになる。

なお，不平等電界中におかれた帯電粒子においては，上記の電気泳動と誘電泳動の重ね合わせが観察されることは言うまでもない。

図１－c，dには誘電泳動のわかりやすい一例を示したが，図２には，それ以外の例が示してある。図２－aは，左右対称な不平等電界の中心線上に置かれた中性粒子である。対称性により，粒子に誘導された正負の電荷の位置における電界強度は等しいが，向きが異なるので，この場合も合力は０でなく，粒子に駆動力が働くことになる。この図では一見すると電界の強弱の方向に関係ない力が働いているように見えるが，実は，静電界は保存場（$\nabla \times \mathbf{E} = \mathbf{0}$）であり，電気力線の曲率中心に向かって電界が強くなるという普遍的性質があるので，図の場合でも粒子は電界の強い方へと向かう力が働いていることになる。ちなみに，この場合，対称軸上は不安定な平衡点であり，粒子が少しでも右あるいは左に動くと，図１－cに示した電界強度のアンバランスによる誘電泳動により，粒子は最終的にいずれかの電極に付着することになる。

図２-bは，水中の気泡である。気泡自体は分極しないので，まわりの媒質の分極により，気泡周囲には図に示したような，図１－cの場合とは反対極性の電荷が誘導されることになり，結果として気泡が電界の弱い方へと駆動されることになる。あるいは，分極しやすい水が電極に寄る結果として気泡が押しやられる，とも言える。この例は，電界の弱い方向へと力が働く場合もあることを示している。

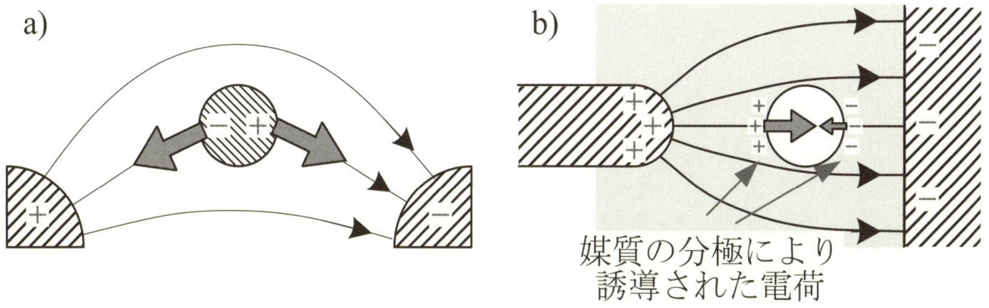


図２　図１のケース以外の誘電泳動の例

このような，媒質より分極しやすい物体が電界の強い方へ引き込まれ，分極しにくい物体が電界の弱い方へと押しやられる現象は，古くから知られていたものであるが，1960年代にH. A. Pohlによりその細胞操作等の応用への重要性に新たに光があてられた[1]。電気泳動（electrophoresis）に対し，この現象に誘電泳動（dielectrophoresis）という名前を与えたのもPohlである。

### 3.2　等価双極子モーメント法

等価双極子モーメント法（equivalent dipole moment method）は，図3に示すように，誘電体上の誘導電荷を，その存在がもたらすのと同じ電界の歪みを与える等価的な真電荷（自由電荷とも呼ばれる）の双極子で置き換えて，その真電荷にかかる力により誘電泳動力を求める手法である[3]。

角周波数$\omega$で時間的に変化する一様交番電界**E**下で，誘電率$\varepsilon_m$導電率$\sigma_m$の媒質中に置かれた誘電率$\varepsilon_p$導電率$\sigma_p$を持つ半径$a$の球形粒子に誘導される等価双極子モーメント$\mathbf{p}_{\mathrm{eq}}$は，電磁気学的計算により，

$$\mathbf{p}_{\mathrm{eq}} = 4\pi a^3 \varepsilon_m K^*(\omega)\mathbf{E} \overset{\text{write}}{=} \alpha\mathbf{E} \tag{1}$$

ただし

$$K^*(\omega) = \frac{\varepsilon_p^* - \varepsilon_m^*}{\varepsilon_p^* + 2\varepsilon_m^*}, \ \varepsilon_p^* = \varepsilon_p - j\frac{\sigma_p}{\omega}, \ \varepsilon_m^* = \varepsilon_m - j\frac{\sigma_m}{\omega} \tag{2}$$

で与えられる。ここで，$j$は虚数単位，**Re**［ ］は複素数の実部を表し，$\nabla$はグラディエントである。$\varepsilon_p^*$と$\varepsilon_m^*$は，粒子と媒質の複素誘電率と呼ばれることもある。

なお，たいていの電磁気の教科書には，媒質・粒子とも非導電性の場合の式，すなわち粒子表面での境界条件を

$$\nabla \cdot \mathbf{D} = \nabla \cdot [\varepsilon\mathbf{E}] = 0 \tag{3}$$

として解いた場合の式が記載されているが，導電率のある場合は，真電荷密度$\rho_{true}$，電流密度**j**の満たす関係式

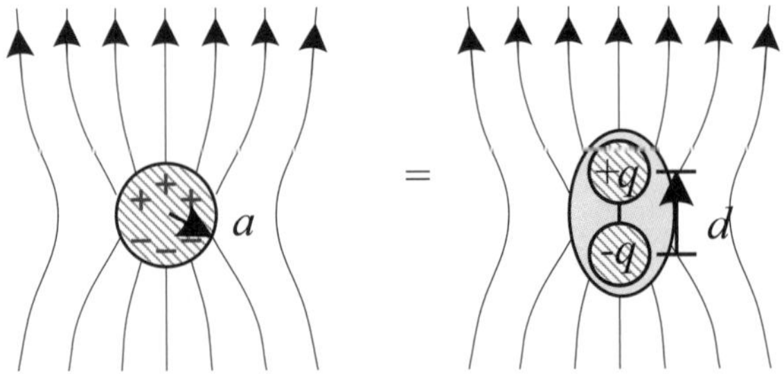


図3　等価双極子モーメント法

$$\nabla \cdot \mathbf{D} = \nabla \cdot \left[\varepsilon \mathbf{E}\right] = \rho_{true},\ \nabla \cdot \mathbf{j} = \nabla \cdot \left[\sigma \mathbf{E}\right] = -\frac{\partial \rho_{true}}{\partial t} = -j\omega\rho_{true} \tag{4}$$

より

$$\nabla \cdot \left[\left(\varepsilon + \frac{\sigma}{j\omega}\right)\mathbf{E}\right] = 0 \tag{5}$$

であるので，誘電率$\varepsilon_p$および$\varepsilon_m$を，複素誘電率$\varepsilon_p^*$および$\varepsilon_m^*$で置き換えれば，式(1)が得られる。また全電荷のモーメント$\mathbf{p}_{\mathrm{total}}$として式(1)の4番目の項が$\varepsilon_m$でなく$\varepsilon_0$となっている場合が多いが，等価双極子モーメント法は，「誘電体の存在がもたらすのと同じ電界の歪みを与える真電荷の双極子」＝等価双極子に働く力を以て粒子に働く力を求める，という原理であるので，この項は式(1)のように$\varepsilon_m$でなければならない。

さて，このような等価双極子が任意の電界$\mathbf{E}(\mathbf{r})$中に置かれた場合，これに働く力は，図4に示されるように，$+q$に働く力と$-q$に働く力の総和であるので，

$$\mathbf{F}_d = q\mathbf{E}(\mathbf{r}+\mathbf{d}) - q\mathbf{E}(\mathbf{r}) = (\mathbf{p}_{eq}\cdot\nabla)\mathbf{E}(\mathbf{r}) \tag{6}$$

となる。ここで，$q$：誘導された等価真電荷，$\mathbf{d}$：正負の電荷間の距離で，等価双極子モーメント

$$\mathbf{p}_{eq} = q\mathbf{d} \tag{7}$$

である。交番電界に対しては，$\mathbf{p}_{eq}$と電界は常に平行になり，式(1)の分極率$\alpha$はスカラー定数となるので，これを式はははに代入して$\nabla \times \mathbf{E} = 0$の条件を用いれば，誘電泳動力$\mathbf{F}_{\mathrm{dep}}$が

$$\mathbf{F}_{\mathrm{dep}} = \pi a^3 \varepsilon_{\mathrm{m}} \mathbf{Re}[K^*(\omega)]\nabla(E^2) \tag{8}$$

と求まる。ただしこの式で$E$はピーク値であり，実効値（rms）で書く場合は係数2がかかる。

式(8)は，誘電泳動力が，$a^3$すなわち粒子の体積に比例する力で，$\mathbf{Re}[K^*(\omega)] > 0$であれば粒子を電界が強い方へと引き付ける力が働き（正の誘電泳動，positive DEP），$\mathbf{Re}[K^*(\omega)] < 0$であれば粒子を電界が弱い方へと押しやる力が働く（負の誘電泳動，negative DEP）ことを示している。

図2の気泡は，典型的な負の誘電泳動の例である。一般に，粒子表面には，粒子自体の分極によるものと媒質の分極によるものの両者の和の電荷が現れるが，前者が多いときには正の誘電泳動に，後者が多い時には負の誘電泳動になる。実際，式(8)における$K^*(\omega)$の分子は，（本当は複素数なので少々乱暴な議論ではあるが）粒子と媒質の分極のしやすさの引き算になっている。

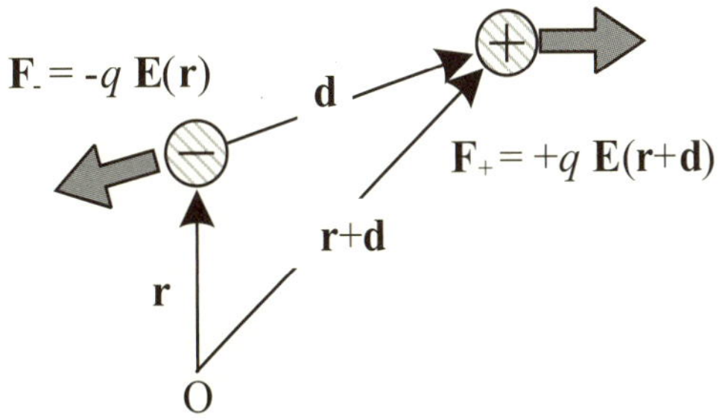

図4　等価双極子モーメントを用いた誘電泳動力の計算

誘電泳動は，式(9)および(2)で示され

るように，粒子の誘電的性質で決まる周波数の関数であるので，この周波数依存性を利用した粒子，たとえば細胞などの分析・分離に用いることができる。

### 3.3　電気パルスを用いた膜の可逆的破壊―エレクトロポレーションとエレクトロフュージョン―

図5に示すように，エレクトロポレーション（電気穿孔）[4]は，細胞に電気パルスを印加して細胞膜に可逆的な膜破壊を生じさせ，膜が自復するまでの過程において外来物質を細胞内に導入するという手法である。一方，エレクトロフュージョン（電気細胞融合）は，2個の細胞を互いに接触させておき，この接触点において細胞膜に可逆的な破壊を生じさせ，それらの細胞膜を結合させることにより，両細胞の遺伝子を混合し，掛け合わせによっては得られない組み合わせのハイブリッド細胞を得る手法である。いずれも，特別な熟練技術を必要とせず，純粋に物理的プロセスにより，細胞種にあまり依存せず，1回で大量の細胞を処理することが可能，などの長所を持つため，近年広く用いられるようになった。

エレクトロポレーションもエレクトロフュージョンも，電気パルス印加による細胞膜の可逆的な破壊をその原理とする。細胞は，電気的には，導電性の細胞質と，それを包み込む絶縁性の細胞膜（厚さ10 nm程度のリン脂質二重層）によってモデル化される。ここにパルス電圧を印加すると，細胞周囲の媒質および細胞質を通して絶縁性の細胞膜の充電が生じ，細胞膜内外に電位差が発生することになる。この膜電圧$V_m$が，細胞膜のブレークダウン電圧$V_b$と呼ばれるある閾値を越えると，絶縁破壊が生じ，細胞膜に孔（ポア）が形成される。ところが，細胞膜は流動性を持つリン脂質2重層で構成されているため，$V_m$が$V_b$を大きく越えない場合は，このポアは時間とともに自復する。

このブレークダウン電圧$V_b$は，細胞の種類によらず，ほぼ1V程度であることが知られている。膜電圧がブレークダウン電圧より小さければ細胞膜はパルス電圧の影響を受けずエレクトロポレーションは生じない。また，過大な膜電圧がかかれば，細胞膜は不可逆的に破壊されてしまい，細胞は死に至る。したがって，エレクトロポレーションにおいては，膜の可逆的破壊が生ずるよ

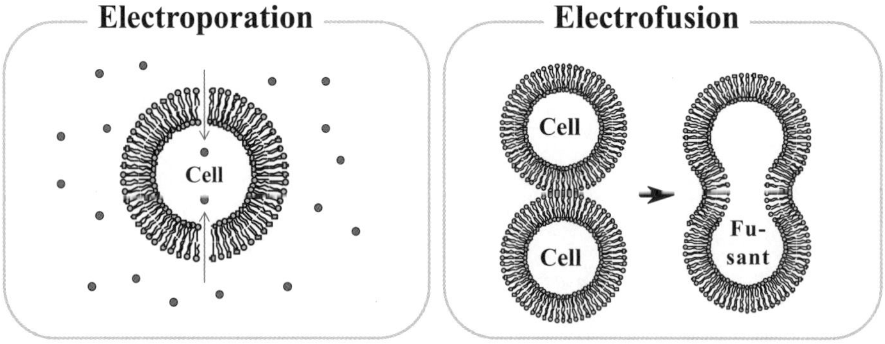


図5　エレクトロポレーションとエレクトロフュージョン

うなちょうどよい電圧を印加することが不可欠の要件である。

図6のように，電界中の水溶液に孤立した球形の細胞に関しては，膜電圧の解析解が知られている[5)]。すなわち，球座標（$r, \theta, \phi$）を用い，細胞の外側の電位を，細胞の作る電位と外からの電位の和として

$$\phi_{out} = Br^{-2}P_1(\cos\theta) - E_0 r P_1(\cos\theta) \tag{10}$$

と書き，細胞内側の電位を

$$\phi_{in} = ArP_1(\cos\theta) \tag{11}$$

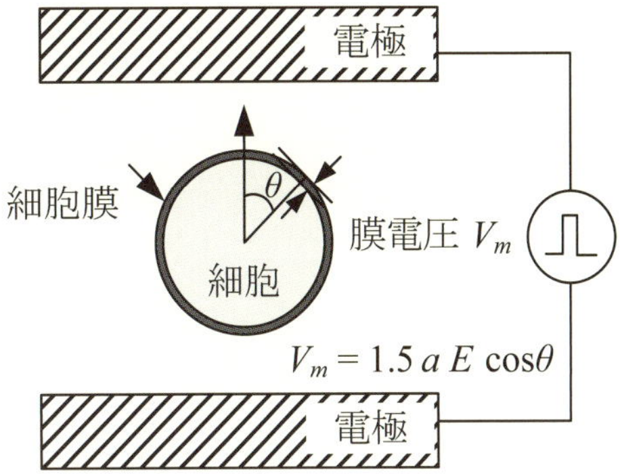


**図6　エレクトロポレーションの原理**

と書く。ただし，$A, B, E_0$は定数で，$P_n$は$n$次のルジャンドル関数である。細胞膜は，半径$a$の位置にある単位面積当たりの静電容量$C_m$[F/m$^2$]のコンデンサでモデル化する。細胞内外の溶液の導電率を$\mu_{in}$, $\mu_{out}$と書けば，膜の内外からコンデンサを充電する電流により膜に電荷$\sigma$[C/m$^2$]が蓄積するので

$$-\int \mu_{out} \frac{\partial \phi_{out}}{\partial r}\bigg|_{r=a} dt = -\int \mu_{in} \frac{\partial \phi_{in}}{\partial r}\bigg|_{r=a} dt = \frac{\sigma}{C_m} \tag{12}$$

また，膜内外の電位差すなわち膜電圧$V_m$は

$$V_m = \phi_{out}\bigg|_{r=a} - \phi_{in}\bigg|_{r=a} = \frac{\sigma}{C_m} \tag{13}$$

式(10)〜(13)より，ステップ状に印加された一様な外部電界$E_0$に対する膜電圧は

$$V_m = \frac{3}{2} aE_0 (1 - \exp[-t/\tau_c])\cos\theta \tag{14}$$

と求まる。ただし

$$\tau_c = aC_m(\rho_{in} + \rho_{out}/2), \quad \rho_{in} = 1/\mu_{in}, \quad \rho_{out} = 1/\mu_{out} \tag{15}$$

で，$\rho_{in}$, $\rho_{out}$は抵抗率，$\tau_s$は充電の時定数である。この時定数は，細胞外液が生理塩濃度の場合には数十ns，1mM程度のイオン濃度の場合には2μs程度になるので，数十μs程度のパルス電圧に対しては，膜電圧はすぐに定常値になり，式(14)のexpの項は0としてよい。式(14)は，膜電圧の最大値は細胞の極（図6で上端と下端）に現れ，その大きさは細胞半径$a$に比例することを示している。

従来のエレクトロポレーションは，数mmのギャップを持つ平行電極間を細胞の懸濁液で満たし，ここに数百Vの高電圧パルスを印加することにより行われていた。しかしながら，実際の細胞は粒径分布を持つので，この手法によると，式(14)に示される粒径依存性により，大きい細胞は

過度の膜電圧（$V_m > V_b$）が生じて破壊され，小さい細胞は膜電圧が低い（$V_m < V_b$）ため何の影響も受けない，すなわちある範囲の粒径を持つ細胞に対してのみエレクトロポレーションが生ずることになる。また，非球形の細胞に対しては，膜電圧が細胞の配向に依存するため，可逆的な膜破壊を再現性良く生じさせることが困難であり，細胞凝集塊に対しても膜電圧の予測は不能である。これらの理由により，エレクトロポレーションの効率は必ずしも高くなく，遺伝子等の導入の場合には，導入に成功した細胞をあとからスクリーニングして取得しているのが現状である。

### 3.4 電界集中を用いたエレクトロポレーション/フュージョン

マイクロマシーニングに基づくMEMS技術の発展にともない，エレクトロポレーション・細胞融合・細胞計測等を大量並列で行おうという試みが盛んになされるようになってきた[6~8]。以下では，微細加工技術を利用して電界の形状を制御することにより高いエレクトロポレーション効率やエレクトロフュージョン収率を得る手法について紹介する。

図7は，電界集中を用いたエレクトロポレーションの原理図である[8]。装置は，細胞径の数分の1程度の大きさの微細オリフィスを持つ絶縁性薄膜（オリフィスシート）と，それを挟むように置かれた一対の電極からなる。このような系が導電性を持つ媒質中（たとえば水溶液）に置かれた場合，電気力線は，絶縁性薄膜を通過することができず，小孔部に収束する。この電界集中により，電極間での電圧降下は，ほとんど小孔周辺で生じることになる。すなわち，浮遊性細胞においては吸引固定により，付着性細胞においてはあらかじめオリフィスシート上で細胞培養することにより，オリフィス周辺にに細胞を固定した後，電極間に電圧を印加すれば，電極に印加した電圧がそのまま小孔部に固定された細胞膜に印加されることとなる。

プラスミドは，比較的サイズが大きい大きい高分子であるので，パルス幅を前記の膜の可逆的破壊に関する時定数よりはるかに長く，たとえば数十msとして，電気泳動を援用することにより導入することが望ましい。特に，オリフィスの配置を十分密にして，オリフィスシート上で培養した細胞の核の下に確率的に1つ以上のオリフィスが存在するようにすれば，プラスミドは電気

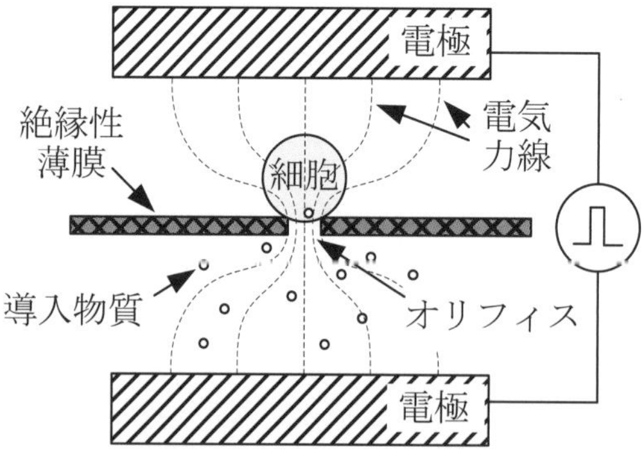


図7　電界集中を用いたエレクトロポレーション

泳動により直接的に核に送達され，パルス印加後1時間半ほどから遺伝子の発現が見られる[9]。図8はこのような手法により繊維芽細胞（TIG）にGFP（Green Fluorescence Protein）遺伝子を導入した例で，左は細胞が付着したオリフィスシートの明視野像で，$3\,\mu m^{\phi}$，$20\,\mu m$ピッチのオリフィスと，広く広がった細胞が見える。同図右が同じ場所の20時間後のGFPの蛍光像で，細胞質全体から蛍光が発せられている。

電気細胞融合も，上記のエレクトロポレーション同様，電気パルスによる膜の可逆的破壊を利用する技術である。従来の電気細胞融合においては，まず，細胞種AとBの混合懸濁液に交流電圧を印加する。すると，細胞は誘電分極を起こし，生じた双極子モーメントが互いに引き合うため，電気力線に沿って細胞が並ぶ。これをパールチェーン形成現象と呼ぶ。しかる後に，A：B＝1：1の細胞ペアの接触点が可逆的に破壊して融合することを期待してパルス電圧を印加する（図9-左）。

しかしながら，実際は，式(14)に示される粒径依存性により，さまざまな粒径・形状を持つ細胞懸濁液において，可逆的膜破壊に適度な電圧が接触点に印加される場合は希であり（かつ，解析[4~9]によれば，細胞がチェーンを形成した場合，最大の膜電圧は細胞の接触点でなく，チェーンの両端に位置する部位で発生することが判明している），融合したとしてもどちらの細胞が何個融合したかはわからない。電気細胞融合の収率は非常に低く，$10^{-4}$のオーダーであるといわれてい

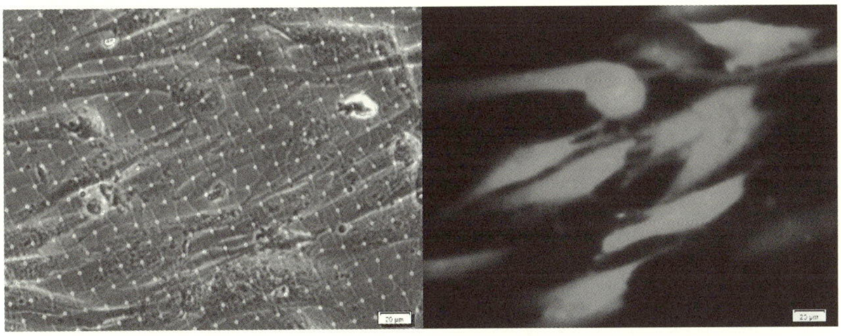

図8　電界集中型エレクトロポレーションによるGFPプラスミドの発現

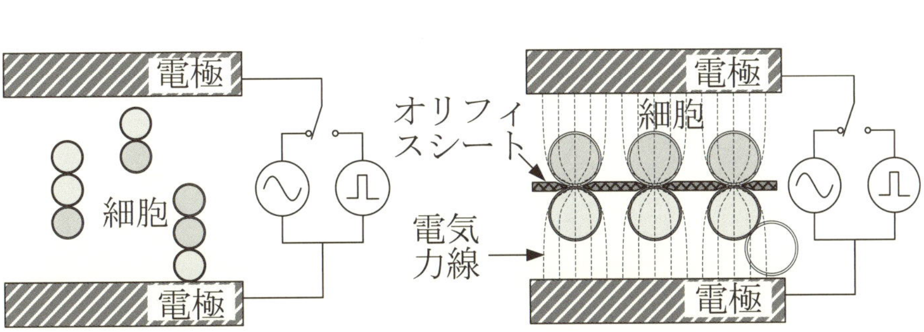


図9　従来の細胞電気融合（左）と電界集中を利用した細胞融合（右）

るが，その原因はチェーンの構成と膜電圧がきちんと制御できていないことにあると思われる。

これに対し，前項のエレクトロポレーションの場合と同様にマイクロオリフィスの作る電界集中を利用すれば（図９-右），接触点近傍のみに制御された膜電圧を印加することが可能になり，高収率の細胞融合が期待される。すなわち，細胞径より小さいオリフィスを持つ隔壁をはさんで両側に電極を置き，一方に細胞種Ａ，他方に細胞種Ｂの細胞懸濁液を導入し，電極間に交流電圧を印加することにより，誘電泳動により細胞をオリフィスに誘導する。その後，スイッチを切り替えてパルス電圧を印加，あるいはパルス電圧を重畳して印加すれば，オリフィス内の細胞接触点にのみ膜電圧が生じ，必ずＡ：Ｂ＝１：１の融合が，高収率で行える。また，融合操作後は，だるま型の融合産物が首部をオリフィスで拘束された形で得られるので，融合細胞のみをオリフィスシートともに回収することも可能である。なお，ここで使用する誘電泳動用の高周波やパルスの電圧はせいぜい10Ｖ程度であるので，電圧のスイッチングや重畳は簡単に行える。

図10は，このような手法により試みた細胞融合の例である。この実験では融合時の経時変化を横から観察するため，PDMSモールディングで作製した２次元構造のスリット状オリフィスを用いている。この例では，緑色の蛍光色素カルセイン-AMで細胞質を蛍光染色した樹状細胞をオリフィス上側に，赤色の蛍光色素カルセインレッドオレンジ-AMで細胞質を蛍光染色したJurkat細胞を下側に導入し，誘電泳動を用いてオリフィスに配列，その後，１～10Ｖ，100 μsのパルス電圧を数回印加することにより融合を行った。核を可視化するため，両細胞ともに，上記の蛍光色素以外にヘキスト33342でも染色している。図10-ａは，その蛍光像で，各オリフィスに細胞対が１個ずつ形成されており，それ以外にも融合に関与しない細胞が多数見える。図10-ｂは，上側の細胞を染色しているカルセイン-AMの緑色蛍光像で，融合細胞対の上側の細胞の細胞質にあった蛍光は，融合がおきると，融合相手の細胞質へと拡散で移動する結果，こちらの細胞も蛍光を発す

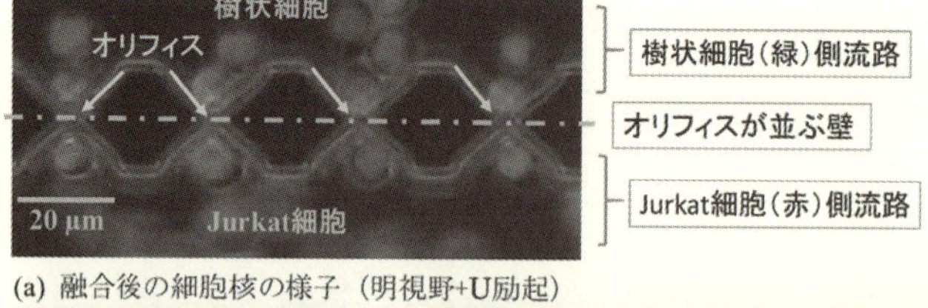

(a) 融合後の細胞核の様子（明視野+U励起）

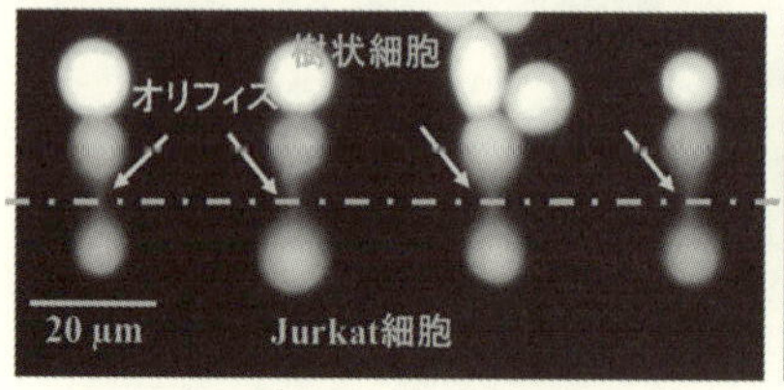

(b) 融合後の細胞質の様子（B励起）

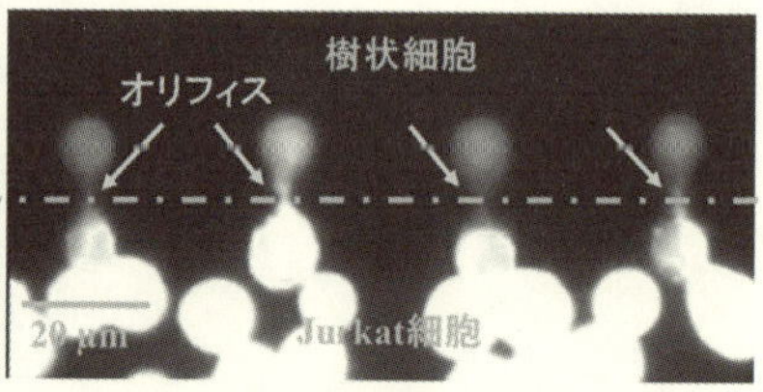

(c) 融合後の細胞質の様子（G励起）

図10　電界集中を利用した細胞電気融合

るようになる。融合していない細胞は非常に明るく見えるのに対し，これらの細胞は，色素が薄まる分，輝度は低い。図10-cは反対に，下側の細胞を染色している赤色蛍光像で，この色素も融合相手の細胞へと拡散している。蛍光色素のような小さい分子の拡散は，1秒程度で生ずる。図に見える融合した一対の細胞をつなぐチャネルは意外に細い。これは，融合する前に，誘電泳動力により細胞が大きく変形，オリフィス内に突出して，ここで接触した部位が融合したことを予想させる。

本法によれば，植物プロトプラスト・哺乳類細胞について，90％以上の収率が観察された[4~11]。このような手法は，従来より細胞融合で行っていたモノクローナル抗体取得などの高能率化のみならず，細胞質移植等を通じて，エピジェネティクスの研究や植物バイオテクノロジーなどに貢献していくことが期待される。

## 文　　献


1) H. A. Pohl, Dielectrophoresis, Cambridge University Press (1978)
2) R. Pethig, Automation in Biotechnology, p.159, Elsevier Science Publishers (1991)
3) T. B. Jones, Electromechanics of Particles, Cambridge University Press (1995)
4) U. Zimmermann, *Rev. Physiol. Biochem. Pharmacol.*, **15**, 175 (1986)
5) U. Zimmermann & W. M. Arnold, *J. Electrostat.*, **21**, 309 (1988)
6) Y. Huang & B. Rubinsky, *Sens. Actuat., A*, **89**, 242 (2001)
7) M. Khine *et al.*, *Lab Chip*, **5**(1), 38 (2005)
8) O. Kurosawa *et al.*, *Meas. Sci. Technol.*, **17**, 3127 (2006)
9) O. Kurosawa *et al.*, $\mu$-TAS 2010, M49A, p.217, Groningen, Netherlands (2010)
10) B. Techaumnat & M. Washizu *et al.*, *J. Phys. D : Appl. Phys.*, **40**, 1831 (2007)
11) B. Techaumnat *et al.*, *IET Nanobiotechnol.*, **2**, 93 (2008)

# 4　オンチップフローサイトメーターとオンチップセルソーターの開発

武田一男*

## 4.1　はじめに

使い捨て交換型マイクロ流路チップを用いるフローサイトメーターとセルソーターの製品化のために開発した技術を紹介する。マイクロ流路チップは，使い捨て交換型での使用に最適であり，検体間のコンタミネーションフリーなど，固定流路では不可能であったことを可能にする。使い捨て交換という利点は医療用途にとって重要である。使い捨て医療器具の誕生は，1952年に米国ベクトン・ディッキンソン社で実用化された献血用採血セットが最初と考えられる[1]。これに対して，マイクロ流路を利用した使い捨てチップの実用化は，さらに40年以上も後になる。1989年にEsashiらがシリコンウエハー上にマイクロバルブやマイクロポンプを半導体微細加工技術で作っており[2]，1987年にはManzが日立製作所にポスドクとして滞在し，半導体製造技術を利用して液体クロマトグラフィーのための流路チップを試作している[3]。Manzが2002年にマイクロ流路を用いるマイクロ総合分析システムである$\mu$TAS（micro-total analysis systemsの略）の概念を提唱し，マイクロ流路を利用した多様な応用例を示した[4,5]。この$\mu$TASの実用化は，Manzらが1995年の創業に関わった米国のCaliper Technologies社によるDNAやタンパク質の解析するためのチップが最初と考えられ，2001年にはCaliper Technologies社が，Agilent社のBio Analyzer用チップとしてLabChip®を提供している[6,7]。

## 4.2　従来のフローサイトメーターとセルソーターの限界

フローサイトメーター（flow cytometer）は，細胞を一個単位で流した状態でレーザー光を照射し，その照射領域を個々の細胞が通過したときに細胞から発生する散乱光や蛍光を検出し，それらの信号強度に基づいて，細胞の大きさや種類を識別し計数する。セルソーター（cell sorter）は，フローサイトメーターの機能に加えて，細胞を検出直後に短時間に目的の細胞を識別し，その目的の細胞を一個単位で分取する装置である。最初のセルソーターの開発は，1965年にロスアラモス研究所のFulwylerが，原子爆弾の実験による大気中の放射能汚染をモニターするために開発した微粒子分離装置[8~10]が元になっている。この装置をスタンフォード大学のHerzenbergらが細胞用に改良し，現在のセルソーターへつながっている[11]。その細胞分離の原理は，ノズルから空気中に試料液を液滴として連続的に吐出し，分離対象の細胞を含む液滴に，電荷を与えて液滴単位で電場によって分離するという方法である（図１）。この分離方式の最大のメリットは，細胞分離の空間分解能が液滴サイズで決まることである。つまり，ソーティング力を与える前に液滴単位に分取体積の分割によって空間分解がきまり，ソーティング力とは無関係に空間分解が設定される画期的な原理であると言える。そのため，液滴の形成速度がソーティング速度に等しい。例えば，米国ベクトン・ディッキンソン社の製品セルソーターであるFACSAria™Ⅲのソーティ

*　Kazuo Takeda　㈱オンチップ・バイオテクノロジーズ　開発部　取締役／開発部長

ング速度が30,000個/秒であることは，液滴が30,000個/秒で形成されていることを意味している。

上記は従来型セルソーターの長所を述べたが，以下に欠点をまとめる。

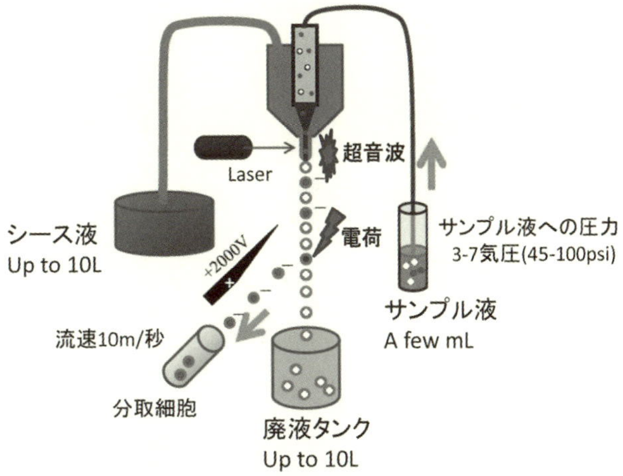


図1　従来のセルソーターの概要

① 流路が固定であるため，サンプル間のキャリーオーバーによるコンタミネーションが存在する。

米国ベクトン・ディッキンソン社のFACSCanto™Ⅱというフローサイトメーターのカタログには，キャリーオーバー0.1%以下と記載されている[36)]。すなわち，$10^5$個のうち100個程度は他のサンプルとのコンタミネーションがあると考えなければならない。この様に全体の細胞に比べて低密度の細胞を解析するためには，繰り返し洗浄など困難が伴うことを覚悟しなければならない。がん患者の血液中を循環しているがん細胞（Circulating Tumor Cell, CTCと略す）の場合は，血球細胞$10^9$個当たりに1個程度であるので，この様な細胞の検出には適さないと言える。

② シース液の消費量が大きい。

大気中にノズルから液滴を安定して形成しなければならならず，サンプルを流していない状態でも，シース液を常に流し続けなければならない。このためシース液の消費量が約1L/時間程度と高く，10L程度のシース液貯蔵タンク，廃液タンク，洗浄液タンクが必要となっており，タンク類を含めると装置のサイズが大きい。

③ サンプルバッファーとシースバッファーの使用可能な種類が限定されている。

サンプルに最適なバッファーの種類をユーザーが自由に選択して使用することは許されない。例えば，海水でしか生きられない微生物は，通常のセルソーターで使用するバッファーでは，生きた状態で分取することは不可能である。また，シース液の貯蔵タンク内での細菌増殖を防ぐための防腐剤が混入されているのが普通であり，その防腐剤成分が細胞種によってはダメージを与える可能性もある。

④ ソーティング回収時の細胞衝突による細胞ダメージ

細胞を流す流速は約10m/秒であり，回収チューブの壁面や液面へ衝突が細胞にダメージを与える。図2は従来方式のソーティングによる細胞ダメージを評価したものである。ソーティング後の好酸球の外形を顕微鏡観察したものである。細胞の外形がくずれるほどのダメージを受けていることがわかる。したがって，以上の従来装置の多くの欠点を解決する技術の候補として，使い捨て交換型マイクロ流路チップ技術が考えられる。

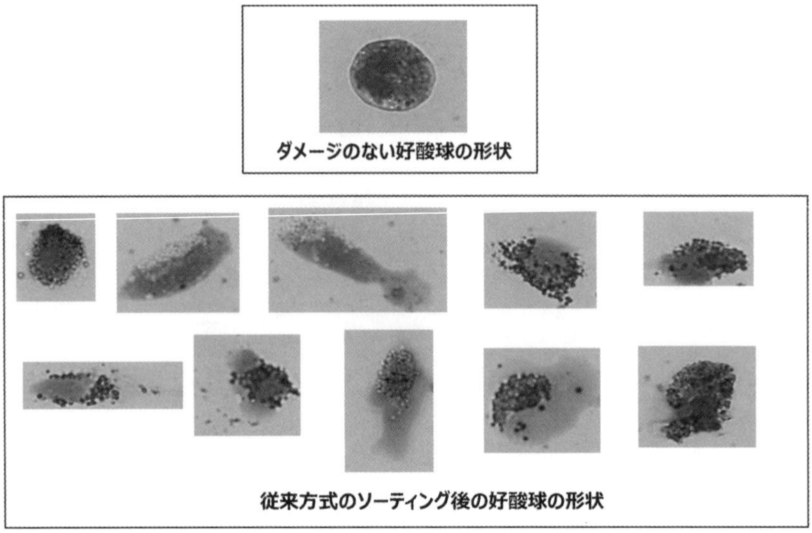


図2　従来方式のソーティングによる細胞ダメージ
（ソーティング後の白血球の好酸球の形状観察）

### 4.3　使い捨て交換型マイクロ流路チップによるフローサイトメーター開発の背景

細胞を最初に対象とした使い捨て交換型流路チップによるフローサイトメーターは，前述のCaliper Technologies社とAgilent社との共同開発による製品Bio Analyzerであり[7,13]，その細胞解析の性能が2002年に報告されている[14]。しかしながら，この装置の蛍光の検出感度は，フローサイトメーターにとって重要な青色波長励起の蛍光検出感度は2,000,000MESFであり[13]，従来のフローサイトメーターの感度より3桁以上も低い。このため従来の置き換えになる性能とは考えられない。この状況下で，マイクロ流路を用いるフローサイトメーターの実用化のための研究も数多く行われてきた[15]。Kurabayashiらはマイクロ流路チップに適した光学系として光ファイバーを利用する方法を提案している[16]。流路に光照射して発生した蛍光や散乱光を検出器まで導くのに光ファイバーを利用するという技術である。この方法では流路チップ交換のたびに光ファイバーを付け替える必要があるので，ChenとWangらは光ファイバーを使用しない改良システムを提案している[17]。以上のマイクロ流路チップを利用するフローサイトメーターの技術は，いずれも通常のフローサイトメーターで必要とされる前方散乱光信号（FSC）と側方散乱光信号（SSC）との2方向の散乱光を検出することができない技術である。この理由について図3を用いて説明する。図3a）の通常のフローセルの場合，前方散乱光と側方散乱光はそれぞれレンズで集光して検出することができる。ところが，図3b）に示すようにマイクロ流路は平板に形成されているため，側方散乱光については流路にピントを合わせたレンズで集光することはできない。このため，マイクロ流路の側方散乱光を検出する光学系には特別な技術が必要である。しかも，使い捨て交換型流路チップでは光学調整が簡単でなければならない。この問題解決の技術は後の4.4.2で説明する。このように使い捨て交換型マイクロ流路チップを用いたフローサイトメーターの実

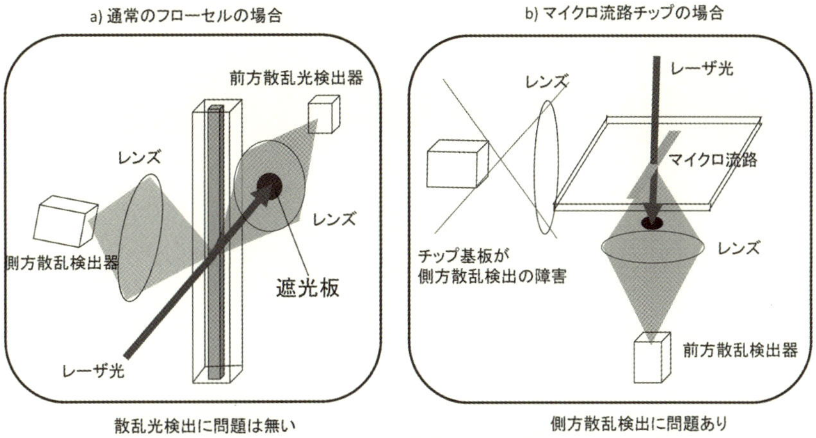


図3　マイクロ流路チップで側方散乱光が検出しにくい理由

用化のためには，乗り越えなければならない問題が2008年当時多く存在した。以下に，製品化のために開発した技術を紹介する。

## 4.4　使い捨て交換型マイクロ流路チップを用いるフローサイトメーター技術

使い捨て交換型マイクロ流路チップの開発については，下記の点を守るべき原則とした。

① チップの交換が簡単でなければならない。

② 量産に適した生産によるチップでなければならない（量産によるチップ原価低減が必須）。

### 4.4.1　流路チップ

最初に数種類のチップ製造方法を検討した。歴史的に2000年に提案されたPDMS（polydimethylsiloxane）を利用してマイクロ流路を形成する方法[18]は，基礎検討用の流路パターンの試作に適するが量産には適さないため，採用しなかった。2001年に製品化されたAgilent社の製品チップは，ガラス製チップである。ガラス製チップでの量産を検討したが初期コストが高すぎるため採用を見送った。樹脂による射出成形が量産に適するためにこの方法を採用した。射出成形によるマイクロ流路形成は，歴史的には2000年頃にはすでに試作が試みられている[19]。しかしながら，照射光源としてレーザーを利用する流路チップは，カメラ観察用の流路チップでは問題にならない程度の小さな表面ラフネスや，表面や素材中の異物が計測に悪影響を及ぼすため極めて高い品質管理が要求される。ところが，2008年当時，半導体産業で培われた品質管理技術を有する射出成形メーカーと幸運にも出会い，試作を繰り返して検出感度を満足する流路チップが完成した。図4に使い捨て交換型マイクロ流路チップの構造を示す。チップ上にサンプル液リザーバーとシース液リザーバーと廃液リザーバーを形成し，シリンダーポンプによる脈流のない空気圧によって流速を一定に制御する機能と，下流側でシース液による希釈を抑えて計測済みのサンプル細胞を回収する機能を実現している[20~22]。通常のフローサイトメーターでは計測済みの細

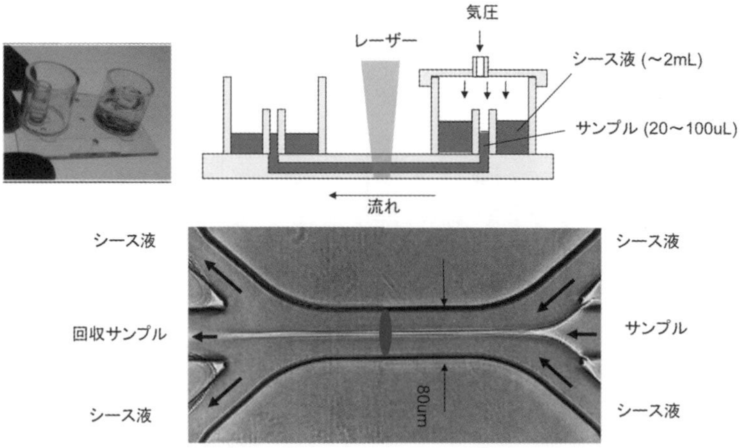


図４　使い捨て交換型マイクロ流路チップの流路パターン[20]
（2009年製品リリースFISHMAN-R用流路チップ）

胞群が巨大な廃液リザーバーに廃棄されて失われるという問題を解決するものである。

### 4.4.2　検出光学系

側方散乱光（SSC）の検出の問題を，図５に示す様にマイクロ流路基板の内部全反射光学系で解決した[20,23,24]。この光学系では，チップの上方からレーザー光を流路内のサンプル流に照射し，基板内方向に進行するSSCは，基板端面を斜面とすることで下方向に反射させて，チップ外ではレンズによる集光光学系を利用せずにアクリル製の光ガイドブロックで集光して光検出器に導く方法をとっている。このためチップ交換ごとに生じるチップと光ガイドブロックとの位置ずれが

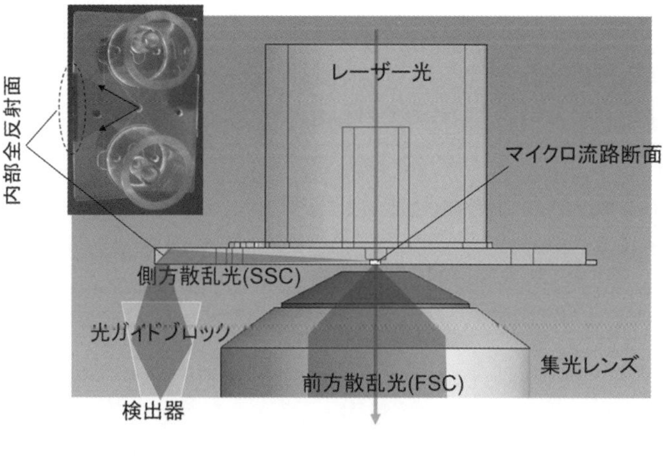


図５　使い捨て交換型マイクロ流路チップで側方散乱光検出を可能とする光学系（SLER光学系）[20,23,24]

5 mm程度であってもSSCが変化しない光学系となっている。したがって，この光学系は使い捨て交換型チップに最適であり，SLER光学系と命名した。図6は，FSCとSSCの検出感度を，ポリスチレン標準粒子の換算粒径で示したものであり，ともに0.5 μmの検出感度を有している。この感度は大腸菌の検出に十分な検出感度である。図7に蛍光検出感度の評価データを示す。蛍光の検出感度評価には米国スフェロテック社のRainbow calibration particles（8 peaks）を用いて評価した。8種類の既知の濃度で蛍光分子（FITC）を含んだ粒子の混合であり，各強度分布によって，FITC分子数で蛍光検出感度を定量評価することができる，この結果，FITC分子数として600分子以下の検出感度を有していることがわかる。細胞の表面に存在する抗原の分布に基づいて細胞を識別しなければならないので，この蛍光感度は高感度が要求される。石英フローセルを有する従来のフローサイトメーターと同等の検出感度を達成した。

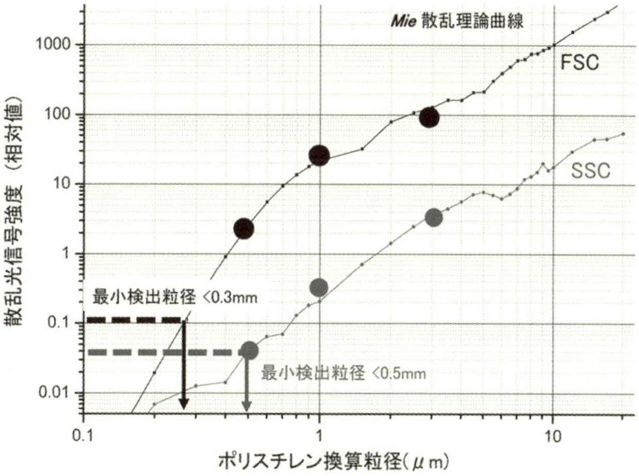


図6　前方散乱光と側方散乱光の検出感度

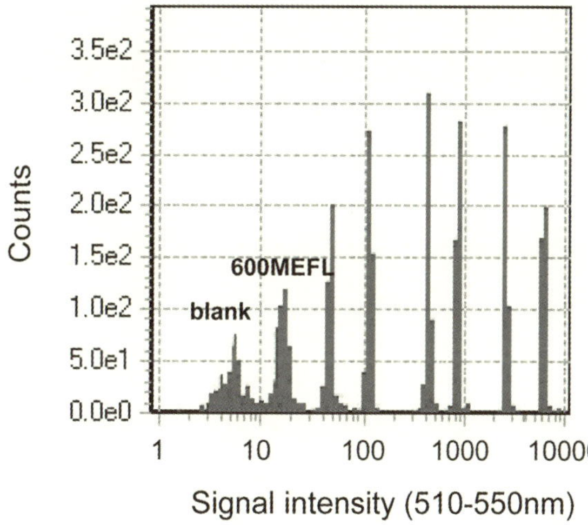


図7　校正用蛍光標準粒子による蛍光検出感度の評価
校正用蛍光標準粒子：Rainbow calibration particles (8 peaks)。

### 4.4.3　細胞の流路への吸着防止

細胞の樹脂製チップへの付着があると定量性が得られない。この細胞吸着の問題は，流路内の親水性コーティングにより解決した。この親水性コーティングは，樹脂へダメージを与えず，さらに細胞へのダメージもない界面活性剤を用いた。この界面活性剤をサンプルバッファーに微量成分として入れて使用することで，流路チップのコーティングの前処理を意識することなく装置を操作することができる。現在，「スルーパスプラス」という製品名で弊社より販売している[25]。

#### 4.4.4　サンプル液全量計測

サンプルリザーバー内のサンプル液は，図4に示した様にリザーバー底面から流路へ流れる。そのためリザーバー内のサンプル液全量を流すことができる。サンプル液が全部流出した瞬間から気泡が発生する。そこで気泡を検出によってサンプル全量が流出した瞬間を知ることができる。そのため気泡が発生する直前までの細胞のカウント数を，初期のサンプル液量で割り算すると，細胞の絶対濃度を評価することができる。図8はこの全量測定による細胞密度評価値と血球計算盤による細胞の密度評価値との相関を示したグラフであり，一致していることがわかる[20]。フローサイトメーターとして細胞数の絶対計測を実現している。さらに，フローサイトメーターとして必要な機能である凝集細胞の区別（ダブレット除去）と，細胞一個当たりの核染色によるDNA量分布評価（セルサイクル評価）を可能としている（図9）。

以上のように，検出感度および定量性について実用的なレベルを確保した使い捨てチップによる小型フローサイトメーターを初めて実現し，2009年に製品名FISHMAN-Rとして製品リリースを行った（図10）。この装置は安全キャビネット内に設置可能な小型フローサイトメーターとして，使い捨て交換型チップ

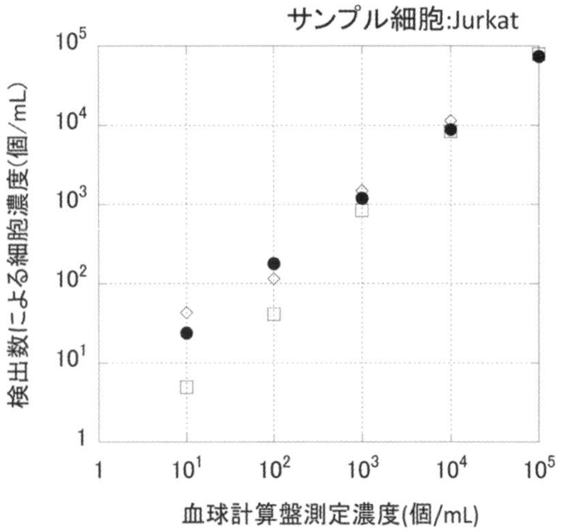


図8　細胞濃度の絶対評価[20]

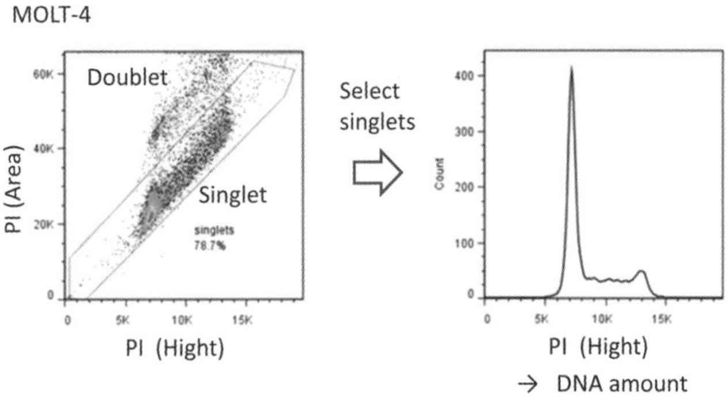


図9　凝集細胞の除去と細胞1個当たりのDNA量の解析

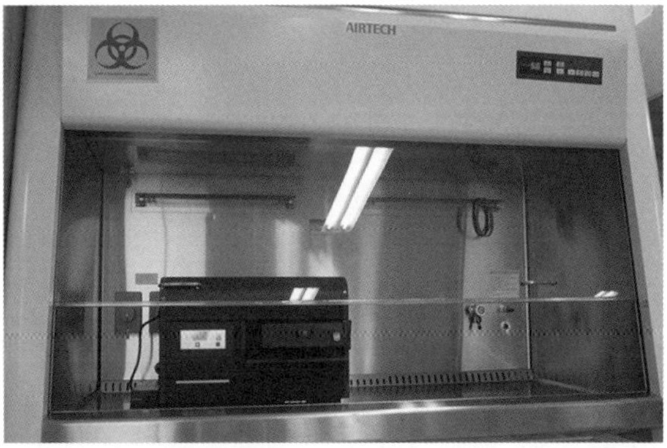


図10　使い捨て交換型マイクロ流路チップをもちいる小型フローサイトメーター
（製品名FISHMAN-R，2009年製品リリース）

によるバイオハザード対応が特徴の製品である。

## 4.5　使い捨て交換型マイクロ流路チップ内のソーティング技術

前述の使い捨て交換型流路チップによるフローサイトメーターをベースに細胞分取する装置は，2007年から開発を開始し，2012年にセルソーターの製品リリースを行った。開発をスタートした当時は，前述の従来型のセルソーターの他に，抗体磁気ビーズを利用して細胞分離する方法が実用化されていた。この方法は，目的の細胞に存在する表面マーカーに対応する抗体磁気ビーズを吸着させ，その目的の細胞を磁気力で分取する方式である。この方式は分取した細胞には磁気ビーズが付着しているという問題がある。2008年当時，使い捨てチップを用いて細胞を生きた状態でソーティング可能なセルソーターの製品は存在していなかった。しかし，使い捨てチップ型ではないが，マイクロ流路を用いるセルソーターとしては，米国のCytonome社の製品があった(図11)。この装置のソーティング力は，ピエゾ素子を用いる方法であるが[26]，マイクロ流路チップに多くのパイプが接続しており，流路チップは使い捨て交換としての使用には適さず，さらに装置も巨大なものである。それ故この装置は，マイクロ流路を利用して得られるはずのメリットを実現していなかった。使い捨て交換型マイクロ流路チップでソーティングを実現した装置が2010年ころに米国で製品化された。その製品はレーザーピンセット力を利用して細胞を分取する方式であり[27]，米国のCelula社から製品化されたものである。このソーティングの原理であるレーザーピンセット法は，高出力レーザーを分取する細胞内に収束して照射するために，細胞内での温度上昇による細胞ダメージの問題がある[28]。残念ながら，現在その装置は販売されていない[29]。

以上の状況を鑑みて，従来の装置の欠点を克服するセルソーターとして，細胞ダメージがなく，閉鎖系の無菌ソーティングとバイオハザードソーティングの両方に対応する小型セルソーターの実現を目指した。この製品化において，下記の点を開発の原則とした。

① チップの交換が簡単であること。

② 使い捨てのためには流路チップを安価とするために，100％樹脂製としてチップ内にソーティング力の発生機構を含めない。

### 4.5.1　ソーティング原理の探索

セルソーターの開発のために検討した内容を順に説明する。最初に静電気力を検討したが，細胞を生きた状態で懸濁するバッファーにはイオンが存在しそのシールド効果により細胞に作用する静電気力を消滅させるので，実用的でなく採用不可と判

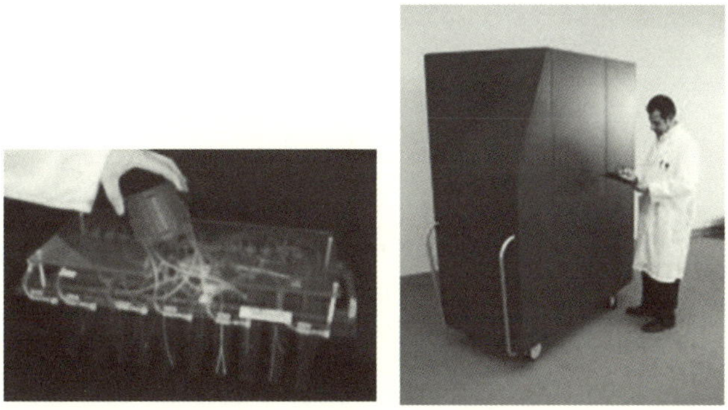

図11　Cytonome社のマイクロ流路チップを用いるセルソーター
http://www.cytonomest.com/（2012年当時のホームページ）より。

断した。次に，電気浸透流ポンプをマイクロ流路に接続して実験を行ったが，発生する流れの流速が遅すぎるためこれも採用不可と判断した。次に，パルス流速を発生源としてピエゾポンプをマイクロ流路に接続し，パルス流による細胞のソーティングの実験を行った。これで判明した事は，ピエゾポンプで発生するパルス的な力は十分に大きい。しかし，そのパルス的な力を細胞に力を伝えるためには，ピエゾポンプと細胞が存在する流路の間の接続空間はすべて液体で満たさなければならない事であった。さらに，接続空間に気泡が入ると気泡の圧縮によって全く力が作用しなくなることが問題とわかった。したがって，流路チップ交換毎に，チップとピエゾポンプとの接続部は空気を入れずに液体で満たさなければならないので，チップ交換が非常に困難であり非現実的であると判断した。

### 4.5.2　マイクロ流路内のソーティングパルス流の局所化

上記の状況を打開するために，はじめからチップと圧力制御部とを空気を介して接続すれば気泡を気にする必要がなくなると考え，気泡の存在で力の伝達が不可能になるピエゾの微小変異の力発生源ではなく，パルス空気圧そのものの発生源でなければならないという考えに変わった。そこで，高速動作の小型電磁バルブを展示会で見つけた時に，シリンジポンプとの直列にバルブを接続することで空気圧力のパルス発生源になると気付いた。空気圧の大きさとパルス時間が独立に制御できるので都合がよいと期待した。早速，マイクロ流路にパルス流を与える流路を接続する流路チップ（図12(A)）を試作して実験を行ったところ，基本的な問題に遭遇した。それはマイクロ流路中では一部にパルス流を与えると，パルス流の影響がマイクロ流路全体に及んでしまうという閉鎖系流路に特有の基本的な問題である（図12(B)）。この基本的な問題を解決する方法

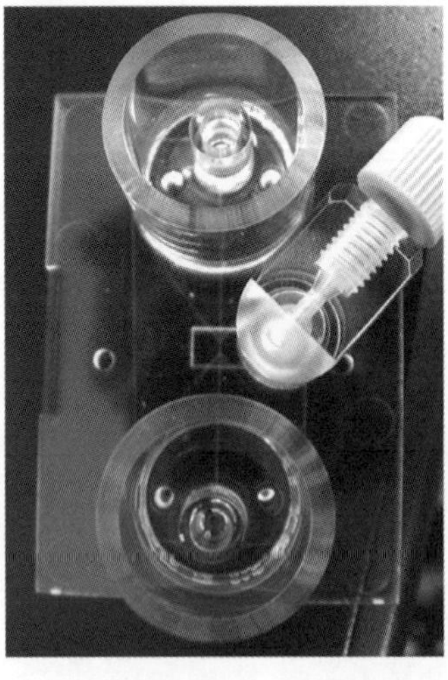

(A) パルス流ソーティング試作チップ

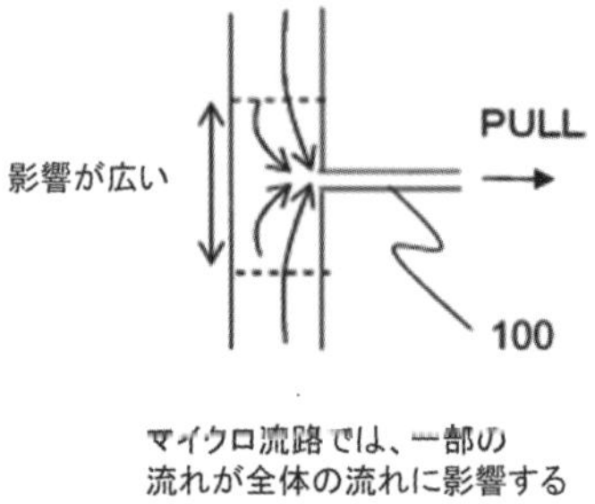


(B) パルス流ソーティングの基本的問題

図12　マイクロ流路内のパルス流によるソーティングのための試作チップとパスル流ソーティングの基本的問題

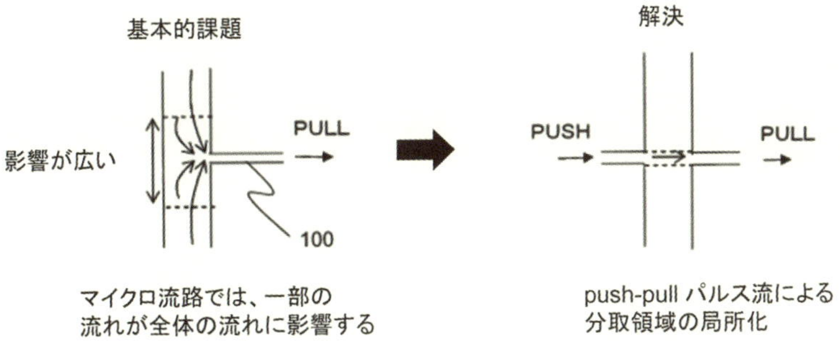


図13　マイクロ流路内のパルス流ソーティングの原理的な問題を解決する方法[30]

として，Push–Pullのパルス流によるソーティング流の局所化方法を考えついた[30]。この方法では，図13に示したように，細胞が流れる主流路を挟んで，対向する流路間でパルス流を一方は陽圧（Push側）と他方は陰圧（Pull）の空気圧を，細胞を通過するタイミングで短時間与えることで，Push側で押し込んだパルス流をPull側へ細胞ごとパルス流を引き込む方法をとる。この方法では，パルス流が対向する流路間のみに限定されるので，ソーティング領域の局所化が実現する。ソーティング技術では，ソーティング領域の局所化がソーティング純度向上のための重要なポイントである。従来型セルソーターにおけるソーティング領域の局所化は，液滴形成で達成されている。

### 4.5.3　使い捨て交換型ソーティング流路チップとソーティング性能

図14に開発したソーティングチップとマイクロ流路パターンを示す。このソーティングチップ

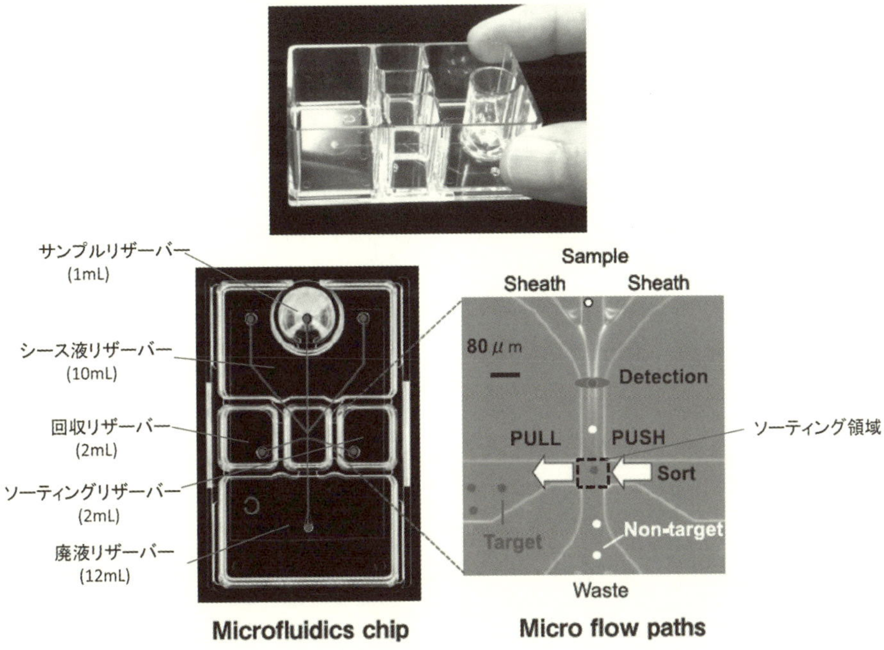


図14　使い捨て交換型ソーティングチップの構造

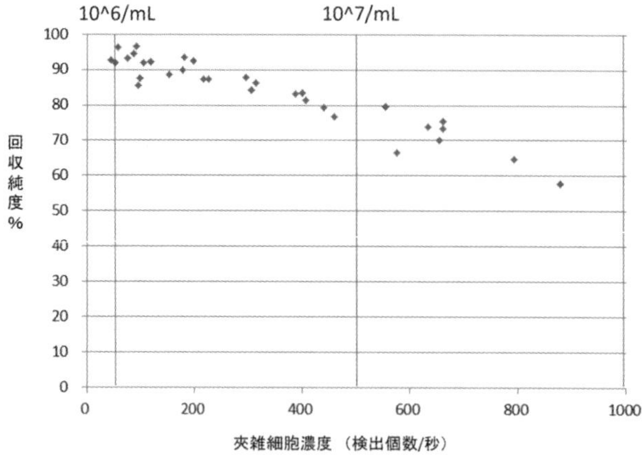

図15　回収純度の夾雑細胞濃度依存性

は，力を発生する機構をチップ内に含んではおらず，射出成形による100％樹脂製であって，チップ上にサンプルリザーバーとシース液リザーバーと回収リザーバーとソーティングリザーバーと廃液リザーバーが形成されている。流路幅と流路深さは80 $\mu$mである。細胞の流速は約0.5 m/秒であり，レーザー照射領域で細胞を検出し100マイクロ秒以内に各種信号解析によって目的細胞を識別し，目的細胞が下流側のソーティング領域を通過するタイミングでPush-Pullパルス流を約1ミリ秒の短時間で発生させ，Pull側に目的細胞を分取するという。Push-Pullパルス流の発生機構は，ソーティングリザーバーと回収リザーバーに前もってシース液を入れておき，リザーバーの上の空間にパルス空気圧を与えることで発生させる。パルス空気圧は，Push用の陽圧のシリンジポンプと電磁バルブとの組合せと，Pull用の陰圧のシリンジポンプと電磁バルブとの組合せを，ソーティングリザーバーと回収リザーバーとそれぞれ接続した状態で，電磁バルブを短時間のみclose状態からopen状態にすることで，パルス的な空気圧をリザーバー内に及ぼすことができる。この方法で実現したソーティング性能を図15に示す。この図は夾雑細胞の濃度が大きいほど純度が低下する。これは分取したい細胞の近傍に夾雑細胞が存在する確率が高いほど，夾雑細胞が一緒に分取される確率が高くなるためである。夾雑細胞の濃度が$10^6$個/mLであって，50個/秒で流れている場合の回収細胞の純度は95％程度であるが，夾雑細胞の濃度が$10^7$個/mLであって，500個/秒でながれている場合は純度が80％程度に低下する。ソーティング速度は2011年の段階で5個/秒であったが[31]，2014年には100個/秒に改善し，現在は300個/秒に高速化している[32]。電磁バルブの時間応答による性能限界は1,000個/秒である。しかしながら，実効的な速度の限界は，ソーティングパルス流が発生から静止するまでの時間で決まるので素子性能限界速度よりは遅く，現在300個/秒を実現している。マイクロ流路内ソーティングの速度は，ソーティング流の立ち上がりがり時間と，パルス流の維持時間と，立ち下が時間との合計時間で決まる。これに対してソーティングの純度は，ソーティング領域の局所化が関係している。

### 4.5.4　セルソーターの光学系

図16に光学系を示す。レーザーは最大3本まで搭載可能であり，細胞一個当たりに2方向の散乱光（FSCとSSC）と蛍光6色の信号を検出することができる。パルス信号の種類としては，パルス高，パルス幅，パルス面積の3種類を計測することができる。この様なパルス波形について

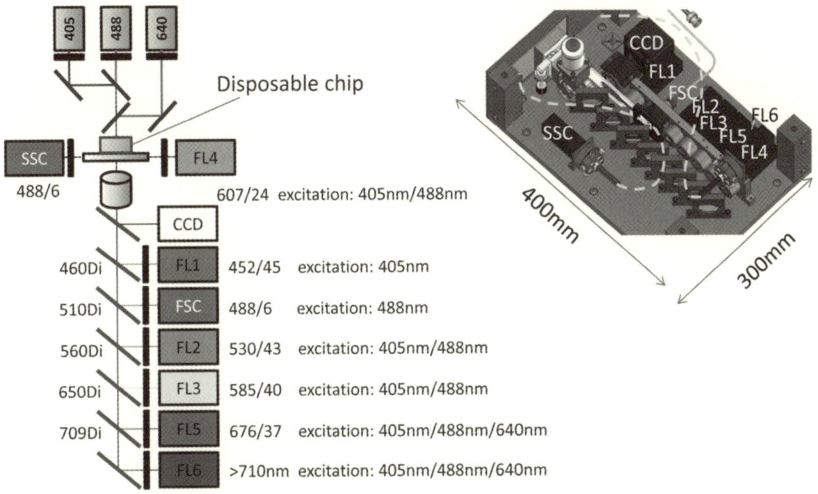


図16　光学系　(3レーザー，2方向散乱光，蛍光6色)

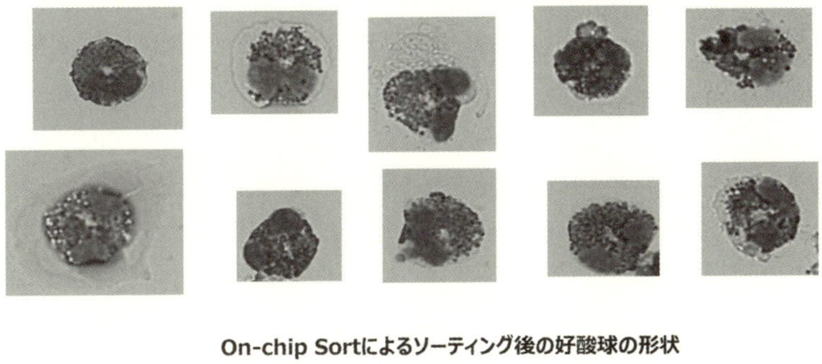


図17　On-chip Sortによる細胞ダメージレスソーティング
(ソーティング後の白血球の好酸球の形状観察)

の量を計測する必要性は，図9に示したように凝集細胞を区別するためと，照射領域に複数の細胞が通過した信号を区別するためである。

### 4.5.5　ソーティングダメージ

本技術による細胞分離では，空中を飛ばさないため分取時の壁面や液面への衝突がない。さらに，ソーティング時のパルス圧力は0.5気圧以下であり，細胞に与えるダメージは小さいと予想される。そこで，これを確かめるために，図2と同じ評価を行った(図17)。図2で見られた従来方式のセルソーターによる白血球の好酸球の外見の変化はほとんど見られず，ダメージはほとんど無視できることがわかる。

以上，製品名On-chip Sortとして2012年に製品リリースを行った（図18)。この装置サイズは，

図18　使い捨て交換型マイクロ流路チップを用いるセルソーター
（製品名On-chip Sort, 2012年リリース）

FISHMAN-Rの本体の横幅を約10 cm程度拡大した程度で抑えており，安全キャビネット内での稼働が可能であり，無菌ソーティングとバイオハザードソーティングを可能としている。

## 4.6　アプリケーション

上記の装置技術の開発によって，可能とした主な細胞の解析例を説明する。

### 4.6.1　微量解析

使い捨て交換型マイクロ流路チップは，デッドボリュームがほとんどないので，微量解析に適していると考えられる。血液中の白血球の表面マーカー解析に必要な最低量を評価したところ10 μLであった[33]。この時，白血球数は50,000個程度である。

### 4.6.2　コンタミネーションフリーと全量測定による超低密度の細胞の検出と解析

がん患者の抹消血には，がん細胞（circulating tumor cell：CTC）の数密度が，血液 7 mL中に 5 個以上流れており，その数密度が高いほど患者の余命が短いという統計データがあり，定量評価することが重要である。この評価には，異なる患者間で血液サンプルのコンタミネーションがなく，測定サンプルの全量測定機能が有効である[34]。また，CTCの表面マーカーのマルチカラー解析により，転移がんとの関連が指摘されている上皮間葉転移（EMT）の進行度の評価も可能である[35,36]。さらに，検出したCTCをソーティングにより回収し，そのCTCの遺伝子解析によりどのような遺伝子変異を有しているのかが判明するようになった[37]。がん治療には分子標的薬が使われることが多いが，その分子標的薬はがん細胞の表面マーカーをターゲットとすることが多い。そのためCTCの表面マーカーの解析は，その患者のがん治療に有効な分子標的薬の選択に寄与するものと期待される。

## 4.7　おわりに

使い捨て交換型マイクロ流路チップによるフローサイトメーターとセルソーターによって，従来装置のコンタミネーションや細胞ダメージの問題を解決することできた。コンタミネーションノリーというメリットは 1 分子のコンタミも許されないDNA分析などに必須であり，細胞ダメージフリーのメリットはRNA分析に重要である。このようなメリットを強化する展開として，通常のセルソーティングと組合せて，シングルセルのDNAやRNA分析用エマルジョンPCR液滴のソーティング技術を開発中である[38]。使い捨て交換型のオンチップセルソーター技術は，これまでに実現不可能だった領域にようやく踏み出したところである。

## 文　　献

1) http://www.bdj.co.jp/aboutbdj/100nen/1f3pro00000rin4g.html#block_top7
2) M. Esashi *et al., Sens. Actua.,* **20**, 163 (1989)
3) A. Manz *et al., Sens. Actua.,* **B1**, 249 (1990)
4) D. R. Reyes *et al., Anal. Chem.,* **74**(12), 2623 (2002)
5) P. A. Auroux *et al., Anal. Chem.,* **74**(12), 2637 (2002)
6) http://en.wikipedia.org/wiki/Caliper_Life_Sciences
7) http://www.chem.agilent.com/Library/applications/59884847.pdf
8) M. J. Fulwyler, *Science,* **150**(3698), 910 (1965)
9) M. J. Fulwyler, US特許番号 US3380584
10) M. D. Van, *Science,* **163**, 1213 (1969)
11) L. A. Herzenberg *et al., Sci. Am.,* **234**, 108 (1976)
12) http://static.bdbiosciences.com/jp/documents/canto2_ruo_jp.pdf
13) http://www.dtoservizi.it/sito/biot/immagini/5989-6729EN.pdf
14) T. Preckel *et al., JALA,* **7**(4), 85 (2002)
15) D.A. Ateya *et al., Anal. Bioanal. Chem.,* **391**, 1485 (2008)
16) K. Kurabayashi *et al.,* US特許番号 US7105355
17) H. T. Chen & Y. N. Wang, *Microflu. Nanoflu.,* **5**, 689 (2008)
18) J. C. McDonald *et al., Electrophoresis,* **21**(1), 27 (2000)
19) H. Becker & C. Gärtner, *Electrophoresis,* **21**(1), 12 (2000)
20) K. Takeda *et al., Cytom. Res.,* **21**(1), 43 (2011)
21) 武田一男，特開2010-14416（特許番号4358888）
22) K. Takeda, US特許番号 US8248604
23) 武田一男，特開2010-181349（特許番号5382852）
24) K.Takeda, US特許番号 US8951474
25) http://www.on-chip.co.jp/product/chemicals/
26) S. Böhm *et al.,* US特許番号 US6808075
27) M. M. Wang *et al., Nat. Biotechnol.,* **23**, 83 (2005)
28) M. B. Rasmussen *et al., Appl. Environ. Microbiol.,* **74**(8), 2441 (2008)
29) http://www.celula-inc.com/
30) 武田一男，国際公開番号 WO2011/086990（中国特許番号1580416号，その他審査中）
31) Y. Fujimura & K. Takeda, CYTO2011, B144, Baltimore, USA (2011)
32) I. Takahide *et al.,* CYTO2015, 373/B242, Glasgow, Scotland (2015)
33) F. Jimma *et al., Cytom. Res.,* **21**(1), 31 (2011)
34) M. Takao & K. Takeda, *Cytom. A,* **79**(2),93 (2011)
35) 武田一男ほか，国際公開番号 WO 2013/146993
36) M. Watanabe *et al., Cytom. A,* **85 A**, 206213 (2014)
37) M. Watanabe *et al., J. Transl. Med.,* **12**, 143 (2014)
38) J. Akagi *et al.,* CYTO2015, 366/B235, Glasgow, Scotland (2015)

# 5　薬剤評価のためのマイクロ人体モデル

佐藤香枝[*1]，佐藤記一[*2]

## 5.1　はじめに

新薬開発において重要なプロセスに薬物動態（図1）の解析がある。経口摂取したものは，胃や腸管内で消化されたのち，腸上皮から体内に吸収され，肝臓で代謝されながら体内を循環しつつ全身に分布する。そして様々な組織中で生理作用を示しつつ腎臓などから排泄されていく。この一連の過程はADME（吸収absorption，分布distribution，代謝metabolism，排泄excretion）とよばれ，医薬品研究はもちろん，食品栄養や機能性食品研究，あるいは毒性試験においても重要なプロセスである（図1）。

創薬や新規食品素材開発においても重要なこれらの過程について研究を行う場合，腸管吸収や肝代謝など一つ一つのプロセスについて培養細胞を用いた実験を行い，その後動物実験を行ってからヒトでの臨床研究に進むのが一般的である。しかしながら昨今強まっている動物実験削減の社会的要請や高いコスト，ヒトと実験動物の種差などの問題があり，必ずしも動物実験を多用できる状況にあるとはいえない。したがって，これらの*in vivo*での実験の前に*in vitro*すなわち培養細胞レベルでの試験によって，優れた物質を効率よくスクリーニングしてくることが大切である。

細胞レベルでの効率の良いアッセイ方法が求められているだけでなく，さらに，実際の人体では数多くの臓器・組織が連続的に連携して機能しており，*in vitro*の系においても複数の組織の機能を複合的に作用させながらバイオアッセイできる方が好ましい。すなわち，各種臓器などの機能を集積化して，血管に見立てた流路で結んだ人体モデルを開発し，このモデルを用いることにより1回の試験で前述のADMEすべてのプロセスを考慮に入れた生理活性の測定を実現できれば，動物実験の代替法として極めて有用である。

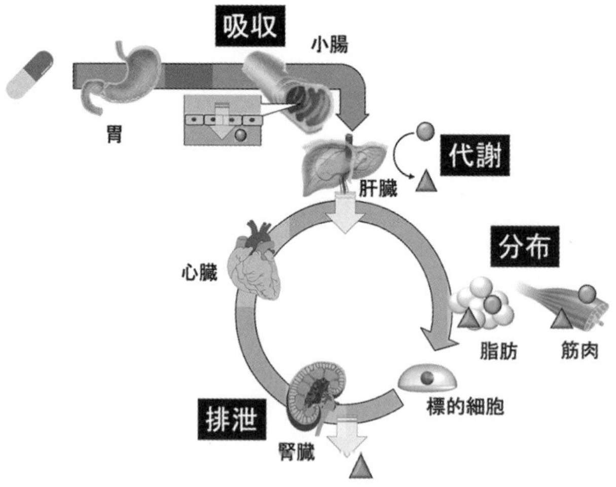


図1　薬物動態における吸収，分布，代謝，排泄（ADME）

より生体に近い微少な流体環境，複数の臓器プロセスを連続的に通過しながら薬剤等の生理活性試験を実現可能なデバイスを開発することは，*in vitro*の系でありながら，より*in vivo*に近い環境を構築することにつながり，細胞レベルでのより効率の良いアッセイ技

＊1　Kae Sato　日本女子大学　理学部　物質生物科学科　准教授
＊2　Kiichi Sato　群馬大学　理工学府　分子科学部門　准教授

術を提供することになる。この人体モデルを実現するため，マイクロチップ技術を応用した研究が世界的に進められている。

## 5.2　マイクロチップによる細胞培養

マイクロチップを用いた細胞培養は，2000年のはじめから始まり，近年のマイクロタスの分野の中で最も注目が集まる研究課題のひとつである。マイクロチップは体積が数μLと微小な容器である。この中に細胞は単一細胞～数個という超微少量から，数千個以上と細胞集団として扱える量まで，用途に応じた量を培養することができる。マイクロチップ内の微小空間は体内における細胞の周辺環境と同じレベルの大きさに加工することが可能であり，例えば様々な太さや構造を持った，血管に類似の流路を構築することも難しくない。そのため，細胞の培養環境をなるべく体内に近づけるということも可能である。より*in vivo*に近い環境で細胞を培養することにより，よりよい分化状態の細胞を用いて，その応答を計測しながらバイオアッセイを行うことができると期待されている。

チップの素材としてはガラスやシリコーンゴムの一種であるポリジメチルシロキサン（PDMS），アクリル（PMMA）などのプラスチック類などが多く用いられる。これらの基板に直径100～1,000 μm程度の溝を造形し，フタとなるもう一枚の基板を接着させることにより流路を構築する。培養に使用する流路は分岐させたり，複数の流路を組み合わせたり，上下の流路に膜を挟み込み，物質透過機能をもたせることも可能である。この流路内壁は使用前に表面をコラーゲンやフィブロネクチン，あるいはラミニンやポリリシンなどの適切なタンパク質，細胞外マトリックスで修飾する。

細胞は，従来の操作と同じように，懸濁液にしてデバイスに導入し，$CO_2$インキュベーター内で培養する。培地交換の頻度であるが，静置条件で培養することを考えると，流路の深さは数十～数百μmなので，通常の培養皿で培養するときと比較して，細胞あたりの培地量は少なくなり，1日に1回の培地交換では追いつかないことが多い。そこで，シリンジポンプを用いて送液することで常に新鮮な培地に入れ替えるか，または流路体積よりも容量の大きい培地リザーバーを持つ構造にして，随時培地交換を行うことで培地不足を防ぐことができる。

またマイクロチップでは，細胞を培養するだけでなく，1枚のチップ内に培養部と化学反応部，分離部，検出部などを組み込むことができるために，1枚のチップだけで高度な分析を実現することも可能である。つまり，培養する細胞と組み合わせる分析方法を変更することによって，様々なアッセイに応用することが可能であり，汎用な技術となりうる。

例えば，バイオアッセイによって検定したい事柄のひとつに薬剤の最適濃度を調べるということがある。この場合，様々な濃度の薬剤を細胞に作用させる必要があるが，薬剤の希釈系列を作るのもマイクロチップを使えばごく簡単である。ここでは一例としてマイクロ流体の混合と拡散に関する特徴を生かした，分岐・混合構造を持つマルチチャネルチップ[1)]を示す。図2に示すとおり，左側から2液を導入・混合し，三角形の部分を下流に流すことにより試料拡散の過渡的状

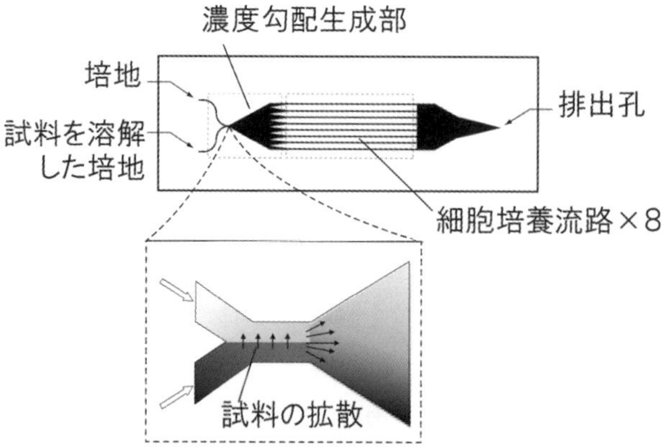


図2　抗がん剤の多濃度同時検定バイオアッセイチップの模式図

態により濃度勾配が形成される。これをそのまま8本ある細い細胞培養流路に導入すれば，異なる濃度での同時アッセイが可能となる。この系では胃がん細胞に対する抗がん剤の最適濃度決定のアッセイを実現している。このように2つの溶液導入によって，より多くの濃度でのアッセイを実現することが可能である。

このような任意に制御された構造を持つチップ内部に各種細胞を培養し，臓器機能の模倣をめざしたのがOrgan-on-a-Chipであり，これまでに肺[2)]，肝臓[3)]，小腸[4)]，血管[5)]，骨[6)]，皮膚[7)]など，いくつかの臓器について，開発例が報告されている。これらの臓器モデルは薬の候補物質が各臓器からどのような作用を受けるのか，あるいは逆に各臓器にどのような影響を与えるかを分析するために用いることができる。つまり，各臓器が関わる薬物動態と各臓器に対する薬理作用や副作用をバイオアッセイすることが可能となる。

この考え方を発展させて，複数の臓器や器官の機能を集積化した，バイオアッセイのためのマイクロ人体モデルHuman-on-a-Chip[8)]の開発が世界中の複数の研究チームで進められている。これらのシステムは，培養細胞を用いた系でありながら，薬物動態の各過程を考慮に入れた薬剤候補物質のバイオアッセイを実現できるものと期待されている。

### 5.3　消化，吸収，代謝を考慮に入れたバイオアッセイチップ

これまで標的細胞への生理活性を検定するためのバイオアッセイチップについては多数の報告がなされてきたが，ADMEに関わる実験が行えるデバイス，その中でも経口投与された物質が吸収されて体内を循環するか，すなわちバイオアベイラビリティ（生物学的利用能）を計測可能なデバイスに関する報告が近年なされてきている。バイオアベイラビリティに関わるプロセスを組み込んだマイクロ人体モデルを開発する上で必要な臓器は消化器，腸管，肝臓である。経口摂取された物質の体内吸収は大きく分けて，消化器内での消化，腸管での吸収，肝臓での代謝の3つの段階に分けられる（図3）。そして，これらの過程を経て経口摂取したものが体内を循環するようになるかどうかを調べる。以下にそれぞれの概説を述べる。

#### 5.3.1　消化器モデル

消化については，細胞が直接作用するプロセスではなく，消化液と消化管のぜん動運動が食品成分等に作用する。したがって，試料溶液と人工消化液を混合し，一定時間反応させれば消化プロセスを模倣したことになる。この過程では主に胃酸（塩酸）やプロテアーゼ等の消化酵素に弱

い成分が分解されることになり，例えば腸溶性カプセルで服用する必要がある薬剤については，マイクロ消化器モデル中で失活することが確かめられている[9]。なお，ぜん動運動については，柔軟な素材であるPDMSで作ったチップに，空気圧などの物理的な力を作用させることにより再現可能ではあるが，流路内系が太くても数百μmのマイクロ流路に固形成分を流すことは現実的ではないため，ぜん動運動の過程を組み入れたデバイスは報告されていない。

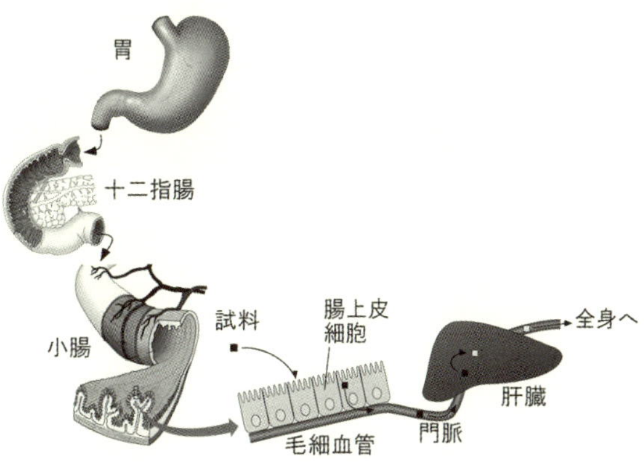


図3　人体における消化，吸収，代謝過程の模式図

### 5.3.2　腸管吸収モデル

一方，腸管吸収については，上下2つの流路を仕切る形で多孔質の細胞培養支持膜を貼り，その膜上でヒト腸上皮モデル細胞であるCaco-2細胞を培養する系が開発されている（図4(A)）。この系が従来のトランスウェルを用いた方法と異なる点は，培養液を流すことが可能であることと，液相空間の大きさを実際の体内の血管などのサイズに近づけることが可能であることである。このことにより細胞の培養環境から試験化合物の拡散や流れに乗った移動，局所的な濃度変化などを体内に近づけることが可能となり，実験者の設定したい条件下で実験できるようになった。

この原理を利用した実験系はこれまでにいくつか報告されている。藤井らのグループが開発したものは[10]，チップ内に腸管側と血管側，環状に閉じた2つの流路を異なる深さに造形し，その一部分が膜を介して接触しているものであり，試料を長時間にわたって繰り返し腸上皮部分を通過させることにより，長時間にわたる透過実験を可能としている（図4(B)）。一方，佐藤らの開発したものは[11]，直線上の2本の流路をそれぞれ腸管側と血管側とし，外部の駆動ポンプから所定の流速で溶液を送液するものである（図4(A)）。この方法では，ポンプの流量を制御することにより，決められた時間だけ腸上皮部分と接触させた試料溶液を連続的に回収することができる。どちらの系でも試験物質として蛍光性物質を用いれば実時間でのモニタリングが可能であるし，それ以外の物質であれば回収後にHPLCや質量分析計などで定量することにより各物質の透過係数を求めることができる。いずれの場合でも従来法よりも少量の試料から，短時間に腸上皮透過係数の算出を行うことができると期待されている。

### 5.3.3　肝臓モデル

小腸から吸収された物質は門脈を通り肝臓に運ばれ，肝代謝を受ける（初回通過効果）。肝臓での代謝実験については，関連するいくつかの研究が報告されている[3]。そのほとんどが，動物の肝実質細胞や代表的モデル細胞株であるHepG2細胞をマイクロチップ内の流路底面に単層培養，あるいはパターニングした部分にスフェロイド状の培養を行う研究であり，一部の研究では培養

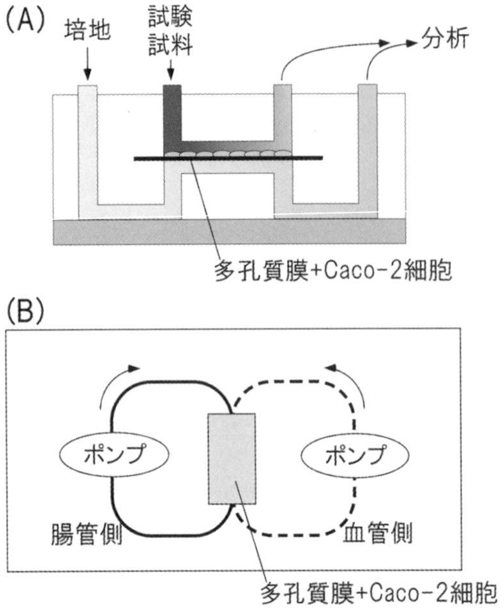


**図4　透過性試験のためのマイクロチップの模式図**
(A)外部ポンプを用いて一定の時間だけ反応させるチップの断面模式図。(B)内部循環により長時間の透過試験を行うチップの模式図。

した細胞の代謝能を評価する実験が行われている。チップ内で特段の工夫なく培養を行った場合でも，少なくとも従来法と同等の活性を有した状態で培養することは実現しているが，基板表面に特別な加工や表面処理を行うことにより，スフェロイド形成を行えば，より高い代謝能を有した微小組織を構築することも可能となる[12]。なお，肝細胞は代謝が活発なため，狭いチップ内部で培養すると栄養分や特に酸素不足に陥りやすいため，これらの補給に注意する必要がある。

### 5.3.4　消化吸収代謝の複合モデル

図5に腸管と肝臓の両者を集積化したマイクロチップを示す[13]。このチップでは，腸管上流から導入された試料が一定時間，Caco-2細胞によって吸収され，透過した物質が門脈に見立てた流路へと移行し，そのままマイクロ肝臓部を通過する。この系では，マイクロ肝臓はHepG2細胞を培養したキャリアビーズをチップに充填することによって構築している。この方法では，必要な肝細胞の量を自由に調節しながら実験できる上，用いる腸と肝臓2種類の細胞の培養のタイミングをあまり気にする必要がない点で優れている。

肝臓部を通過した溶液をそのまま回収し，各種化学分析を行えばその試験物質が腸管で吸収されやすいかどうかと，その後肝臓で代謝されるかどうかを同時に調べることができる。一方，例

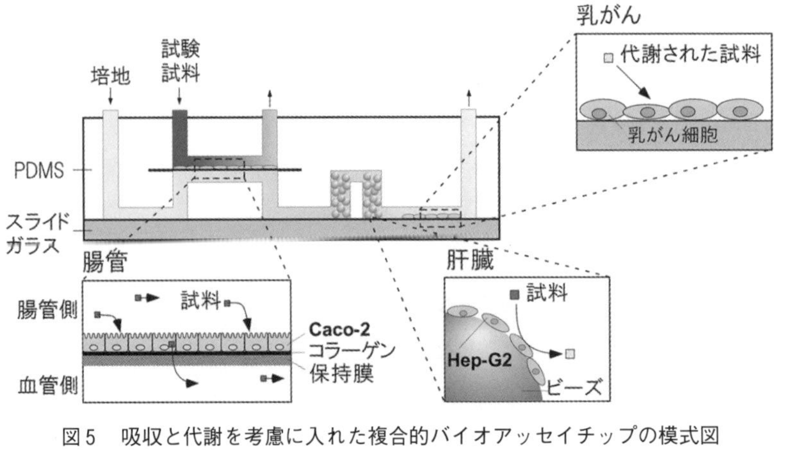


**図5　吸収と代謝を考慮に入れた複合的バイオアッセイチップの模式図**

示した系では，肝臓部を通過した試料はそのまま乳がん細胞培養部に運ばれるようになっている。この系を用いれば，試料が腸管で吸収され，肝臓で代謝された後，乳がん細胞に対してどのような生理活性を有しているのか，バイオアッセイすることが可能となる。すなわち，抗がん剤であれば，経口摂取してがん細胞を殺す効果を示すのか，あるいはエストロゲン様活性物質の場合は，乳がん細胞の増殖を促進する活性を有しているのかを1枚のチップにただ溶液を流し続けるだけで検定することができる。

このシステムの上流に5.3.1で述べた消化プロセス[9]を組み込めば，試験試料が消化液によって失活しやすいかどうかも含めた，複合的なバイオアッセイを実現することもできる。

## 5.4　循環器マイクロモデル

体内に取り込まれた物質は血流に乗って全身を循環し，その過程で筋肉や脂肪組織あるいは様々な臓器・器官に分布していく。また同時に，その物質が生理活性を示す標的となる組織へも運ばれていく。体内のどの組織にどれだけの量分布するのか，あるいは血液脳関門などの障壁を越えてその生理活性物質の標的となる組織まで届いてくれるのかどうかといったことを調べることも重要である。この様な分布過程を調べるためのマイクロモデルは研究が始まったばかりであり，報告例はそれほど多くないが，今後増加していくものと思われる。

体内を循環した物質やその代謝物は最終的に腎臓から排出される。腎排泄は糸球体ボウマン嚢における低分子の排出と尿細管における有用物質の再吸収の2段階のプロセスからなっている。そのうちボウマン嚢における低分子の排出は透析膜を用いることにより無細胞的にモデル化することが可能である。

図6にマイクロ腎排泄モデルの模式図を示す。全身の血管を示す循環流路とその中の液体を循環させるマイクロポンプ，ボウマン嚢の代わりとなる透析部からなる[14]。溶液を循環させるためには外部ポンプを用いることはできず，閉じた流路の一部にポンプ機能を組み込む必要がある。前述のように回転子を用いる方法もあるが，流速により再現性を持たせる，心拍と同じ拍動を持たせることを考えた場合，流路を外部から押しつぶす蠕動ポンプ（ペリスタルティックポンプ）の方がふさわしい。PC制御されたソレノイドバルブを用いて制御用流路に送り込んだ空気の圧力でPDMS薄膜を膨らませ

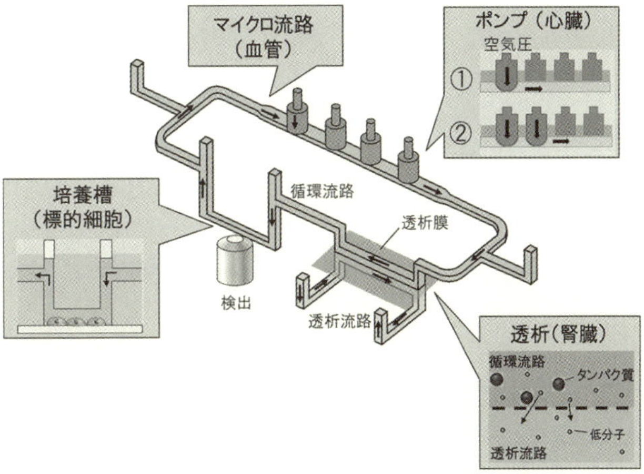


図6　透析機能を有したマイクロ循環器モデルの模式図

て溶液流路を押しつぶす方法が一般的である。

マイクロ透析ユニットは上下２本の流路を透析膜で仕切った構造で，低分子のみが上下流路間を行き来でき，タンパク質などの高分子や高分子に結合しやすい物質は透析されにくくなる。血清を含む培地に試験試料を溶解して循環流路内を循環させ，透析部からどれだけ排出されるかを測定すれば排出速度を求めることができる。また，循環流路内に薬剤の標的細胞を培養しておけば排出速度を考慮に入れたバイオアッセイが可能になる。今後，尿細管上皮細胞を組み込んだ腎の再吸収プロセスも組み合わせることができれば，より正確な腎排泄を考慮に入れたバイオアッセイ系を構築することが可能になるだろう。

## 5.5　おわりに

バイオアッセイのためのマイクロ人体モデルの開発は世界的に注目を集めている分野である[8,10)]。特に，本稿で取り上げたようなマイクロ臓器ユニットを組み合わせた複合的システム開発の期待は大きい。2015年の最近の論文では，腸管，肝臓，皮膚，腎臓の４つの臓器を一つのチップに搭載したADMEデバイスも報告されている[15)]。また，複合的な臓器モデルはADMEデバイス以外にも，*in vitro*で免疫システムのデバイス化を試みた例[16)]や血液脳関門のデバイス化[5)]などもある。様々なマイクロ臓器を組み合わせることで，将来的には，様々な病気のモデルや個別医療のための薬剤アッセイデバイスなど，医学・生物学の幅広い分野で利用できるモデルが構築できるものと期待できる。

## 文　　献


1） S. Fujii *et al., Anal. Sci.*, **22**, 87（2006）
2） D. Huh *et al., Science*, **328**, 1662（2010）
3） P. J. Lee *et al., Biotechnol. Bioeng.*, **97**, 1340（2007）
4） H. J. Kim *et al., Integr. Biol.*（*Camb*）, **5**, 1130（2013）
5） A. Wolff *et al., J. Pharm. Sci.*, in press（2015）
6） Y. S. Torisawa *et al., Nat. Methods*, **11**, 663（2014）
7） H. E. Abaci *et al., Lab Chip*, **15**, 882（2015）
8） C. Luni *et al., Curr. Opin. Biotechnol.*, **25**, 45（2014）
9） Y. Imura *et al., Anal. Sci.*, **28**, 197（2012）
10） H. Kimura *et al., Lab Chip*, **8**, 741（2008）
11） Y. Imura *et al., Anal. Sci.*, **25**, 1403（2009）
12） S. A. Lee *et al., Lab Chip*, **13**, 3529（2013）
13） Y. Imura *et al., Anal. Chem.*, **82**, 9983（2010）
14） Y. Imura *et al., Anal. Chem.*, **85**, 1683（2013）
15） I. Maschmeyer *et al., Lab Chip*, **15**, 2688（2015）
16） Q. Ramadan *et al., Lab Chip*, **15**, 614（2015）

## 6　MEMS技術を用いた血液診断チップ

金　範埈*

### 6.1　MEMS技術の医療とバイオ，診断への応用

MEMS（micro electro mechanical system）とは，電気要素および機械要素を組み合わせて，半導体加工など微細加工技術を用いて製造される，電気信号で動く微小機械システムである。小型，集積化，高精度，省エネなどがMEMS技術を用いたデバイスの特徴である。携帯電話に象徴されるエレクトロニクスの小型化は，社会生活を変化させるほどの力があった。これを可能にした半導体技術の助けを借りて，機械を小型化する研究（マイクロナノマシンの研究，海外ではMEMS）が30年以上発展してきた。数十$\mu$m程度の機械をシリコンチップ上に作る研究は，日欧米の各地で十数年前から行われており，自動車やスマートフォンの加速度センサーなどが製品化されている。その発展とともに，1980年後半からは，マイクロ流路デバイス（マイクロポンプやマイクロバルブから分析化学システムまで）が盛んに研究・開発されている。1979年Stanford大学のS.Terryらがシリコン基板に製作したガスクロマトグラフィーシステムの集積化[1)]が始まりだと言われるラボオンチップの概念は，1993年A. Manzら[2)]がキャピラリー電気泳動システムをガラス基板上にマイクロ集積化し，アミノ酸の分離に成功し，90年度から本格的にマイクロタス，微小化学物質分析システム（$\mu$-TAS, Micro Total Analysis System）という研究が注目を浴びた[3)]。DNAアレイチップやタンパク質チップ，CD（compact disk）をプラットフォームにしたマイクロ流路の化学分析チップも開発され，およそ15,000件以上のマイクロ流路デバイス関連の論文が発表されている。現在の研究は，より広い分野への応用の拡大と，ナノスケールへのさらなる微細化を目指す方向に進んでいる。

特に最近，欧米のMEMS研究者と産業界を中心において，安全・安心・健康社会を目指してマイクロセンサーネットワークシステムがつくる「abundance（潤沢な世界）」を実現するTrillion Sensors Universeと呼ばれる，（例えば，“IoT（Internet of Thing)”や“Industry 4.0”のマイクロセンサーネットワークのものづくり生産版など）研究開発が推進されている。医療・ヘルスケア/農業/環境/社会インフラ等あらゆる分野がマイクロセンサーで覆われ，これらのセンサーはネットワークに接続されてビッグデータの適用範囲を拡大し，社会や生活を大きく変えることになる。そこで，ヘルスケア，個人識別，コンピュータ，環境，社会インフラ，食糧，エネルギー，車など，多岐にわたるトリリオンセンサーの応用分野のロードマップを画く上で，特にMEMS技術の医療とバイオ（分析チップ，グルコースセンサーなど），診断への応用は非常に重要であり，産業の要素基盤として注目を浴びている。

*　Beomjoon Kim　東京大学　生産技術研究所　マイクロナノメカトロニクス国際研究センター　教授

## 6.2　ラボオンチップの特徴と現状

図1に示しているマイクロ流路デバイスを用いたバイオチップあるいはラボオンチップのデバイスは，扱うサンプルの絶対量を低減でき，より正確な流体制御が実現され，高効率分離操作に加えてサンプル前処理，後処理，混合と反応／検出といった一連の化学操作が集積されている。

単一細胞，さらに単分子レベルでの計測が可能，かつパラレルに（大量で同時並列的）分析でき，より高濃度で迅速な反応計測が可能なマイクロバイオチップ技術は，これらのラボオンチップを実現する可能性を秘めているが，これまで製作されてきたマイクロチップの殆どは研究室などの高度な設備の整った環境と高度な訓練を受けた研究者を必要とするため，一般実用化にはまだ遠いといえる状況である（言わば，チップインラボ，マイクロバイオチップはできてもラボの中でしか使用できない）。

勿論，チップインラボの状況でも，将来の個別化医療において，特に生活慣習病（例えば，2型糖尿病，高血圧症，脂質異常症などのメタボリックシンドローム）領域における網羅的遺伝子発現解析や薬剤感受性と耐性をスクリーニングできるマイクロアレイチップは，臨床的にも非常に重要で，予測診断システムを開発するのにキーテクノロジーになると期待される。さらに，生体組織を模倣した組織をマイクロ流体デバイス内に再構築し，臓器特異的な生理現象を解明する，あるいは病態モデルを構築するデバイスも研究されている（図2）。*in vivo* 3次元細胞培養デバイスによってtissue-tissueとorgan-organインターフェースの“Organs-on chips”の実現[4]ができている。

一方，真にポータブルな計測・分析チップを実現し，学術研究用生体試料分析チップ，医療診断チップ以外の，現場での救急医療チップ，土壌・水質調査などの環境分析チップなどへの幅広い応用が可能となるポイントオブケア（POC）バイオセンサーも期待されている。安価で製作でき，使い捨て可能でかつ迅速な高精度ポータブル計測・分析チップができれば，医療に大きな革

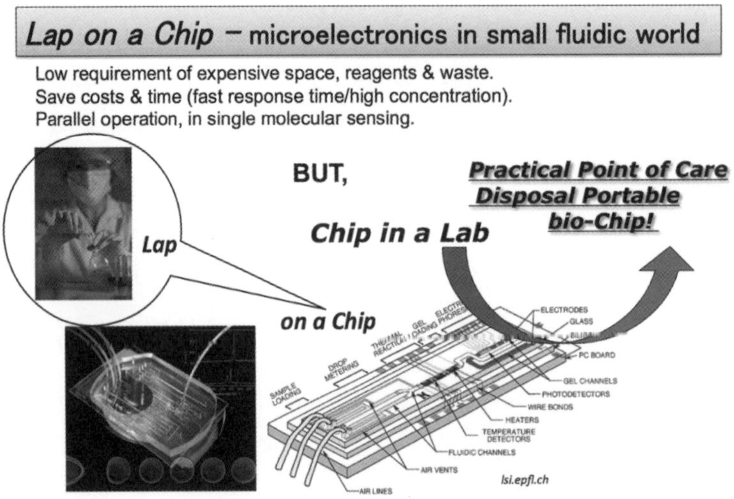


図1　ラボオンチップの特徴と現状

命をもたらすことは確実である。

図3のように，理想的なPOCバイオセンサー[5]は，1μLの生体サンプル溶液においてFemtomolar分の感度を保ち数分以内での検出ができる使い捨てバイオチップが要求されている。検出方法としては，分光学的手法と電気化学的手法があり，分類として，ラベルを使用するかどうかで分けられる。現場でのファーストスクリーニングと診断およびポイントオブケアデバイスとしての使用には，当然ラベルフリー検出方式が望まれるが，どの方式でも，バイオチップからの検出結果に対して精度の信頼性，再現性を含めて産業・実用化に向けた標準化に直に至らない現実がある。

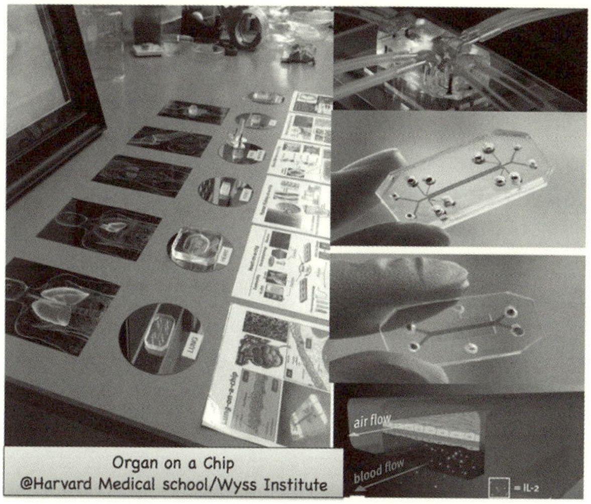


図2　生理学的な生体模倣ができるチップ上の臓器

## 6.3　血液検査用デバイス

既に少子化の原因で低出産・高齢化社会になっている日本国内において，人口構成の歪みにより，国民の医療保険の負担が増々大きくなっており，良質な医療を受けられるようにするには，

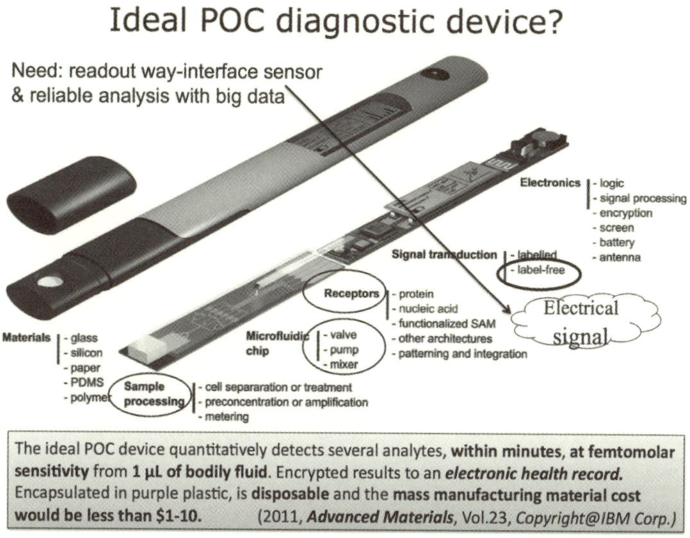


図3　理想的なPOCバイオセンサー

医療費の増大も問題になってくる。そして，より健康な社会を実現することと共に，疾病の早期診断による治療から予防医学への変換，がんや糖尿病などの生活習慣病を日々の健康モニタリングで予防・見直し，健康生活を維持する予防医療体制が急務となっている。

しかし，まだ現在の医療システムでは，個人が日常生活の中で自己管理することは十分に確立されておらず，発病初期の診断は精度的に難しい状況である。もし，日々，一滴の血液を低侵襲で取り出して，簡便にかつ迅速に，正確にさらに安価に疾病の総合診断を可能にすれば，本当の予防医学の世界に発展する機会になれる[6)]。

臨床化学検査に用いられる検体には，血液や尿，胃液，胆液などがあるが，中心となるのは血液および尿である。特に，人間の血液は，体の健康状況と密接に関連する。血液は栄養や酸素の輸送，細菌やウィルスなどの病原菌から体を守る，人間が生きていく上で不可欠なものである。血液には，様々なパラメータ（疾病のマーカー）が存在する。このパラメータの変動を通して，人間の健康状況を調べることができる。血液は２つの部分，血球と血漿がある。血漿は酸素や栄養を運び，炭酸などの廃物を肺と腎臓に運んで体外へ排出する働きをしている。血漿は，血液の中の無機塩類，糖質，脂質を含む。糖尿病のパラメータの血糖も血漿にある。血球は血液の細胞の総称で，３つの部分に分ける。①赤血球は骨髄で作られる。肺で酸素を取り込む働きをしている。②血小板は人間の傷ついたところで，血栓を作って，出血を止める。③白血球は病原体やがん細胞などを攻撃して，病気から体をまもる働きをしている。

血液の構成要素およびそれぞれの作用によって，人間の健康状況に関する，いくつかの血液パラメータ（血液粘度，血圧，各血液の細胞の数，血糖値）がある。そのパラメータを測定するために，MEMS技術を用いた血液診断デバイスが開発された。この項目では，MEMSを用いた血液診断に関する技術を注目して，いくつの典型的なデバイスをまとめて説明する。

### 6.3.1　1960年代から大きな技術革新がなかった血液検査

MEMSデバイスを用いた血液診断チップらを紹介する前に，最近，米医療界で話題の「第２のスティーブ・ジョブズ」と呼ばれる女性起業家[7)]を紹介したい。エリザベス・ホームズ氏は，痛みを伴う既存の血液検査に，徹底した長期戦略と，確かな実行力を持って，大きな変革をもたらそうとしている。10年間の開発と特許出願などを経てサービスの品質を高めた上で，2013年秋に米大手薬局チェーンのウォルグリーン薬局と組み，革命的な血液検査がようやく日の目を見た。この血液検査は，指先から小さな針で採血し，極力人手を介さない分析工程と流通網を構築し，痛みが少なく，より正確で，低価格を実現している（図４）。31歳という若さと，医療費削減への期待などから普及の可能性が評価され，米フォーブス誌の世界億万長者ランキングに「最年少で成功した女性起業家」として紹介されている[8)]。ホームズ氏が率いる血液検査サービス会社「セラノス(Theranos)」[9)]は，セラピー（Therapy）と診断（Diagnosis）を掛け合わせた社名とのことで，医療との身近な接点である血液検査は，国民にとっても分かりやすい「医療の質向上」の実例になる。

日本においても，その一つの動きとして，2014年８月から，国立研究開発法人新エネルギー・

図4　1.29 cmのカプセルで30種の血液検査[7~9]

産業技術総合開発機構（NEDO）は，国立研究開発法人国立がん研究センター（NCC），東レ㈱（東レ）およびアカデミア，企業等他7機関と共に，健康診断などで簡便にがんや認知症を検査できる世界最先端の診断機器・検査システムの開発に着手した[10]。これは，「体液中マイクロRNA測定技術基盤開発」と名付けたプロジェクトで，10種類以上のがんを1回の採血で早期発見する技術の開発を目指すものである。その事業化の第一歩として，乳がんと大腸がんの血液による早期診断の試みが2015年夏に始まる。DNAチップをベースとする測定システムを使い，実施するのは，血液に含まれる20数塩基程度の小さなRNA（マイクロRNA）をマーカーとする検査である。がんの克服のためには，がんの早期発見や治療の個別化が必要とされている。しかし，検査に用いられる腫瘍マーカーの多くは「進行がん」にならないと数値が上昇しない。PSA（前立腺がん）やCA125（卵巣がん）など，一部の腫瘍マーカーは「早期がん」でも数値が上昇するが，感度と特異度が十分でないため，早期発見を目的とした集団検診にはほとんど使われていない。また，治療の個別化においても，個別症例の違いを予測するバイオマーカーの開発が不可欠である。この研究において，特にがんの増悪にかかわる物質として着目されているのがエキソソーム（exosome）である。さまざまな細胞が分泌し放出する粒子で，細胞間の情報伝達などに関わっている。東京大学の赤木と一木[11]らは，マイクロチップ電気泳動法とレーザ暗視野顕微イメージング法を組み合わせた，エキソソームのゼータ電位計測システムを開発し，様々な細胞から分泌されたエキソソームが混在する血液などの生体試料から，異常細胞由来エキソソームだけを検出することを可能にした。この次世代の診断方法は，がん，糖尿病，心臓病といった重い病気を回避させてくれるかもしれない。

### 6.3.2　電気化学検出を測定原理とした血液分析チップ[12]

高井らは，血液からの様々な疾病マーカーの中で，腎機能検査や糖尿病，肝機能，および脂質代謝検査を目的としたヘルスケアチップを開発した。また，C反応性タンパク質（CRP）や前立腺特異抗原（PSA）といったタンパク質を検査するイムノアッセイチップの開発にも取り組み，小型検査機器の開発から在宅医療システムを実現させることを目的としている。

図5に示している血液分析チップは，選択性をもたせた特定の化学物質を認識する電極を使用する電気化学検出法式のものである。外径0.15 mmの細い針は，神経網の切断を回避しているから痛みが感じない。針先端の形状を3面加工し，針内壁を超平滑化することで，針が血管に挿入すると，血圧だけで血液がキャピラリー内に侵入する。血液採取用の無痛針，全血中の血球と血漿の分離を目的とした遠心分離用U字キャピラリー，$Na^+$，$K^+$，血糖，血中尿素窒素（BUN）を測定する電気化学バイオセンサーが基本構成としてチップに搭載されている。血液採取からおよそ

図５　電気化学検出を測定原理とした血液分析チップ[12)]

数分で結果が得られるこのデバイスは，電気化学検出方法であるため，吸光度比色分析法で必要とされる全血から血清を取り出す前処理や反応試薬と血清を混合する処理を基本的には必要としない。そのため，全血からの測定が可能である。また，グルコース濃度を測定する酵素固定化電極では，タンパク質の吸着を抑制し，かつグルコース透過性のある膜で被覆する。特性を満足させる膜として，セルロースやウレタン系の膜が用いられているが，このデバイスでは，タンパク質の非特異的吸着（分析対象タンパク質との結合を特異的と称するのに対し，特異性をもたない吸着を非特異的吸着と呼ぶ）を抑制し，抗血栓性を有するMPC（2-メタクリロイルオキシエチルホスホリルコリン）ポリマー（poly(MPC-co-n-ブチルメタクリレート(BMA)：PMB）を用いた。

### 6.3.3　血液ガス分析体外診断デバイス[13)]

血液ガス分析（pH, $pCO_2$, $pO_2$）は，POCTの代表例として位置付けられ，呼吸機能，恒常性機能の状態を把握する検査項目であることから，数分の単位で処置指針を決めるために必要とされる臨床検査項目，緊急検査項目である。臨床検査における血液ガス分析は血液中，特に動脈血中の酸素分圧（$pO_2$），二酸化炭素分圧（$pCO_2$），水素イオン濃度（pH）が主要な測定項目である。血液ガス分析は，診療・治療の場所で測定できるPOCTを指向したデバイスの利点を最大限に発揮できる。商品化になっているハンディ型血液ガス分析器GASTAT-navi（㈱テクノメディカ，横浜）は，電気化学式検査として，各種マイクロ電極があるセンサー基板とヒータ，較正用の試薬液，廃液貯め等を備えて，センサーカード内に保持している。

### 6.3.4　血液粘度測定のMEMSデバイス

血液の粘度は，一般的な健康の指標として広く考えられる。血管が損傷した時，血液の損失を最小限に抑えるために，一連の凝血反応が始める。医療条件によって，このプロセスに悪影響を与えることがある。その場合は患者たちに抗凝固剤を使用する。患者の投薬量と投薬の時間を適切に把握するために，血液凝固や粘度を監視する必要がある。Microvisk社[14)]はマイクロカンチレバーに基づいて，血液粘度測定するデバイスを開発した（図６，７）。

図６　マイクロカンチレバーを用いた血液粘度の測定するデバイス[14)]

このデバイスを使用する時は，指先からマイクロリットル程度の血液を取れば十分計測

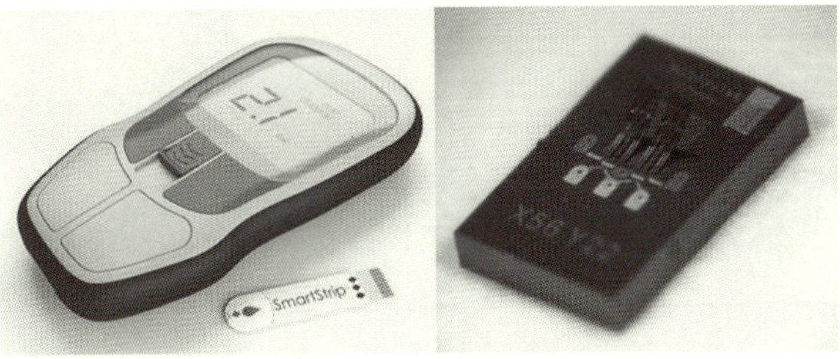


図7　Microvisk社の血液粘度を計るデバイス[14)]

可能である。シリコンで製作したカンチレバーは，柔軟性を持っている。血液がカンチレバーの表面をカバーして，表面の媒質と化学反応を発生する。その化学反応に応じて，カンチレバーが上下に振動する。この変形により，血液粘度値を正確に計測するため，微小な電気信号が生じる。血液の凝固と粘度の変化は繋がっているので，単一の物理的なプロセスセンサーを用いて，血液凝固の程度と粘度が同時に測定できる。しかし，正確な結果を得るために，マイクロリットル規模の血液が必ずマイクロカンチレバーの表面と接触しなければならない。そこで，カンチレバーは親水性を持つ必要がある。プラズマ重合（plasma polymerization）の方法で，永久的に親水性を持つ表面を制作してある。従来方法は化合物で覆われる電極を使って，化学反応を通じて測定する。化学反応のせいで，血漿の構成が変化し，測定する粘度の精度に影響が出る。しかし，このマイクロデバイスは物理反応に基づいて血液粘度を推定する。デバイスの中には２つの異なるカンチレバーが存在している。１つのカンチレバーの表面と接する血液は，化学反応を起こして電流が生じる。隣のカンチレバーは材料的に曲げる程度が違うので，カンチレバーが上下に振動する。カンチレバーの物理的な動きによって，血液の粘度が計測できる。

### 6.3.5　単一細胞（赤血球）の物理・電気的特性を測るマイクロ流路デバイス

液中で生物の単一細胞の観察や操作するデバイスの開発は，レーザビームを用いる操作の方法と光学用のピンセットを用いる操作の方法などが研究されてきたが，多量的に並列の操縦をすると共に単一細胞レベルでの操作や評価するものはまだ実現されてない。流体操作を応用した細胞捕捉方法のほかにも，機械的に動作するマイクロプローブによって単一細胞（例えば，赤血球）を捕捉し，さらに細胞の物理的変形と電気的特性の関係についてセンシングする試みが進められている[15)]。

鎌状赤血球貧血（sickle cell anemia）とか原虫感染症の１つであるマラリア（malaria）のような病気がある場合，物理的観点で細胞膜が硬くなるだけでなく正常な健康の細胞と比較すると異なる電気的特性（例えば，インピーダンス）を見せているとの報告がある[16)]。また，その病気に感染している赤血球は，毛細血管で詰まり，血液循環の問題の原因になる[17)]。特に，マラリアの場合は数パーセントの細胞だけが病気の初期に異常が現れ，古典的な細胞の検査では病気の分析に重大な情報を提供することがきわめて困難である[18)]。そこで，単一細胞レベルで大量の赤血球

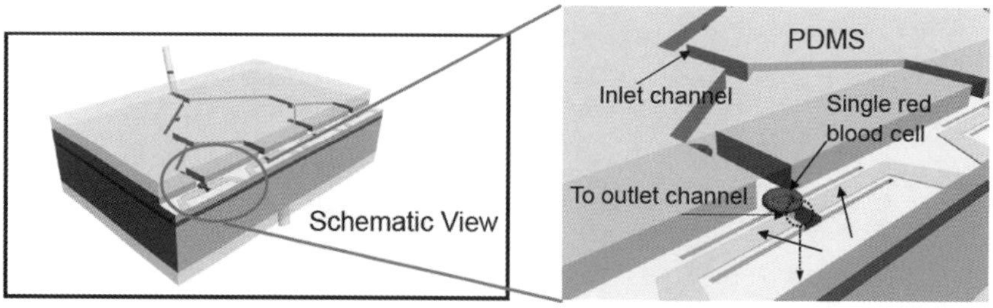


図8　単一細胞（赤血球）の電気・物理的特性を測るMEMSデバイスの開発

の状態を簡単に検査ができることは重要になる。細胞膜の電気的特性に関する情報を調べることは，細胞の生存能力や単一細胞に由来する有毒物質の発見に関する測定手段として利用されている。しかし，単一細胞レベルにおいて細胞膜の機械的な柔かさの状況と同時にその電気的な特性を測る方法はまだ少ない状況である。

図8は，シリコン基板上に深さ数μmの細胞濾過用の微小流路が形成され，それに沿って細胞捕獲や細胞の電気的特性計測のためのツインカンチレバーアレイが集積化されたマイクロデバイスである。マイクロ流路から流れきた単一細胞を，ツイン（2つの）カンチレバーの間に捕捉する。上下に動くツインカンチレバーの電極によって，その細胞の電気的なインピーダンス信号の計測と同時に，細胞の機械的な弾性力を評価することができる。計測対象として悪性腫瘍などの診断や治療に重要な感染細胞等（例えば不健康な赤血球）を選んで，その電気的・力学的性質の関係を調べた。

図9は一つずつの細胞を電極の中で止めて1Hzから10MHzまでの測定を行い7回繰り返し平均値をプロットした。記号上には線分を用いて誤差を示した。誤差の標準偏差は±1である。これらの図から測定周波数が10Hzから10kHzの間で健康な赤血球と加工した赤血球のインピーダンスと，位相差信号に違いのあることが計測でき

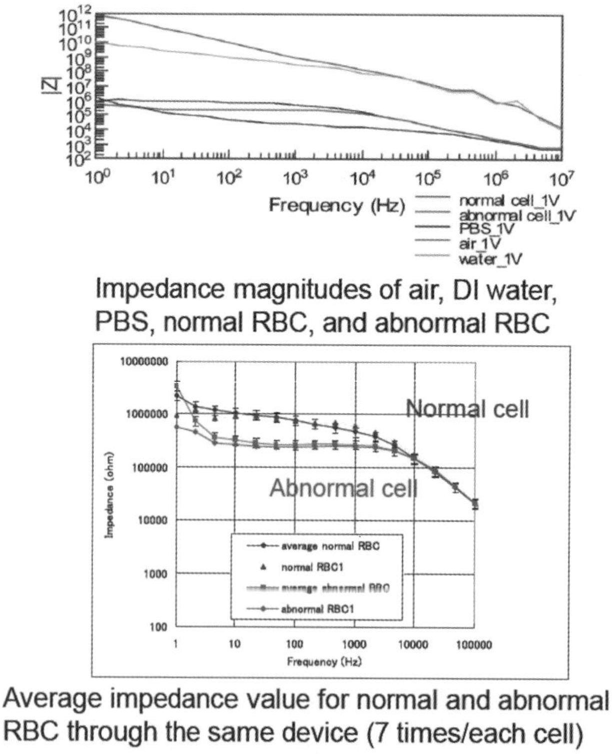


図9　健康な赤血球と加工済赤血球から得られた電気的インピーダンス

た。インピーダンスは，健康な赤血球に比べ加工した赤血球は小さな値を示した。この結果から健康な赤血球より得られたインピーダンス，位相信号と異常な赤血球より得られたインピーダンス，位相信号を比較することによって細胞の健康状態の判定の一つの重要な方法を提供できた。このデバイスを用いて，赤血球などの単一細胞から得られた物理的パラメータを網羅的に解析することで，疾患の病因解明などにつながると期待される。

## 6.4　おわりに

MEMSデバイスを用いた血液診断デバイスには，血圧を測るセンサー，低侵襲のグルコースセンサー等が挙げられる。他に，乳がん，前立腺がん，大腸がんで転移性がんの早期診断マーカーとして臨床的に注目を集めている血中循環がん細胞（CTC）を対象として，極少数のがん細胞を確実に識別し分離・解析するマイクロ流路デバイスも開発中である。

以上，MEMSデバイスを用いた，血液関連の分析，体外診断用POCデバイスなどを紹介した。これらのデバイスは，採取した血液をそのまま解析し，簡便なシステムで，携帯型であると共に，微量検体，迅速測定ができ，誰でも間違いがなく，臨床検査が実現できる。このことは，今後の予防医学の道に行ける重要な産業基盤にもなるだろう。

## 文　献


1）S. C. Terry *et al.*, *IEEE J. Elect.*, *Dev.*, **26**, 1880（1979）
2）A. Manz *et al.*, *Sens. Actuators B*, **1**, 244（1990）
3）D. R. Reyes *et al.*, *Anal. Chem.*, **74**, 2623（2002）
4）D. Huh *et al.*, *Lab Chip*, **12**, 2156（2012）
5）L. Gervais *et al.*, *Adv. Mater.*, **23**(24), H151（2011）
6）高井まどか，バイオチップ実用化ハンドブック，p.529, NTS（2010）
7）海外の医療情報をウォッチ（記事），http://www.medwatch.jp/?p＝2764
8）Forbes記事，http://www.forbes.com/pictures/mmk45jmdg/2-elizabeth-holmes/
9）血液検査サービス会社「セラノス（Theranos），https://www.theranos.com/
10）NEDO体液中マイクロRNA測定技術基盤開発，http://www.nedo.go.jp/news/press/AA5_100304.html
11）T. Akagi *et al.*, *PLOS One*, **10**, e0123603（2015）
12）高井まどか，表面科学，**32**(9)，575（2011）
13）山崎浩樹ほか，化学とマイクロ・ナノシステム，**13**(1)，16（2014）
14）血液凝固の状態を監察する手持ち型装置，http://www.microvisk.com/
15）Y. H. Cho *et al.*, *IEEE J. Microelectromechanical Syst.*, **15**(2)，287（2006）
16）P. Gascoyne *et al.*, *Lab Chip*, **2**, 70（2002）
17）F. Ch. Mokken *et al.*, *Ann. Hematol.*, **64**, 113（1992）
18）D. Satake *et al.*, *Sens. Act. B*, **88**, 77（2002）

## 7　細胞機能搭載型マイクロ流体デバイス

田中　陽*

### 7.1　はじめに

現代社会を支える様々な機械システムは電力によって駆動するものがほとんどであるが，例えば我々の体において，心臓は電力を要さず，血液中の栄養や酸素，すなわち化学エネルギーのみで駆動する。また血管や腎臓など，ほとんどの臓器においてもそれぞれの機能を電力に頼ることなく実現している。このように，従来の機械システムや電力の利用から脱却した高効率な新原理の機械を創ることができないか？ そのような発想を，細胞の機能を利用して実現するのが本節のテーマである。

Lab on a Chip, あるいはmicro total analysis systems（μTAS）と呼ばれる分野が近年，学術界および産業界の双方から注目を集めている。これは，コンピュータの素子作製などに使われる半導体加工技術をベースとして作製した髪の毛や蚊の針の太さ（10～100 μm）と同じかそれ以下，最小ナノメートルサイズのきわめて細い流路を数cm角の基板上に加工したものであり，化学・生化学システムを集積化したマイクロ流体チップ，マイクロ化学チップともいう「マイクロチップ」を利用し，様々な流体操作・化学操作を集積するというコンセプトのもと，次世代化学・生化学実験や医療診断等の小型・高速の次世代化を可能にするものとして様々な方面で期待されている[1)]。

一方，微生物などの細胞は，その微小な体内で特異性の高い生化学プロセスを効率的に進めており，きわめて高度かつ多彩な機能を有している。肝細胞の解毒作用，血管内皮細胞の血管拡張作用，そして心筋細胞の伸縮運動機能などはその代表的な例である。このような細胞機能は，現在の加工技術で作製された機械に比べ，集積度や効率などの点においてはるかに高性能であり，しかも電力を要さず栄養や酸素などの化学エネルギーのみで機能する。ゆえに，マイクロチップに細胞を培養し，その機能を組み込むことは，マイクロチップをさらに飛躍的に高効率化させるだけでなく，従来の機械の作動原理を根本的に革新する可能性を拓く。これは，細胞の大きさに見合い，その能力を最大限に生かせるマイクロチップを使用して初めて可能になることであり，学術や産業の発展にとって非常に有意義であると考えられる。

マイクロ化学デバイスは細胞を扱うのに適した空間サイズを持ち，上記のようなプロセス効率化の他に，高い空間分解能・時間分解能が必要な実験や，単一細胞レベルの実験が可能であるといった利点があり，細胞生物学的に新しい知見を見出せると期待できることから，これまでに当該分野において，様々な高効率生化学分析システムを実現されてきた[2,3)]。しかし，これらのほとんどは分析などを目的としたマイクロ空間特性を利用した細胞実験システムであるといえ，細胞の力学的機能を能動的に利用するという例はほとんどなかった。なぜなら，細胞の応答を測定す

---

＊　Yo Tanaka　国立研究開発法人理化学研究所　生命システム研究センター
集積バイオデバイス研究ユニット　ユニットリーダー

るだけであれば，微量の細胞シグナルでも感度の高い装置を使えば検出が可能であるが，細胞の化学的・力学的機能を実際に利用するためには，何らかの作用を外部に及ぼす必要があり，これには相当の数の細胞が必要だからである。そこで筆者は，これまでに多数の細胞をマイクロデバイスに配置し，機能させる技術を構築し，細胞機能を能動的に用いたデバイスを開発してきた。次項以降，具体的なデバイスの例について紹介する。

## 7.2　心筋細胞の力学的機能を用いたデバイス

### 7.2.1　心筋細胞によるマイクロピラーの駆動

まず最もわかりやすい例として，心筋細胞の力学機能を集積したアクチュエーターを紹介するが，心筋細胞を用いた具体的な流体デバイス作製にあたり，心筋細胞の駆動性能の見積もりが必要と考え，心筋細胞によってマイクロ構造物を駆動させ，その変位から性能を評価した。構造物の形状は，駆動が容易で鋳型鋳造法により作製可能なピラー構造とした。図1-Aにピラーの駆動原理を示す。心筋細胞の伸展，接着能力を利用して基板とピラーに心筋細胞を接着させ，その伸縮運動で駆動する。

まず，材料は非常に柔軟なハイドロゲルとした。ピラーは，シリコン基板に格子状の微細溝を作製し，これを鋳型として鋳造加工して作製した。ゲル表面は細胞接着性ペプチドで修飾し，新生ラット（0日齢）の心臓から遊離した心筋細胞遊離液を加え，培養した。3日後，ピラーの駆動が観測され，最も大きく変位したピラー頭部の変位は6 μmであり，これからピラーを変形させている力を概算した（80 pN以上）。これは，心筋細胞でマイクロピラーを駆動した最初の例である[4]。

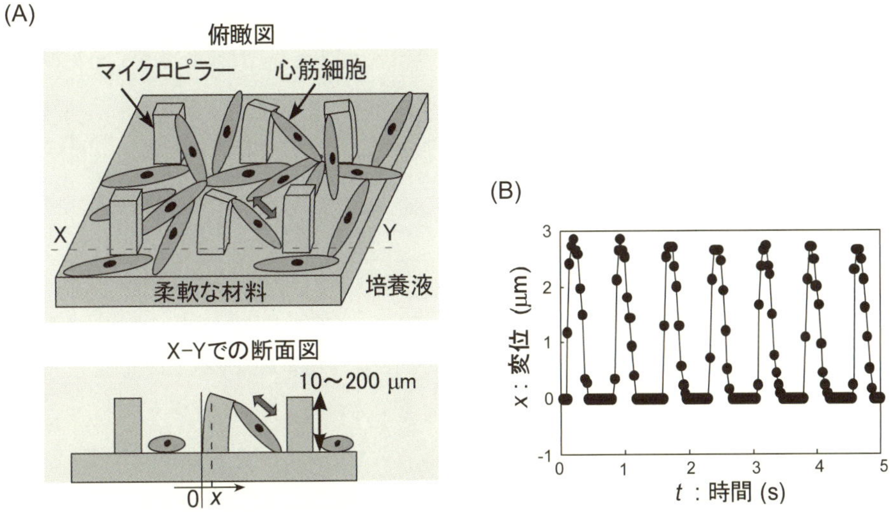


**図1　心筋細胞によるマイクロピラー駆動実験**

(A)原理と座標設定俯瞰図，(B)心筋細胞が接着したPDMSマイクロピラー頭部の変位。

次に，材料をより細胞接着性の良いシリコンゴムの一種であるpoly（dimethylsiloxane）（PDMS）に変更した。ピラーは細胞接着タンパク質フィブロネクチンで表面修飾し，心筋細胞を培養した。3日後，ピラー駆動が観測された（図1-B）。最大変位2.8 μm，ピラーを変形させている力は3.8 μN以上と概算された。ゲルに比べ，力は2桁上昇した。これは，ゲルに比べてPDMSの細胞接着性が良いことに加え，PDMSの方が硬いので，同程度の変位でも力が大きく見積もられたからと考えられる。単位断面積あたりの力は，約10 mN/$mm^2$となり，これはマイクロポンプの素子として用いられるピエゾ素子とほぼ等しく，心筋細胞が流体駆動素子として使用できることを実証できたといえる[5)]。

### 7.2.2　心筋細胞によるバイオマイクロポンプの駆動

前項で得られた知見を基に，心筋細胞機能をマイクロチップへ実装し，心筋細胞マイクロポンプを作製可能と考えられた。しかし，細胞の力学的機能を利用するためにはマクロな構造物や流体を駆動させねばならず，これには相当の力が必要であり，細胞一個や数個では変位や力が小さいため，その動きはほとんど役に立たない。細胞の力学的機能の利用には細胞自体の変位と力を増幅させる方法が必要である。そこで，心筋細胞シート[6)]の利用を着想した。これは，温度応答性高分子を固定化した培養皿表面を，温度を下げることで細胞接着性から非接着性へと変化させ，細胞をシート状で剥離したものである。これを用いた心筋細胞マイクロポンプのデザインを図2-Aに示す。チェックバルブ以外の材料はPDMSであり，駆動部は心筋細胞シートの運動を下方に伝えるプッシュバーを用いてダイアフラムを振動させ，その下部のチャンバー体積を変化させる構造とした。さらに，チェックバルブによって流体を一方向に送液する。

流体駆動の原理を検証するために，まずバルブなしで流体駆動を実証し，性能評価した。マイクロチップの各部品は，フォトレジストを用いて鋳型鋳造法で作製した。マイクロチャネル幅と深さは200 μmとし，マイクロチップ組み立て後，細胞接着性タンパク質であるフィブロネクチンで修飾し，心筋細胞シートをマイクロピペットで吸引してPDMS上に移動させ，培養液を吸引して接触させた後，1時間37℃インキュベータに入れて接着させた。流体（培養液）を可視化するために直径1 μmのポリスチレン粒子溶液でチャネル，チャンバー内を満たし，粒子の挙動を顕微鏡観察した。

心筋細胞シート移植3日後，37℃において粒子の拍動が確認された。図2-Aのように$x$座標をとり，測定したチャネル中央付近の粒子の挙動を図2-Bに示す。粒子の拍動数0.7 Hz，最大変位150 μmであった。また，一回のストロークの流量は6 nL，ダイアフラム中央部の変位は2.6 μm，ダイアフラムを変形させる力は78 μNと概算できた。逆流や抵抗のない理想的な逆止弁を装着したと仮定したとき期待される流量は0.24 μL/minと計算された。これは，実際にマイクロチップで細胞培養に用いられている流量とほぼ等しい。また，デバイスの温度応答を測定した結果，温度の上昇とともに，拍動数は増大し，粒子変位はわずかに減少した。

次に，ポリイミドを材料とするチェックバルブを開発した。形状は，図2-Aのように，カンチレバー型とし，順流に対しては駆動部分が開き，逆流に対しては閉じる。これを，チャンバーの

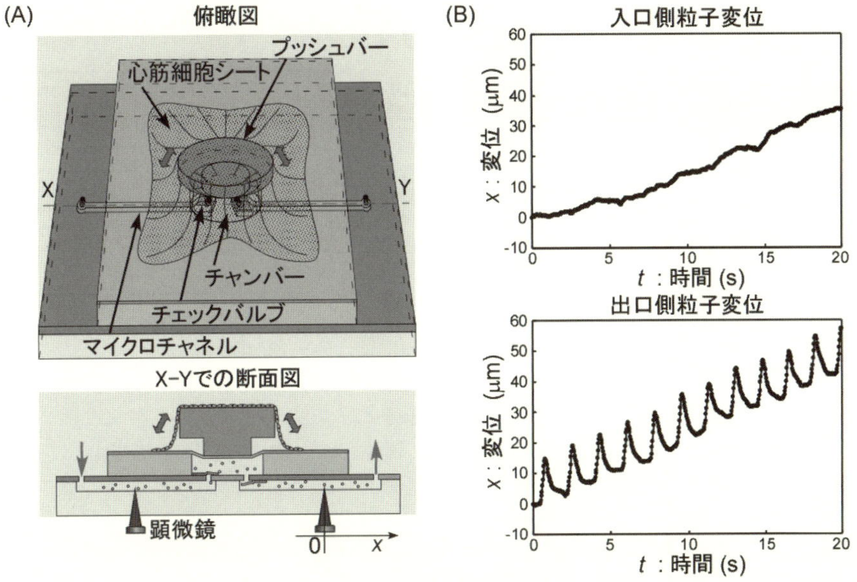


図２　心筋細胞マイクロポンプ
(A)原理とデザイン・観察法と座標設定，(B)バルブ装着時チャネル中央付近粒子変位。

入口と出口に設置することでチャンバーの収縮・拡張に応じて流体を一方向に送液できる。バルブを含めたマイクロチップを組み立て，水を手動送液し，駆動原理を検証した。

最後に，心筋細胞アクチュエーターとバルブを組み合わせ，ポンプ機能を実証した。心筋細胞シート移植直後，37℃において測定した入口側，出口側両方での粒子変位を図２-Bに示す。入口側は比較的安定した順流，出口側は逆流を含んだ順流であった。流量は入口側，出口側ともに２nL/minであった。これは，バルブなしのときの期待される流量よりは２桁小さく，このポンプを細胞培養等に利用するには逆止弁の改良が必要である。本実験は，細胞を駆動素子として用いた流体駆動およびポンプの最初の実証例である[7]。

### 7.2.3　疑似心臓デバイスの構築

前項のポンプは機械加工で作製するダイアフラム型ポンプが原型となっており，複雑な構成要素が微小化の妨げとなっていた。そこで，実際の心臓を参考にし，球形の擬似心臓デバイスを考案した（図３-A）[8]。PDMSの中空球の周りを心筋細胞シートが覆い，球全体が収縮・拡張する。本構造により，数ミリの空間に流体駆動機能を集積でき，デバイス体積を微小化できると考えた。

まず，PDMSの中空球を作製した。直径５mmの砂糖球の中心部に穴を開け，ここに外径0.5mm，内径0.3mmのキャピラリーを通し，この周りにPDMS硬化前原液を垂らし，回転させながら100℃で加熱してPDMSを硬化させた。この後，水を流して砂糖を溶かし，中空球を作製した。ここに心筋細胞シートを巻きつけて接着させ，擬似心臓デバイスを完成させた。

擬似心臓デバイスの駆動を確認するために，キャピラリー内の流体をポリスチレン粒子で可視

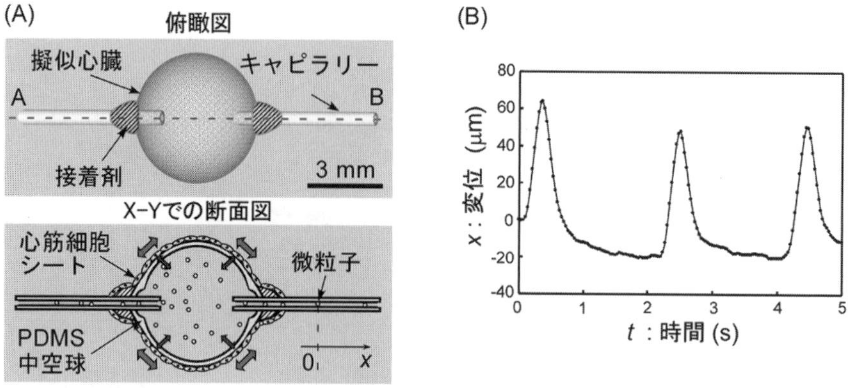


**図3　擬似心臓デバイス**

(A)原理とデザイン・観察法と座標設定，(B)キャピラリー中央付近粒子変位。

化し，粒子の変位を測定した（図3-B)。粒子の拍動が観察され，拍動数0.4 Hz，最大変位70 $\mu$m であった。ここから計算される理想的バルブ装着時に期待される流量は0.09 $\mu$L/minとなり，前項ポンプよりも低くなったが，デバイス体積は800 $\mu$Lから65 $\mu$Lと一桁小さくなり，微小化に成功した。また，毎日観測した結果，6～7日間の駆動が確認された。

本デバイスの構造は，原初的な動物の一心室の心臓に似たものであり，バルブや複数チャンバーの作製・細胞シート積層などにより高度な心臓デバイスへと発展させる予定である。

## 7.3　心筋細胞の力学的機能を用いたポンプの開発展開・改良

### 7.3.1　心筋細胞の微小空間内培養

上記のような心筋細胞の自立駆動を利用したポンプの展開例の一つとして体内埋め込み型ポンプが考えられる。そのためには自己循環システム，すなわちこれまでデバイスの外側に培養していた心筋細胞を，流れの中で培養液に常に触れる内側に培養する必要があり，そのための基礎検討として，マイクロチャネル内で心筋細胞培養できる条件を検討した。通常の細胞と異なり，心筋細胞は大きい上に進展するため，曲率の大きい流路ではすぐに剥離してしまったため，PDMS製で針金を鋳型にして直径800 $\mu$mの円筒形マイクロチャネルを作製したところ，コンフルエントに心筋細胞を培養することに成功した[9]。自己循環デバイスの要素技術を確立できたといえ，今後例えば膵臓細胞と共培養することでインスリンポンプなどを実現できる可能性がある。

### 7.3.2　凍結保存した心筋細胞を用いたポンプ

前項とは別の課題として，心筋細胞ポンプは基本的に動物から採取した直後のプライマリー心筋細胞を用いている。これは，拍動が大きいことの他，細胞シートを作成するのに適しており，この細胞シートを，温度応答性培養皿を用いて回収することで大きな力を得ている。しかし，心筋の採取には非常に手間がかかり，余った細胞は捨てることになるので非常に実験の効率が悪く，倫理的にも問題が大きい。一方，他の細胞と同様，心筋細胞も凍結保存自体は可能であり，これを用いれば上記の問題が解決できると期待されるが，解凍後の細胞では温度応答性培養皿での剥離が難しい。そこで，デバイス上にPDMSの薄膜（厚み10 μm）をテント状に張り，この上に解凍後の心筋細胞を播種・培養することで細胞シートと同様の効果を得て流体を駆動させることに成功した[10)]。流量自体は以前の上述のポンプには劣るが，実験効率を飛躍的に向上させることができ，拍動数制御の薬物試験などの手数の必要な実験に用いることが期待される。

## 7.4　血管細胞の化学的・力学的機能を用いたデバイス

### 7.4.1　血管内皮細胞の微小空間内への組み込み

前項までは心筋細胞のみを用いたものについて述べてきたが，本項では血管細胞を利用したデバイスを紹介する。血管は，平滑筋細胞の内側を内皮細胞が覆っており，内皮細胞が血液中の化学・力学刺激を感知して一酸化窒素（NO）をはじめとする様々なシグナル物質を放出し，これが平滑筋細胞に作用して血管を弛緩・収縮させ，血流を制御している。血管細胞機能の利用により，マイクロデバイスに流体制御機能を付与でき，不安定になりがちな心筋ポンプの流量制御などに応用できると考えた。本項では，まずセンサーの役割をする内皮細胞のマイクロチャネルでの培養・刺激の実証について述べる。

ヒト大動脈血管内皮細胞（HAEC）をマイクロチャネルで培養したところ（図4-A），培養4日後，核・ミトコンドリア染色結果より，それぞれ細胞が均一に接着・呼吸（＝生存）していることが確認された。次に，白血球接着性を高める炎症性物質TNFαでHAECを刺激し，蛍光染色した白血球HL-60を導入して10分後に洗浄し，蛍光画像から接着白血球数をカウントした。図4-Bより，TNFαで刺激したHAECを培養したチャネル（HAEC＋TNFα）の白血球密度は，刺激なしのチャネル（HAEC）と空のチャネル（Blank）に比べて顕著に高く，炎症発生時の白血球接着機能が実証できた。

以上の結果より，内皮細胞のマイクロチャネルでの培養および刺激が実証でき，内皮細胞に関

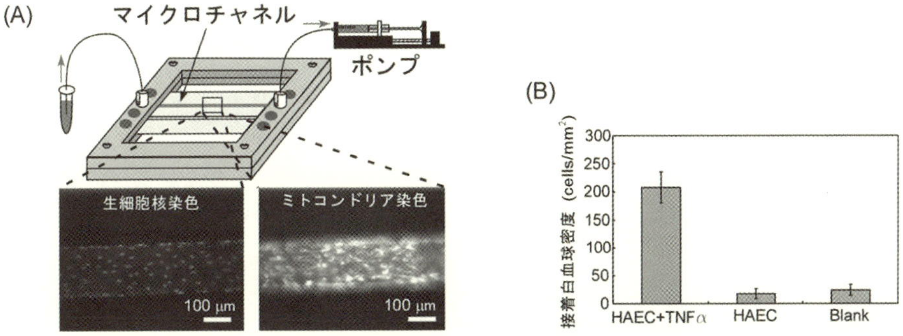


図4　血管内皮細胞組み込みデバイス
(A)マイクロチャネル内細胞培養法，(B)白血球接着実験結果。

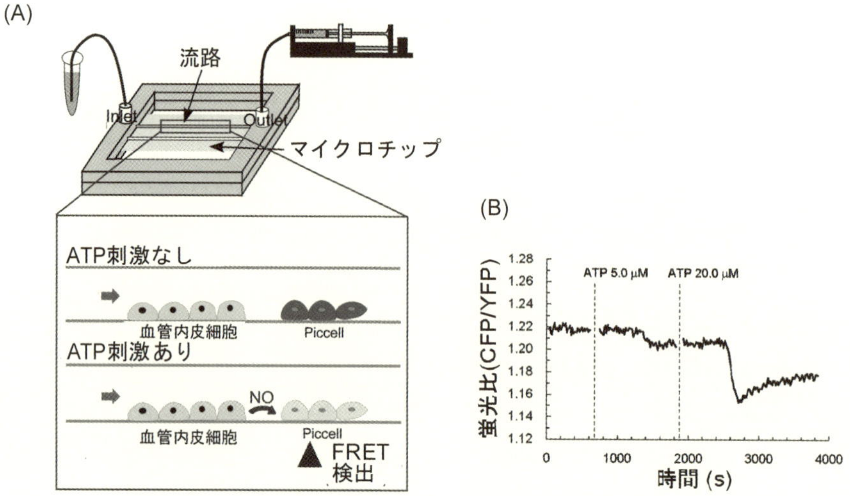


**図5　血管内皮とピクセルのマイクロチャネル内パターニング共培養**
(A)NO検出システムのデザインと原理，(B)検出結果。

する血管デバイスの基礎的技術を確立できたといえる[11]。

### 7.4.2　血管内皮細胞を用いたリアクター

次に，血管内皮細胞の刺激に応答して分泌物を放出する機能を実証するため，前項で開発した培養技術をベースに，化学刺激によるNO検出システムを構築した。検出には，NOを受け取ったときのみ蛍光波長が変化する細胞センサーの一種である「ピクセル」[12]を利用したが，一つの流路の中で２種類の細胞の共培養が必要になるため，まず光による表面パターニング法を開発した。細胞非接着性の高分子（MPC）に光分解性のリンカーを介してチップ表面に固定し，光を当てた部分のみ細胞を接着させることができる。この手法を応用して図５のように，血管内皮細胞との共培養系を確立し，ATPで内皮を刺激したときのピクセルの蛍光変化を測定してNOの検出を実現し，内皮細胞のセンサーおよび機能を実証した[13]。これは，血管の代表的な機能である流体制御機能をチップに組み込めることを示すものであり，自律制御バルブなどの細胞デバイスへの応用が考えられる。

### 7.4.3　血管平滑筋細胞を用いたアクチュエーター

本項で紹介する報告では，血管の中でアクチュエーターの役割をする平滑筋細胞の駆動性能を見積もることにより，血管細胞マイクロ流体制御デバイス作製のための基礎的技術・知見の確立を目指した。平滑筋細胞のマイクロデバイスへの組み込みにあたり，化学刺激による細胞の駆動性能を評価した。7.2.1項と同様にPDMSピラー上にラット大動脈平滑筋細胞を培養し，７日後，内皮細胞由来平滑筋収縮物質エンドセリン-1（ET-1）（1 $\mu$M）で刺激したところ，細胞が接着したピラーの駆動が観測された（図６-A）。最大変位2.0 $\mu$m，発生力1.2 $\mu$N以上であった。次に，ET-1刺激後，平滑筋弛緩物質Y27632（10 $\mu$M）を加えたところ，図６-Bのように，引っ張られ

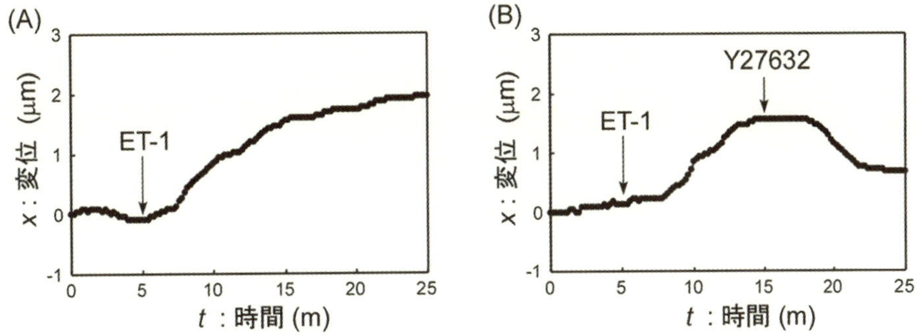


図6　血管平滑筋細胞によるピラー駆動（座標設定は図1と同様）
(A)ET-1 刺激，(B)ET-1 刺激10分後にY27632刺激。

たピラーが元に戻り，収縮・弛緩両方を実証できた[14]。

これらの結果から，血管平滑筋細胞に関する血管デバイス作製のための基礎的な知見が得られた。前項の内皮デバイスと組み合わせた血管模倣型流体制御デバイスへと発展させられることが期待される。

## 7.5　その他の細胞機能を用いたデバイス

### 7.5.1　腎臓細胞を用いた物質分離デバイス

ここでは，心臓・血管以外の細胞を用いたデバイスについて紹介する。腎臓はフィルターの役割を果たしており，その中で尿細管はいったんフィルターして作られた原尿から老廃物質を除去するブドウ糖と水・無機塩類のほとんどを再吸収する重要な役目をもつ。この再吸収は細胞膜タンパク質の機能を用いており，人工的なデバイスでの再現は現状の技術ではできていない。そこでこれをデバイスに組み込むことで物質分離のデバイスを実現できると考えた。

具体的には，図7のように，上下に流路用溝を加工したガラス基板で直径数μmの穴の開いたポアメンブレンを挟み，ジグで固定して流路を形成した。ガラス基板には疎水処理を施し，漏れがないことを確認した。この流路上側に尿細管上皮細胞を培養し，隙間なく培養できていることを確認したとともに，物質分離として$Na^+$やブドウ糖の分離を確認し，デバイス実証した[15]。これは単に細胞の集積性を利用しただけでなく，細胞を使わないとできない機能を実現したことが非常に特徴的である。

### 7.5.2　iPS細胞を用いたポンプ

これまでに挙げた細胞デバイスは全て，動物の体内から取り出した細胞を用いている。特に，心筋細胞はほとんど増えないため，プライマリー細胞を用いる必要があり，常に動物を犠牲にするという点において医学的な用途に用いるためには実用的・倫理的な面においては致命的な欠点がある。そこで，近年開発が進んでおり，皮下組織を用いるため倫理的な問題も少ない幹細胞の一種であり，無限に増やせて多種類の細胞に適用可能なiPS（induced pluripotent stem）細胞[16]

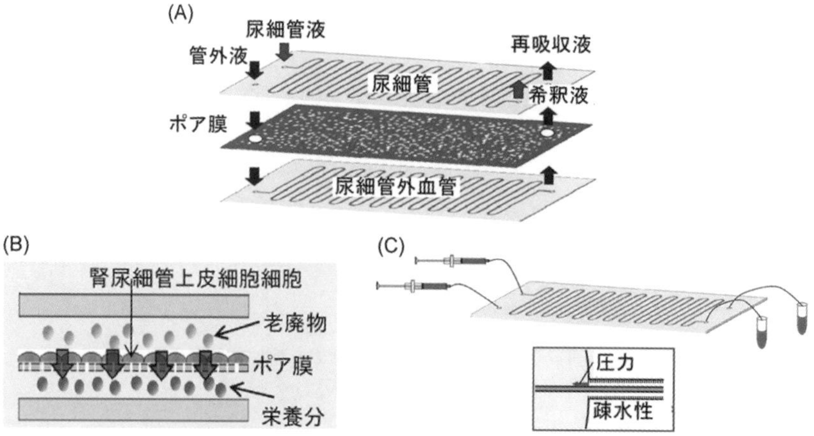


**図7　尿細管上皮細胞を用いた物質分離チップ**

(A)デザイン，(B)原理，(C)漏れ防止構造。

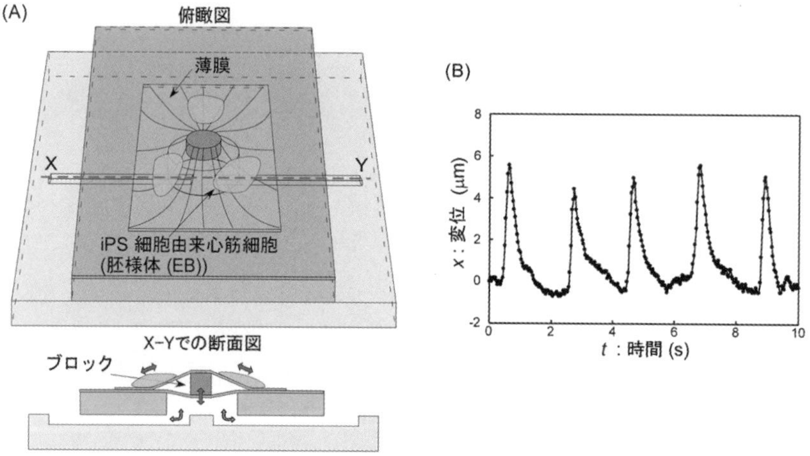


**図8　iPS細胞を用いたポンプ**

(A)原理とデザイン，(B)チャネル中央付近粒子変位（バルブ非装着）。

を心筋細胞に分化させ，これをプライマリー心筋細胞の代わりに用いてポンプとした研究を紹介する。

具体的なデザインは，図2-Aをベースとするが，iPS細胞をシート状に培養するのは難しいため，薄膜を細胞シートの代わりに用いて，この上に分化する際に必要な形状であり，心筋分化後は比較的大きな動きが得られる胚様体（EB）の状態のままで播種し，その動きにより流体駆動機能を実証した（図8）[17]。iPS細胞は医療応用に向けてはがん化の問題など臨床応用に向けた課題を抱えているが，医療用途に限らないアクチュエーターの素子として用いる分には問題が少なく，現状の技術でも十分に使用できると考えられる。また本コンセプトは心筋細胞ポンプのみならず，他の細胞・デバイスにも応用可能と考えられる。

## 7.6　おわりに

はじめにでも述べたように，細胞はきわめてクリーンかつ安全な化学エネルギーであるATP（アデノシン三リン酸）を力学的エネルギーや様々な化学機能へ高効率に変換する。このような機械を生体の機能を借りずに実現することは現在の技術では困難であるため，細胞デバイスは新原理の機械開発のための重要な足がかりとなるであろう。これらは細胞機能とマイクロ流体デバイスの融合による，現状の機械では不可能な領域にある集積性・生体適合性・エネルギー効率など生物的特徴に根差した人工と天然の融和を実現しており，未来の機械工学の新たな方向性を示す革新的なデバイスと位置づけられ，このようなデバイスは，自律駆動細胞流体システムとして今後，化学，医学，基礎生物学等，様々な方面への応用が期待される。

## 文　　献


1）T. Kitamori *et al.*, *Anal. Chem.*, **76**, 52 A（2004）
2）S. Takayama *et al.*, *Proc. Natl. Acad. Sci. USA*, **96**, 5545（1999）
3）M. Goto *et al.*, *Anal. Chem.*, **77**, 2125（2005）
4）K. Morishima *et al.*, *Sens. Actuat. B-Chem.*, **119**, 345（2006）
5）Y. Tanaka *et al.*, *Lab Chip*, **6**, 230（2006）
6）T. Shimizu *et al.*, *Circ. Res.*, **90**, e40（2002）
7）Y. Tanaka *et al.*, *Lab Chip*, **6**, 362（2006）
8）Y. Tanaka *et al.*, *Lab Chip*, **7**, 207（2007）
9）Y. Tanaka *et al.*, *Anal. Sci.*, **27**, 957（2011）
10）Y. Tanaka *et al.*, *Sens. Actuat. B-Chem.*, **156**, 494（2011）
11）Y. Tanaka *et al.*, *Anal. Sci.*, **23**, 261（2007）
12）M. Sato *et al.*, *Anal. Chem.*, **78**, 8175（2006）
13）K. Jang *et al.*, *Lab Chip*, **10**, 1937（2010）
14）Y. Tanaka *et al.*, *Lab Chip*, **8**, 58（2008）
15）X. Gao *et al.*, *Anal. Sci.*, **27**, 907（2011）
16）K. Takahashi & S. Yamanaka, *Cell*, **126**, 663（2006）
17）Y. Tanaka & H. Fujita, *Sens. Actuat. B-Chem.*, **210**, 267（2015）

## 8　次世代検査に向けた皮下埋め込み微細デバイス技術

奥村泰章*1，塩井正彦*2

### 8.1　はじめに

現在，病気の早期診断や生活習慣病の予防を目的とした様々な“採血型”バイオデバイスが開発されている。これらデバイスの特長として，下記3点が挙げられる。①僅か数μL程度の血液から，特定成分を迅速に定量検出できる。②小型軽量デバイスの保守や管理といった煩雑なメンテナンスが不要である。③誰もが容易に精度の高い測定をすることができる。これらの特長により，血糖値センサーに代表される“採血型”バイオデバイスは一般に広く使用されている。

しかし，“採血型”の場合，個人自らが血液を採取し計測する必要があるため，計測の度に痛みを伴う採血が被験者へ与えるストレスは大きく，また血糖値のように常に体内で変動する成分の連続的な計測は困難である。そのため，皮下組織など体内への埋め込み可能なデバイスの実現は，測定ごとの痛みを伴うことなく簡便に，また被験者が意識することのない無意識計測，さらには夜間を含めた連続計測を可能にできることから，次世代検査デバイスとしての役割が大きく広がるものと考えられる（図1）。

皮下埋め込みデバイスにより，体内に含まれる標的成分を検出するためには，標的成分に対して標識などの事前処理を必要としない手法，生体内の夾雑物存在下において対象となる標的成分のみを迅速かつ高感度検出できる手法が求められる。さらに生体（皮下）埋め込みを実現可能にする生体適合性を有するデバイス設計が求められる。そこで我々は，これら条件を満たす手法として表面増強ラマン散乱（surface enhanced raman scattering：SERS）分光法に着目し，高感度検出を実現可能にするSERS基板の技術開発を進めると共に，SERS基板へ生体適合性を付与するためのデバイス開発に取り組んできた。本稿では，次世代検査実現に向けた，SERS基板の作製と光学計測技術，さらに皮下埋め込みを実現するための生体適合性評価指標

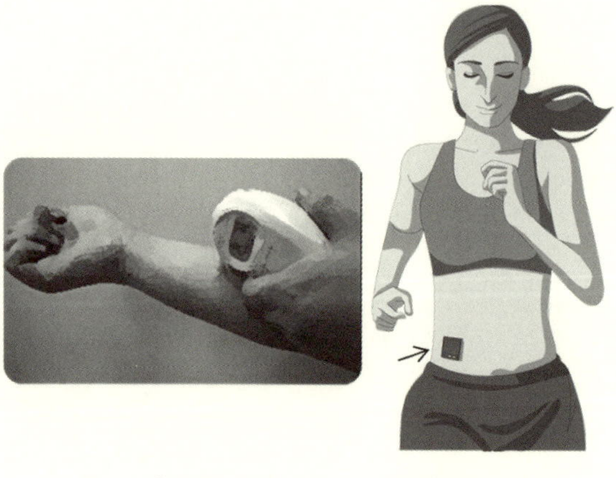

図1　皮下埋め込みデバイスの使用イメージ
皮下に埋め込まれたデバイス（ミリメートルサイズ）からの信号を体外装着デバイスにて検出。

＊1　Yasuaki Okumura　パナソニック㈱　先端研究本部　デバイス研究室　バイオ研究部　バイオフォトニクス研究課　主任研究員
＊2　Masahiko Shioi　パナソニック㈱　先端研究本部　デバイス研究室　バイオ研究部　バイオフォトニクス研究課　課長

をまとめると共に，動物実験を含む試験結果について紹介する。

## 8.2　表面増強ラマン散乱分光法とその応用

皮下埋め込みデバイスを実現するためには，上述したように標的成分へ標識などの事前処理を必要とせず，かつ分子認識能を有する迅速な計測手法が求められる。そこで我々は，光学的な計測手法に着目し，特に標的分子の分子振動に基づく信号が検出可能な分光法に着目した。代表的な分光法としては，赤外分光法やラマン散乱分光法が挙げられるが，赤外分光法においては，生体中に含まれる水分による吸収の影響を非常に強く受けるために，血液や間質液中に存在する分子への適応が困難という問題点がある[1]。また，ラマン散乱分光法においては，得られる信号が非常に微弱であるために，十分な強度の信号を確保するためには，高強度の励起光が必要となる[2]。ただし，生体組織に対して高強度のレーザ光を照射することは，安全的観点から難しい[3]。そこで，筆者らは，プラズモン共鳴による電場増強効果により，ラマン散乱光強度を増強させることができるSERSに着目した。SERSとは，金属ナノ構造に光が照射されることにより，その表面近傍に発生するプラズモン共鳴によって発生する電場増強効果により，ラマン散乱光強度が最大で$10^{14}$倍増大する現象として知られている[4]。SERSによるラマン散乱増強度は，励起光の電場増強度の2乗，およびラマン散乱波長域における電場増強度の2乗に比例する。この非常に高い増強度により，単分子感度の分光法の可能性が示され[5]，血糖値計測[6]，がんマーカー検出[7]などといった検査・診断応用だけでなく，環境計測等[8, 9]，様々な応用に向けた研究がなされている。

## 8.3　皮下埋め込みデバイスに向けたSERS基板の設計指針

生体組織に光が照射されると，入射した光は生体組織と散乱や吸収などの相互作用を示す。特に光の吸収において，生体内に存在する光吸収物質は，水，そして赤血球に含まれるヘモグロビン等であり，これら物質による光の吸収は光の波長に強く依存する[10]。これら物質による吸収が小さい，つまり光の透過性が最も高い「生体の光学的窓」といわれる波長域（700～1,400 nm）[11]は，筆者らが目指す皮下埋め込みデバイスにおいて非常に重要な波長域である。例えば，図1に示すように，皮下に埋め込まれたSERS基板に，体外から光を照射し，発生した表面増強ラマン散乱光を再び体外で高感度に検出する場合，励起光波長，および検出すべきラマン散乱波長域は，上記「生体の光学的窓」の波長域である必要がある。そこで，筆者らは励起光源として，785 nmの半導体レーザを選定し，また観測したいラマン散乱波長域として785～930 nmを設定した。前節で述べたとおり，SERS強度は励起光の電場増強度の2乗，ラマン散乱波長域の電場増強度の2乗に比例するため，785～930 nmでLSPRを発生させるように金属ナノ構造を設計する必要がある。

さらに，皮下埋め込みデバイスに求められるSERS増強度（enhancement factor：EF）を，生体に照射可能な励起光強度（～2 mW），励起光や発生した表面増強ラマン散乱光の生体組織による吸収・散乱による減衰，検出器の等価雑音パワーを考慮し算出したところ，必要なEFは1,000万倍（$10^7$倍）以上が必要であると見積もった。

上述したように，皮下埋め込みデバイスに向けたSERS基板に求められる特性として，①LSPRの共鳴波長が785～930 nmで発生すること，②$10^7$倍以上のEFを持つことが必要となる。

## 8.4 皮下埋め込みデバイス用SERS基板の開発例

LSPRの共鳴波長は，金属の種類，金属ナノ構造の形状，配列，金属ナノ構造が配置されている周囲の誘電率環境等によって決まる[12]。したがって，適切に金属材料を選定し，ナノ構造体の形状や，配列を決定する必要がある。前節で述べた785～930 nmの近赤外領域の波長域でLSPRを発生させ，さらに生体内においても安定な金属としてAuを選定し，Auナノ構造の形状，およびその配列を検討した。ここでは，これまで検討したAuナノ構造体の一例として，ピッチ制御型Auナノディスク構造について述べる。

図2に，ピッチ制御型Auナノディスクの作製プロセスを示す。まず，洗浄した$SiO_2$基板上にTi (10 nm)/Au (100 nm)/$SiO_2$ (30 nm) の順に多層膜を形成する。目的は後述する表面プラズモンポラリトン（SPP）を励起するためのAuを用いた内部反射膜の形成である[13]。その後，$SiO_2$基板上へレジストをスピンコーターによりコーティングし，電子ビームによって露光することでパターニングを行う。現像後，Xeイオンミリングにより，不要なAu薄膜を除去し洗浄工程を経て，ピッチ制御型Auナノディスク構造を作製した。図3に作製したピッチ制御型Auナノディスク構造の一例を示す。このように，Auナノディスクを規則正しく配列することにより得られるAuナノディスクアレイは，一種の回折格子とみなすことができる。ディスク間距離を適切に設計し，特定の偏光方向で励起光を入射することにより光の回折が起こり，下層の内部反射膜を伝播する表面プラズモンポラリトン（SPP）を励起することができる[13]。つまり，個々のAuナノディスク

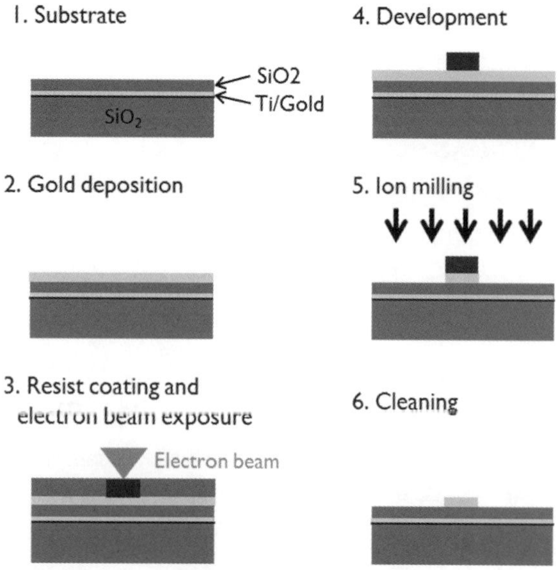


図2　ピッチ制御型Auナノディスクの作製プロセス

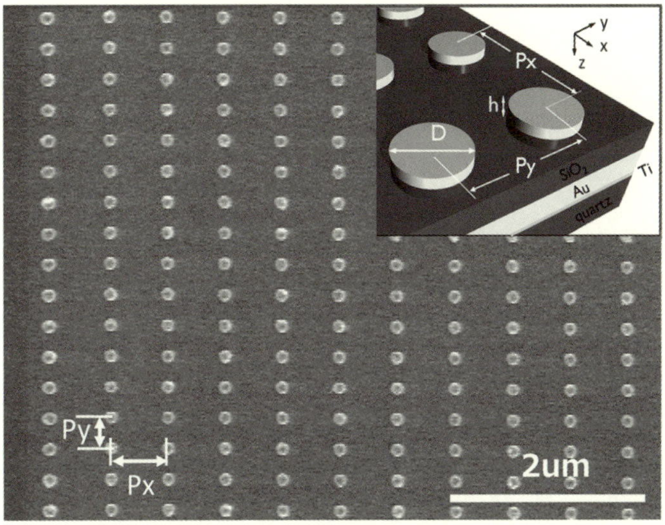


**図3　作製したピッチ制御型Auナノディスク構造**
（Px＝580 nm，Py＝300 nm，D＝130 nm，h＝30 nm）
挿入図は，Auナノディスクと基板断面を示すイメージ図

による局在化表面プラズモン共鳴（localized surface plasmon resonance：LSPR）に加えて，励起光と共鳴するSPPを同時に励起することができ，SERS励起波長，および，ラマン散乱波長域の双方で電場増強を引き起こすことが可能となり，各波長域において非常に大きな電場増強度を得ることが期待できる。本作製例では，生体に埋め込むことを想定し，Auナノディスク周辺の屈折率を水と同じ1.33と仮定することにより，SPPを励起するための回折格子の格子定数を580 nmと決定した（図3のPx）。なお，図3のPyのピッチはSPPの励起に直接寄与しない[14]。そこで，Auナノディスクの高密度配列により，より強いSERS信号を得るために，Pyは300 nmとした。

次にSPP，LSPRの両共鳴波長域のAuナノディスクの直径依存性の検討を行った。図4(a)にAuナノディスク直径を100～143 nmに変化させたときの，SPP，およびLSPRの共鳴波長域を反射分光により計測した結果を示す。なお，計測は開口数0.2の対物レンズで励起光を集光して行った。例えば，Auナノディスクの直径が130 nmの場合，プラズモン共鳴による吸収は，一つは，770 nm付近の回折格子によってSPPが励起されたことに由来する共鳴，もう一つは，870 nm付近のAuナノディスクによるLSPR励起されたことに由来する共鳴である。なお830 nm付近に示される吸収は光を集光することにより発生する光軸方向の偏光成分によって励起されるLSPRである[14]。Auナノディスクの直径が大きい（例えば，143 nm）場合，SPPに由来する共鳴波長は，780 nm付近に存在し，LSPR波長は900 nm付近に存在する。Auナノディスクの直径が小さくなるにつれ，LSPR波長は短波長化する。詳細は別稿[13,14]に委ねるが，LSPR波長とSPPに由来する共鳴波長は反交差を起こし，完全に一致することはなく，SPPに由来する共鳴とLSPRは反転する結果を示した。

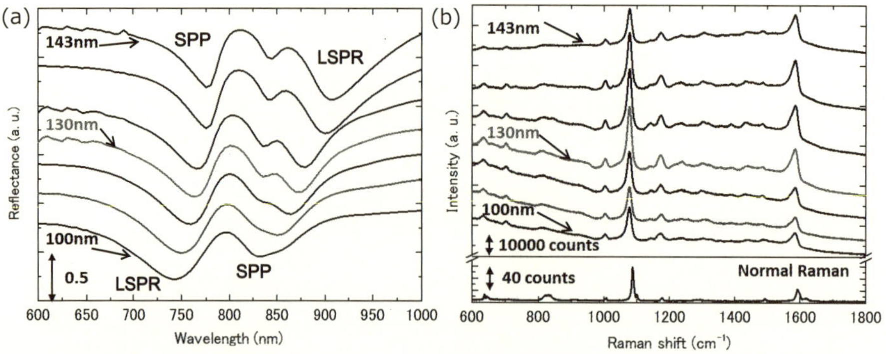


図4　作製したピッチ制御型Auナノディスクの(a)反射分光測定結果と，(b)4-ATPを用いたSERS測定結果，および4-ATPの通常のラマン散乱測定結果

次にこれら直径の異なるピッチ制御型Auナノディスクを用いて水中におけるSERS信号計測を行った結果を図4(b)に示す。SERS計測に用いたラマンプローブは4-アミノチオフェノール（4-ATP）である。いずれの直径を有するSERS基板においても，図4(b)の最下部に示すように4-ATPの通常のラマン散乱光強度に比較し，非常に強いSERS強度が観測されていることが分かる。AuナノディスクのLSPRが最も長波長側にあるAuナノディスク直径が143 nmの場合はラマンシフトが大きい領域の増強が強く，直径が小さい100 nmの場合はラマンシフトが小さい領域の増強が強く起こっていることが分かる。特に，直径130 nmのピッチ制御型Auナノディスクは，最も強いSERS強度を示す結果を示した。そこで，Auナノディスク直径が130 nmの場合のC-S結合に由来する1080 $cm^{-1}$のSERS強度を用いて，EFを下記式により算出した[14]。

$$EF = (I_{SERS}/N_{SERS})/(I_{NR}/N_{IR})$$

なお，$I_{SERS}$はSERS強度，$I_{NR}$は通常のラマン散乱強度，$N_{SERS}$はSERSを発生する分子数，$N_{NR}$はラマン散乱を発生する分子数である。

これらの結果からEFは，$7.8 \times 10^7$と優れた結果を示した[14]。以上のように，金属の種類，金属ナノ構造の形状，配列等を適切に考慮することにより，SPP，およびLSPRを適切に制御でき，$10^7$倍を超える増強度を実現することができた。

## 8.5　皮下埋め込みデバイスを実現するための生体適合性

生体内の標的成分を検出することを目的として，上記に示すような微細デバイス（SERS基板）を皮下へ埋め込むためには，デバイスへの生体適合性の付与が不可欠である。つまり，皮下（生体）組織に対して安全なデバイスであることに加えて，生体内において長期間安定動作可能な耐久性を有するデバイス設計が必要となる。そこで我々は，図5に示すように4つの領域の生体適合性評価指標を定め，各項目に対する生体適合性を満足するデバイスの実現を目指している。図5の四象限上部に位置する生体組織損傷に関しては，化学的，さらには物理的要因による生体組

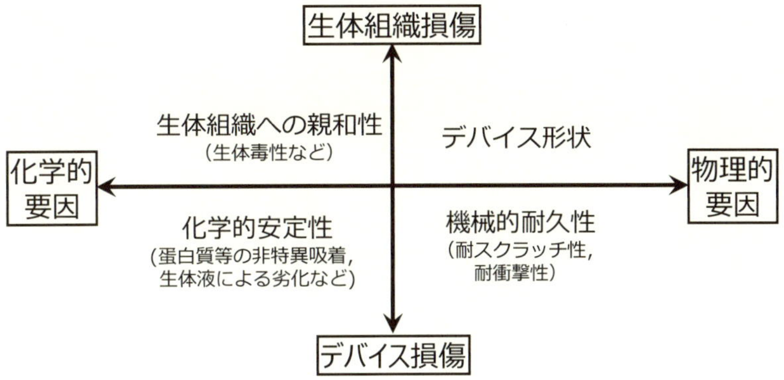


図5　皮下埋め込みデバイスに求められる生体適合性評価指標

織へ損傷を与えないデバイス設計が必要であることを意味する。つまり，生体組織に埋め込むデバイスは，その使用する材料や，形状を含め生体への親和性を有することが求められる。具体的な試験項目としては，例えばISO 10993に規定されているとおり，細胞毒性／感作性／刺激性又は皮内反応／全身（急性）毒性／亜急性および亜慢性毒性／遺伝毒性／埋植が挙げられる。

次に，図5の左下に位置する「デバイス損傷-化学的要因」の一例について説明する。生体内には標的となる生体成分の他に，高濃度のタンパク質などの夾雑物質が存在する。デバイス表面へ夾雑物質が非特異的に吸着することで，デバイス性能が低下し，得られる結果の信頼性，さらにはデバイス寿命が低下する。そのため，本来のデバイスの性能を損なうことなく，夾雑物質の非特異的吸着を抑制できる表面処理技術が求められる。

図5の右下に位置する項目「デバイス損傷-物理的要因」については，皮下組織に埋め込まれたデバイスには，機械的な耐久性を有することも併せて求められる。例えば，外部からの衝撃によるデバイスの損傷，さらには皮下埋め込み後の皮膚組織の治癒過程においても，デバイス面への物理的な負荷が掛かることが予想される。

## 8.6　動物モデルを用いた生体適合性試験

図5に示した生体適合性試験を実施する上で，動物実験は生体組織とデバイス双方の損傷について直接的な結果が得られるため非常に有用である。そこで，ヤギを用いた動物実験環境を整備した。ヤギを用いた理由は，ヤギの皮膚組織，またその代謝が，ヒトのそれと比較的近く，またハンドリングが容易な動物であることもその理由として挙げられる。なお，動物実験の実施はGent大学獣医学部にて，倫理委員会の承認を得て実施した。

図6にヤギ皮下へのミリメートルサイズのデバイスの埋め込み，および取り出し手技を示す。まず，麻酔導入されたヤギ(a)の腹部の皮膚を切開し，皮下組織へデバイスを埋め込むためのポケットを形成する(b)。その後デバイスを埋め込み(c)，切開部を縫合する(d)。所定日数経過後(e)，再度皮膚を切開(f)し，埋め込まれたデバイスを周辺の生体組織を含めて取り出す(g)。生体組織を固

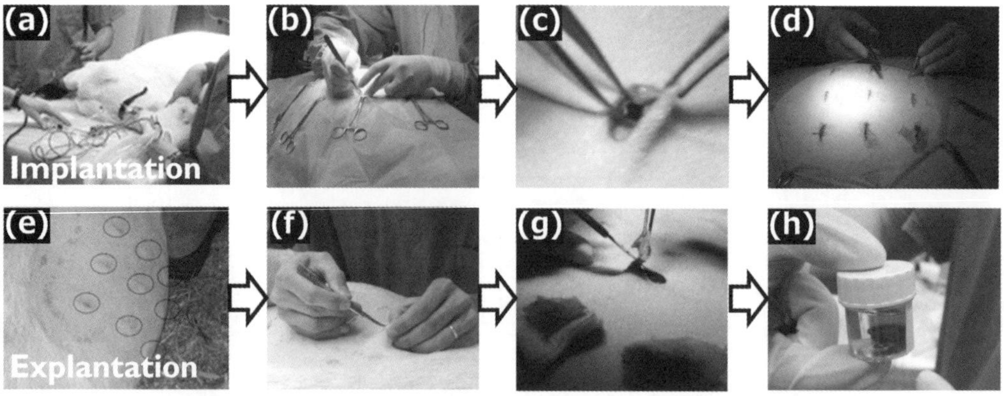


**図6　ヤギ皮下への微細デバイスの埋め込み，および取り出し手技**

(a)麻酔導入，(b)腹部の皮膚を切開，(c)皮下へ埋め込み，(d)皮膚縫合，(e)2ヶ月経過後の埋め込み部位，(f)皮膚を切開，(g)デバイスを周辺の生体組織を含め取り出し，(h)ホルマリン液へ浸漬。

定化するためホルマリン溶液に浸漬(h)後，生体組織からデバイスを慎重に取り出し，生体組織の組織学評価，およびデバイス側が受ける損傷の評価が可能となる。

以下に，当動物実験手技を用いて評価した，「デバイス損傷-物理的要因」についての結果について説明する。

## 8.7　SERS基板への機械的耐久性の付与

図3に示すSERS基板のように，$SiO_2$面上に形成されたAuナノディスクは，非常に脆く，僅かな接触によっても基板から剥離するため，長期間の皮下埋め込みに耐え得る機械的耐久性を有しない。従来，Auと$SiO_2$の界面にCrやTiなどの接着層を導入することで，Auの密着力が著しく向上することが知られてはいるが，これら金属をSERS基板の密着層として用いた場合，プラズモンの損失を招き，SERS特性が著しく減衰する[15,16)]。そこで，筆者らは接着層としてシランカップリング剤である（3-mercaptopropyl）triethoxysilane（MPTES）を選択した。MPTESは加水分解によって生じるシラノール基が$SiO_2$基板と結合し，またチオール基がAuと共有結合を形成可能なカップリング剤である[17)]。Yeらの方法[18)]を用い，任意の時間$SiO_2$基板とMPTESを反応後，直ちに蒸着によりAu膜（30 nm）を形成した。まず，MPTESの密着層としての性能を評価するため，スクラッチテスター（Rhesca社製CSR-2000）を用いて，Au膜の$SiO_2$基板との密着力評価を行った。その結果，図7に示すように，MPTESと$SiO_2$との反応時間の増加に伴って密着力の増大が確認された。この密着力の変化は，反応時間によるMPTESのシロキサン結合量に由来すると考えられる。反応時間が12時間において，その密着力は，81.8 $N/mm^2$であり，MPTES層を有しない場合（0時間）と比較して，200倍以上の密着力の向上が確認され，MPTESの密着剤としての有効性が確認された。なお，Tiを密着層として用いたAu膜の場合は，Auのビッカース硬度（216 $N/mm^2$）と同程度の値である187 $N/mm^2$で，Au膜の破損が確認された。

次に，MPTESを密着層として用い，図3に示したピッチ制御型Auナノディスクを作製し，SERS性能を確認した。その結果，TiやCrを密着層として用いた場合とは異なり，密着層を持たないSERS基板と同等のSERS性能を示す結果を得ることができた[19]。この理由は，接着層としてのMPTES膜の厚みが単分子層オーダーと非常に薄く，さらにMPTES膜がAuナノディスク周辺の誘電率環境に対して影響を与えないためと考えられる。これらの結果から，MPTESを密着層として用いることで，SERS基板の光学性能を損なうことなく，機械的耐久性を向上させることが可能となった。

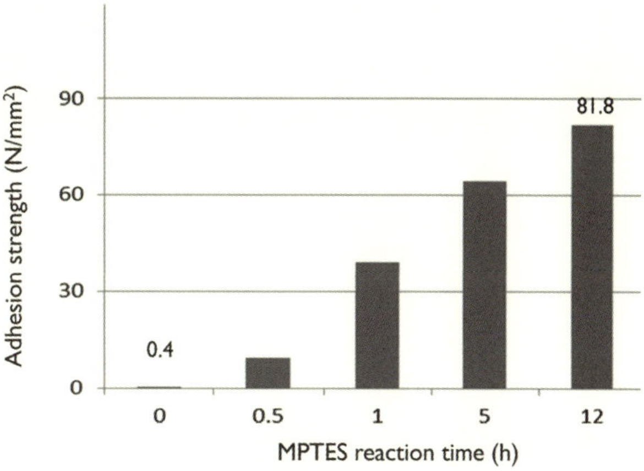

図7　MPTESの反応時間とAu-$SiO_2$間の密着力

続いて，これらMPTESを有するSERS基板を図6に示すようにヤギ皮下へ2ヵ月間埋め込み，SERS基板の皮下埋め込みに対する機械的耐久性試験を実施した。ヤギ皮下へ埋め込まれたSERS基板は3×3 mm$^2$サイズである。その結果，図8(a)，(b)，および(c)に示すようにMPTESを有するSERS基板表面においては，皮下埋め込み前と同様にAuナノディスクが確認されたが，密着層

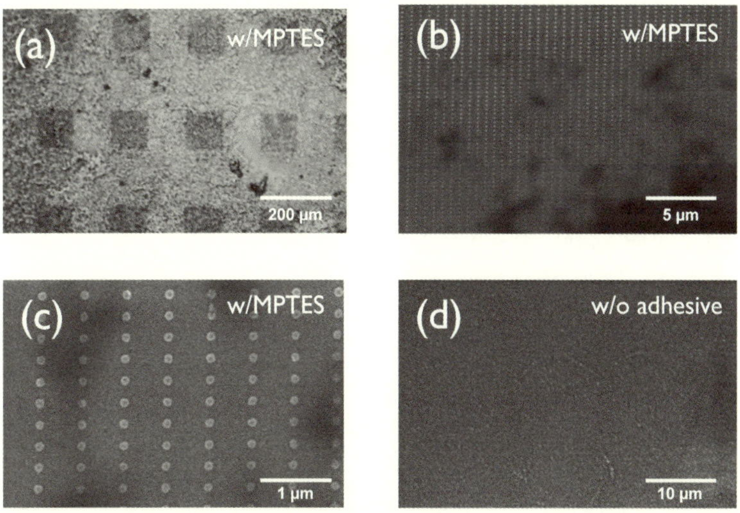

図8　ヤギ皮下へ2ヶ月間埋め込まれた3×3 mm$^2$サイズのSERS基板表面の観察結果
(a)接着層としてMPTESを有するSERS基板の明視野顕微鏡像（×10倍），(b)SEM画像（×10,000倍），(c)（×50,000倍），(d)接着層無しSERS基板のSEM画像（×5,000倍）。

を有さないSERS基板では，Auナノディスクが確認されず，皮下組織内にて剥離したことを示す結果を得た（図8(d)）。以上の結果から，MPTESを接着層として用いたSERS基板は，SERS性能を保持し，かつ皮下埋め込みに耐え得る機械的耐久性を有することが確認された[19]。

## 8.8 おわりに

本稿では，皮下埋め込みデバイス実現に向けたSERS基板の光学設計・計測技術と，さらに生体適合性評価指標の一つである機械的耐久性の評価結果について述べた。現在は，ヤギ皮下へ埋め込まれたSERS基板を用いた光学計測，および生体側への損傷を把握するため生体組織学評価を実施しその結果についてまとめている。皮下埋め込みデバイス実現に向けたこれら技術開発は，健康ニーズの高まりや，超高齢化社会の到来を受けて必要とされる病気の早期診断や予防，無意識診断といった，次世代検査技術の実現に向けて大きく貢献するものであると考えている。なお，本研究において多大なご協力を頂いたLiesbet Lagae教授（Interuniversity Microelectronics Center VZW：imec），Lieven Vlaminck教授（Universiteit Gent），および関係各位にこの場を借りて心より感謝申し上げたい。

## 文　献


1) O. S. Khalil, *Diabet. Technol. Thera.*, **6**, 660 (2004)
2) A. Enejder *et al.*, *J. Biomed. Opt.*, **10**, 031114 (2005)
3) JIS C 6802:2011 レーザ製品の安全基準
4) S. M. Nie *et al.*, *Science*, **275**, 1102 (1997)
5) K. Kneipp *et al.*, *Phys. Rev. Lett.*, **78**, 1667 (1997)
6) J. M. Yuen *et al.*, *Anal. Chem.*, **82**, 8382 (2010)
7) D. D. Grubisha *et al.*, *Anal. Chem.*, **75**, 5936 (2003)
8) M. Mulvihill *et al.*, *Angew. Chem. Int. Ed.*, **47**, 6456 (2008)
9) O. Péron *et al.*, *Talanta*, **79**(2), 199 (2009)
10) V. Tuchin, Tissue Optics 2$^{nd}$ Ed., p.3, SPIE Press (2007)
11) G. Nishimura, *J. Jpn. Coll. Angiol.*, **49**, 139 (2009)
12) E. C. Le Ru *et al.*, Principles of Surface-Enhanced Raman Spectroscopy and related plasmonic effects, p.342, Elsevier (2009)
13) Y. Chu *et al.*, *ACS Nano*, **4**, 2804 (2010)
14) M. Shioi *et al.*, *Appl. Phys. Lett.*, **104**, 243102 (2014)
15) B. Cui *et al.*, *Nanotechnology*, **19**, 145302 (2008)
16) T. Siegfried *et al.*, *ACS Nano*, **7**, 2751 (2013)
17) C. A. Goss *et al.*, *Anal. Chem.*, **63**, 85 (1991)
18) J. Ye *et al.*, *Langmuir.*, **25**, 1822 (2009)
19) Y. Okumura *et al.*, *Jpn. J. Appl. Phys.*, **54**, 067002 (2015)

# バイオチップの基礎と応用
## ―原理から最新の研究・開発動向まで―

2015年10月15日　第1刷発行

監　　修　伊藤嘉浩　(B1154)
発 行 者　辻　賢司
発 行 所　株式会社シーエムシー出版
東京都千代田区神田錦町1-17-1
電話03(3293)7066
大阪市中央区内平野町1-3-12
電話06(4794)8234
http://www.cmcbooks.co.jp/
編集担当　栗原良平／廣澤　文

〔印刷　株式会社遊文舎〕


ISBN978-4-7813-1079-4 C3045 ¥8000E